高等学校规划教材

工程招投标与合同管理

（第三版）

王艳艳　黄伟典　主编
陈起俊　　　　主审

中国建筑工业出版社

图书在版编目(CIP)数据

工程招投标与合同管理/王艳艳主编. —3 版. —北京：
中国建筑工业出版社，2019.7（2022.8重印）
高等学校规划教材
ISBN 978-7-112-23648-0

Ⅰ. ①工… Ⅱ. ①王… Ⅲ. ①建筑工程-招标-高等学校-教材 ②建筑工程-投标-高等学校-教材 ③建筑工程-经济合同-管理-高等学校-教材 Ⅳ. ①TU723

中国版本图书馆 CIP 数据核字（2019）第 077682 号

本书全面系统地介绍了工程招标投标与合同管理的相关知识、基本理论与方法，并根据《标准施工招标资格预审文件》、《标准施工招标文件》和国家最新颁布《必须招标的工程项目规定》、《最高人民法院关于审理建设工程施工合同纠纷案件适用法律问题的解释（二）》、《建设工程施工合同（示范文本）》（GF-2017-0201）及最新的招标投标政策的规定和要求进行编写。内容包括：工程项目招标投标与合同管理基础知识概述，工程项目招标，工程项目投标以及开标、评标、定标，建设工程合同法律基础，建设工程合同管理以及索赔管理，2017 年版 FIDIC 合同条件简介等。

本书通俗易懂，案例丰富，注重实务，可操作性强。既可作为高等院校工程造价、工程管理、土木工程专业的教材，也可作为成人高等教育和在职工程技术人员的培训教材、自学用书，还可作为各类造价工程师、建造师、监理师等执业资格考试人员的参考用书。

为更好地支持本课程的教学，我们向使用本书的教师免费提供教学课件，有需要者请与出版社联系，邮箱：jckj@cabp.com.cn，电话：01058337285，建工书院网址：http：//edu.cabplink.com。

*　　　*　　　*

责任编辑：刘平平　朱首明
责任校对：李美娜

高等学校规划教材
工程招投标与合同管理（第三版）
王艳艳　黄伟典　主编
陈起俊　主审
*
中国建筑工业出版社出版、发行（北京海淀三里河路 9 号）
各地新华书店、建筑书店经销
北京红光制版公司制版
北京建筑工业印刷厂印刷
*
开本：787×1092 毫米　1/16　印张：19¼　字数：465 千字
2019 年 8 月第三版　　2022 年 8 月第十九次印刷
定价：**42.00** 元（赠教师课件）
ISBN 978-7-112-23648-0
（33941）

第三版前言

随着我国市场化进程的加快以及工程招标投标制度的不断完善和发展，工程招标投标与合同管理已成为工程造价管理、工程项目管理和进行建设项目全生命周期管理的核心内容。研究实用的、完善的工程招标投标与合同管理的理论与方法，培养掌握扎实的相关理论知识，具备实际操作技能的复合型招标投标与合同管理人才，已势在必行。

本书第三版更新了与新颁布的政策法规文件相关的内容，重点融入了自 2019 年 2 月 1 日起施行的《最高人民法院关于审理建设工程施工合同纠纷案件适用法律问题的解释（二）》（法释〔2018〕20 号、《中华人民共和国招标投标法》和《中华人民共和国招标投标法实施条例》的修订内容、国家发展改革委发布自 2018 年 6 月 1 日起施行的《必须招标的工程项目规定》、2018 年 6 月 6 日起施行的《必须招标的基础设施和公用事业项目范围规定》、自 2018 年 1 月 1 日起施行的《招标公告和公示信息发布管理办法》、2017 年 10 月 1 日施行的《中华人民共和国民法总则》、2017 年 10 月 7 日公布的中华人民共和国国务院令第 687 号《国务院关于修改部分行政法规的决定》中对《建设工程质量管理条例》的修改、《建设工程质量保证金管理办法》（2017 修订）、2017 年 10 月 1 日起施行的《建设工程施工合同（示范文本）（GF-2017-0201）》和 2017 年新版《FIDIC 合同条件》的内容等。

本书结合教学和工程实际应用的需要，重点更新了文中的大部分的案例，尽量采用法院的指导案例或代表性的真实案例，系统地介绍了建设工程招标投标及合同管理的基础理论及适用方法。在招标投标部分，阐述了建设工程招标投标的基本概念及不同类别招标投标的程序方法、招标投标文件及资格预审文件的编制等。在合同管理部分，介绍了建设工程合同管理的法律基础、2017 版建设工程施工合同及施工索赔合同的管理等。

本书由山东建筑大学王艳艳、黄伟典主编。编写的具体分工如下：王艳艳、黄伟典、王慧敏编写第 1 章，张晓丽、王艳艳、任力编写第 2、3 章，王艳艳、王大磊、解本政编写第 4 章，王静、王秀云编写第 5 章，王艳艳、黄伟典、张琳、刘景艳编写第 6 章，周景阳、刘华军编写第 7 章，宋红玉、陈杰、张琦、孙盈编写第 8 章。全书由王艳艳、黄伟典统稿，由山东建筑大学陈起俊教授主审。

本书在修订过程中得到了山东建筑大学继续教育学院、山东大学、山东职业学院、聊城大学东昌学院、青岛滨海学院、山东协和学院、山东城建学院等院校的支持和帮助，在此表示衷心的感谢。另外编写过程中参考了大量文献资料，在此一并表示感谢。

限于编写的水平，书中难免会存在不当之处，敬请广大读者、同行批评指正。

前　　言

随着建筑市场经济体制改革的深入和建筑市场秩序的不断规范，21世纪建设进程的加快发展，国家工程建设领域对复合型高级管理人才的需求逐渐扩大，培养具有较强合同意识和实际合同管理能力的工程管理专门人才是目前建筑类院校的重要工作。本书依据《中华人民共和国合同法》、《中华人民共和国招标投标法》、《建设工程施工合同（示范文本）》、FIDIC合同条件等与工程建设相关的法律、法规、规范并结合当前招标投标与合同管理发展的前沿问题编制而成。

工程招标投标与合同管理作为工程造价、工程管理、土木工程等专业的主干课程和核心课程，可以让学生掌握工程招标投标和合同管理的基本理论和方法，熟悉工程招标投标制度和方法，掌握工程建设领域内重要的合同基本内容及国际通用施工合同条件的运作与方法，熟悉工程招标投标的全过程及合同的订立、履行、风险管理及索赔管理的理论、方法及实务。

本书的特点在于其应用性强，侧重对工程的实务操作的介绍。本书理论体系完备，实践性和可操作性强，以大量的案例阐述和分析招标投标与合同管理所涉及的各类问题，在每章开始部分以引导案例的方式抛砖引玉，并在每章后配置了丰富的练习题，使读者能更好地掌握理论知识和实际应用。本书可作为普通高等院校工程造价、工程管理、土木工程、房地产管理等有关专业的教材，也可供审计部门、工程造价管理部门、建设单位、施工企业、工程造价咨询机构、招标投标代理机构等从事相关专业工作的人员学习参考。

本书由山东建筑大学王艳艳、黄伟典主编。编写的具体分工如下：王艳艳、黄伟典编写第1章，张晓丽、王艳艳编写第2、3章，王艳艳、王大磊编写第4章，王静编写第5章，王艳艳、黄伟典、张琳编写第6章，周景阳编写第7章，宋红玉编写第8章。由王艳艳、黄伟典统稿，全书由山东建筑大学陈起俊教授担任主审。

本书在写作的过程中，经过反复讨论和多次修改，编写期间得到山东理工大学、山东建筑大学、济南铁路职业技术学院等院校的大力支持和帮助，特别要感谢山东建筑大学管理学院书记陈起俊教授、继续教育学院刘凤菊院长、李晓壮副院长、彭凌老师的莫大支持，另外编写过程中参考了大量文献资料，在此一并表示衷心的感谢。

目　　录

第1章 概　　论

[学习指南]　本章主要对工程招标投标的相关知识、合同管理的内容做了概述，需要学生熟悉工程招标投标的含义、原则、方式；熟悉工程招标投标的范围和规模标准，掌握强制招标的范围、公开招标以及邀请招标和可以不招标的工程范围和标准；掌握公开招标和邀请招标的含义及区别。了解建设工程合同的概念、特征和工程合同体系；了解建设工程合同管理的概念。

[引导案例]　鲁布革水电站的招标投标

鲁布革这个名字早已响遍全中国，甚至在世界上也有一定知名度。其实，鲁布革原本仅是一个名不见经传的布依族小山寨，离罗平县城约有46km，它坐落在云贵两省界河——黄泥河畔的山梁上。"鲁布革"是布依族语的汉语读音。"鲁"是"民族"的意思，"布"是"山清水秀"的意思，"革"是"村寨"的意思，"鲁布革"的意思就是山清水秀的布依族村寨。它的名声远播源起兴建鲁布革水电站。

鲁布革水电站位于云南省罗平县与贵州省兴义市交界的黄泥河下游河段。1981年6月，国家批准建设装机60万kW的鲁布革水电站，并被列为国家重点工程。鲁布革工程由原水电部十四工程局负责施工，开工3年后，1984年4月，水电部决定在鲁布革工程采用世界银行贷款。当时正值改革开放的初期，鲁布革工程是我国第一个利用世界银行贷款的基本建设项目。但是根据与世界银行的协议，工程三大部分之一——引水隧洞工程必须进行国际招标。在中国、日本、挪威、意大利、美国、德国、南斯拉夫、法国等八个国家承包商的竞争中，日本大成公司以比中国与外国公司联营体投标价低3600万元而中标。大成公司的报价为8463万元，而引水隧洞工程标底为14958万元，比标底大大低了43%！大成公司派到中国来的仅是一支30人的管理队伍，从中国水电十四局雇了424名劳动工人。他们开挖23个月，单头月平均进尺222.5m，相当于我国同类工程的2～2.5倍；在开挖直径8.8m的圆形发电隧洞中，创造了单头进尺373.7m的国际先进纪录。合同工期为1579天，竣工工期为1475天，提前122天。工程质量综合评定为优良。1986年10月30日，隧洞全线贯通。包括除汇率风险以外的设计变更、物价涨落、索赔及附加工程量等增加费用在内的工程初步结算为9100万元，仅为标底的60.8%，比合同价增加了7.53%。

1.1　工程招标投标的相关知识

1.1.1　工程招标投标的含义、原则与特性

1. 工程招标投标的含义

工程招标投标是指招标人发出招标公告（投标邀请）和招标文件，公布采购或出售标的物内容、标准要求和交易条件，满足条件的投标人按招标要求进行公平竞争，招标人依

法组建的评标委员会按招标文件规定的评标方法和标准公正评审，择优确定中标人，公开交易结果并与中标人签订合同。

工程建设项目，是指工程以及与工程建设有关的货物、服务。工程，是指建设工程，包括建筑物和构筑物的新建、改建、扩建及其相关的装修、拆除、修缮等；与工程建设有关的货物，是指构成工程不可分割的组成部分，且为实现工程基本功能所必需的设备、材料等；与工程建设有关的服务，是指为完成工程所需的勘察、设计、监理等服务。

在实际建设工程招标投标中，人们总是把招标和投标分成两个不同内容的过程。所谓工程招标，是指招标人就拟建工程发布公告，以法定方式吸引承包单位自愿参加竞争，从中择优选定工程承包方的行为；所谓工程投标，是指响应招标、参与投标竞争的法人或者其他组织，按照招标公告或邀请函的要求制作并递送标书，履行相关手续，争取中标的过程。招标和投标是互相依存的两个最基本的方面，缺一不可。一方面，招标人以一定的方式邀请不特定或一定数量的投标人来投标；另一方面，投标人响应招标人的要求参加投标竞争。没有招标，就不会有供应商或承包商的投标；没有投标，业主或采购人的招标就不能得到响应，也就没有了后续的开标、评标、定标和合同签订等一系列的过程。

2. 工程招标投标的原则

《中华人民共和国招标投标法》（以下简称《招标投标法》）第五条规定："招标投标活动应当遵循公开、公平、公正和诚实信用的原则"。

（1）公开原则

首先，要求招标信息公开。依法必须进行招标的项目，招标公告应当通过国家指定的报刊、信息网络或者其他媒介发布。无论是招标公告、资格预审公告还是投标邀请书，都应当载明招标人的名称和地址，招标项目的性质、数量、实施地点和时间及获取招标文件的方法等事项。其次，招标投标过程公开。开标时招标人应当邀请所有投标人参加，招标人在招标文件要求提交截止时间前收到的所有投标文件，开标时都应当当众予以拆封、宣读。中标人确定后，招标人应当在向中标人发出中标通知书的同时，将中标结果通知所有未中标的投标人。

（2）公平原则

要求给予所有投标人平等的机会，使其享有同等的权利，履行同等的义务。招标人不得以任何理由排斥或歧视任何投标人。依法必须进行招标的项目，其招标投标活动不受地区或部门的限制，任何单位和个人不得违法限制或排斥本地区、本系统以外的法人或其他组织参加投标，不得以任何方式非法干涉招标投标活动。

《中华人民共和国招标投标法实施条例》（以下简称《招标投标法实施条例》）第三十二条规定：招标人不得以不合理的条件限制、排斥潜在投标人或者投标人。招标人有下列行为之一的，属于以不合理条件限制、排斥潜在投标人或者投标人：

①就同一招标项目向潜在投标人或者投标人提供有差别的项目信息；

②设定的资格、技术、商务条件与招标项目的具体特点和实际需要不相适应或者与合同履行无关；

③依法必须进行招标的项目以特定行政区域或者特定行业的业绩、奖项作为加分条件或者中标条件；

④对潜在投标人或者投标人采取不同的资格审查或者评标标准；

⑤限定或者指定特定的专利、商标、品牌、原产地或者供应商；

⑥依法必须进行招标的项目非法限定潜在投标人或者投标人的所有制形式或者组织形式；

⑦以其他不合理条件限制、排斥潜在投标人或者投标人。

（3）公正原则

要求招标人在招标投标活动中应当按照统一的标准衡量每一个投标人的优劣。进行资格审查时，招标人应当按照资格预审文件或招标文件中载明的资格审查的条件、标准和方法对潜在投标人或投标人进行资格审查，不得改变载明的条件或以没有载明的资格条件进行资格审查。评标委员会应当按照招标文件确定的评标标准和方法，对投标文件进行评审和比较。

（4）诚实信用原则

诚实信用原则，是我国民事活动所应当遵循的一项重要基本原则。招标投标活动作为订立合同的一种特殊方式，同样应当遵循诚实信用原则。

招标投标活动本质上是市场主体的民事活动，也就是要求招标投标当事人应当以善意的主观心理和诚实、守信的态度来行使权利，履行义务，不能故意隐瞒真相或者弄虚作假，不能言而无信甚至背信弃义，在追求自己利益的同时尽量不损害他人利益和社会利益，维持双方的利益平衡，以及自身利益与社会利益的平衡，遵循平等互利原则，从而保证交易安全，促使交易实现。

3. 工程招标投标的特性

（1）竞争性。有序竞争、优胜劣汰、优化资源配置、提高社会和经济效益，这是社会主义市场经济的本质要求，也是招标投标的根本特性。

（2）程序性。招标投标活动必须遵循严密规范的法律程序。《招标投标法》及相关法律政策，对招标人从确定招标采购范围、招标方式、招标组织形式直至选择中标人并签订合同的招标投标全过程每一环节的时间、顺序都有严格、规范的限定，不能随意改变。任何违反法律程序的招标投标行为，都可能侵害其他当事人的权益，必须承担相应的法律后果。

（3）规范性。《招标投标法》及相关法律政策，对招标投标各个环节的工作条件、内容、范围、形式、标准以及参与主体的资格、行为和责任都作出了严格的规定。

（4）一次性。投标要约和中标承诺只有一次机会，且密封投标，双方不得在招标投标过程中就实质性内容进行协商谈判、讨价还价。

（5）技术经济性。招标采购或出售标的都具有不同程度的技术性，包括标的使用功能和技术标准、建造、生产和服务过程的技术及管理要求等；招标投标的经济性则体现在中标价格是招标人预期投资目标和投标人竞争期望值的综合平衡。

1.1.2　工程招标的方式

《招标投标法》第十条规定：招标分为公开招标和邀请招标。公开招标是指招标人以招标公告的方式邀请不特定法人或者其他组织投标；邀请招标是指招标人以投标邀请书的方式邀请特定法人或者其他组织投标。招标项目应依据法律规定条件、项目的规模、技术、管理特点要求、投标人的选择空间以及实施的急迫程度等因素选择合适的招标方式。依法必须招标的项目一般应采用公开招标，如符合条件，确实需要采用邀请招标方式的，须经有关行政主管部门审核批准。

1. 公开招标

公开招标，又称无限竞争性招标，是指由招标人通过网络、报纸、广播、电视等大众媒体，向社会公开发布招标公告，凡对此招标项目感兴趣并符合规定条件的不特定的承包人，都可自愿参加竞标的一种工程发包方式。公开招标是最具竞争性的招标方式。在国际上，谈到招标通常都是指公开招标。公开招标也是所需费用最高、花费时间最长的招标方式。公开招标有利于开展真正意义上的竞争，最充分地展示公开、公正、平等竞争的招标原则，防止和克服垄断；能有效地促使承包人在增强竞争实力上修炼内功，努力提高工程质量，缩短工期，降低造价，求得节约和效率，创造最合理的利益回报；有利于防范招标投标活动操作人员和监督人员的舞弊现象。但是参加竞争的投标人越多，每个参加者中标的概率将越小，白白损失投标费用的风险也越大；招标人审查投标人资格、投标文件的工作量比较大，耗费的时间长，招标费用支出也比较多。

2. 邀请招标

邀请招标称有限竞争性招标或选择性招标，这种方式不发布广告，是由招标人根据自己的经验和掌握的信息资料，向有承担该项工程施工能力的三个以上（含三个）承包人发出投标邀请书，要求他们参加工程的投标竞争，收到邀请书的单位才有资格参加投标。由于邀请招标选择投标人的范围和投标人竞争的空间有限，可能会失去理想的中标人，达不到预期的竞争效果及其中标价格。

二者区别：①信息发布发生不同。公开招标是招标人在网络、报纸、电视、广播等公众媒体发布招标公告；邀请招标是招标人以信函、电信、传真等方式发出邀请书。②招标人可选择范围不同。公开招标时，一切符合招标条件的建筑企业均可参与投标，招标人可以在众多投标人中选择报价低、工期短、信誉好的承包人；邀请招标时，仅有接到邀请书的建筑企业可以投标，缩小了招标人的选择范围，可能会将有实力的竞争者排除在外。③适用范围不同。公开招标具有较强的公开性和竞争性，是目前建筑市场通行的招标方式；邀请招标适用于私人工程、保密工程或性质特殊、需要有专业技术的工程。

按照标的物来源地划分可以将招标划分为：国内招标和国际招标。国内招标，包括国内公开招标、国内邀请招标；国际招标，包括国际公开招标、国际邀请招标。其中，使用国际组织或者外国政府贷款、援助资金的项目进行招标，贷款方、出资方对招标投标的具体条件和程序有不同规定的，可以使用其规定，但违背中华人民共和国的社会公共利益的除外。国际公开招标须通过面向国内外的公开媒介和网络发布招标公告，招标投标程序严谨、相对时间较长，适用于规模大、价值高，技术和管理比较复杂，国内难于达到要求或国际金融组织规定，需要在全球范围内选择合适的投标人，或需要引进先进的工艺、技术和管理的工程、货物或服务的项目招标。国际招标文件的编制应遵循国际贸易准则、惯例。

1.1.3　工程招标范围和标准

1. 建设项目必须招标的范围和规模标准

《招标投标法》第三条规定在中华人民共和国境内进行下列工程建设项目，包括项目的勘察、设计、施工、监理以及与工程建设有关的重要设备、材料等的采购，必须进行招标：

（1）大型基础设施、公用事业等关系社会公共利益、公共安全的项目。

（2）全部或者部分使用国有资金投资或国家融资的项目。

（3）使用国际组织或者外国政府贷款、援助资金的项目。

（4）法律或国务院规定必须进行招标的其他项目。

根据国家发展改革委发布的自 2018 年 6 月 1 日起施行的《必须招标的工程项目规定》，必须招标的工程项目包括：

（1）全部或者部分使用国有资金投资或者国家融资的项目包括：

① 使用预算资金 200 万元人民币以上，并且该资金占投资额 10％以上的项目；

② 使用国有企业事业单位资金，并且该资金占控股或者主导地位的项目。

（2）使用国际组织或者外国政府贷款、援助资金的项目包括：

① 使用世界银行、亚洲开发银行等国际组织贷款、援助资金的项目；

② 使用外国政府及其机构贷款、援助资金的项目。

（3）不属于上述（1）、（2）条规定情形的大型基础设施、公用事业等关系社会公共利益、公众安全的项目，必须招标的具体范围由国务院发展改革部门会同国务院有关部门按照确有必要、严格限定的原则制订，报国务院批准。

上述规定的（1）、（2）、（3）条中规定范围内的项目，其勘察、设计、施工、监理以及与工程建设有关的重要设备、材料等的采购达到下列标准之一的，必须招标：

① 施工单项合同估算价在 400 万元人民币以上；

② 重要设备、材料等货物的采购，单项合同估算价在 200 万元人民币以上；

③ 勘察、设计、监理等服务的采购，单项合同估算价在 100 万元人民币以上。

同一项目中可以合并进行的勘察、设计、施工、监理以及与工程建设有关的重要设备、材料等的采购，合同估算价合计达到前款规定标准的，必须招标。

国家发展改革委发布的自 2018 年 6 月 6 日起施行的《必须招标的基础设施和公用事业项目范围规定》中明确了必须招标的大型基础设施和公用事业项目范围。

不属于《必须招标的工程项目规定》中"全部或者部分使用国有资金投资或者国家融资的项目"和"使用国际组织或者外国政府贷款、援助资金的项目"规定情形的大型基础设施、公用事业等关系社会公共利益、公众安全的项目，必须招标的具体范围包括：

（1）煤炭、石油、天然气、电力、新能源等能源基础设施项目；

（2）铁路、公路、管道、水运，以及公共航空和 A1 级通用机场等交通运输基础设施项目；

（3）电信枢纽、通信信息网络等通信基础设施项目；

（4）防洪、灌溉、排涝、引（供）水等水利基础设施项目；

（5）城市轨道交通等城建项目。

《招标投标法实施条例》第七条规定：按照国家有关规定需要履行项目审批、核准手续的依法必须进行招标的项目，其招标范围、招标方式、招标组织形式应当报项目审批、核准部门审批、核准。项目审批、核准部门应当及时将审批、核准确定的招标范围、招标方式、招标组织形式通报有关行政监督部门。

必须招标的项目还分为必须公开招标的项目或采用邀请招标的项目，还有一些项目经过主管部门批准，虽然达到了必须招标的规模标准但也可以不招标。

2. 依法必须公开招标的项目

《招标投标法实施条例》第八条规定：国有资金占控股或者主导地位的依法必须进行招标的项目，应当公开招标。

依据《工程建设项目施工招标投标办法》（2003 年国家七部委令第 30 号）第 11 条的规定，以下项目应当公开招标：

（1）国务院发展计划部门确定的国家重点建设项目；

（2）各省、自治区、直辖市人民政府确定的地方重点建设项目；

（3）全部使用国有资金投资的工程建设项目；

（4）国有资金投资占控股或者主导地位的工程建设项目。

3. 经审批后可以进行邀请招标的项目

（1）《招标投标法》第十一条规定：国务院发展计划部门确定的国家重点项目和省、自治区、直辖市人民政府确定的地方重点项目不适宜公开招标的，经国务院发展计划部门或者省、自治区、直辖市人民政府批准，可以进行邀请招标。

（2）依据《工程建设项目施工招标投标办法》第十一条规定：国务院发展计划部门确定的国家重点建设项目和各省、自治区、直辖市人民政府确定的地方重点建设项目，以及全部使用国有资金投资或者国有资金投资占控股或者主导地位的工程建设项目，应当公开招标；有下列情形之一的，经批准可以进行邀请招标：

① 项目技术复杂或有特殊要求，只有少量几家潜在投标人可供选择的；

② 受自然地域环境限制的；

③ 涉及国家安全、国家秘密或者抢险救灾，适宜招标但不宜公开招标的；

④ 拟公开招标的费用与项目的价值相比，不值得的；

⑤ 法律、法规规定不宜公开招标的。

国家重点建设项目的邀请招标，应当经国务院发展计划部门批准；地方重点建设项目的邀请招标，应当经各省、自治区、直辖市人民政府批准。全部使用国有资金投资或者国有资金投资占控股或者主导地位的并需要审批的工程建设项目的邀请招标，应当经项目审批部门批准，但项目审批部门只审批立项的，由有关行政监督部门审批。

（3）《招标投标法实施条例》第八条规定：国有资金占控股或者主导地位的依法必须进行招标的项目，应当公开招标；但有下列情形之一的，可以邀请招标：

① 技术复杂、有特殊要求或者受自然环境限制，只有少量潜在投标人可供选择；

② 采用公开招标方式的费用占项目合同金额的比例过大。

4. 可不招标的项目

（1）《招标投标法》第六十六条规定：涉及国家安全、国家秘密、抢险救灾或者属于利用扶贫资金实行以工代赈、需要使用农民工等特殊情况，不适宜进行招标的项目，按照国家有关规定可以不进行招标。

（2）《招标投标法实施条例》第九条规定：除招标投标法第六十六条规定的可以不进行招标的特殊情况外，有下列情形之一的，可以不进行招标：

① 需要采用不可替代的专利或者专有技术；

② 采购人依法能够自行建设、生产或者提供；

③ 已通过招标方式选定的特许经营项目投资人依法能够自行建设、生产或者提供；

④ 需要向原中标人采购工程、货物或者服务，否则将影响施工或者功能配套要求；

⑤ 国家规定的其他特殊情形。

（3）《工程建设项目施工招标投标办法》第十二条规定：需要审批的工程建设项目，有下列情形之一的，由审批部门批准，可以不进行施工招标：

① 涉及国家安全、国家秘密或者抢险救灾而不适宜招标的；

② 属于利用扶贫资金实行以工代赈需要使用农民工的；

③ 施工主要技术采用特定的专利或者专有技术的；

④ 施工企业自建自用的工程，且该施工企业资质等级符合工程要求的；

⑤ 在建工程追加的附属小型工程或者主体加层工程，原中标人仍具备承包能力的；

⑥ 法律、行政法规规定的其他情形。

不需要审批但依法必须招标的工程建设项目，有上述规定情形之一的，可以不进行施工招标。

[**案例1-1**] 某政府投资1800万元人民币兴建天然气服务站项目，项目审批核准部门核准了该项目的公开招标内容，包括设计、建筑安装工程、监理、主要设备和材料。其中建筑安装工程估价为700万元人民币，设备估价为400万元人民币。

问题： 建筑安装工程项目和设备部分是否属于依法必须进行招标的项目？因工期较紧张，招标方能否采用邀请招标的方式确定设备供应单位？

解析： 本案例中的建筑安装工程估价为700万元，设备估价为400万元，依据《必须招标的工程项目规定》的规定，政府投资项目的施工单项合同估算价在400万元人民币以上；重要设备、材料等货物的采购，单项合同估价在200万元人民币以上；都属于依法必须招标的项目。

招标方不能自行采用邀请招标的方式确定设备供应单位。因为该项目的设备采购部分已经过项目审批核准部门核准为公开招标，在执行过程中不能随意调整，必须调整时，应报原项目审批核准部门重新核准后，才能按新的核准意见执行。

1.1.4 建设工程招标投标的程序

招标投标程序可以分为招标、投标、开标、评标定标、订立合同五个阶段。

招标阶段是招标人采取招标公告或邀请书的形式，向公众或数人发出投标邀请的阶段。招标人工作包括履行审批手续、落实资金来源；确定招标方式，自行招标的，建立招标机构，代理招标的，确定代理机构；发布招标公告和投标邀请书；编制招标文件和招标标底；对潜在投标人资格审查，售出招标文件；组织潜在投标人踏勘项目现场。

投标阶段是投标人按照招标文件的要求，向招标人提出报价的阶段。具体工作有：获取招标文件；按照要求编制投标文件；按规定时间递送投标文件至指定地点。

开标阶段是在预定时间和地点，当众启封标书，公开标书内容的阶段。开标前，招标人或代理机构应当邀请有关参与人员和确定评标委员会成员。开标时，要验收招标文件密封情况，确认无误后由工作人员当众拆封，宣读标书主要内容。开标后，将投标文件交与评标委员会评标，并且记录开标过程以存档备查。

评标定标阶段是评审有效标书，确定中标人的阶段。评标委员会按照招标文件确定的评标标准和方法评审标书；完成评标后，提出书面评标报告，并推荐中标候选人；招标人或经授权的评标委员会确定招标人；向中标人发出中标通知书。

订立合同是依据招标投标文件，双方订立合同的阶段。该阶段旨在书面方式确认招标投标文件，明确双方权利义务。招标人与中标人不得再订立背离合同实质性内容的其他协议。

1.2　建设工程合同及合同管理概述

1.2.1　建设工程合同概述

1. 建设工程合同的概念

《中华人民共和国合同法》（以下简称《合同法》）第二百六十九条规定："建设工程合同是承包人进行工程建设，发包人支付价款的合同。建设工程合同包括工程勘察、设计、施工合同。"发包人可以与总承包人签订建设工程合同，也可以分别与勘察人、设计人、施工人订立勘察、设计、施工承包合同。事实上建设工程合同还应包括工程项目管理合同、工程监理合同以及与工程建设相关的其他合同（如物资采购合同、工程保险合同、技术合同）等。

广义的工程合同并不是一项独立的合同，而是一个合同体系，是一项工程项目实施过程中所有与建筑活动有关的合同的总和，包括勘察设计合同、施工合同、监理合同、咨询合同、材料供应合同、贷款合同、工程担保合同等，其合同主体包括业主、勘察设计单位、施工单位、监理单位、中介机构、材料设备供应商、保险公司等。这些众多合同互相依存，互相约束，共同促使工程建设的顺利开展。工程合同的定义包括下面三个含义：

（1）合同主体，即直接参与一定的工程建设活动，并订立相应内容的合同的单位。例如，业主、施工单位之间可以订立施工合同，业主与勘察设计单位之间可以订立勘察设计合同，而监理单位、材料供应商、设备租赁商、招标代理机构等也可以作为某种工程合同的主体。

（2）工程合同具体的目标。总体来说，所有工程合同的目标都是为了工程建设任务的圆满完成，即在合理期限内以合理成本竣工，并满足规定的质量标准。对于某一项合同，随主体不同，这一目标也将逐步分解，如设计单位的目标是完整的施工图设计方案；施工单位的目标是实现质量、成本、工期的综合控制，依图完成施工任务；监理单位的目标是协调业主与施工单位的关系，协助业主监督施工方的履约行为。

（3）工程合同的核心内容，是各方主体之间的权利义务。如建筑施工合同规定的是业主和施工单位的权利义务；建设监理合同规定的是业主和监理单位之间的权利义务；建筑材料供应合同规定的是业主或承包商与材料供应商之间的权利义务。这种权利义务关系应尽量保证公平、公正。

2. 建设工程合同的特征

（1）合同主体的严格性

《中华人民共和国建筑法》（以下简称《建筑法》）对建设工程合同的主体有非常严格的要求。建设工程合同中的发包人必须取得准建证件，如土地使用证、规划许可证、施工许可证等。国有单位投资的经营性基本建设大中型项目，在建设阶段必须组建项目法人，由项目法人对项目的策划、资金筹措、建设实施、生产经营、债务偿还和资产保值增值承担责任。建设工程的承包人应该具有从事勘察、设计、施工、监理业务的合法资格。国家法律对建设工程承包人的资格有明确的规定。《建筑法》要求建设工程承包人应当具备下列条件：有符合国家规定的注册资本；有与其从事的建筑活动相适应的具有法定执业资格的专业技术人员；有从事相关建筑活动所应有的技术装备；法律法规规定的其他条件。承包人按照其拥有的注册资本、专业技术人员、技术装备和完成的建设工程业绩等资质条件，划分为不同的资质等级，取得相应等级的资质证书后，方可在其资质等级许可的范围内从事建筑活动。

无营业执照或无承包资质的单位不能作为建设工程施工合同的主体，资质等级低的单位不能越级承包建设工程。《最高人民法院关于审理建设工程施工合同纠纷案件适用法律问题的解释》第四条中规定：承包人非法转包、违法分包建设工程或者没有资质的实际施工人借用有资质的建筑施工企业名义与他人签订建设工程施工合同的行为无效。人民法院可以根据民法通则第一百三十四条规定，收缴当事人已经取得的非法所得。

（2）合同内容的多样性和复杂性

以施工合同为例，虽然建设工程施工合同的当事人只有两方，但其涉及的主体却有许多。与大多数合同相比较，建设工程施工合同的履行期限长、标的额大、涉及的法律关系包括劳动关系、保险关系、运输关系等具有多样性和复杂性。这就要求建设工程施工合同的内容尽量详尽。建设工程施工合同除了具备合同的一般内容外，还应对安全施工、专利及时使用、发现地下障碍和文物、工程分包、不可抗力、工程设计变更、材料设备的供应、运输、验收等内容作出规定。在建设工程施工合同的履行过程中，除施工企业与发包方的合同关系外，还涉及与劳务人员的劳动关系、与保险公司的保险关系、与材料设备供应商的买卖关系、与运输企业的运输关系等。所有这些，都决定了建设工程施工合同的内容具有多样性和复杂性的特点。

（3）合同标的的特殊性和合同履行期限的长期性

尽管勘察合同和设计合同的工作成果并不直接体现为建设工程项目，但它们是整个工程建设中不可缺少的环节。就建设工程合同的总体来看，其标的只能是建设工程而不能是一般的加工定做产品。建设工程是指土木工程、建筑工程、线路管道和设备安装工程以及装修工程等新建、扩建、改建以及技术改造等建设项目。建设工程具有产品的固定性、单一性和工作的流动性，这也决定了建设工程合同标的的特殊性。

施工合同的标的是各类建筑产品，建造过程中往往受到自然条件、地质水文条件、社会条件等因素的影响。决定了每个施工合同的标的的单件性特点，建筑产品的标的额度较大，施工期限较长，在较长的合同期内，双方履行义务往往受到不可抗力、履行期限过程中法律政策的变化、市场价格的浮动等因素的影响，引起合同的内容约定管理等较复杂。建设工程由于结构复杂、体积大、建筑材料类型多、工程量大，与一般工业产品的生产相比，建设工程施工合同履行期限都较长；由于建设工程投资多，风险大，施工合同的订立和履行一般都需要较长的准备期；在合同的履行过程中，还可能因为不可抗力、工程变更、材料供应不及时等原因导致合同期限顺延。所有这些情况，决定了施工合同的履行期限具有长期性。

（4）合同监督的严格性

由于建设工程施工合同的履行对国家经济发展、公民工作和生活都有重大的影响，因此，国家对建设工程施工合同的监督是十分严格的。

3. 建设工程合同体系

工程建设是一个极为复杂的社会生产过程，它分别经历可行性研究、勘察、设计、工程施工和运行等阶段；有土建、水电、机械设备、通信等专业设计和施工活动；需要各种材料、设备、资金和劳动力的供应。由于现代的社会化大生产和专业化分工，一个稍大一点的工程，其参加单位就有十几个、几十个，甚至成百上千个，它们之间形成各式各样的经济关系。由于工程中维系这种关系的纽带是合同，所以就有各式各样的合同。工程项目的建设过程实质上又是一系列经济合同的签订和履行过程。

在一个工程中，相关的合同可能有几份、几十份、几百份，甚至几千份，形成一个复杂的合同网络。在这个网络中，业主和承包商是两个最主要的节点。

（1）建设工程合同体系

按照项目任务的结构分解，就得到不同层次、不同种类的合同，它们会共同构成合同体系，包括勘察设计合同、监理合同、工程施工合同、供应合同、分包合同、运输合同、借款合同、买卖合同、劳务合同等。在合同体系中，这些合同都是为了完成业主的工程项目目标而签订和实施的。由于这些合同之间存在着复杂的内部联系，构成了该工程的合同网络。其中，建设工程施工合同是最有代表性、最普遍，也是最复杂的合同类型。它在建设工程项目的合同体系中处于主导地位，是整个建设工程项目合同管理的重点。无论是业主、监理工程师或承包商都将它作为合同管理的主要对象。

（2）业主的主要合同关系

业主作为工程或服务的买方，是工程的所有者，他可能是政府、企业、其他投资者、几个企业的组合、政府与企业的组合（例如合资项目、BOT 项目的业主）。业主投资一个项目，通常委派一个代理人（或代表）以业主的身份进行工程的经营管理。

按照工程承包方式和范围的不同，业主可能订立几十份合同。例如将工程分专业、分阶段委托，将材料和设备供应分别委托，也可能将上述委托以形式合并，如把土建和安装委托给一个承包商，把整个设备供应委托给一个成套设备供应企业。当然，业主还可以与一个承包商订立一个总承包合同，由承包商负责整个工程的设计、供应、施工，甚至管理等工作。因此，一份合同的工程范围和内容会有很大区别。

业主根据对工程的需求，确定工程项目的整体目标。这个目标是所有相关工程合同的核心。要实现工程目标，业主必须将建筑工程的勘察设计、各专业工程施工、设备和材料供应等工作委托出去，必须与有关单位签订如下合同。

①建设工程勘察、设计合同。是指建设单位（委托方，亦称发包方）与工程勘察、设计单位（承包方或者承接方）为完成特定的工程建设项目的勘察、设计任务，明确双方权利、义务协议。在此类合同中委托方通常是工程建设项目的业主（建设单位）或者项目管理部门，承包方是持有与其承担的委托任务相符的勘察、设计资格证书的勘察、设计单位。根据勘察、设计合同，承包方完成委托方委托的勘察、设计项目，委托方接受符合约定要求的勘察、设计成果，并付给对方报酬。勘察、设计合同的法律特征具有以下三个方面：勘察、设计合同的当事人双方应当是具有民事权利能力和民事行为能力的；应当取得法人资格的；在法律和法规允许的范围内均可以成为合同当事人的组织或者其他组织及个人。作为发包方必须是国家批准的建设工程项目，且已落实投资计划的企事业单位、社会组织；作为承包方应当是具有国家批准的勘察、设计许可证，具有经有关部门核准的资质

等级的勘察、设计单位。勘察、设计合同的订立必须符合工程项目建设程序。勘察、设计合同必须符合国家规定的工程项目建设程序，而且合同订立应以国家批准的建设工程设计任务书或者其他有关文件为基础。勘察、设计合同具有建设工程合同的基本特征。

②建设工程施工合同。是发包人（建设单位、发包人或总包单位）与承包人（施工单位）之间为完成商定的建设工程项目，确定双方权利和义务的协议，是工程建设质量控制、进度控制、投资控制的主要依据，是项目管理的法律性文件，也是维持双方关系的纽带。建设工程施工合同是建设工程的主要合同，在市场经济条件下，承发包双方的权利义务关系主要是通过合同来确定的，建筑市场实行的是先定价后成交的期货交易，其远期交割的特性决定了施工合同的高风险性。

③建设工程监理合同。是指具有相应资质的监理单位受工程项目建设单位的委托，依据国家有关工程建设的法律、法规，经建设主管部门批准的工程项目建设文件、建设工程委托监理合同及其他建设工程合同，对工程建设实施的专业化监督管理。建设工程监理工作的主要内容包括：协助建设单位进行工程项目可行性研究，优化设计方案、监督设计单位和施工单位，审查设计文件，控制工程质量、造价和工期，监督和管理建设工程合同的履行，以及协调建设单位与工程建设有关各方的工作关系等。

监理方与业主方签订监理合同后，按照合同约定对勘察合同、设计合同、施工合同、物资采购合同的履行情况进行监理，虽然监理方并没有与勘察方等其他方订立直接合同，但却可以向他们行使权利，而勘察方等其他方要按照监理方发出的要求履行各自的义务，此时，监理方与他们之间的权利义务关系基本与合同中的权利义务关系相同，监理方与勘察方等其他方之间是一种间接的合同关系。监理方的权利来源于业主方的委托，通过签订监理合同与业主方产生委托服务关系，按照业主方的授权对勘察合同、设计合同、施工合同、物资采购合同进行监督。

④建设工程物资采购合同。是指建设单位（委托方，亦称发包方）与物资设备供应商为完成特定的工程建设项目而签订建设物资及设备的购买合同，明确双方权利、义务协议。建设工程造价的60％以上是由材料、设备的价值构成的，建设工程的质量也在很大程度上取决于所使用的材料和设备的质量。由此可见，物资采购供应工作是建设工程项目的重要组成部分，签订一个好的物资采购合同并保证它能如期顺利履行，对工程项目建设的成败和经济效益有着直接的、重大的影响。材料、设备种类繁多，市场变化较大，做好物资采购供应合同是一项既有工程技术经济管理经验又要有商务知识的工作。

（3）承包商的主要合同关系

承包商是工程施工的具体实施者，是工程承包合同的执行者。承包商通过投标接受业主的委托，签订工程总承包合同。承包商要完成承包合同的责任，包括由工程量表所确定的工程范围的施工、竣工和保修，为完成这些工程提供劳动力、施工设备、材料，有时也包括技术设计。任何承包商也可能不具备所有的专业工程的施工能力、材料和设备的生产和供应能力，他同样可以将许多专业工作委托出去。所以，承包商常常又有自己复杂的合同关系。

①分包合同。对于一些大的工程，承包商常常必须与其他承包商合作才能完成总承包合同责任。承包商把从业主那里承接到的工程中的某些分项工程或工作分包给另一承包商来完成，则与其要签订分包合同。

承包商在承包合同下可能订立许多分包合同，而分包商仅完成总承包商分包给自己的工程，向总承包商负责，与业主无合同关系。总承包商仍向业主担负全部工程责任，负责工程的管理和所属各分包商工作之间的协调，以及各分包商之间合同责任界面的划分，同时承担协调失误造成损失的责任，向业主承担工程风险。

在投标书中，承包商必须附上拟定的分包商的名单，供业主审查。如果在工程施工中重新委托分包商，必须经过监理工程师的批准。

②劳务供应合同。建筑产品往往要花费大量的人力、物力和财力。承包商不可能全部采用固定工来完成该项工程，为了满足任务的临时需要，往往要与劳务供应商签订劳务供应合同，由劳务供应商向工程提供劳务。

③供应、运输、加工、租赁合同。供应合同是承包商为工程所进行的必要的材料与设备的采购和供应而与供应商签订供应合同；运输合同是承包商为解决材料和设备的运输问题而与运输单位签订的合同；加工合同是承包商将建筑构配件、特殊构件加工任务委托给加工承揽单位而签订的合同；租赁合同指在建设工程中，承包商需要许多施工设备、运输设备、周转材料。当有些设备、周转材料在现场使用率较低，或自己购置需要大量资金投入而自己又不具备这个经济实力时，可以采用租赁方式，与租赁单位签订租赁合同。

④保险合同。承包商按施工合同要求对工程进行保险，与保险公司签订保险合同。承包商的这些合同都与工程承包合同相关，都是为了履行承包合同而签订的。

此外，在许多大型工程中，尤其是在业主要求总承包的工程中，承包商经常是几个企业的联合体，即联合体承包（最常见的是设备供应商、土建承包商、安装承包商、勘察设计单位的联合投标）。这时承包商之间还需订立联合体合同。

[案例1-2]　厘清施工合同纠纷案中的法律关系

案例简介：2017年初，江某挂靠银兴公司承建希望中学新建综合楼工程，江某为该工程实际施工人和负责人。2017年6月20日，陈某与该中学签订一份《防盗窗定做协议》，该中学新建综合楼的铝合金门窗的加工及安装均由陈某完成，报酬以所加工的铝合金门窗面积按每平方米450元（包括税金）计算，付款方式为：铝合金门窗承揽款纳入新建综合楼工程款项，待工程结束，经审计后由上级拨款到银兴公司账户，陈某的承揽款从银兴公司账户领取，该款由江某负责交付陈某；银兴公司按每平方米铝合金门窗30元收取陈某管理费（包括税金），即实际支付给陈某的承揽款按每平方米420元（包括税金）计算。江某在该协议左下方的"滨江县银兴建筑安装工程公司（签字）："一栏签名。协议签订后，陈某为滨江县某中学加工安装的铝合金门窗已经验收合格并投入使用。该承揽款在希望中学付至银兴公司账户后已由江某全额领取。经核实，扣除每平方米30元管理费，陈某的承揽款为160488元。2018年8月，江某付给陈某70000元承揽款，下剩90488元承揽款，经陈某多次催讨，江某没有给付。2018年12月，陈某将江某、银兴公司、希望中学作为被告诉至法院，要求共同给付承揽款90488元。

另查明，江某实际施工的综合楼工程均于2018年2月竣工验收合格并投入使用。江某辩称：为了方便支付铝合金门窗承揽款，需要从江某挂靠的银兴公司走账。虽协议约定银兴公司收取陈某铝合金门窗每平方米30元管理费，但银兴公司向江某收取了15%的管理费还不包括税金，且江某与学校账目没有清算，故江某未支付陈某下剩承揽款。银兴公司、希望中学均辩称其不应承担任何责任。

法院判决： 法院审理后认定陈某与江某之间系合同纠纷，依法判决江某返还陈某承揽款 90488 元。

案例解析： 当事人应当按照约定全面履行自己的义务。本案中，江某作为银兴公司的代表在希望中学与陈某签订的《防盗窗定做协议》上签字，工程竣工后从银兴公司领取了陈某的承揽款，有江某出具给银兴公司的领条、承诺书及江某的当庭陈述佐证。江某在领取陈某的承揽款后仅给付陈某 70000 元，下剩承揽款 90488 元拖欠未付，违反了协议约定。虽然江某辩称下剩承揽款未给付陈某系江某与学校账目没有清算以及银兴公司向江某多收取了管理费，但该抗辩不能成为江某拒不给付陈某承揽款的合法理由。江某应按约定将陈某应获的承揽款 90488 元给付陈某。陈某要求江某给付承揽款 90488 元，符合法律规定，依法应予支持。银兴公司、希望中学均已按合同约定全面履行了自己的义务，陈某要求银兴公司、希望中学承担责任于法无据。

（本案例改编自参考文献 [5]）

1.2.2 建设工程合同管理概述

1. 建设工程合同管理的概念及目的

工程合同管理是对工程项目中相关合同的策划、签订、履行、变更、索赔和争议解决的管理。它是工程项目管理的重要组成部分。工程合同管理既包括各级工商行政管理机关、建设行政主管机关、金融机构对工程合同管理，也包括发包单位、监理单位、承包单位对工程合同的管理。可分为两个层次：第一层次是国家机关及金融机构对工程合同的管理，即合同的外部管理，它侧重于宏观管理；第二层次则是工程合同的当事人及监理单位对工程合同的管理，即合同的内部管理。

工程合同管理是为项目总目标和企业总目标服务的，保证项目总目标和企业总目标的实现。具体目的包括：

（1）质量成本进度三大目标控制

即整个工程项目在预定的成本、工期范围内完成，达到预定的质量和功能要求。由于建筑活动耗费资金巨大、持续时间长，结构质量关乎人民的生命财产安全，一旦出现质量问题，将导致建筑物部分或全部报废，造成大量浪费。在成本控制的问题上，业主与承包商是既有冲突，又必须协调的，合理的工程价款为成本控制奠定基础，是合同中的核心条款。工程项目涉及的流程复杂、消耗人力物力多，再加上一些不可预见因素，都为工期控制增加了难度。

（2）各方保持良好关系、合同争执少、合同符合法律要求

工程建设参与各方都有着自己的利益，不可避免要发生冲突。在这种情况下，各方都应尽量与其他各方协调关系，使项目的实施过程顺利，合同争议较少，合同各方面能互相协调，都能够圆满地履行合同责任。在工程结束时使双方都感到满意，业主按计划获得一个合格的工程，达到投资目的；承包人不但获得合理的利润，还赢得了信誉，建立双方友好合作关系。这是企业经营管理和发展战略对合同管理的双赢要求。保证整个工程合同的签订和实施过程符合法律的要求。

2. 工程合同管理的作用

在工程项目管理中，合同决定着工程项目的目标。工程项目管理的合同其实也就是工程项目管理的目标和依据，所以合同管理作为项目管理的起点，控制并制约着安全管理、

质量管理、进度管理、成本管理等方面。合同规定并调节着双方在合同实施中的责权利关系并且是工程实施中双方的最高行为准则。合同一经签订，只要有效，双方的经济关系就限制在合同范围内。由于双方权利和义务互为条件，所以合同双方都可以利用合同保护各自利益，限制和制约对方。合同不但决定双方在工程过程中的经济地位，而且合同地位受法律保护，在当事人之间，合同是至高无上的，如果不履行合同或者违反合同规定，就必将受到经济甚至法律的制裁。合同是解决双方争执的依据。在工程实施中争执经常发生。合同对争执的解决有两个重要作用：争执的判定以合同作为法律依据。即以合同条文判定争执的性质，谁对争执负责，负什么样的责任等。争执的解决方案和程序由合同规定。

3. 工程合同管理发展过程

合同制度在国内外有着悠久的发展历史，远在古罗马时代的奴隶社会，奴隶主买卖奴隶的契约，就是合同的一种形式。合同是伴随着人类社会经济贸易的发展而形成的商品、技术、服务的交换关系的管理制度。

合同作为一种企业之间横向联系的法律工具，是现代化大规模的商品生产和商品交换高度发展的结果。自从人类进行第三次社会大分工后，商品经济得到了飞速发展，生产的社会化程度越来越高，分工越来越细，整个社会成为一个生产协作的有机整体，不同企业都是这个有机体中的一个细胞。企业法人之间，既是竞争对象，又是相互依存的伙伴。几乎任何一件产品，企业不借助外界的协助，而单凭自身的力量完成生产的全过程，那是不可想象的。早期的工程比较简单，合同关系不复杂，所以合同条款也很简单。合同的作用主要体现在法律方面，人们主要将它作为一个法律问题看待，较多地从法律方面研究合同，关注合同条件在法律方面的严谨性和严密性。在我国，直到 20 世纪 80 年代中期，还没有合同文本，即便是大型工程项目的施工合同协议书内容也仅仅 3～4 页纸，那时对合同的研究也主要在合同法律方面。

自 20 世纪 90 年代开始我国建设领域陆续出台了一些合同示范文本和管理办法，如1991 年颁布的《建设工程施工合同（示范文本）》GF-1991-0201，1999 年颁布的《建设工程施工合同（示范文本）》GF-1999-0201，2000 年颁布的《建设工程委托监理合同（示范文本）》GF-2000-0202、《建设工程勘察合同（一）》GF-2000-0203、《建设工程勘察合同（二）》GF-2000-0204、《建设工程设计合同（一）》GF-2000-0209、《建设工程设计合同（二）》GF-2000-0210，2003 年颁布的《建设工程施工劳务分包合同》GF-2003-0214，2011 年颁布的《建设项目工程总承包合同示范文本（试行）》GF-2011-0216、2012 年颁布的《建设工程监理合同（示范文本）》GF-2012-0202、2013 年颁布的《建设工程施工合同（示范文本）》GF-2013-0201、2017 年颁布的《建设工程施工合同（示范文本）》GF-2017-0201。这些示范文本为规范合同条款，提高合同履行的效率发挥了重要的作用，并在使用的过程中根据政策变化、实际应用环境的需要对合同示范文本进行不断的更新。

随着工程项目管理研究和实践的深入，人们注重加强工程项目管理过程中合同管理的职能，将合同管理融于工程项目管理全过程中。在计算机应用方面，研究并开发了合同管理的信息系统。在许多工程项目管理组织和工程承包企业组织中，建立了工程合同管理职能机构，使合同管理专业化。合同管理学科的知识体系和理论体系的逐渐形成，使其真正形成一门学科。

本 章 小 结

本章对建设工程招标投标的概念、特点、基本原则、招标投标的方式、招标投标的范围和规模标准等内容作了重点阐述。对建设工程合同的概念、目标、特征以及建设工程合同体系的相关内容进行了分析，对于建设工程合同管理的概念、作用和合同管理的发展过程等内容进行了简要论述。

思 考 与 练 习

一、填空题

1.《招标投标法》规定：招标方式分为_____和_____。

2. 招标投标程序可以分为_____、_____、_____、_____、_____五个阶段。

3.《招标投标法》第五条："招标投标活动应当遵循_____、_____、_____和_____的原则。"

4. 建设工程合同的特征有_____、_____、_____、_____。

5. 建设工程合同包括工程_____、_____、_____合同。

6. 建设工程合同应当采用_____形式。

二、选择题

1. 根据《中华人民共和国招标投标法》和国家发展改革委有关规定，全部或部分使用国有资金投资或国家融资的项目，其重要设备材料的采购，单项合同估算价格在（   ）万元人民币以上时，必须进行招标。

A. 3000   B. 1000   C. 200   D. 50

2. 投标人少于（   ）的，招标人应当依照《中华人民共和国招标投标法》重新投标。

A. 3   B. 4   C. 5   D. 10

3. 凡在国内使用国有资金的项目，必须进行招标的情况包括（   ）。

A. 勘察、设计、监理等服务的采购，单项合同估算价在 100 万元人民币以上

B. 重要设备、材料采购等货物的采购，单项合同估算价在 200 万元人民币以上

C. 施工单项合同估算价在 400 万元人民币以上

D. 项目总投资额在 1000 万元人民币以上

E. 项目总投资额在 2000 万元人民币以上

4. 招标投标应遵循的原则有（   ）。

A. 公开   B. 公平   C. 投标方资信好   D. 公正

E. 诚实信用

5. 根据国家发展改革委关于《必须招标的基础设施和公用事业项目范围规定》，关系到社会公共利益、公众安全的基础设施项目的范围包括（   ）。

A. 石油项目   B. 电力项目   C. 铁路项目   D. 防洪项目

E. 旅游项目

6. 建设工程的招标方式可分为（   ）。

A. 公开招标　　　　B. 邀请招标　　　　C. 议标　　　　D. 系统内招标

E. 行业内招标

7. 以下哪种不属于建设工程合同的特征（　　　）。

A. 合同主体的严格性　　　　　　　　B. 合同标的物的特殊性

C. 合同履行期限的严格性　　　　　　D. 合同形式的特殊要求

8. 招标人采用邀请招标方式招标时，应当向（　　　）个以上具备承担招标项目的能力、资信良好的特定的法人或者其他组织发出投标邀请书。

A. 3　　　　　　　　B. 4　　　　　　　　C. 5　　　　　　　　D. 2

9. 公开招标亦称无限竞争性招标，是指招标人以（　　　）的方式邀请不特定的法人或者其他组织投标。

A. 投标邀请书　　　B. 合同谈判　　　C. 行政命令　　　D. 招标公告

10. 符合下列（　　　）情形之一的，经批准可以进行邀请招标。

A. 公开招标费用大的

B. 受自然地域环境限制的

C. 涉及国家安全、国家秘密，适宜招标但不适宜公开招标的

D. 项目技术复杂或有特殊要求只有几家潜在投标人可供选择的

E. 紧急抢险救灾项目，适宜招标但不适宜公开招标的

11. 在招标活动的基本原则中，招标人不得以任何方式限制或者排斥本地区、本系统以外的法人或者其他组织参加投标，体现了（　　　）。

A. 公开原则　　　B. 公平原则　　　C. 公正原则　　　D. 诚实信用原则

12. 在招标活动的基本原则中，与投标人有利害关系的人员不得作为评标委员会的成员，体现了（　　　）。

A. 公开原则　　　B. 公平原则　　　C. 公正原则　　　D. 诚实信用原则

13. 根据《招标投标法》，一个完整的招标投标程序必须包括的基本环节是（　　　）。

A. 发布招标公告、编制招标文件、开标、评标、定标和签订合同

B. 招标、投标、开标、评标、中标和签订合同

C. 发布招标公告、编制招标文件、澄清和答疑、投标、开标、评标和中标

D. 招标、投标、开标、评标、澄清和说明、签订合同

14. 关于国有资金占控股或主导地位的依法必须进行招标的工程建设项目邀请招标的法定认定部门，下列说法正确的是（　　　）。

A. 由招标人单位纪检监察部门认定

B. 需要备案的项目由省级人民政府认定

C. 需要备案的项目由招标人上级主管部门批准

D. 需要审批、核准的项目，由审批、核准部门认定

15. 根据《招标投标法实施条例》，下列属于可以不进行招标的情形有（　　　）。

A. 使用不可替代的专利技术生产的大型发电机组

B. 涉及抢险救灾的项目

C. 需要采用不可替代的专利或者专有技术

D. 某特殊通信设备需要原中标供应商在缺陷责任期后继续提供售后服务

E. 技术复杂、有特殊要求或受自然环境限制，只有少量潜在投标人可供选择的

（答案提示：1. C；2. A；3. ABC；4. ABDE；5. ABCD；6. AB；7. D；8. A；9. D；10. BCDE；11. B；12. B；13. B；14. D；15. ACD。）

三、简答题

1. 工程招标投标的含义和特征。

2. 工程招标投标的强制招标的范围。

3. 我国建设工程招标投标活动应遵循哪些基本原则？

4. 何谓公开招标和邀请招标？

5. 建设工程合同的概念及特征。

6. 工程合同管理的概念及目的。

四、案例分析题

空军某部，根据国防需要，须在北部地区建设一雷达生产厂，军方原拟订在与其合作过的施工单位中通过招标选择一家，可是由于合作单位多达 20 家，军方为达到保密要求，再次决定在这 20 家施工单位内选择 3 家军队施工单位投标。

问题：

（1）上述招标人的做法是否符合《中华人民共和国招标投标法》规定？

（2）在何种情形下，经批准可以进行邀请招标？

（答案提示：符合《招标投标法》的规定。由于本工程涉及国家机密，不宜进行公开招标，可以采用邀请招标的方式选择施工单位。）

第 2 章　建 设 工 程 招 标

[学习指南]　招标与投标属于要约和承诺的特殊表现形式，是合同的形成过程。在工程项目实施的过程中，以招标投标的方式选择实施单位，已经成为主要的形式。学习中要掌握招标的基本程序，标准施工招标文件示范文本和资格预审文件的主要内容及编制方法。本章学习过程中，为了掌握相关知识，建议仔细查阅《招标投标法》和标准施工招标文件示范文本和资格预审文件的相关内容。重点掌握工程项目招标的程序，明确招标人应具备的基本条件；通过学习中华人民共和国标准施工招标文件示范文本，掌握招标文件的组成和编制；招标资格预审文件的主要内容和资格预审的程序；熟悉招标流程，了解招标控制价和标底的区别。

[引导案例]　广州新电视塔招标经验

广州新电视塔总高 610m，建筑安装工程概算约 16 亿元。总用地面积约 17.6 万 m^2，总建筑面积 99946m^2。整个塔的造型恰似一位女子站在珠江边扭头一望。结构由一个钢结构外筒，一个椭圆形混凝土核心筒组成，包括连接这两者的组合楼面和塔体顶部的钢结构桅杆天线，塔身高 454m，上部天线高 156m，总高 610m。组合楼面沿整个塔体高度按功能层分组，共约 37 个楼层。建设工期为 50 个月，质量目标为国家最高奖项鲁班奖。建设阶段由广州新电视塔建设有限公司负责，广州市政府委派广州市建设委员会负责领导监管工作。新电视塔工程项目招标有国内招标也有国际招标。国内招标吸引了全国范围内顶尖的建筑企业参与投标，国际招标有设计方案竞赛和电梯、设备采购，参加设计投标的投标人来自全世界 13 个一流的设计所，电梯设备采购吸引了世界知名品牌及其先进设备供应商参加竞投。

新电视塔项目招标的总体思路是，通过服务招标，选择专业机构提供工程项目管理的服务，使建设单位拥有的项目管理职权中的管理部分向专业机构转移，主要有质量安全检测咨询、招标代理、造价咨询、施工监理、设计监理、设备监理等。通过工程招标引入国内最优秀、综合实力最强、工程经验丰富、管理完善、具有相应资质的施工总承包企业，按合同约定对工程项目的质量、工期、造价等向建设单位负责，负责整个项目的施工实施和总体管理协调，包括深化设计、施工组织和实施、材料采购、施工总体管理和协调、技术攻关等。其中部分专业工程由建设单位直接公开招标，但都是由总承包单位进行管理。

工程招标的典型经验（摘自论文《广州新电视塔工程建设管理实践与思考》，作者：梁硕）：

（1）选好招标代理单位。新电视塔项目招标内容多、专业多、综合性强、要求高，首要工作是选择一家综合实力强，招标经验丰富，技术力量雄厚，熟悉国家、省、市有关招标投标法规，对项目情况了解的招标代理单位。

（2）认真调查研究，抓好招标前的准备工作。在新电视塔项目招标工作中，建设单位精心组织招标代理、设计、设计咨询、监理等单位开展了一系列的调研工作，深入了解大型项目的招标操作模式，分析其成功和失败的经验，收集和整理国内潜在投标人的情况，并了解他们对本项目的投标意向，在充分调查研究的基础上，结合新电视塔工程的特点制定了工程招标模式，编制招标文件。例如，建设单位通过考察调研，了解并吸收了国内的几个大型项目的招标模式及项目实际管理中的经验，形成了新电视塔施工总承包招标工作中总承包主体的组成和选择方式、总承包单位的承包范围和管理范围、钢材生产厂家及钢结构加工厂选择方式的思路。为了客观评价钢结构加工标潜在投标单位的实力，建设单位在钢结构加工制作招标前，根据设计单位提供的钢结构节点图纸，本着自愿的原则，以成本补偿的方式委托潜在投标人制作完成节点试验段，使建设单位更加直观、科学地考察了潜在投标人的综合实力。

（3）招标文件的编写。在编写招标文件时，充分征求各潜在投标人的意见，多次召开招标研讨会，集中时间、地点，同时将招标文件和合同条款的初稿发给各潜在投标人，认真听取他们对招标文件和合同条款的意见，采纳合理化建议。

（4）评标委员会的组建。为保证新电视塔项目评标工作遵循公平、公开、充分竞争、科学、择优的原则展开，考虑到该工程的技术复杂性，评标委员会专家由招标人从全国范围内遴选多名经验丰富的知名专家组成新电视塔项目评标专家库，并由招标人和建设工程交易中心从此专家库中随机抽取。

（5）科学设定投标限价，合理控制工程投资。投标限价的准确性，直接影响工程投资。建设单位组织招标代理单位和造价咨询单位分别编制工程量清单，再综合考虑是否漏项，工程量是否准确。根据确定的工程量清单，先由招标代理和造价咨询两家单位"背靠背"制定投标限价，并经招标小组初审通过，再由市造价站审核限价，最后由建设单位综合研究后确定投标限价。

（6）评标时增加答辩环节。可以更直接了解投标人的综合水平。例如新电视塔施工总承包标的答辩分为三部分：第一部分由投标人播放模拟施工过程、诠释施工组织设计的三维动画演示影片，并作简短综合陈述；第二部分由投标人答辩组回答由技术标评标委员会提出的固定问题；第三部分为自由提问，主要由技术标评标委员会对投标人标书中的内容或答辩陈述中的内容进行有针对性地追踪提问。答辩后，可以使评标委员会专家充分了解投标单位对项目的了解水平，哪家投标单位对项目的重点、难点、特点了解最透彻、准备最充分。

（7）招标时充分考虑实施阶段的管理。新电视塔施工总承包招标时制定了一系列实施阶段的管理办法，同招标文件一起发出，包括新电视塔的《工程施工总承包管理办法》、《工程计量与支付管理办法》等。

2.1 工程招标的条件和程序

2.1.1 工程项目招标条件

工程项目的建设应当按照建设管理程序进行。为了保证工程项目的建设符合国家或地方的总体发展规划，以及能使招标后工作顺利进行，因此不同标的的招标均需满足相应的条件。

1. 招标人具备的条件

根据我国《招标投标法》规定，招标人应是"提出招标项目，进行招标的法人或者其他组织。""招标人应当有进行招标项目的相应资金或者资金来源已经落实，并应当在招标文件中如实载明。"《工程建设项目自行招标试行办法》规定，招标人是指依照法律规定进行工程建设项目的勘察、设计、施工、监理，以及与工程建设有关的重要设备、材料等招标的法人。

招标人分为两类：一是法人；二是其他组织。法人或者其他组织必须具备依法提出招标项目和依法进行招标两个条件后，才能成为招标人。

（1）依法提出招标项目

招标人依法提出招标项目，是指招标人提出的招标项目必须符合《招标投标法》第9条规定的两个基本条件：一是招标项目按照国家有关规定需要履行项目审批手续的，应当先履行审批手续，取得批准；二是招标人应当有进行招标项目的相应资金或者资金来源已经落实，并应当在招标文件中如实载明。

（2）依法进行招标

《招标投标法》对招标、投标、开标、评标、中标和签订合同等程序做出了明确的规定，法人或者其他组织只有按照法定程序进行招标才能称为招标人。

2. 招标人自行招标应具备的条件

《招标投标法》中规定，"招标人具有编制招标文件和组织评标能力的，可以自行组织办理招标事宜"。

为了保证招标行为的规范化、科学地评标，达到招标选择承包人的预期目的，招标人应满足以下的要求：

（1）有与招标工作相适应的经济、法律咨询和技术管理人员；

（2）有组织编制招标文件的能力；

（3）有审查投标单位资质的能力；

（4）有组织开标、评标、定标的能力。

利用招标方式选择承包单位属于招标单位自主的市场行为，因此《招标投标法》规定，招标人具有编制招标文件和组织评标能力的，可以自行办理招标事宜，向有关行政监督部门进行备案即可。如果招标单位不具备上述要求，可委托具有相应资质的中介机构代理招标。

3. 招标代理机构应具备的条件

（1）工程招标代理机构及其特征

按照《招标投标法》第13条规定，"招标代理机构是依法设立、从事招标代理业务并提供相关服务的社会中介组织。"

工程招标投标代理机构是接受被代理人的委托，为其办理工程的勘察、设计、施工、监理以及与工程建设有关的重要设备、材料采购等招标或投标事宜的社会组织。其中，被代理人一般是指工程项目的所有者或经营者，即建设单位或承包单位。

工程招标投标代理机构负责提供代理服务，并属于社会中介组织，而且其选择应当是一种自愿行为。工程招标投标代理在法律上属于委托代理，其行为必须符合代理委托的授权范围，否则属于无权代理。因此，签订代理协议并详细规定授权范围及代理人的权利、义务是代理机构进行代理行为的前提和依据。

招标投标代理机构有以下几个特征：

①代理人必须以被代理人（招标人或投标人）的名义办理招标或投标事宜，但在一个招标项目中，只能做招标代理人，或者做某一个投标人的代理人。

②招标投标代理人应具有独立进行意思表示的职能，这样才能使招标投标正常进行，因为他是以其专业知识和经验为被代理人提供高智能的服务。

③建设工程招标投标代理人的行为必须符合代理委托授权范围。这是因为招标投标代理在法律上属于委托代理，超出委托授权范围的代理行为属于无权代理。同样，未经被代理人（招标人或投标人）委托授权而发生的代理行为也属于无权代理。被代理人对代理人的无权代理行为有拒绝权和追认权。

④建设工程招标投标代理行为的法律后果由被代理人承担。

（2）工程招标代理机构的权利和义务

①招标代理机构的权利

A. 组织或参与招标活动，并要求招标人对代理工作提供协助；

B. 依据招标文件的要求，审查投标人的资质；

C. 对已发出的招标文件进行必要的澄清或修改；

D. 拒收投标截止时间以后送达的投标文件；

E. 代替招标人主持开标；

F. 按照规定收取招标代理费用。

②招标代理机构的义务

A. 遵守国家的方针、政策、法律及法规，维护招标人的合法权益；

B. 完成招标代理工作，如招标文件的编制与解释，并对其中的技术方案、数据和分析计算等科学性与正确性负责；

C. 保密义务。建设工程招标投标代理机构，对招标投标工作的各种数据和资料必须严格保密，不得擅自引用、发表或提供给第三方。违反者按合同规定赔偿经济损失并负法律责任；

D. 接受招标投标管理结构的监督管理及招标投标行业协会的指导；

E. 履行依法约定的其他义务。

（3）招标代理机构资格条件

《招标投标法》第 13 条规定，"招标代理机构应当具备下列资格条件：①有从事招标代理业务的营业场所和相应资金；②具备编制招标文件和组织评标的相应专业力量。"

为了深入推进工程建设领域"放管服"改革，规范工程招标代理行为，2017 年《招标投标法》的修订中删除了第十三条第三款中规定的符合法定条件可以作为评标委员会成员人选的技术、经济等方面的专家库的内容；删除了第十四条对于招标代理机构的资格认定。自 2017 年 12 月 28 日起，各级住房城乡建设部门不再受理招标代理机构资格认定申请，停止招标代理机构资格审批。2018 年 3 月发布了住房城乡建设部关于废止《工程建设项目招标代理机构资格认定办法》的决定（建设部令第 38 号）。

4. 招标项目应具备的条件

招标项目必须具备一定条件方可进行招标。《招标投标法》规定：招标项目按照国家有关规定需要履行项目审批手续的，应当先履行审批手续，取得批准。招标人应当有进行招标项目的相应资金或者资金来源已经落实，并应当在招标文件中如实载明。

概括来说，即履行项目审批手续和落实资金来源是招标项目进行招标前必须具备的两项基本条件。

（1）履行项目审批手续

对招标项目需要履行审批的规定，包括两个方面：首先，建设项目本身是否按现行项目审批管理制度办理了手续、取得了批准；其次，对依法必须招标项目是否按规定申报了招标事项的核准手续。

（2）资金或资金来源已经落实

招标人应当有进行招标项目的相应的资金或者资金来源已经落实，并在招标文件中如实载明。其中资金来源已经落实，是指资金虽然没有到位，但其来源已经落实，如银行已经承诺贷款。在招标文件中如实载明，是为了让投标人了解掌握这方面的真实情况，作为其是否参加投标的决策依据。

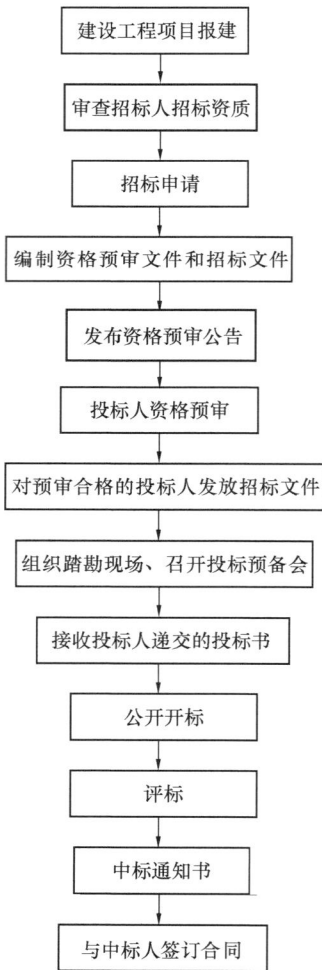

图 2-1 建设工程资格预审
公开招标工作程序

对于施工招标而言，《工程建设项目施工招标投标办法》规定，依法必须招标的工程建设项目，应当具备下列条件才能进行施工招标：

（1）招标人已经依法成立；

（2）初步设计及概算应当履行审批手续的，已经批准；

（3）招标范围、招标方式和招标组织形式等应当履行核准手续的，已经核准；

（4）有相应资金或资金来源已经落实；

（5）有招标所需的设计图纸及技术资料。

2.1.2 招标工作程序

建设工程资格预审公开招标工作程序如图 2-1 所示。

1. 建设工程项目报建

建设工程项目的立项批准文件或年度投资计划下达后，按照有关规定，须向建设行政主管部门的招标投标行政监管机关报建备案。工程项目报建备案的目的是便于当地建设行政主管部门掌握工程建设的规模，规范工程实施阶段程序的管理，加强工程实施过程的监督。建设工程项目报建备案后，具备招标条件的建设工程项目，即可开始办理招标事宜。凡未报建的工程项目，不得办理招标手续和发放施工许可证。

2. 审查招标人招标资质

组织招标有两种情况，招标人自己组织招标或委托招标代理机构代理招标。对于招标人自行办理招标事宜的，必须满足一定的条件，并向其行政监督机关备案，行政监督机关对招标人是否具备自行招标的条件进行监督。对委托的招标代理机构也应检查其相应的代理资质。

3. 招标申请

当招标人自己组织招标或委托招标代理机构代理招标确定后，应向其行政监管机提出招标申请。当招标申请批准后才可进行招标。

4. 编制资格预审文件和招标文件

招标申请被批准后，即可编制资格预审文件和招标文件。

（1）资格预审文件。公开招标对投标人的资格审查，有资格预审和资格后审两种。资格预审是指在发售招标文件前，招标人对潜在投标人进行资质条件、业绩、技术、资金等方面的审查；资格后审是指在开标后评标前对投标人进行的资格审查。只有通过资格预（后）审的潜在投标人，才可以参加投标（评标）。

（2）编制招标文件。招标文件的主要内容有：投标人须知，评标办法，合同条款及格式，工程量清单，图纸，技术标准和要求，技标文件格式，投标人须知前附表规定的其他材料。

5. 发布资格预审公告

招标文件、资格预审文件经审查批准后，招标人即可发布资格预审公告，吸引特定、不特定的潜在投标人前来投标。

6. 投标人资格预审

通过对申请单位填报的资格预审文件和资料进行评比和分析，按程序确定出合格的潜在投标人名单，并向其发出资格预审合格通知书。投标人收到资格预审合格通知书后，应以书面形式予以确认，在规定的时间购买招标文件、图纸及有关技术资料。

7. 发售招标文件和有关资料

招标人应按规定的时间和地点向经审查合格的投标人发售招标文件及有关资料。招标文件发出后，招标人不得擅自变更其内容。确需进行必要的澄清、修改或补充的，应当在招标文件要求提交投标文件截止时间前一定的时期内，书面通知所有获得招标文件的投标人。该澄清、修改或补充的内容是招标文件的组成部分，对招标人和投标人都有约束力。

8. 组织投标人踏勘现场或召开投标预备会，对招标文件进行答疑

招标文件发放后，招标人要在招标文件规定的时间内，根据招标项目的具体情况，组织潜在投标人踏勘项目现场，向其介绍工程场地和相关环境的有关情况，并对招标文件进行答疑。踏勘现场的目的在于使投标人了解工程现场和周围环境情况，获取对投标有帮助的信息，并据此做出关于投标策略和投标报价的决定；同时还可以针对招标文件中的有关规定和数据，通过现场踏勘进行详细的核对，对于现场实际情况与招标文件不符之处向招标人书面提出。对于潜在投标人在阅读招标文件和现场踏勘中提出的疑问，招标人可以书面形式或召开投标预备会的方式解答，但需同时将解答以书面方式通知所有购买招标文件的潜在投标人。该解答的内容为招标文件的组成部分。潜在投标人依据招标人介绍情况做出的判断和决策，由投标人自行负责。招标人不得组织单个或者部分潜在投标人踏勘项目现场。

9. 公开开标

开标是招标过程中的重要环节。应在招标文件规定的时间、地点和投标单位法定代表人或授权代理人在场的情况下举行开标会议。开标一般在当地建设工程交易中心进行。开标会议由招标人或招标代理机构组织并主持，招标管理机构到场监督。招标人在招标文件

要求提交投标文件的截止时间前收到的所有投标文件，开标时都应当当众予以拆封。如果是在招标文件所要求的提交投标文件的截止时间以后收到的投标文件，则不予开启，应原封不动地退回。

10. 评标

当开标过程结束后，进入评标阶段。评标由招标人依法组建的评标委员会负责，评标委员会由招标人的代表和有关经济、技术方面的专家组成。与投标人有利害关系的人不得进入相关项目的评标委员会，评标委员会的名单在中标结果确定之前应保密。招标人应采取必要措施，保证评标在严格保密的情况下进行。评标委员会在完成评标后，应当向招标人提出书面评标报告，并推荐合格的中标候选人，整个评标过程应在招标投标管理机构的监督下进行。

11. 发出中标通知书

在评标结束后，招标人以评标委员会提供的评标报告为依据，对评标委员会所推荐的中标候选人进行比较确定中标人，招标人也可以授权评标委员会直接确定中标人，定标应当择优。

评标确定中标人后，招标人应当向中标人发出中标通知书，并同时将中标结果通知所有未中标的投标人。中标通知书对招标人和中标人具有法律约束效力。中标通知书发出后，招标人改变中标结果的，或者中标人放弃中标项目的，应承担法律责任。

12. 与中标人签订合同

招标人与中标人应当在发出中标通知书30天的规定期限内，正式签订书面合同，中标人要按照招标文件的约定提交履约担保或履约保函。合同订立后，招标人应及时通知其他未中标的投标人，同时退还投标保证金。

上述流程是针对资格预审公开招标而言的，若为资格后审，在第4步仅编制招标文件，第5步发布招标公告，去掉第6步，在第9步开标后增加对投标人的资格审查即可，其余步骤相同。

［案例 2-1］ 某政府投资工程为公开招标，其招标投标流程大致经历了下列内容：

（1）2018 年 5 月 27 日在该市建设工程招标管理办公室作工程施工招标备案手续。

（2）2018 年 5 月 28 日～2003 年 6 月 3 日在该市建设工程招标信息网上发布招标公告。报名竞标单位有中铁一局、三局等十七家投标单位。

（3）2018 年 6 月 6 日～6 月 10 日向投标单位发放图纸和招标文件。

（4）2018 年 6 月 15 日上午组织投标单位现场踏勘。建设单位向投标单位介绍了施工现场情况，主要包括水准点的位置、施工用水、电源的连接位置。

（5）6 月 17 日召开了投标预备会，会上建设单位提供了气象、工程地质、水文地质等主要数据。施工图设计单位作了技术交底。各投标单位对招标文件、施工图纸、施工现场情况提出问题，建设单位和设计单位一一解答。

（6）2018 年 6 月 28 日在该市建筑工程交易服务中心专家库随机抽取五名专家评委。

（7）2018 年 6 月 29 日 9：00 在该市建设工程交易服务中心开标。

（8）该市市政一公司等三家投标单位未按时参加开标会放弃竞标，其余十四家投标单位准时递交投标文件。

（9）开标会议开始后，宣读招标单位法定代表人资格证明书、授权委托书；竞标单位名单。各投标单位代表确认投标文件的密封完整性。招标代理单位和招标监督单位共同检验投标单位的有关证件和资料，并宣读核查结果。宣读投标单位的投标函、报价、工期、质量、建设、规模。宣布标底。

（10）投标单位退场等候通知评标结果。评标委员会评标。根据招标文件的评标办法专家评委对技术标、经济标、资信标给各投标单位打分，综合商务标后推荐出中标候选人。

（11）评标委员会根据招标文件评标办法和投标文件，首先利用评标软件先对技术标（采用暗标）打分，再对资信标、商务标进行评审。最终确定：推荐候选中标单位为中铁某局集团有限公司，中标造价 42584501 元；工期 350 天。

2.2 招标文件的编制

2.2.1 招标文件的概念与作用

招标文件是由招标人或其委托的咨询代理机构根据招标项目特点和需要编制的、包括招标项目的所有实质性要求和条件的文件，通常包括投标须知、合同条件、技术规范、图纸和技术资料、工程量清单、招标控制价等几大部分内容。它不仅规定了完整的招标程序，而且还提出了各项技术标准和交易条件，拟列了合同的主要条款，是建设工程招标投标活动中重要的文件，不仅是投标人编制投标文件和报价的重要依据，也是评标委员会评审的依据，同时也是签订合同的基础。

2.2.2 招标文件的编制

2.2.2.1 工程施工招标文件范本的使用

为规范招标文件的内容和格式，节约招标文件编写的时间，提高招标文件的质量，国家有关部门分别编制了工程施工招标文件范本。《标准施工招标文件（2007 版）》在政府投资工程建设项目的招标投标活动中使用。它适用于一定规模以上，且设计和施工不是由同一承包商承担的工程施工招标。招标人可以结合工程项目具体情况，对其进行调整和修改。为了规范房屋建筑和市政工程施工招标资格预审文件、招标文件编制活动，促进房屋建筑和市政工程招标投标公开、公平和公正，根据《〈标准施工招标资格预审文件〉和〈标准施工招标文件〉》（国家发展改革委、财政部、建设部等九部委令第 56 号），住房城乡建设部制定了《房屋建筑和市政工程标准施工招标资格预审文件》和《房屋建筑和市政工程标准施工招标文件》，自 2010 年 6 月 9 日起施行。《简明标准施工招标文件》（2012版）适用于工期不超过 12 个月、技术相对简单且设计和施工不是由同一承包人承担的小型项目施工招标。《标准设计施工总承包招标文件》（2012 版）适用于设计施工一体化的总承包招标。2017 年，九部委联合发布了《标准设备采购招标文件》、《标准材料采购招标文件》、《标准勘察招标文件》、《标准设计招标文件》、《标准监理招标文件》等货物、服务类标准招标文件，适用于依法必须招标的与工程建设有关的设备、材料等货物项目和勘察、设计、监理等服务项目。机电产品国际招标项目，应当使用商务部编制的机电产品国际招标标准文本（中英文）。

这些"范本"在推进我国招标投标工作中起到重要作用，在使用"范本"编制具体工程项目的招标文件中，通用文件和标准条款不需做任何改动，只需根据招标工程的具体情况，对投标人须知前附表、专用条款、技术规范、工程量清单、投标书附录等部分的内容重新进行编写，加上招标图纸即可构成一套完整的招标文件。

2.2.2.2 招标投标相关法规中关于招标文件的规定

按照我国《招标投标法》的规定，招标文件应当包括招标项目的技术要求、对投标人资格审查的标准、投标报价要求和评标标准等所有实质性要求和条件以及签订合同的主要条款。

根据《招标投标法》规定，招标文件的内容大致分为三类：

（1）关于编写和提交投标文件的规定。载入这些内容的目的是尽量减少承包商或供应商由于不明确如何编写投标文件而处于不利单位或投标文件遭到拒绝的可能。

（2）关于对投标人资格审查的标准及投标文件的评审标准和方法。这是为了提高招标过程的透明性和公平性，所以非常重要。

（3）关于合同的主要条款，其中主要是商务性条款，有利于投标人了解中标后签订合同的主要内容，明确双方的权利义务。招标人应当在招标文件中规定实质性要求和条件，并用醒目的方式标明。

根据《招标投标法》和中华人民共和国住房和城乡建设部的有关规定，施工项目招标文件编制中还应遵守如下规定：

（1）需明确评标原则和评标办法。

（2）投标准备时间（即从开始发出招标文件之日起，至投标人提交投标文件截止之日止）最短不得少于 20 天。

（3）在招标文件中应明确投标价格的计算依据，使用的国家或地方计价依据标准等。

（4）质量标准必须达到国家施工验收规范合格标准。

（5）在招标文件中应明确投标保证金的数额及支付方式。

（6）关于工程量清单，招标单位需按国家颁布的统一的项目编码、项目名称、计量单位和工程量计算规则，根据施工图纸计算工程量，提供给投标单位作为投标报价的基础。

2.2.2.3 招标文件内容

根据《房屋建筑和市政工程标准施工招标文件》（2010 版）和《标准施工招标文件》的内容，招标文件可分为：

第一卷

第一章　招标公告（未进行资格预审）

投标邀请书（适用于邀请招标）

投标邀请书（代资格预审通过通知书）

第二章　投标人须知

第三章　评标办法（经评审的最低投标价法和综合评估法）

第四章　合同条款及格式

第五章　工程量清单

第二卷

第六章　图纸

第三卷

第七章　技术标准和要求

第四卷

第八章 投标文件格式

现将上述内容简要说明如下：

1. 招标公告

（1）招标公告的内容

招标公告适用于资格后审方法的公开招标，主要包括的内容有：

①招标条件。包括：工程建设项目名称、项目审批、核准或备案机关名称及批准文件编号；项目业主名称；项目资金来源和出资比例；招标人名称；该项目已具备招标条件。

②工程建设项目概况与招标范围。对工程建设项目建设地点、规模、计划工期、招标范围、标段划分等进行概括性的描述，使潜在投标人能够初步判断是否有意愿以及自己是否有能力承担项目的实施。

③资格后审的投标人资格要求。申请人应具备的工程施工资质等级、类似业绩、安全生产许可证、质量认证体系证书，以及对财务、人员、设备、信誉等能力和方面的要求。是否允许联合体申请投标以及相应要求；投标人投标的标段数量或指定的具体标段；是否接受联合体投标。

④招标文件获取的时间、方式、地点、价格。应满足发售时间不少于5日。写明招标文件的发售地点。招标文件的售价应当合理，不得以营利为目的。且招标文件售出后，不予退还。为了保证投标人在未中标后及时退还图纸，必要时，招标人可要求投标人提交图纸押金，在投标人退还图纸时退还该押金，但不计利息。

这里应注意《招标投标法实施条例》第十六条规定，招标人应当按照招标预审公告、招标公告或者投标邀请书规定的时间、地点发售招标文件。招标预审文件或者招标文件的发售期不得少于5日。招标人发售招标预审文件、招标文件收取的费用应当限于补偿印刷、邮寄的成本支出，不得以营利为目的。

⑤投标文件递交的截止时间、地点。根据招标项目具体特点和需要确定投标文件递交的截止时间，注意应从招标文件开始发售到投标文件截止日不得少于20日。送达地点要详细告知。对于逾期送达的或者未送达指定地点的投标文件，招标人不予受理。

⑥公告发布媒体。按照有关规定同时发布本次招标公告的媒体名称。

⑦联系方式。包括招标人和招标代理机构的联系人、地址、邮编、电话、传真、电子邮箱、开户银行和账号等。

国家发展改革委制定发布自2018年1月1日起施行的《招标公告和公示信息发布管理办法》中还规定，采用电子招标投标方式的，需载明潜在投标人访问电子招标投标交易平台的网址和方法。依法必须招标项目的招标公告和公示信息应当根据招标投标法律法规，以及国家发展改革委会同有关部门制定的标准文件编制，实现标准化、格式化。

（2）招标公告的发布

依法必须招标项目的招标公告和公示信息应当在"中国招标投标公共服务平台"或者项目所在地省级电子招标投标公共服务平台发布。省级电子招标投标公共服务平台应当与"中国招标投标公共服务平台"对接，按规定同步交互招标公告和公示信息。对依法必须招标项目的招标公告和公示信息，发布媒介应当与相应的公共资源交易平台实现信息共享。"中国招标投标公共服务平台"应当汇总公开全国招标公告和公示信息，以及发布媒介名称、网址、办公场所、联系方式等基本信息，及时维护更新，与全国公共资源交易平台共享，并归集至全国信用信息共享平台，按规定通过"信用中国"网站向社会公开。

拟发布的招标公告和公示信息文本应当由招标人或其招标代理机构盖章，并由主要负责人或其授权的项目负责人签名。采用数据电文形式的，应当按规定进行电子签名。

招标人或其招标代理机构发布招标公告和公示信息，应当遵守招标投标法律法规关于时限的规定。

依法必须招标项目的招标公告和公示信息鼓励通过电子招标投标交易平台录入后交互至发布媒介核验发布，也可以直接通过发布媒介录入并核验发布。按照电子招标投标有关数据规范要求交互招标公告和公示信息文本的，发布媒介应当自收到起 12 小时内发布。采用电子邮件、电子介质、传真、纸质文本等其他形式提交或者直接录入招标公告和公示信息文本的，发布媒介应当自核验确认起 1 个工作日内发布。核验确认最长不得超过 3 个工作日。

招标人或其招标代理机构应当对其提供的招标公告和公示信息的真实性、准确性、合法性负责。发布媒介和电子招标投标交易平台应当对所发布的招标公告和公示信息的及时性、完整性负责。发布媒介应当按照规定采取有效措施，确保发布招标公告和公示信息的数据电文不被篡改、不遗漏和至少 10 年内可追溯。

发布媒介应当免费提供依法必须招标项目的招标公告和公示信息发布服务，并允许社会公众和市场主体免费、及时查阅前述招标公告和公示的完整信息。依法必须招标项目的招标公告和公示信息除在发布媒介发布外，招标人或其招标代理机构也可以同步在其他媒介公开，并确保内容一致。其他媒介可以依法全文转载依法必须招标项目的招标公告和公示信息，但不得改变其内容，同时必须注明信息来源。

下面以某政府办公楼项目工程招标公告为例说明招标公告的内容。

某政府办公楼工程招标公告

1. 招标条件

本招标项目<u>根河市蔡奇乡人民政府行政办公楼</u>（项目名称）已由<u>银发改委</u>（项目审批、核准或备案机关名称）以<u>银发改投资〔2018〕118 号</u>（批文名称及编号）批准建设，招标人（项目业主）为<u>蔡奇乡人民政府</u>，建设资金来自<u>上级拨款及自筹</u>（资金来源），项目出资比例为拨款 90%，自筹 10%。项目已具备招标条件，现对该项目的施工进行公开招标。

2. 项目概况与招标范围

工程概况：<u>新建三层框架结构办公楼一幢，设计标准化房屋 60 间，总建筑面积约 1740m²。</u>

计划工期：2019 年 6 月 1 日开工 2019 年 10 月 10 日竣工

招标范围：<u>土建、装饰</u>

3. 投标人资格要求

3.1 本次招标要求投标人须具备施工总承包叁级及以上资质，并在人员、设备、资金等方面具有相应的施工能力，其中，投标人拟派项目经理须具备建筑工程专业二或一级注册建造师执业资格，具备有效的安全生产考核合格证书，且未担任其他在施建设工程项目的项目经理。

3.2 本次招标不接受联合体投标。

4. 投标报名

凡有意参加投标者，请于2019年3月1日至2019年3月6日（法定公休日、法定节假日除外），每日上午9时至11时，下午2时至4时（北京时间，下同），在根河市工程交易中心报名。

5. 招标文件的获取

5.1 凡通过上述报名者，请于2019年3月10日至2019年3月16日（法定公休日、法定节假日除外），每日上午9时至12时，下午2时至5时，在乡政府办公室持单位介绍信购买招标文件。

5.2 招标文件每套售价200元，售后不退。图纸押金200元，在退还图纸时退还（不计利息）。

6. 投标文件的递交

6.1 投标文件递交的截止时间（投标截止时间，下同）为2019年4月15日9时0分，地点为银河市工程交易中心。

6.2 逾期送达的或者未送达指定地点的投标文件，招标人不予受理。

7. 发布公告的媒介

本次招标公告同时在《中国招标投标公共服务平台》、《银河市招标信息网》上发布。

8. 联系方式

招标人：＿＿＿＿＿＿＿＿＿＿	招标代理机构：＿＿＿＿＿＿＿＿＿＿
地　　址：＿＿＿＿＿＿＿＿＿＿	地　　　　址：＿＿＿＿＿＿＿＿＿＿
邮　　编：＿＿＿＿＿＿＿＿＿＿	邮　　　　编：＿＿＿＿＿＿＿＿＿＿
联系人：＿＿＿＿＿＿＿＿＿＿	联　系　人：＿＿＿＿＿＿＿＿＿＿
电　　话：＿＿＿＿＿＿＿＿＿＿	电　　　　话：＿＿＿＿＿＿＿＿＿＿
传　　真：＿＿＿＿＿＿＿＿＿＿	传　　　　真：＿＿＿＿＿＿＿＿＿＿
电子邮件：＿＿＿＿＿＿＿＿＿＿	电 子 邮 件：＿＿＿＿＿＿＿＿＿＿
网　　址：＿＿＿＿＿＿＿＿＿＿	网　　　　址：＿＿＿＿＿＿＿＿＿＿
开户银行：＿＿＿＿＿＿＿＿＿＿	开 户 银 行：＿＿＿＿＿＿＿＿＿＿
账　　号：＿＿＿＿＿＿＿＿＿＿	账　　　　号：＿＿＿＿＿＿＿＿＿＿
	＿＿＿年＿＿＿月＿＿＿日

（3）投标邀请书的内容

投标邀请书（适用于邀请招标）。适用于邀请招标的投标邀请书一般包括项目名称、被邀请人名称、招标条件、项目概况与招标范围、投标人资格要求、招标文件的获取、投标文件的递交、确认和联系方式等内容，其中大部分内容与招标公告基本相同，唯一区别是：投标邀请书无需说明发布公告的媒介，但对投标人增加了在收到投标邀请书后的约定时间内，以传真或快递方式予以确认是否参加投标的要求。

投标邀请书（代资格预审通过通知书）。适用于代资格预审通过通知书的投标邀请书一般包括项目名称、被邀请人名称、购买招标文件的时间、售价、投标截止时间、收到邀请书的确认时间和联系方式等。与适用于邀请招标的投标邀请书相比，由于已经经过了资格预审阶段，所以在代资格预审通过通知书的投标邀请书内容里，不包括招标条件、项目概况与招标范围和投标人资格要求等内容。

2. 投标人须知

投标人须知是招标文件中很重要的一部分内容，投标者在投标时必须仔细阅读和理解，按须知中的要求进行投标。其内容包括：总则、招标文件、投标文件、投标、开标、评标、合同授予、重新招标和不再招标、纪律和监督与需要补充的其他内容等。

一般在投标人须知前有一张"前附表"。"前附表"是将投标人须知中重要条款规定的内容用一个表格的形式列出来。主要作用有两个方面，一是将投标人须知中的关键内容和数据摘要列表，起到强调和提醒作用，为投标人迅速掌握投标人须知内容提供方便，但必须与招标文件相关章节内容衔接一致；二是对投标人须知正文中交由前附表明确的内容给予具体约定，格式及内容见表 2-1。

投标人须知前附表　　　　　　　　　　　　　　　表 2-1

条款号	条款名称	编列内容				
1.1.2	招标人	名称：	地址：	联系人：	电话：	电子邮件
1.1.3	招标代理机构	名称：	地址：	联系人：	电话：	电子邮件
1.1.4	项目名称	银河市蔡奇乡人民政府行政办公楼				
1.1.5	建设地点	蔡奇乡人民政府院内				
1.2.1	资金来源	政府投资及自筹				
1.2.2	出资比例	政府投资 90%，自筹 10%				
1.2.3	资金落实情况	已落实				
1.3.1	招标范围	施工图纸范围内的全部土建、装饰、安装及室外配套内容				
1.3.2	计划工期	计划工期：132 日历天 计划开工日期：2019 年 6 月 1 日 计划竣工日期：2019 年 10 月 10 日 除上述总工期外，发包人还要求以下区段工期：无				
1.3.3	质量要求	质量标准：关于质量要求的详细说明见第七章"技术标准和要求"				
1.4.1	投标人资质条件、能力和信誉	资质条件：　　　房屋建筑工程施工总承包三级及以上资质； 财务要求：　　业绩要求：　　　信誉要求： 项目经理资格：建筑工程专业贰级（含以上级）注册建造师执业资格，具备有效的安全生产考核合格证书，且不得担任其他在施建设工程项目的项目经理。其他要求：无				
1.4.2	是否接受联合体投标	☑不接受□接受，应满足：联合体资质按照联合体协议约定的分工认定				

条款号	条款名称	编列内容
1.9.1	踏勘现场	□不组织 ☑组织，踏勘时间：3月24日 踏勘集中地点：乡政府院内
1.10.1	投标预备会	☑不召开 □召开，召开时间： 召开地点：
1.10.2	投标人提出问题的截止时间	2019年3月26日17时0分前
1.10.3	招标人书面澄清的时间	2019年3月28日17时0分前
1.11	分包	☑不允许。□允许，分包要求：
1.12	偏离	☑不允许，□允许，允许偏离最高项数：＿＿ 偏差调整方法：＿＿
2.1	构成招标文件的其他材料	
2.2.1	投标人要求澄清招标文件的截止时间	2019年3月27日17时0分前
2.2.2	投标截止时间	2019年4月15日9时0分
2.2.3	投标人确认收到招标文件澄清的时间	在收到相应澄清文件后12小时内
2.3.2	投标人确认收到招标文件修改的时间	在收到相应修改文件后12小时内
3.1.1	签字或盖章要求	法定代表人或其委托代理人签字和加盖单位章
3.3.1	投标有效期	90天
3.4.1	投标保证金	投标保证金的形式：现金 投标保证金的金额：叁万元整
3.5.2	近年财务状况的年份要求	3年，指2016年1月1日起至2018年12月31日止
3.5.3	近年完成的类似项目的年份要求	3年，指2016年1月1日起至2018年12月31日止
3.5.5	近年发生的诉讼及仲裁情况的年份要求	3年，指2016年1月1日起至2018年12月31日止
3.6	是否允许递交备选投标方案	☑不允许 □允许
3.7.4	投标文件副本份数	四份
3.7.5	装订要求	☑不分册装订 □分册装订
4.1.2	封套上写明	招标人地址： 招标人名称： 投标文件在2013年4月15日9时0分前不得开启
4.2.2	递交投标文件地点	银河市工程交易中心（有形建筑市场/交易中心名我及地址）
4.2.3	是否退还投标文件	☑否 □是，退还安排：
5.1	开标时间和地点	开标时间：同投标截止时间 开标地点：银河市工程交易中心
5.2	开标程序	密封情况检查：投标人代表；开标顺序

条款号	条款名称	编列内容
6.1.1	评标委员会的组建	评标委员会构成：<u>7</u>人，其中招标人代表<u>1</u>人（限招标人在职人员，且应当具备评标专家相应的或者类似的条件），专家<u>6</u>人；评标专家确定方式：<u>专家库随机抽取</u>
7.1	是否授权评标委员会确定中标人	□是 ☑否，推荐的中标候选人数：<u>3</u>
7.3.1	履约担保	履约担保的形式：<u>银行保函</u> 履约担保的金额：<u>中标价的 10%</u>
10. 需要补充的其他内容		
10.1 词语定义		
10.2 招标控制价		
	招标控制价	□不设招标控制价 ☑设招标控制价，招标控制价为：<u>6800000</u>元

投标人须知的主要内容如下：

（1）总则

在总则中要说明项目概况、资金来源和落实情况、招标范围、计划工期和质量要求、投标人资格要求、投标费用承担、保密、语言文字、计量单位、踏勘现场、投标预备会、分包和偏离等问题。

① 投标人须知前附表规定接受联合体投标的，除应符合投标人须知前附表的要求外，还应遵守以下规定：联合体各方应按招标文件提供的格式签订联合体协议书，明确联合体牵头人和各方权利义务；由同一专业的单位组成的联合体，按照资质等级较低的单位确定资质等级；联合体各方不得再以自己名义单独或参加其他联合体在同一标段中投标。

② 投标人不得存在下列情形之一：为招标人不具有独立法人资格的附属机构（单位）；为本标段前期准备提供设计或咨询服务的，但设计施工总承包的除外；为本标段的监理人；为本标段的代建人；为本标段提供招标代理服务的；与本标段的监理人或代建人或招标代理机构同为一个法定代表人的；与本标段的监理人或代建人或招标代理机构相互控股或参股的；与本标段的监理人或代建人或招标代理机构相互任职或工作的；被责令停业的；被暂停或取消投标资格的；财产被接管或冻结的；在最近三年内有骗取中标或严重违约或重大工程质量问题的。

③ 投标人准备和参加投标活动发生的费用自理。参与招标投标活动的各方应对招标文件和投标文件中的商业和技术等秘密保密，违者应对由此造成的后果承担法律责任。除专用术语外，与招标投标有关的语言均使用中文。必要时专用术语应附有中文注释。所有计量均采用中华人民共和国法定计量单位。

④ 投标人须知前附表规定组织踏勘现场的，招标人按投标人须知前附表规定的时间、地点组织投标人踏勘项目现场。投标人踏勘现场发生的费用自理。除招标人的原因外，投标人自行负责在踏勘现场中所发生的人员伤亡和财产损失。招标人在踏勘现场中介绍的工程场地和相关的周边环境情况，供投标人在编制投标文件时参考，招标人不对投标人据此做出的判断和决策负责。

⑤ 投标人须知前附表规定召开投标预备会的，招标人按投标人须知前附表规定的时间和地点召开投标预备会，澄清投标人提出的问题。投标人应在投标人须知前附表规定的时间前，以书面形式将提出的问题送达招标人，以便招标人在会议期间澄清。投标预备会后，招标人在投标人须知前附表规定的时间内，将对投标人所提问题进行澄清，以书面方式通知所有购买招标文件的投标人。该澄清内容为招标文件的组成部分。

⑥ 分包。投标人拟在中标后将中标项目的部分非主体、非关键性工作进行分包的，应符合投标人须知前附表规定的分包内容、分包金额和接受分包的第三人资质要求等限制性条件。

⑦ 偏离。投标人须知前附表允许投标文件偏离招标文件某些要求的，偏离应当符合招标文件规定的偏离范围和幅度。

（2）招标文件

① 招标文件的内容。招标文件的组成内容包括：招标公告（或投标邀请书）；投标人须知；评标办法；合同条款及格式；工程量清单；图纸；技术标准和要求；投标文件格式；投标人须知前附表规定的其他材料。对招标文件所作的澄清、修改，构成招标文件的组成部分。

② 招标文件的澄清。投标人应仔细阅读和检查招标文件的全部内容。如发现缺页或附件不全，应及时向招标人提出，以便补齐。如有疑问，应在投标人须知前附表规定的时间前以书面形式（包括信函、电报、传真等可以有形地表现所载内容的形式）要求招标人对招标文件予以澄清。招标文件的澄清将在投标人须知前附表规定的投标截止时间 15 天前以书面形式发给所有购买招标文件的投标人，但不指明澄清问题的来源。如果澄清发出的时间距投标截止时间不足 15 天，相应延长投标截止时间。投标人在收到澄清后，应在投标人须知前附表规定的时间内以书面形式通知招标人，确认已收到该澄清。

③ 招标文件的修改。在投标截止时间 15 天前，招标人可以书面形式修改招标文件，并通知所有已购买招标文件的投标人。如果修改招标文件的时间距投标截止时间不足 15 天，相应延长投标截止时间。投标人收到修改内容后，应在投标人须知前附表规定的时间内以书面形式通知招标人，确认已收到该修改。

（3）投标文件

① 投标文件的组成。投标文件应包括下列内容：投标函及投标函附录；法定代表人身份证明或附有法定代表人身份证明的授权委托书；联合体协议书；投标保证金；已标价工程量清单；施工组织设计；项目管理机构；拟分包项目情况表；资格审查资料；投标人须知前附表规定的其他材料。投标人须知前附表规定不接受联合体投标的，或投标人没有组成联合体的，投标文件不包括联合体协议书。

② 投标报价。投标人应按"工程量清单"的要求填写相应表格。投标人在投标截止时间前修改投标函中的投标总报价，应同时修改"工程量清单"中的相应报价。

③ 投标有效期。在投标人须知前附表规定的投标有效期内，投标人不得要求撤销或修改其投标文件。出现特殊情况需要延长投标有效期的，招标人以书面形式通知所有投标人延长投标有效期。投标人同意延长的，应相应延长其投标保证金的有效期，但不得要求或被允许修改或撤销其投标文件；投标人拒绝延长的，其投标失效，但投标人有权收回其投标保证金。

④ 投标保证金。投标人在递交投标文件的同时，应按投标人须知前附表规定的金额、担保形式和"投标文件格式"中规定的投标保证金格式递交投标保证金，并作为其投标文件的组成部分。联合体投标的，其投标保证金由牵头人递交，并应符合投标人须知前附表的规定。投标人不按要求提交投标保证金的，其投标文件作废标处理。招标人最迟应当在书面合同签订后 5 日内向中标人和未中标的投标人退还投标保证金及银行同期存款利息。有下列情形之一的，投标保证金将不予退还：A. 投标人在规定的投标有效期内撤销或修改其投标文件；B. 中标人在收到中标通知书后，无正当理由拒签合同协议书或未按招标文件规定提交履约担保。

⑤ 资格审查资料（适用于未进行资格预审的）。"投标人基本情况表"应附投标人营业执照副本及其年检合格的证明材料、资质证书副本和安全生产许可证等材料的复印件。"近年财务状况表"应附经会计师事务所或审计机构审计的财务会计报表，包括资产负债表、现金流量表、利润表和财务情况说明书的复印件，具体年份要求见投标人须知前附表。"近年完成的类似项目情况表"应附中标通知书和（或）合同协议书、工程接收证书（工程竣工验收证书）的复印件，具体年份要求见投标人须知前附表。每张表格只填写一个项目，并标明序号。"正在施工和新承接的项目情况表"应附中标通知书和（或）合同协议书复印件。每张表格只填写一个项目，并标明序号。"近年发生的诉讼及仲裁情况"应说明相关情况，并附法院或仲裁机构做出的判决、裁决等有关法律文书复印件，具体年份要求见投标人须知前附表。

⑥ 备选投标方案。除投标人须知前附表另有规定外，投标人不得递交备选投标方案。允许投标人递交备选投标方案的，只有中标人所递交的备选投标方案方可予以考虑。评标委员会认为中标人的备选投标方案优于其按照招标文件要求编制的投标方案的，招标人可以接受该备选投标方案。

⑦ 投标文件的编制。投标文件应按"投标文件格式"进行编写，如有必要，可以增加附页，作为投标文件的组成部分。其中，投标函附录在满足招标文件实质性要求的基础上，可以提出比招标文件要求更有利于招标人的承诺。投标文件应当对招标文件有关工期、投标有效期、质量要求、技术标准和要求、招标范围等实质性内容做出响应。投标文件应用不褪色的材料书写或打印，并由投标人的法定代表人或其委托代理人签字或盖单位章。委托代理人签字的，投标文件应附法定代表人签署的授权委托书。投标文件应尽量避免涂改、行间插字或删除。如果出现上述情况，改动之处应加盖单位章或由投标人的法定代表人或其授权的代理人签字确认。签字或盖章的具体要求见投标人须知前附表。投标文件正本一份，副本份数见投标人须知前附表。正本和副本的封面上应清楚地标记"正本"或"副本"的字样。当副本和正本不一致时，以正本为准。投标文件的正本与副本应分别装订成册，并编制目录，具体装订要求见投标人须知前附表规定。

（4）投标

①投标文件的密封和标记。投标文件的正本与副本应分开包装，加贴封条，并在封套的封口处加盖投标人单位章。投标文件的封套上应清楚地标记"正本"或"副本"字样，封套上应写明的其他内容见投标人须知前附表。未按要求密封和加写标记的投标文件，招标人不予受理。

②投标文件的递交。投标人应在规定的投标截止时间前递交投标文件。投标人递交投

标文件的地点见投标人须知前附表。除投标人须知前附表另有规定外，投标人所递交的投标文件不予退还。招标人收到投标文件后，向投标人出具签收凭证。逾期送达的或者未送达指定地点的投标文件，招标人不予受理。

③投标文件的修改与撤回。在规定的投标截止时间前，投标人可以修改或撤回已递交的投标文件，但应以书面形式通知招标人。投标人修改或撤回已递交投标文件的书面通知应按照要求签字或盖章。招标人收到书面通知后，向投标人出具签收凭证。修改的内容为投标文件的组成部分。修改的投标文件应按照规定进行编制、密封、标记和递交，并标明"修改"字样。

（5）开标

①开标时间和地点。招标人在规定的投标截止时间（开标时间）和投标人须知前附表规定的地点公开开标，并邀请所有投标人的法定代表人或其委托代理人准时参加。

②开标程序。主持人按下列程序进行开标：宣布开标纪律；公布在投标截止时间前递交投标文件的投标人名称，并点名确认投标人是否派人到场；宣布开标人、唱标人、记录人、监标人等有关人员姓名；按照投标人须知前附表规定检查投标文件的密封情况；按照投标人须知前附表的规定确定并宣布投标文件开标顺序；设有标底的，公布标底；按照宣布的开标顺序当众开标，公布投标人名称、标段名称、投标保证金的递交情况、投标报价、质量目标、工期及其他内容，并记录在案；投标人代表、招标人代表、监标人、记录人等有关人员在开标记录上签字确认；开标结束。

（6）评标

①评标委员会。评标由招标人依法组建的评标委员会负责。评标委员会由招标人或其委托的招标代理机构熟悉相关业务的代表，以及有关技术、经济等方面的专家组成。评标委员会成员人数以及技术、经济等方面专家的确定方式见投标人须知前附表。

评标委员会成员有下列情形之一的，应当回避：招标人或投标人的主要负责人的近亲属；项目主管部门或者行政监督部门的人员；与投标人有经济利益关系，可能影响对投标公正评审的；曾因在招标、评标以及其他与招标投标有关活动中从事违法行为而受过行政处罚或刑事处罚的。

②评标原则。评标活动遵循公平、公正、科学和择优的原则。

③评标。评标委员会按照"评标办法"规定的方法、评审因素、标准和程序对投标文件进行评审。"评标办法"没有规定的方法、评审因素和标准，不作为评标依据。

（7）合同授予

①定标方式。除投标人须知前附表规定评标委员会直接确定中标人外，招标人依据评标委员会推荐的中标候选人确定中标人。评标委员会推荐的中标候选人应当限定在1～3人，并标明排列顺序，评标委员会推荐中标候选人的具体人数见投标人须知前附表。

②中标通知。在规定的投标有效期内，招标人以书面形式向中标人发出中标通知书，同时将中标结果通知未中标的投标人。

③履约担保

在签订合同前，中标人应按投标人须知前附表规定的金额、担保形式和合同条款及格式规定的履约担保格式向招标人提交履约担保。联合体中标的，其履约担保由牵头人递交，并应符合投标人须知前附表规定的金额、担保形式和合同条款及格式规定的履约担保格式要求。

中标人不能按要求提交履约担保的，视为放弃中标，其投标保证金不予退还，给招标人造成的损失超过投标保证金数额的，中标人还应当对超过部分予以补偿。

④签订合同

A. 招标人和中标人应当自中标通知书发出之日起 30 天内，根据招标文件和中标人的投标文件订立书面合同。中标人无正当理由拒签合同的，招标人取消其中标资格，其投标保证金不予退还；给招标人造成的损失超过投标保证金数额的，中标人还应当对超过部分予以赔偿。

B. 发出中标通知书后，招标人无正当理由拒签合同的，招标人向中标人退还投标保证金；给中标人造成损失的，还应当赔偿损失。

（8）重新招标和不再招标

①重新招标。有下列情形之一的，招标人将重新招标：

A. 投标截止时间止，投标人少于 3 个的。

B. 经评标委员会评审后否决所有投标的。

②不再招标。重新招标后投标人仍少于 3 个或所有投标被否决的，属于必须审批或核准的工程建设项目，经原审批或核准部门批准后不再进行招标。

（9）纪律和监督

①对招标人的纪律要求。招标人不得泄露招标投标活动中应当保密的情况和资料，不得与投标人串通损害国家利益、社会公共利益或他人合法权益。

②对投标人的纪律要求。投标人不得相互串通投标或与招标人串通投标，不得向招标人或评标委员会成员行贿谋取中标，不得以他人名义投标或以其他方式弄虚作假骗取中标；投标人不得以任何方式干扰、影响评标工作。

③对评标委员会成员的纪律要求。评标委员会成员不得收受他人的财物或者其他好处，不得向他人透露对投标文件的评审和比较、中标候选人的推荐情况及评标有关的其他情况。在评标活动中，评标委员会成员不得擅离职守，影响评标程序正常进行，不得使用"评标办法"中没有规定的评审因素和标准进行评标。

④对与评标活动有关的工作人员的纪律要求。与评标活动有关的工作人员不得收受他人的财物或者其他好处，不得向他人透露对投标文件的评审和比较、中标候选人的推荐情况以及评标有关的其他情况。在评标活动中，与评标活动有关的工作人员不得擅离职守，影响评标程序正常进行。

⑤投诉。投标人和其他利害关系人认为本次招标活动违反法律、法规和规章规定的，有权向有关行政监督部门投诉。

（10）需要补充的其他内容

需要补充的其他内容可参照投标人须知前附表。

3. 评标办法

《招标投标法》规定的评标方法有经评审的最低投标价法和综合评估法。具体评标的办法将在本教材第 4 章讲述。

4. 合同条款及格式

《合同法》第 275 条规定，施工合同的内容包括工程范围、建设工期、中间交工工程的开工和竣工时间、工程质量、工程造价、技术资料交付时间、材料和设备供应责任、拨款和结算、竣工验收、质量保修范围和质量保证双方相互协作等条款。

为了提高效率，招标人可以采用《标准文件》，或者结合行业合同示范文本的合同条款编制招标项目的合同条款。

《标准施工招标文件》（2007 版）的通用合同条款包括了一般约定、发包人义务、有关监理单位的约定、有关承包人义务的约定、材料和工程设备、施工设备和临时设施、交通运输、测量、放线、施工安全、治安保卫和环境保护、进度计划、开工和竣工、暂停施工、工程质量、试验和检验、变更与变更的估价原则、价格调整原则、计量与支付、竣工验收、缺陷责任与保修责任、保险、不可抗力、违约、索赔、争议的节约等共 24 条。合同附件格式包括了合同协议书格式、履约担保格式、预付款担保格式等。

《中华人民共和国房屋建筑和市政工程标准施工招标文件（2010 版）》的通用合同条款与《标准施工招标文件》（2007 版）中的通用合同条款内容一致。也可以直接选用《建设工程施工合同（示范文本)》GF-2017-0201 中通用条款。

5. 工程量清单

自 2013 年 7 月 1 日起施行的《建设工程工程量清单计价规范》GB 50500—2013（以下简称"规范"）中，规定了采用工程量清单方式招标，工程量清单必须作为招标文件的组成部分，其准确性和完整性由招标人负责。

相关概念

（1）工程量清单的含义

根据《计价规范》中的术语解释：工程量清单是指载明建设工程分部分项工程项目、措施项目、其他项目的名称和相应数量以及规费、税金项目等内容的明细清单。招标工程量清单是指招标人依据国家标准、招标文件、设计文件以及施工现场实际情况编制的，随招标文件发布供投标报价的工程量清单，包括其说明和表格。已标价工程量清单是指构成合同文件组成部分的投标文件中已标明价格，经算术性错误修正（如有）且承包人已确认的工程量清单，包括其说明和表格。

在招标文件中提供的是"招标工程量清单"，投标文件中投标人依据招标工程量清单进行的报价称之为"已标价工程量清单"。

（2）招标工程量清单的编制

招标工程量清单应由具有编制能力的招标人或受其委托、具有相应资质的工程造价咨询人编制。它是工程量清单计价的基础，应作为编制招标控制价、投标报价、计算或调整工程量、索赔等的依据之一。应以单位（项）工程为单位编制，由分部分项工程量清单、措施项目清单、其他项目清单、规费项目清单、税金项目清单组成。

编制招标工程量清单应依据：《建设工程工程量清单计价规范》和相关工程的国家计算规范；国家或省级、行业建设主管部门颁发的计价定额和办法；建设工程设计文件及相关资料；与建设工程有关的标准、规范、技术资料；拟定的招标文件；施工现场情况、地勘水文资料、工程特点及常规施工方案；其他相关资料。

①分部分项工程量清单

分部分项工程量清单应根据国家现行发布的相应的计算规范规定的项目编码、项目名称、项目特征、计量单位和工程量计算规则进行编制。如《房屋建筑与装饰工程工程量计算规范》GB 50854—2013 中对房屋建筑与装饰工程的分部分项的工程量清单的编制内容进行了详细的规定。

分部分项工程量清单的项目编码，应采用十二位阿拉伯数字表示。一至九位应按计算规范的规定设置，十至十二位应根据拟建工程的工程量清单项目名称设置，同一招标工程的项目编码不得有重码。项目名称应按计算规范的项目名称结合拟建工程的实际确定。工程量应按计算规范中规定的工程量计算规则计算。计量单位应按计算规范中规定的计量单位确定。项目特征应按计算规范中规定的项目特征并结合拟建工程项目的实际予以描述。

②措施项目清单

措施项目是指为完成工程项目施工，发生于该工程施工前和施工过程中的非工程实体项目。

措施项目主要包括安全文明施工（含环境保护、文明施工、安全施工、临时设施）、夜间施工、二次搬运、冬雨季施工、大型机械设备进出场及安拆、施工排水、施工降水、地上、地下设施、建筑物的临时保护设施、已完工程及设备保护。

措施项目清单应根据拟建工程的实际情况列项；措施项目中可以计算工程量的项目清单宜采用分部分项工程量清单的方式编制，列出项目编码、项目名称、项目特征、计量单位和工程量计算规则；不能计算工程量的项目清单，以"项"为计量单位。

③其他项目清单

应根据拟建工程的具体情况，参照以下内容列项：暂列金额、暂估价、计日工、总承包服务费。

④规费和税金项目清单

规费项目清单应按照下列内容列项：工程排污费、社会保险费（包括养老保险费、失业保险费、医疗保险费、工伤保险费、生育保险费）、住房公积金。税金项目清单包括营业税、城市维护建设税、教育费附加、地方教育附加。

（3）依据此工程量清单的投标报价说明

投标报价应根据招标文件中的有关计价要求和报价依据自主报价。工程量清单中的每一子目须填入单价或价格，且只允许有一个报价。工程量清单标价中的单价或金额，应包括所需人工费、材料费、施工机械使用费和管理费及利润，以及一定范围内的风险费用。所谓"一定范围内的风险"是指合同约定的风险。已标价工程量清单中投标人没有填入单价或价格的子目，其费用视为已分摊在工程量清单中其他已标价的相关子目的单价或价格之中。"投标报价汇总表"中的投标总价由分部分项工程费、措施项目费、其他项目费、规费和税金组成，并且"投标报价汇总表"中的投标总价应当与构成已标价工程量清单的分部分项工程费、措施项目费、其他项目费、规费、税金的合计金额一致。

具体格式见本书第三章"投标报价"章节。

6. 设计图纸

设计图纸是合同文件的重要组成部分，是编制工程量清单以及投标报价的重要依据，也是进行施工及验收的依据。通常招标时的图纸并不是工程所需的全部图纸，在投标人中标后还会陆续颁发新的图纸以及对招标时图纸的修改。因此，在招标文件中，除了附上招标图纸外，还应该列明图纸目录。图纸目录一般包括：序号、图名、图号、版本、出图日期等。图纸目录以及相对应的图纸将对施工过程的合同管理以及争议解决发挥重要作用。

7. 技术标准和要求

技术标准和要求也是构成合同文件的组成部分。技术标准的内容主要包括各项工艺指标、施工要求、材料检验标准，以及各分部、分项工程施工成型后的检验手段和验收标准等。有些项目根据所需行业的习惯，也将工程子目的计量支付内容写进技术标准和要求中。项目的专业特点和所引用的行业标准的不同，决定了不同项目的技术标准和要求存在区别，同样的一项技术指标，可引用的行业标准和国家标准可能不止一个，招标文件编制者应结合本项目的实际情况加以引用，如果没有现成的标准可以引用，用些大型项目还有必要将其作为专门的科研项目来研究。

8. 投标文件格式

投标文件格式的主要作用是为投标人编制投标文件提供固定的格式和编排顺序，以规范投标文件的编制，同时便于评标委员会评标。

2.2.2.4 编写工程招标文件应注意的问题

1. 招标文件应体现工程建设项目的特点和要求

招标文件牵涉到的专业内容比较广泛，具有明显的多样性和差异性，编写一套适用于具体工程建设项目的招标文件，需要具有较强的专业知识和一定的实践经验，还要准确把握项目专业特点。编制招标文件时必须认真阅读研究有关设计与技术文件，与招标人充分沟通，了解招标项目的特点和需求，包括项目概况、性质、审批或核准情况、标段划分计划、资格审查方式、评标方法、承包模式、合同计价类型、进度时间节点要求等，并充分反映在招标文件中。

2. 招标文件必须明确投标人实质性响应的内容

投标人必须完全按照招标文件的要求编写投标文件，如果投标人没有对招标文件的实质性要求和条件作出响应，或者响应不完全，都可能导致投标人投标失败。所以，招标文件中需要投标人做出实质性响应的所有内容，如招标范围、工期、投标有效期、质量要求、技术标准和要求等应具体、清晰、无争议，且宜以醒目的方式提示，避免使用原则性的、模糊的或者容易引起歧义的语句。

3. 防范招标文件中的违法、歧视性条款

编制招标文件必须熟悉和遵守招标投标的法律法规，并及时掌握最新规定和有关技术标准，坚持公平、公正、遵纪守法的要求。严格防范招标文件中出现违法、歧视、倾向条款限制、排斥或保护潜在投标人，并要公平合理划分招标人和投标人的风险责任。只有招标文件客观与公正才能保证整个招标投标活动的客观与公正。

4. 保证招标文件格式、合同条款的规范一致

编制招标文件应保证格式文件、合同条款规范一致，从而保证招标文件逻辑清晰、表达准确，避免产生歧义和争议。招标文件合同条款部分如采用通用合同条款和专用合同条款形式编写的，正确的合同条款编写方式为："通用合同条款"应全文引用，不得删改；"专用合同条款"则应按其条款编号和内容，根据工程实际情况进行修改和补充。

5. 招标文件语言要规范、简练

编制、审核招标文件应一丝不苟、认真细致。招标文件语言文字要规范、严谨、准确、精炼、通顺，要认真推敲，避免使用含义模糊或容易产生歧义的词语。招标文件的商务部分与技术部分一般由不同人员编写，应注意两者之间及各专业之间的相互结合与一致性，应交叉校核，检查各部分是否有不协调、重复和矛盾的内容，确保招标文件的质量。

招标文件的内容不得违反公开、公平、公正和诚实信用原则，以及法律、行政法规的强制性规定，否则违反部分无效。影响招标投标活动正常进行的，依法必须招标项目应当重新招标。国务院有关行政主管部门制定标准招标文件，由招标人按照有关规定使用。

6. 电子招标文件

招标人可以通过信息网络或者其他媒介发布电子招标文件，招标文件应明确规定电子招标文件应当和书面纸质招标文件一致，具有同等法律效力。按照《工程建设项目施工招标投标办法》和《工程建设项目货物招标投标办法》规定，当电子招标文件与书面招标文件不一致时，应以书面招标文件为准。

7. 招标文件规定的各项技术标准应符合国家强制性标准

招标文件中规定的各项技术标准均不得要求或标明某一特定的专利、商标、名称、设计、原产地或生产供应者，不得含有倾向或者排斥潜在投标人的其他内容。如果必须引用某一生产供应者的技术标准才能准确或清楚地说明拟招标项目的技术标准时，则应当在参照后面加上"或相当于"的字样。

8. 总承包招标的规定

招标人可以依法对工程以及与工程建设有关的货物、服务全部或者部分实行总承包招标。以暂估价形式包括在总承包范围内的工程、货物、服务属于依法必须进行招标的项目范围且达到国家规定规模标准的，应当依法进行招标。暂估价是指总承包招标时不能确定价格而由招标人在招标文件中暂时估定的工程、货物、服务的金额。

9. 两阶段招标的规定

对技术复杂或者无法精确拟定技术规格的项目，招标人可以分两阶段进行招标。第一阶段，投标人按照招标公告或者投标邀请书的要求提交不带报价的技术建议，招标人根据投标人提交的技术建议确定技术标准和要求，编制招标文件。第二阶段，招标人向在第一阶段提交技术建议的投标人提供招标文件，投标人按照招标文件的要求提交包括最终技术方案和投标报价的投标文件。招标人要求投标人提交投标保证金的，应当在第二阶段提出。

10. 标段的划分

招标人对招标项目划分标段的，应当遵守招标投标法的有关规定，不得利用划分标段限制或者排斥潜在投标人。依法必须进行招标的项目的招标人不得利用划分标段规避招标。

招标人应当合理划分标段、确定工期，并在招标文件中载明。对工程技术上紧密相联、不可分割的单位工程不得划分标段。招标人不得以不合理的标段或工期限制或者排斥潜在投标人或者投标人。

11. 备选方案

招标人可以要求投标人在提交符合招标文件规定要求的投标文件外，提交备选投标方案，但应当在招标文件中做出说明，并提出相应的评审和比较办法。

12. 评标因素的规定

招标文件应当明确规定评标时除价格以外的所有评标因素，以及如何将这些因素量化或者据以进行评估。在评标过程中，不得改变招标文件中规定的评标标准、方法和中标条件。

13. 其他应注意问题

招标人编制的招标文件的内容违反法律、行政法规的强制性规定，违反公开、公平、公正和诚实信用原则，影响资格预审结果或者潜在投标人投标的，依法必须进行招标的项目的招标人应当在修改招标文件后重新招标。

2.2.3　招标文件的发出

招标人应当按招标公告规定的时间、地点发出招标文件。自招标文件开始发出之日起至停止发出之日止，最短不得少于 5 日。招标文件发出后，不予退还。政府投资项目的招标文件应当自发出之日起至递交投标文件截止时间止，以适当方式向社会公开，接受社会监督。对招标文件的收费应当限于补偿印刷及邮寄等方面的成本支出，不得以营利为目的。

依法必须招标项目在招标文件停止发出之日止，获取招标文件的潜在投标人少于 3 个的，招标人应当重新招标。

2.2.4　招标文件的澄清与修改

在提交投标文件的截止时间前，招标人可对已发出的招标文件进行必要的澄清或者修改。澄清或者修改的内容可能影响投标人编制投标文件的，招标人应当在提交投标文件截止时间至少 15 日前，以书面形式通知所有获取招标文件的潜在投标人；不足 15 日的，招标人应当顺延提交投标文件的截止时间。

这里的"澄清"，是指招标人对招标文件中的遗漏、词义表述不清或对比较复杂事项进行的补充说明或回答投标人提出的问题。这里的"修改"是指招标人对招标文件中出现的遗漏、差错、表述不清等问题认为必须进行的修订。对招标文件的澄清与修改，应当注意以下三点：

（1）招标人有权对招标文件进行澄清与修改

招标文件发出后，无论出于何种原因，招标人可以对发现的错误或遗漏，在规定时间内主动地或在解答潜在投标人提出的问题时进行澄清或者修改，改正差错，避免损失。

（2）澄清与修改的时限

招标人对已发出的招标文件的澄清与修改，按《招标投标法》第 23 条和《招标投标法实施条例》第 21 条的规定，招标人应当在提交投标截止时间至少 15 日前，以书面形式通知所有获取招标文件的潜在投标人；不足 15 日的，招标人应当顺延提交投标文件的截止时间。

（3）澄清或修改的内容应为招标文件的组成部分

按照《招标投标法》第二十三条关于招标人对招标文件澄清和修改应"以书面形式通知所有招标文件收受人。该澄清或修改的内容为招标文件的组成部分"的规定，招标人可以直接采取书面形式，也可以采用召开投标预备会的方式进行解答和说明，但最终必须将澄清与修改的内容以书面方式通知所有招标文件收受人，而且作为招标文件的组成部分。

2.2.5 招标终止

招标人终止招标的，应当及时发布公告，或者以书面形式通知被邀请的或者已经获取资格预审文件、招标文件的潜在投标人。已经发售资格预审文件、招标文件或者已经收取投标保证金的，招标人应当及时退还所收取的资格预审文件、招标文件的费用，以及所收取的投标保证金及银行同期存款利息。

[案例2-2] 某工程施工招标项目为依法必须进行招标的项目，招标人采用资格后审的方式组织该项目招标。招标公告明确表明资质为房建资质一级以上施工企业、不接受联合体投标。招标人在组织编写招标文件时，希望增加投标人的数量，在招标文件中降低了要求，改为房建资质为二级以上的施工企业，但没有重新发布招标公告。在投标时，有3个购买招标文件的投标人组成了联合体投标，其中一人资质为二级。招标人在招标文件中直接更改招标公告中的资格条件是否正确？招标人是否应接收该联合体的投标文件？该联合体投标人是否能够通过资格审查？

解析：根据合同法和招标投标的相关规定，招标人不能在招标文件中直接更改招标公告中的资格条件，因为招标公告为招标人向潜在投标人发出的要约邀请，而招标文件在性质上属于对招标公告内容的进一步补充和细化，但不能修改招标公告实质性内容。这里招标人采用在招标文件中直接更改资格条件的做法不正确，应重新发布招标公告。

联合体投标人不能通过评标委员会对其进行的资格审查。因为招标文件不能直接修改招标公告中公布的资格条件，必须修改时，应在原招标公告发布媒介上重新发布招标公告。本招标人在招标文件中取消了招标公告中的不接受联合体投标的条件，但未重新发布招标公告，故招标公告中确定的资格条件仍有效。

2.3 资格预审文件的编制

2.3.1 资格预审与资格后审的区别

按照《工程建设项目施工招标投标办法》和《工程建设项目货物招标投标办法》等有关规定，资格审查分为资格预审和资格后审两种方法。资格预审是指在投标前对潜在投标人进行的资格审查；资格后审是指在开标后对投标人进行的资格审查。通常公开招标采用资格预审，只有资格预审合格的施工单位才允许参加投标。不采用资格预审的公开招标应进行资格后审，即在开标后进行资格审查。

资格预审是招标人通过发布招标资格预审公告，向不特定的潜在投标人发出投标邀请，并组织招标资格审查委员会按照招标资格预审公告和资格预审文件确定的资格预审条件、标准和方法，对投标申请人的经营资格、专业资质、财务状况、类似项目业绩、履约信誉、企业认证体系等条件进行评审，确定合格的潜在投标人。资格预审的目的是为了排除那些不合格的投标人，进而降低招标人的采购成本，提高招标工作的效率，可以吸引实力雄厚的投标人参加竞争。资格预审可以减少评标阶段的工作量、缩短评标时间、减少评审费用、避免不合格投标人浪费不必要的投标费用，但因设置了招标资格预审环节，而延长了招标投标的过程，增加了招标投标双方资格预审的费用。资格预审方法比较适合于技术难度较大或投标文件编制费用较高，且潜在投标人数量较多的招标项目。

资格后审是在开标后的初步评审阶段，评标委员会根据招标文件规定的投标资格条件对投标人资格进行评审，投标资格评审合格的投标文件进入详细评审。按照《工程建设项目施工招标投标办法》第18条"采取资格后审的，招标人应当在招标文件中载明对投标人资格要求的条件、标准和方法"和《工程建设项目货物招标投标办法》第16条"资格后审一般在评标过程中的初步评审开始时进行"的规定，资格后审是作为招标评标的一个重要内容在组织评标时由评标委员会负责的，审查的内容与资格预审的内容一致。评标委员会是按照招标文件规定的评审标准和方法进行评审的，在评标报告中包括了对投标人进行资格审查的内容。对资格后审不合格的投标人，评标委员会应当对其投标作废标处理，不再进行详细评审。

资格后审方法可以避免招标与投标双方资格预审的工作环节和费用，缩短招标投标过程，有利于增强投标的竞争性，但在投标人过多时会增加社会成本和评标工作量。资格后审的内容和资格预审基本相同。这种审查方式通常在工程规模不大、预计投标人不会很多或者实行邀请招标的情况下采用，可以节省资格审查的时间和人力，有助于提高效率和降低招标费用。

资格预审与资格后审的关系见表 2-2。

<table>
<tr><td colspan="4" align="center">资格预审与资格后审的关系</td><td align="right">表 2-2</td></tr>
<tr><td>资格审查</td><td>审查时间</td><td>载明的文件</td><td colspan="2">内容与标准</td></tr>
<tr><td>资格预审</td><td>投标前</td><td>资格预审文件</td><td colspan="2" rowspan="2">基本相同</td></tr>
<tr><td>资格后审</td><td>开标后</td><td>招标文件</td></tr>
</table>

2.3.2 资格预审的程序

1. 发出资格预审公告

招标人采用资格预审办法对潜在投标人进行资格审查的，应当发布资格预审公告、编制资格预审文件。依法必须进行招标的项目的资格预审公告，应当在国务院发展改革部门依法指定的媒介发布。在不同媒介发布的同一招标项目的资格预审公告的内容应当一致。指定媒介发布依法必须进行招标的项目的境内资格预审公告，不得收取费用。

2. 发售资格预审文件

招标人应当按照资格预审公告规定的时间、地点发售资格预审文件。资格预审文件的发售期不得少于5日。招标人发售资格预审文件收取的费用应当限于补偿印刷、邮寄的成本支出，不得以营利为目的。招标人应当合理确定提交资格预审申请文件的时间。依法必须进行招标的项目提交资格预审申请文件的时间，自资格预审文件停止发售之日起不得少于5日。

依法必须招标项目在资格预审文件停止发出之日止，获取资格预审文件的申请人少于三个的，招标人应当重新进行资格预审或者不经资格预审直接招标。

招标人可以对已发出的资格预审文件进行必要的澄清或者修改。澄清或者修改的内容可能影响资格预审申请文件编制的，招标人应当在提交资格预审申请文件截止时间至少3日前，以书面形式通知所有获取资格预审文件的潜在投标人；不足3日的，招标人应当顺延提交资格预审申请文件的截止时间。潜在投标人或者其他利害关系人对资格预审文件有异议的，应当在提交资格预审申请文件截止时间2日前提出；招标人应当自收到异议之日起3日内作出答复；作出答复前，应当暂停招标投标活动。招标人编制的资格预审文件的内容违反法律、行政法规的强制性规定，违反公开、公平、公正和诚实信用原则，影响资格预审结果的，依法必须进行招标的项目的招标人应当在修改资格预审文件后重新招标。

3. 对潜在投标人资格的审查

资格预审的内容包括基本资格审查和专业资格审查两部分。基本资格审查是指对申请人的合法地位和信誉等进行的审查，专业资格审查是对已经具备基本资格的申请人履行拟定招标采购项目能力的审查。

国有资金占控股或者主导地位的依法必须进行招标的项目，招标人应当组建资格审查委员会审查资格预审申请文件。资格审查委员会及其成员应当遵守招标投标法和有关评标委员会及其成员的规定。资格预审应当按照资格预审文件规定的标准和方法进行。资格预审文件未规定的标准和方法，不得作为资格审查的依据。

资格预审和后审的内容是相同的，主要审查潜在投标人或者投标人是否具备下列条件：

（1）具有独立订立合同的能力；

（2）具有履行合同的能力，包括专业、技术资格和能力，资金、设备和其他物质设施状况，管理能力，经验、信誉和相应的从业人员；

（3）没有处于被责令停业，投标资格取消，财产被接管、冻结，破产状态；

（4）在最近三年内没有骗取中标和严重违约及重大工程质量问题；

（5）法律、行政法规规定的其他资格条件。

此外，如果国家对投标人的资格条件另有规定的，招标人必须依照其规定，不得与这些规定相冲突或低于这些规定的要求。如国家重大建设项目的施工招标中，国家要求一级施工企业才能承包，招标人就不能让二级及以下的施工企业参与投标。在不损害商业秘密的前提下，潜在投标人或投标人应向招标人提交能证明上述有关资质和业绩情况的法定证明文件或其他资料，这样就能预先淘汰不合格的投标人，减少评标阶段的工作时间和费用，也使不合格的投标人节约购买招标文件、现场考察和投标的费用。

资格审查时，招标人不得以不合理的条件限制、排斥潜在投标人或投标人，不得对潜在投标人或投标人实行歧视待遇。任何单位和个人不得以行政手段或者其他不合理方式限制投标人的数量。

4. 发出资格预审合格通知书

资格预审结束后，招标人应当及时向资格预审申请人发出资格预审结果通知书。告知获取招标文件的时间、地点和方法，并同时向未通过资格预审的申请人书面告知其资格预审结果。未通过资格预审的申请人不具有投标资格。通过资格预审的申请人少于3个的，应当重新招标。

2.3.3　资格预审文件的内容

《招标投标法实施条例》中的规定：编制依法必须进行招标的项目的资格预审文件，应当使用国务院发展改革部门会同有关行政监督部门制定的标准文本。现行的标准文本包括《标准施工招标资格预审文件（2007 年版）》（国家发展改革委、财政部、建设部等九部委 56 号令发布）和《房屋建筑和市政工程标准施工招标资格预审文件（2010 年版）》。《房屋建筑和市政工程标准施工招标资格预审文件》是《标准施工招标资格预审文件》的配套文件，其第二章"申请人须知"和第三章"资格审查办法"正文部分均直接引用《标准施工招标资格预审文件》相同序号的章节。适用于一定规模以上，且设计和施工不是由同一承包人承担的房屋建筑和市政工程施工招标的资格预审。

资格预审文件的内容主要包括五部分内容：

第一章 资格预审公告

第二章 申请人须知

第三章 资格审查办法（合格制、有限数量制 ）

第四章 资格预审申请文件格式

第五章 项目建设概况

1. 资格预审公告

对于要求资格预审的公开招标应发布资格预审公告，对于进行资格后审的公开招标应发布招标公告。资格预审公告的内容主要包括以下内容：

（1）工程项目的名称、建设地点、工程规模、资金来源。

（2）对申请资格预审施工单位的要求。主要写明投标人应具备以往类似工程经验和在施工机械设备、人员和资金、技术等方面有能力执行上述工程的令招标人满意的证明，以便通过资格预审。

（3）招标人和招标代理机构（如果有的话）名称、工程承包的方式、工程招标的范围、工程计划开工和竣工的时间。

（4）要求投标人就工程的施工、竣工、质量保修所需的劳务、材料、设备和服务的供应提交资格预审申请书。

（5）获取进一步信息和资格预审文件的具体地址、时间和价格；

（6）资格预审申请文件递交的截止时间、地址等。

（7）向所有参加资格预审的投标人发出资格预审通知书的时间。

资格预审公告的格式如下，案例摘自"新建铁路云桂线（云南段）站前工程施工总价承包招标公告"。

新建铁路云桂线（云南段）站前工程施工总价承包施工招标

资格预审公告（代招标公告）

1. 招标条件

本招标项目新建铁路云桂线（云南段）已由国家发展改革委以《国家发展改革委关于新建云桂铁路项目建议书的批复》（发改〔2008〕3303 号 ）、铁道部以《关于云桂铁路初步设计的批复》（铁鉴函〔2010〕301 号）批准建设，项目业主为云桂铁路云南有限责任公司，建设资金来自铁道部、地方政府以及国内、外银行贷款，项目出资比例为项目资本金按总投资的 50%，资本金以外使用国内、外银行贷款，招标人为云桂铁路云南有限责任公司。项目已具备招标条件，现进行公开招标，特邀请有兴趣的潜在投标人提出资格预审申请。

2. 项目概况与招标范围

项目概况：新建铁路云桂线（云南段）由2部分组成（不含昆明枢纽及相关工程）：(1) 从省界（D2K291+427）起，经过文山州的富宁县、广南县和丘北县，于弥勒江边街附近跨南盘江，经红河州的弥勒县后进入昆明的石林县，在宜良南侧再次跨越南盘江，经过阳宗镇，于昆明市呈贡新区东侧设昆明南站（D2K733+695），正线长度为431.183km。共设11个车站（不含昆明南客站），其中5个中间站。(2) 云桂线石林板桥站～南昆线石林南站（含车站改扩建工程）新建货车外绕线（单线）：线路正线长度24.529km，建筑长度27.006km（含石林板桥出站右线疏解）。

招标范围：新建铁路云桂线（云南段）站前工程施工总价承包招标（不含昆明枢纽及相关工程）包括设计范围内站前工程及站后接口工程，按《铁路基本建设工程设计概（预）算编制办法》（铁建设〔2006〕113号）综合概算章节对应：一章中改移道路、改移公路桥、建（构）筑物及水油气管道的迁改；二章路基；三章桥涵（含预应力混凝土连续梁、连续刚构梁、制架梁、支座及桥面系中的吊篮、墩台围栏）；四章隧道及明洞；五章轨道（不含碎石道床及铺轨、铺岔）；九章中的站场设备等线下工程；十章大型临时设施及过渡工程；十一章安全生产费（不含四电）、电磁防护工程、配合辅助工程等工程项目。

3. 申请人资格要求

申请人必须是经国家工商、税务机关登记注册的法人组织，经营范围与招标内容相符合，生产、经营状况良好，能独立承担民事责任，具有国家有关部门颁发的安全生产许可证、认证机构认证的ISO族质量管理体系认证证书。有良好的企业社会信誉，在人员、设备、资金等方面具有相应的施工能力。

施工标段一标、二标、四标～八标等7个标段潜在投标人须具有铁路、公路、港口与航道、水利水电、矿山、市政公用工程施工总承包特级资质之一

施工三标段允许与具备铁路桥梁工程专业承包壹级资质的子公司按专业分工组成联合体参加投标。

各申请人可就本项目上述标段中的任意1个标段提出资格预审申请。

4. 资格预审方法

本次资格预审采用合格制。

5. 资格预审文件的获取

5.1 请申请人于2010年3月28日至2010年4月1日先传真申请表至招标人报名后，于2010年4月2日至2010年4月9日上午9：00至11：30，下午14：30至17：30（北京时间，下同）到铁道工程昆明交易中心（昆明市塘子巷得胜桥旁红砖房一楼交易厅）持单位介绍信，购买人身份证明及申请表原件购买资格预审文件。

5.2 资格预审售价5000.00元人民币/标段，售后不退。

5.3 付款方式：以上款项申请人应于2010年4月9日17：00前将款项电汇至招标人账户，谢绝邮购。

6. 资格预审申请文件的递交

　　6.1　递交资格预审申请文件时间为<u>2010 年 4 月 10 日上午 8 时 30 分至 10 时 00 分</u>，递交资格预审申请文件的截止时间（申请的截止时间，下同）<u>2010 年 4 月 10 日上午 10 时 0 分</u>，递交地点为<u>铁道工程昆明交易中心（昆明市塘子巷得胜桥旁红砖房一楼交易厅）</u>。

　　6.2　逾期送达或者未送达指定地点的资格预审申请文件，招标人不予受理。

7. 发布公告的媒介

　　本次资格预审公告同时在<u>铁道工程交易中心网、中国采购与招标网</u>上发布。

8. 联系方式（同"招标公告"格式的内容）

<u>2010</u> 年<u>3</u> 月<u>10</u> 日

　　2. 申请人须知

　　需要申请人重点关注的内容都列入"申请人须知前附表"，详见《标准施工招标资格预审文件》（2007 版）中的格式。资格预审须知主要包括以下内容：

　　（1）总则

　　项目概况、资金来源和落实情况、招标范围、计划工期和质量要求、申请人资格要求（申请人应具备承担本标段施工的资质条件、能力和信誉）等。申请人准备和参加资格预审发生的费用自理。

　　（2）资格预审文件

　　① 资格预审文件的组成

　　资格预审文件包括资格预审公告、申请人须知、资格审查办法、资格预审申请文件格式、项目建设概况，以及对资格预审文件的澄清或修改。当资格预审文件、资格预审文件的澄清或修改等在同一内容的表述上不一致时，以最后发出的书面文件为准。

　　② 资格预审文件的澄清

　　申请人应仔细阅读和检查资格预审文件的全部内容。如有疑问，应在申请人须知前附表规定的时间前以书面形式（包括信函、电报、传真等可以有形表现所载内容的形式，下同），要求招标人对资格预审文件进行澄清。招标人应在申请人须知前附表规定的时间前，以书面形式将澄清内容发给所有购买资格预审文件的申请人，但不指明澄清问题的来源。申请人收到澄清后，应在申请人须知前附表规定的时间内以书面形式通知招标人，确认已收到该澄清。

　　③ 资格预审文件的修改

　　在申请人须知前附表规定的时间前，招标人可以书面形式通知申请人修改资格预审文件。在申请人须知前附表规定的时间后修改资格预审文件的，招标人应相应顺延申请截止时间。申请人收到修改的内容后，应在申请人须知前附表规定的时间内以书面形式通知招标人，确认已收到该修改。

　　（3）资格预审申请文件的编制

　　①资格预审申请文件的组成

　　资格预审申请文件应包括下列内容：

A. 资格预审申请函；

B. 法定代表人身份证明或附有法定代表人身份证明的授权委托书；

C. 联合体协议书；

D. 申请人基本情况表；

E. 近年财务状况表；

F. 近年完成的类似项目情况表；

G. 正在施工和新承接的项目情况表；

H. 近年发生的诉讼及仲裁情况；

I. 其他材料。规定不接受联合体资格预审申请的或申请人没有组成联合体的，资格预审申请文件不包括联合体协议书。

② 资格预审申请文件的编制要求

资格预审申请文件应按"资格预审申请文件格式"进行编写，如有必要，可以增加附页，并作为资格预审申请文件的组成部分。法定代表人授权委托书必须由法定代表人签署。

"申请人基本情况表"应附申请人营业执照副本及其年检合格的证明材料、资质证书副本和安全生产许可证等材料的复印件。"近年财务状况表"应附经会计师事务所或审计机构审计的财务会计报表，包括资产负债表、现金流量表、利润表和财务情况说明书的复印件，具体年份要求见申请人须知前附表。"近年完成的类似项目情况表"应附中标通知书和（或）合同协议书、工程接收证书（工程竣工验收证书）的复印件，具体年份要求见申请人须知前附表。每张表格只填写一个项目，并标明序号。"正在施工和新承接的项目情况表"应附中标通知书和（或）合同协议书复印件。每张表格只填写一个项目，并标明序号。"近年发生的诉讼及仲裁情况"应说明相关情况，并附法院或仲裁机构作出的判决、裁决等有关法律文书复印件，具体年份要求见申请人须知前附表。

③ 资格预审申请文件的装订、签字

申请人应按要求，编制完整的资格预审申请文件，用不褪色的材料书写或打印，并由申请人的法定代表人或其委托代理人签字或盖单位章。资格预审申请文件中的任何改动之处应加盖单位章或由申请人的法定代表人或其委托代理人签字确认。签字或盖章的具体要求见申请人须知前附表的规定。

资格预审申请文件正本一份，副本份数见申请人须知前附表。正本和副本的封面上应清楚地标记"正本"或"副本"字样。当正本和副本不一致时，以正本为准。资格预审申请文件正本与副本应分别装订成册，并编制目录，具体装订要求见申请人须知前附表。

（4）资格预审申请文件的递交

资格预审申请文件的正本与副本应分开包装，加贴封条，并在封套的封口处加盖申请人单位章。在资格预审申请文件的封套上应清楚地标记"正本"或"副本"字样，封套还应写明的其他内容见申请人须知前附表。未按要求密封和加写标记的资格预审申请文件，招标人不予受理。

申请人应在"申请人须知前附表"中规定的申请截止时间前递交到"申请人须知前附表"中规定的地点。除申请人须知前附表另有规定的外，申请人所递交的资格预审申请文件不予退还。逾期送达或者未送达指定地点的资格预审申请文件，招标人不予受理。

根据《招标投标法实施条例》的第十七条规定：招标人应当合理确定提交资格预审申请文件的时间。依法必须进行招标的项目提交资格预审申请文件的时间，自资格预审文件停止发售之日起不得少于 5 日。

（5）资格预审申请文件的审查

资格预审申请文件由招标人组建的审查委员会负责审查。审查委员会人数见申请人须知前附表。审查委员会根据申请人须知前附表规定的方法和"资格审查办法"中规定的审查标准，对所有已受理的资格预审申请文件进行审查。没有规定的方法和标准不得作为审查依据。

（6）通知和确认

招标人在申请人须知前附表规定的时间内以书面形式将资格预审结果通知申请人，并向通过资格预审的申请人发出投标邀请书。应申请人书面要求，招标人应对资格预审结果作出解释，但不保证申请人对解释内容满意。通过资格预审的申请人收到投标邀请书后，应在申请人须知前附表规定的时间内以书面形式明确表示是否参加投标。在申请人须知前附表规定时间内未表示是否参加投标或明确表示不参加投标的，不得再参加投标。因此造成潜在投标人数量不足 3 个的，招标人重新组织资格预审或不再组织资格预审而直接招标。

（7）申请人的资格改变

通过资格预审的申请人组织机构、财务能力、信誉情况等资格条件发生变化，使其不再实质上满足"资格审查办法"规定标准的，其投标不被接受。

（8）纪律与监督

严禁申请人向招标人、审查委员会成员和与审查活动有关的其他工作人员行贿。在资格预审期间，不得邀请招标人、审查委员会成员以及与审查活动有关的其他工作人员到申请人单位参观考察，或出席申请人主办、赞助的任何活动。申请人不得以任何方式干扰、影响资格预审的审查工作，否则将导致其不能通过资格预审。招标人、审查委员会成员，以及与审查活动有关的其他工作人员应对资格预审申请文件的审查、比较进行保密，不得在资格预审结果公布前透露资格预审结果，不得向他人透露可能影响公平竞争的有关情况。申请人和其他利害关系人认为本次资格预审活动违反法律、法规和规章规定的，有权向有关行政监督部门投诉。

（9）需要补充的其他内容

需要补充的其他内容见申请人须知前附表。

3. 资格审查办法

资格审查办法有合格制和有限数量制两种。

合格制是指凡符合规定审查标准的申请人均通过资格预审，不限制人数。

有限数量制是审查委员会依据规定的审查标准和程序，对申请人进行初步审查和详细审查，通过资格预审的申请人不超过资格审查办法前附表规定的数量。对采用有限数量制资格预审方法的，如果通过详细审查的申请人不少于 3 个且没有超过资格预审文件事先规定数量的，均为资格预审合格人，不再进行评分；如果通过详细审查的申请人数量超过资格预审文件事先规定数量的，应对通过详细审查的申请人进行评分，按照资格预审文件事先规定数量，按得分排序、由高到低确定规定数量的资格预审合格人。

一般情况下应当采用合格制，凡符合资格预审文件规定的资格条件的资格预审申请人，都可通过资格预审。潜在投标人过多的，可采用有限数量制。

审查委员会依据规定的标准，对资格预审申请文件进行初步审查。有一项因素不符合审查标准的，不能通过资格预审。可以要求申请人提交"申请人须知"中规定的有关证明和证件的原件，以便核验。审查委员会依据规定的标准，对通过初步审查的资格预审申请文件进行详细审查。有一项因素不符合审查标准的，不能通过资格预审。初步审查标准和详细审查标准见表2-3。

4. 资格预审申请文件格式

为了让资格预审申请人按统一的格式递交申请书，在资格预审文件中按通过资格预审的条件编制成统一的表格，让申请人填报，以便申请人公平竞争和对其进行公正评审是非常重要的。

资格预审后，招标人应当向合格的投标申请人发出资格预审合格通知书，告知获取招标文件的时间、地点和方法，并同时向资格预审不合格的投标申请人告知资格预审结果。

资格预审申请文件的内容一般包括：资格预审申请函；法定代表人身份证明或授权委托书；联合体协议书；申请人基本情况表；近年财务状况表；近年完成的类似项目情况表；正在施工的和新承接的项目情况表；近年发生的诉讼和仲裁情况；其他材料：包括其他企业信誉情况表、拟投入主要施工机械设备情况表、拟投入项目管理人员情况表等内容。

5. 项目建设概况

项目建设概况包括项目说明、建设条件、建设要求和其他需要说明的情况。

资格审查相关内容　　　　　　　　　　　　　　　　　　　　　　表 2-3

项目	内　　　容			
资格预审的内容	基本资格审查	基本资格审查是对申请人合法地位和信誉进行审查		
	专业资格审查	专业资格审查是对已经具备基本资格的申请人履行拟定招标采购项目能力的审查		
	①具有独立订立合同的权利；②具有履行合同的能力，包括专业、技术资格和能力，资金、设备和其他物质设施状况，管理能力，经验、信誉和相应的从业人员；③没有处于被责令停业，投标资格被取消，财产被接管、冻结，破产状态；④在最近三年内没有骗取中标和严重违约及重大工程质量问题；⑤法律、行政法规规定的其他资格条件			
	对投标人的限制性规定，国家发改委等九个单位签署的第56号令			
资格审查办法	合格制审查办法	初步审查	初步审查的要素、标准包括：①申请人名称与营业执照、资质证书、安全生产许可证一致；②有法定代表人或其委托代理人签字或加盖单位章；③申请文件格式填写符合要求；④联合体申请人已提交联合体协议书，并明确联合体牵头人（如有）	无论是初步审查，还是详细审查，其中有一项因素不符合审查标准的，均不能通过资格预审

项目	内 容			
资格审查办法	合格制审查办法	详细审查	详细审查的要素、标准包括：①具备有效的营业执照；②具备有效的安全生产许可证；③资质等级、财务状况、类似项目业绩、信誉、项目经理资格、其他要求及联合体申请人等，均符合有关规定	无论是初步审查，还是详细审查，其中有一项因素不符合审查标准的，均不能通过资格预审
	有限数量制审查办法	审查方法	审查委员会依据规定的审查标准和程序，对通过初步审查和详细审查的资格预审申请文件进行量化打分，按得分由高到低的顺序确定通过资格预审的申请人	
		审查情况	评分中，通过详细评审的申请人不少于3个且不超过规定数量的，均通过资格预审。如超过规定数量的，审查委员会依据评分标准进行评分，按得分由高到低的顺序排列	
		评分标准	主要的评分标准有：财务状况、类似项目业绩、信誉和认证体系等	

上述两种方法中，如通过详细评审的申请人不足3个的，招标人重新组织资格预审或不再组织资格预审而直接招标

2.3.4 资格审查的程序

1. 合格制资格审查详细程序

资格审查活动将按以下四个步骤进行：

（1）审查准备工作

①审查委员会成员签到。审查委员会成员到达资格审查现场时应在签到表上签到以证明其出席。

②审查委员会的分工。审查委员会首先推选一名审查委员会主任。招标人也可以直接指定审查委员会主任。审查委员会主任负责评审活动的组织领导工作。

③熟悉文件资料。招标人或招标代理机构应向审查委员会提供资格审查所需的信息和数据，包括资格预审文件及各申请人递交的资格预审申请文件，经过申请人签认的资格预审申请文件递交时间和密封及标识检查记录，有关的法律、法规、规章以及招标人或审查委员会认为必要的其他信息和数据。审查委员会主任应组织审查委员会成员认真研究资格预审文件，了解和熟悉招标项目基本情况，掌握资格审查的标准和方法，熟悉资格审查表格的使用。未在资格预审文件中规定的标准和方法不得作为资格审查的依据。在审查委员会全体成员在场见证的情况下，由审查委员会主任或审查委员会成员推荐的成员代表检查各个资格预审申请文件的密封和标识情况并打开密封。密封或者标识不符合要求的，资格审查委员会应当要求招标人作出说明。必要时，审查委员会可以就此向相关申请人发出问题澄清通知，要求相关申请人进行澄清和说明，申请人的澄清和说明应附上由招标人签发的"申请文件递交时间和密封及标识检查记录表"。如果审查委员会与招标人提供的"申请文件递交时间和密封及标识检查记录表"核对比较后，认定密封或者标识不符合要求系由于招标人保管不善所造成的，审查委员会应当要求相关申请人对其所递交的申请文件内

容进行检查确认。

④对申请文件进行基础性数据分析和整理工作。在不改变申请人资格预审申请文件实质性内容的前提下，审查委员会应当对申请文件进行基础性数据分析和整理，从而发现并提取其中可能存在的理解偏差、明显文字错误、资料遗漏等存在明显异常、非实质性问题，决定需要申请人进行书面澄清或说明的问题，准备问题澄清通知。申请人接到审查委员会发出的问题澄清通知后，应按审查委员会的要求提供书面澄清资料并按要求进行密封，在规定的时间递交到指定地点。申请人递交的书面澄清资料由审查委员会开启。

（2）初步审查

审查委员会根据规定的审查因素和审查标准，对申请人的资格预审申请文件进行审查，并记录审查结果。如果需要申请人提交规定的有关证明和证件的原件，审查委员会应当将提交时间和地点书面通知申请人。审查委员会审查申请人提交的有关证明和证件的原件。对存在伪造嫌疑的原件，审查委员会应当要求申请人给予澄清或者说明或者通过其他合法方式核实。

在初步审查过程中，审查委员会应当就资格预审申请文件中不明确的内容，以书面形式要求申请人进行必要的澄清、说明或补正。申请人应当根据问题澄清通知，以书面形式予以澄清、说明或补正，并不得改变资格预审申请文件的实质性内容。

申请人有任何一项初步审查因素不符合审查标准的，或者未按照审查委员会要求的时间和地点提交有关证明和证件的原件、原件与复印件不符或者原件存在伪造嫌疑且申请人不能合理说明的，不能通过资格预审。

（3）详细审查

只有通过了初步审查的申请人方可进入详细审查。审查委员会根据规定的程序、标准和方法，对申请人的资格预审申请文件进行详细审查，并记录审查结果。

在详细审查过程中，审查委员会应当就资格预审申请文件中不明确的内容，以书面形式要求申请人进行必要的澄清、说明或补正。申请人应当根据问题澄清通知，以书面形式予以澄清、说明或补正，并不得改变资格预审申请文件的实质性内容。审查委员会应当逐项核查申请人是否存在规定的不能通过资格预审的任何一种情形。申请人有任何一项详细审查因素不符合审查标准的，均不能通过详细审查。

（4）确定通过资格预审的申请人

详细审查工作全部结束后，审查委员会应填写审查结果汇总表。凡通过初步审查和详细审查的申请人均应确定为通过资格预审的申请人。通过资格预审的申请人均应被邀请参加投标。通过资格预审申请人的数量不足三个的，招标人应当重新组织资格预审或不再组织资格预审而直接招标。招标人重新组织资格预审的，应当在保证满足法定资格条件的前提下，适当降低资格预审的标准和条件。

审查委员会向招标人提交书面审查报告。审查报告应当由全体审查委员会成员签字。审查报告应当包括以下内容：①基本情况和数据表；②审查委员会成员名单；③不能通过资格预审的情况说明；④审查标准、方法或者审查因素一览表；⑤审查结果汇总表；⑥通过资格预审的申请人名单；⑦澄清、说明或补正事项纪要。

2. 有限数量制资格审查详细程序

有限数量制资格审查活动将按以下五个步骤进行：

（1）审查准备工作（同合格制资格审查）

（2）初步审查（同合格制资格审查）

（3）详细审查，澄清、说明或补正（同合格制资格审查）

（4）评分

通过详细审查的申请人超过规定的数量时，审查委员会根据前附表中规定的评分标准进行评分。通过详细审查的申请人不少于 3 个且没有超过前附表规定数量的，审查委员会不再进行评分，通过详细审查的申请人均通过资格预审。审查委员会只对通过详细审查的申请人进行评分。

审查委员会成员根据规定的标准，分别对通过详细审查的申请人进行评分，并记录评分结果。申请人各个评分因素的最终得分为审查委员会各个成员评分结果的算术平均值，并以此计算各个申请人的最终得分。评分分值计算保留小数点后两位，小数点后第三位四舍五入。审查委员会根据评分汇总结果，按申请人得分由高到低的顺序进行排序。审查委员会对申请人进行排序时，如果出现申请人最终得分相同的情况，以评分因素中针对项目经理的得分高低排定名次，项目经理的得分也相同时，以评分因素中针对类似项目业绩的得分高低排定名次。

（5）确定通过资格预审的申请人

确定通过资格预审的申请人（正选）。审查委员会应当根据排序结果和规定的数量，按申请人得分由高到低顺序，确定通过资格预审的申请人名单，并记录确定结果。

确定通过资格预审的申请人（候补）。审查委员会应当根据排序结果，对未列入的通过详细审查的其他申请人按照得分由高到低的顺序，确定带排序的候补通过资格预审的申请人名单，并记录确定结果。

如果审查委员会确定的通过资格预审的申请人（正选）未在规定的时间内确认是否参加投标、明确表示放弃投标或者根据有关规定被拒绝投标时，招标人应从通过资格预审申请人（候补）中按照排序依次递补，作为通过资格预审的申请人。经过递补后，潜在投标人数量不足 3 个的，招标人应重新组织资格预审或者不再组织资格预审而直接招标。

通过详细审查的申请人数量不足三个的，招标人应当重新组织资格预审或不再组织资格预审而直接招标。招标人重新组织资格预审的，应当在保证满足法定资格条件的前提下，适当降低资格预审的标准和条件。

审查委员会根据规定向招标人提交书面审查报告。审查报告应当由全体审查委员会成员签字。审查报告应当包括以下内容：①基本情况和数据表；②审查委员会成员名单；③不能通过资格预审的情况说明；④审查标准、方法或者审查因素一览表；⑤审查结果汇总表；⑥通过资格预审的申请人（正选）名单；⑦通过资格预审申请人（候补）名单；⑧澄清、说明或补正事项纪要。

3. 特殊情况的处置程序

审查委员会应当执行连续审查的原则，按审查办法中规定的程序、内容、方法、标准完成全部审查工作。只有发生不可抗力导致审查工作无法继续时，审查活动方可暂停。发生审查暂停情况时，审查委员会应当封存全部申请文件和审查记录，待不可抗力的影响结束且具备继续审查的条件时，由原审查委员会继续审查。

除发生下列情形之一外，审查委员会成员不得在审查中途更换：①因不可抗拒的客观原因，不能到场或需在中途退出审查活动。②根据法律法规规定，某个或某几个审查委员会成员需要回避。退出审查的审查委员会成员，其已完成的审查行为无效。由招标人根据本资格预审文件规定的审查委员会成员产生方式另行确定替代者进行审查。

在任何审查环节中，需审查委员会就某项定性的审查结论做出表决的，由审查委员会全体成员按照少数服从多数的原则，以记名投票方式表决。

2.3.5 资格预审结果的发出

资格预审结束后，招标人应当及时向资格预审申请人发出资格预审结果通知书。资格预审结果要以书面形式通知申请人，并向通过资格预审的申请人发出投标邀请书。未通过资格预审的申请人不具有投标资格。申请人收到投标邀请书后，应在规定的时间内以书面形式明确表示是否参加投标。未表示是否参加投标或明确表示不参加投标的，不得再参加投标；通过资格预审的申请人少于 3 个的，应当重新招标。

[案例 2-3]　某培训中心办公楼工程为依法必须进行招标的项目，招标人采用国内公开招标方式组织该项目施工招标，在资格预审公告中表明选择不多于 7 名的潜在投标人参加投标。资格预审文件中规定资格审查分为"初步审查"和"详细审查"两步，其中初步审查中给出了详细的评审因素和评审标准，但详细审查中未规定具体的评审因素和标准，仅注明"在对实力、技术装备、人员状况、项目经理的业绩和现场考察的基础上进行综合评议，确定投标人名单"。

该项目有 10 个潜在投标人购买了资格预审文件，并在资格预审申请截止时间前递交了资格预审申请文件。招标人依照相关规定组建了资格审查委员会，对递交的 10 份资格预审文件进行了初步审查，结论为"合格"。在详细审查过程中，资格审查委员会没有依据资格预审文件对初步审查的申请人逐一进行评审和比较，而采取了去掉 3 个评审最差的申请人的方法。其中 1 个申请人为区县级施工企业，有评委认为其实力差；还有 1 个申请人据说爱打官司，合同履约信誉差，审查委员会一致同意将这两个申请人判为不通过资格审查。

审查委员会对剩下的 8 个申请人找不出理由确定哪个申请人不能通过资格审查，一致同意采用抓阄的方式确定最后 1 个不通过资格审查的申请人，从而确定了剩下的 7 个申请人为投标人，并据此完成了审查报告。

问题：

（1）招标人在上述资格预审过程中存在哪些不正确的地方？为什么？

（2）审查委员会在上述审查过程中存在哪些不正确的做法？为什么？

解析：

（1）本案中，招标人编制的资格预审文件中，采用"在对实力、技术装备、人员状况、项目经理的业绩和现场考察的基础上进行综合评议，确定投标人名单"的做法。实际上没有载明资格审查标准和办法，违反了《工程建设项目施工招标投标办法》第十八条的规定。

（2）本案中，资格审查委员会存在以下三方面不正确的做法：

①审查的依据不符合法规规定。本案在详细审查过程中，审查委员会没有依据资格预审文件中确定的资格审查标准和方法，对资格预审申请文件进行审查，如审查委员会没有对申请人技术装备、人员状况、项目经理的业绩和现场情况等审查因素进行审查。又如在

没有证据的情况下，采信了某个申请人"爱打官司，合同履约信誉差"的说法等；同时审查过程不完整，如审查委员会仅对末位申请人进行了审查，而没有对其他 7 位投标人的实力、技术装备、人员状况、项目经理的业绩和现场考察进行审查就直接确定为通过资格审查申请人的做法等。

②对申请人实行了歧视性待遇，如认为区县级施工企业实力差的做法。

③以不合理条件排斥限制潜在投标人，如"采用抓阄的方式确定最后 1 个不通过资格审查的申请人"的做法等。

[案例 2-4] 资格预审合格单位的取舍

某大型工程项目实行国际竞争性招标。在刊出邀请资格预审通告后，有 20 家承包商按限定时间和要求递交资格预审申请书。招标机构采用"定项评分法"进行评分预审，结果有 12 家承包商的总分达到最低标准。招标人认为获得投标资格的申请人太多，考虑到这些申请人准备投标的费用太高，遂决定再按得分高低，取总分前 6 名的申请人前来购买招标文件，通知其他申请人未能通过资格预审。

问题：该招标人的做法是否合适？

解析：按照惯例，所有符合资格预审标准的申请人都应允许购买招标文件参加投标。这 12 家申请人既然都已经达到最低分数标准，说明都具有投标承包工程的能力，因此应获得同等购买招标文件的资格。若投标，这 12 家承包商都有中标的可能。因此，招标人如果要取前 6 名，就应事先规定，而不能事后做决定，否则是不公平的。我国《工程建设项目招标投标办法》规定：任何单位和个人不得以行政手段或者其他不合理方式限制投标人的数量。所以该案例中招标人的做法是不合适的。

2.4 建设工程招标标底和招标控制价的编制

2.4.1 工程标底

1. 标底的概念

建设工程标底是建筑安装工程造价的一种重要表现形式，它是由招标人（业主）或委托具有编制标底资格和能力的工程咨询机构，根据国家（或地方）公布的统一工程项目划分、统一的计量单位、统一的计算规则以及设计图纸和招标文件，并参照国家规定的技术标准、定额等资料编制工程价格。

工程的标底是审核建设工程投标报价的依据，是评标、定标的参考，要求在招标文件发出之前完成。标底的编制是一项十分严肃的工作，标底在开标前要严格保密。

招标人可以自行决定是否编制标底。一个招标项目只能有一个标底。标底必须保密。接受委托编制标底的中介机构不得参加受托编制标底项目的投标，也不得为该项目的投标人编制投标文件或者提供咨询。

2. 标底的作用及依据

（1）工程标底的参考作用

投标竞争的实质是价格竞争。标底是招标人通过客观、科学计算，期望控制的招标工程施工造价。工程施工招标标底主要用于评标时分析投标报价合理性、平衡性、偏离性，分析各投标报价差异情况，作为防止投标人恶意投标的参考依据。但是，标底不能作为评定投标报价有效性和合理性的唯一和直接依据。招标文件中不得规定投标报价最接近标底的投标人为中标人，也不得规定超出标底价格上下允许浮动范围的投标报价直接作废标处理。招标人自主决定是否编制标底价格。标底应当严格保密。

（2）标底的编制依据

工程标底价格一般依据工程招标文件的发包内容范围和工程量清单，参照现行有关工程消耗定额和人工、材料、机械等要素的市场平均价格，结合常规施工组织设计方案编制。各类该工程建设项目标底编制的主要强制性、指导性或参考性依据有：

① 各行业建设工程工程量清单计价规范；

② 国家或省级行业建设主管部门颁发的计价定额和计价办法；

③ 建设工程设计文件及相关资料；

④ 招标文件的工程量清单及有关要求；

⑤ 工程建设项目相关标准、规范、技术资料；

⑥ 工程造价管理机构或物价部门发布的工程造价信息或市场价格信息；

⑦ 其他相关资料。

标底主要是评标分析的参考依据，编制标底的依据和方法没有统一的规定，一般依据招标项目的技术管理特点、工程发包模式、合同计价方式等选择标底编制的方法和依据，凡不具备编制工程量清单的招标项目，也可以使用工序分析法、经验估算法、工程设计概算分解法等方法编制参考标底，但使用这些方法编制的标底，其准确性相对较差，故不宜作为招标控制价使用。

根据自 2014 年 2 月 1 日起施行的《建筑工程施工发包与承包计价管理办法》（中华人民共和国住房和城乡建设部令第 16 号）第九条的规定：招标标底应当依据工程计价有关规定和市场价格信息等编制。

（3）编制工程标底的重要问题

注重工程现场调查研究。应主动收集、掌握大量的第一手相关资料，分析确定恰当的、切合实际的各种基础价格和工程单价，以确保编制合理的标底。

注重施工组织设计。应通过详细的技术经济分析比较后再确定相关施工方案、施工总平面布置、进度控制网络图、交通运输方案、施工机械设备选型等，以保证所选择的施工组织设计安全可靠、科学合理，这是编制出科学合理的标底的前提，否则将直接导致工程消耗定额选择和单价组成的偏差。

3. 标底的编制方法

根据自 2014 年 2 月 1 日起施行《建筑工程施工发包与承包计价管理办法》（中华人民共和国住房和城乡建设部令第 16 号）第六条规定：全部使用国有资金投资或者以国有资金投资为主的建筑工程，应当采用工程量清单计价；非国有资金投资的建筑工程，鼓励采用工程量清单计价。第九条规定：招标标底应当依据工程计价有关规定和市场价格信息等编制。

在工程实践中，常用的编制方法有下列三种：

（1）综合单价法。分部分项工程量清单费用及措施项目费用的单价综合了完成单位工程量或完成具体措施项目的人工费、材料费、机械使用费、管理费和利润，并考虑一定风险因素。规费和税金按有关规定计算。

（2）以施工图预算为基础的标底。编制方法除同施工图预算的编制外，还应提供准确的主要材料用量、施工措施费、材料市场价格等因素，以保证投资控制。标底编制是从施工图预算审核入手。首先对比招标文件，确定拟招标的工程范围，把招标文件中未列入招标范围的内容从预算中剔除，把预算中未列入的部分加进去。其次，要对施工图纸进行审核，对未列入施工图预算而又在招标范围之内的项目，要按照图纸及定额规定计算工程费用，计入标底。

（3）以平方米造价包干为基础的标底。主要适用于标准或通用住宅工程。另外，有些工程是以单方造价为基础编制标底。例如，开发商所建多层住宅项目就是以单方造价为基础编制的标底。即把每个单位工程的单方造价都计算出来，以单方造价乘以工程量的总费用编制标底；或对同标准的住宅项目单方造价进行核算，再考虑市场价格变化因素，以单方造价乘以建筑面积来确定标底。

2.4.2 招标控制价

1. 招标控制价的概念

在《建设工程工程量清单计价规范》GB 50500—2013 中招标控制价的定义是：招标人根据国家或省级、行业建设主管部门颁发的有关计价依据和办法，以及拟定的招标文件和招标工程量清单，结合工程具体情况编制的招标工程的最高投标限价。

2. 招标控制价的编制原则和依据

（1）招标控制价编制的一般规定

① 国有资金投资的建设工程招标，招标人必须编制招标控制价。国有资金投资的工程实行工程量清单招标，为了客观、合理地评审投标报价和避免哄抬标价，避免造成国有资产流失，招标人必须编制招标控制价，规定最高投标限价。根据《招标投标法》第二十二条第二款的规定，"招标人设有标底的，标底必须保密"。但实行工程量清单招标后，由于招标方式的改变，标底保密这一法律规定已不能起到有效遏止哄抬标价的作用，我国有的地区和部门已经发生了在招标项目上所有投标人的报价均高于标底的现象，致使中标人的中标价高于招标人的预算，对招标工程的项目业主带来了困扰。因此，为有利于客观、合理的评审投标报价和避免哄抬标价，造成国有资产流失，招标人应编制招标控制价，作为招标人能够接受的最高交易价格。

② 招标控制价应由具有编制能力的招标人或受其委托具有相应资质的工程造价咨询人编制和复核。招标控制价应由招标人负责编制，当招标人不具有编制招标控制价的能力时，可委托具有工程造价咨询资质的工程造价咨询人编制。所谓具有相应工程造价咨询资质的工程造价咨询人是指根据《工程造价咨询企业管理办法》（建设部令第 149 号）的规定，依法取得工程造价咨询企业资质，并在其资质许可的范围内接受招标人的委托，编制招标控制价的工程造价咨询企业。即取得甲级工程造价咨询资质的咨询人可承担各类建设项目的招标控制价编制，取得乙级（包括乙级暂定）工程造价咨询资质的咨询人，则只能承担 5000 万元以下的招标控制价的编制。

③ 工程造价咨询人接受招标人委托编制招标控制价，不得再就同一工程接受投标人委托编制投标报价。

④ 招标控制价应按照规范与复核的相关规定编制，不应上浮或下调。《建设工程质量管理条例》第十条规定"建设工程发包单位不得迫使承包方以低于成本的价格竞标"，故

招标人应在招标文件中如实公布招标控制价，不得对所编制的招标控制价进行上浮或下调。

⑤ 当招标控制价超过批准的概算时，招标人应报原概算审批部门审核。因为我国对国有资金投资项目的投资控制实行的是投资概算控制制度，项目投资原则上不能超过批准的投资概算。因此，在工程招标发包时，当编制的招标控制价超过批准的概算，招标人应当将其报原概算审批部门重新审核。

⑥ 招标人应在发布招标文件时公布招标控制价，同时应将招标控制价及有关资料报送工程所在地或有该工程管辖权的行业管理部门工程造价管理机构备查。招标控制价的公开性决定了招标控制价不同于标底，无需保密。根据自 2014 年 2 月 1 日起施行的《建筑工程施工发包与承包计价管理办法》（中华人民共和国住房和城乡建设部令第 16 号）第八条的规定：最高投标限价应当依据工程量清单、工程计价有关规定和市场价格信息等编制。招标人设有最高投标限价的，应当在招标时公布最高投标限价的总价，以及各单位工程的分部分项工程费、措施项目费、其他项目费、规费和税金。

（2）招标控制价的编制依据

① 建设工程工程量清单计价规范及国家相关的计量规范；

② 国家或省级、行业建设主管部门颁发的计价定额和计价办法；

③ 建设工程设计文件及相关资料；

④ 拟定的招标文件及招标工程量清单；

⑤ 与建设项目相关的标准、规范、技术资料；

⑥ 施工现场情况、工程特点及常规施工方案；

⑦ 工程造价管理机构发布的工程造价信息；当工程造价信息没有发布时，参照市场价；

⑧ 其他的相关资料。

3. 招标控制价的投诉与处理

投标人经复核认为招标人公布的招标控制价未按照计价规范的规定进行编制的，应在招标控制价公布后 5 天内向招标投标监督机构和工程造价管理机构投诉。投诉人投诉时，应当提交由单位盖章和法定代表人或其委托人签名或盖章的书面投诉书。投诉人不得进行虚假、恶意投诉，阻碍招标投标活动的正常进行。

工程造价管理机构在接到投诉书后应在 2 个工作日内进行审查。工程造价管理机构应在不迟于结束审查的次日将是否受理投诉的决定书面通知投诉人、被投诉人以及负责该工程招标投标监督的招标投标管理机构。工程造价管理机构受理投诉后，应立即对招标控制价进行复查，组织投诉人、被投诉人或其委托的招标控制价编制人等单位人员对投诉问题逐一核对。有关当事人应当予以配合，并应保证所提供资料的真实性。工程造价管理机构应当在受理投诉的 10 天内完成复查，特殊情况下可适当延长，并作出书面结论通知投诉人、被投诉人以及负责该工程招标投标监督的招标投标管理机构。

当招标控制价及复查结论与原公布的招标控制价误差大于 ±3％时，应当责成招标人改正。招标人根据招标控制价复查结论需要重新公布招标控制价的，其最终公布时间至招标文件要求提交投标文件截止时间不足 15 天的，应相应延长投标文件的截止时间。

4. 招标控制价的作用

（1）招标控制价作为招标人能够接受的最高交易价，可以使招标人有效控制项目投资，防止恶性投标带来的投资风险。

（2）有利于增强招标投标过程的透明度。招标控制价的编制，淡化了标底作用，避免工程招标中的弄虚作假、暗箱操作等违规行为，并消除因工程量不统一而引起的在标价上的误差，有利于正确评标。

（3）由于招标控制价与招标文件同步编制并作为招标文件的一部分与招标文件一同公布，有利于引导投标方投标报价，避免了投标方无标底情况下的无序竞争。

（4）招标人在编制招标控制价时通常按照政府规定的标准，即招标控制价反映的是社会平均水平。招标时，招标人可以清楚地了解最低中标价同招标控制价相比能够下浮的幅度，可以为招标人判断最低投标价是否低于成本价提供参考依据。

（5）招标控制价可以为工程变更新增项目确定单价提供计算依据。招标人可在招标文件中规定：当工程变更项目合同价中没有相同或类似项目时，可参照招标时招标控制价编制原则编制综合单价，再按原招标时中标价与招标控制价相比下浮相同比例确定工程变更新增项目的单价。

（6）招标控制价可作为评标时的参考依据，避免出现较大的偏离。设置招标控制价克服了无标底评标时对投标人的报价评审缺乏参考依据的问题，招标控制价是招标人根据2013版清单规范、国家或省级、行业建设主管部门颁发的计价定额和计价办法、费用或费用标准的政策规定有幅度的应按幅度的上限执行、建设工程设计文件及相关资料、招标文件中的工程量清单及有关要求、工程造价管理机构发布的工程造价信息、工程造价信息没有发布的按市场价、施工现场实际情况及合理的常规施工方法等其他相关资料编制的。这说明了招标控制价能反映工程项目和市场实际情况，而且反映的是社会平均水平，由于目前绝大多数施工企业尚未制定反映其实际生产水平的企业定额，不能用企业定额作为评标的依据，因而用招标控制价作为评标时的参考依据，具有一定的科学性和较强的可操作性。

2.4.3 招标控制价的产生及与标底的区别

从实践角度分析招标控制价的产生。招标控制价是伴随我国招标投标的实践，为解决标底招标和无标底招标的问题而产生的。《招标投标法》自2000年1月实施以来，对我国的招标投标管理产生了深远的影响，其中第二十四条规定"招标人设有标底的，标底必须保密。"因此标底是招标单位的绝密资料，不能向任何相关人员泄露。

但在实践操作中，设标底招标存在如下弊端：

（1）设标底时易发生泄露标底及暗箱操作的问题，失去招标的公平公正性。

（2）编制的标底价一般为预算价，科学合理性差。较难考虑施工方案、技术措施对造价的影响，容易与市场造价水平脱节。

（3）将标底作为衡量投标人报价的基准，导致投标人尽力地去迎合标底，往往招标投标过程反映的不是投标人实力的竞争，而是投标人编制预算文件能力的竞争，或者各种合法或非法的"投标策略"的竞争。

实践中，一些工程项目在招标中出现了所有投标人的投标报价均高于招标人的标底的情况，即使是最低的报价，招标人也不可能接受，但由于缺乏相关制度规定，招标人不接受又产生了招标的合法性问题，为解决这种矛盾，各地相继推出"无标底招标"。

在 2003 年推行工程量清单计价以后，各地基本取消了中标价不得低于标底多少的规定，即出现了"无标底招标"，新问题也随之出现，即根据什么来确定合理报价。

无标底招标产生的问题包括：

（1）容易出现围标、串标现象，各投标人哄抬价格，给招标人带来投资失控的风险。

（2）容易出现低价中标后偷工减料，不顾工程质量，以此来降低工程成本；或先低价中标，后高额索赔等不良后果。

（3）评标时，招标人对投标人的报价没有参考依据和评判标准。

针对无标底招标的众多弊端，我国多个省、市相继出台了控制最高限价的规定，但在名称上有所不同，包括拦标价、最高限价、预算控制价等，并要求在招标文件中将其公布，并规定投标人的报价，如超过公布的最高限价，其投标将作为废标处理。

在《建筑工程工程量清单计价规范》（2008 版）中，为解决上述标底招标和无标底招标的问题，也促使我国各省市关于控制最高限价规定的统一，在新的招标方式下，不再使用标底的称谓，而统一定义为"招标控制价"。对比发现，新规范规定的招标控制价与各省市有关控制最高限价的规定是类似的，目的都是为了控制投资，避免投标人串标、哄抬标价。

设立招标控制价招标与设标底招标和无标底招标相比优势在于：

（1）可有效控制投资，防止恶性哄抬报价带来的投资风险。

（2）提高了透明度，避免了暗箱操作、寻租等违法活动的产生。

（3）可使各投标人自主报价、公平竞争，符合市场规律。投标人自主报价，不受标底的左右。

（4）既设置了控制上限又尽量地减少了招标人对评标基准价的影响。

招标控制价与标底有明显的区别：

（1）招标控制价是事先公布的最高限价。投标价不会高于它。标底是密封的，开标唱标后公布，不是最高限价。投标价、中标价都有可能突破它。

（2）招标控制价只起到最高限价的作用，投标人的报价都要低于该价，而且招标控制价不参与评分，也不在评标中占有权重，只是作为一个对具体建设项目工程造价的参考。但标底在评标过程中一般参与评标，即复合标底 A＋B 模式，在评标过程中占有权重，所以说标底能影响哪个投标人中标。

（3）评标时，投标报价不能够超过招标控制价，否则废标。标底是招标人期望的中标价，投标价格越接近这个价格越容易中标。当所有的竞标价格过分低于标底价格或者过分高出标底价格时，发包人可以宣布流标，不承担责任，但过分低于标底价格的情况工程上几乎不会出现。

从信息经济学角度分析招标控制价的产生。在项目招标投标阶段，招标人与投标人之间存在信息不对称，招标人要综合考虑投标人的业绩、资质、报价等选择投标人；另一方面，投标人不了解招标人的标底价格或期望价格，另外也存在对招标人的选择问题，希望选择信誉高、有资金实力的招标人。而招标控制价的设立在一定程度上减少了招标人与投标人之间的信息不对称。首先，投标人只需根据自己的企业实力、施工方案等报价，不必与招标人进行心理较量，揣测招标人的标底，提高了市场交易效率。另外，招标控制价的公布，减少了投标人的交易成本，使投标人不必花费人力、财力去套取招标人的标底。从招标人角度看，可以把工程投资控制在招标控制价范围内，提高了交易成功的可能性。因而，公开招标控制价无论从招标人还是投标人角度看都是有利的。

2.4.4 设立招标控制价应注意的问题

1. 招标控制价不宜设置过高

在招标文件中，公开招标控制价，也为投标人围标、串标创造了条件，由于招标控制价的设置实际上是"最高上限"，不是"最低下限"，其价位是社会平均水平。因而公开了招标控制价，投标人则有了报价的目标，招标人与投标人之间存在价格信息不对称，只要投标人相互串通"协定"一家中标单位（或投标人联合起来轮流"坐庄"），投标人不用考虑中标机会概率，就能达到较高预期利润。招标控制价不宜过高，因为只要投标不超过招标控制价都是有效投标，防止投标人围绕这个最高限价串标、围标。

2. 招标控制价不宜设置过低

如果公布的招标控制价远远低于市场平均价，就会影响招标效率。可能出现无人投标情况，因为按此价投标将无利可图，不按此投标又成为无效投标。结果使招标人不得不修改招标控制价进行二次招标。

另外，如果招标控制价设置太低，从信息经济学角度分析，若投标人能够提出低于招标控制价的报价，可能是因其实力雄厚，管理先进，确实能够以较其他投标者低得多的成本建设该项目。但更可能的情况是，该投标人并无明显的优势，而是恶性低价抢标，最终提供的工程质量不能满足招标人要求，或中标后在施工过程中以变更、索赔等方式弥补成本。

[案例 2-5] 某政府投资的市区内河道清淤及边坡加固工程，采用了工程量清单计价方式，招标控制价设置了 880 万元，招标控制价组成中提供了详细的分部分项工程量清单及报价表，某施工单位在规定的时间和地点购买了此招标文件，针对工程量清单进行了初步报价，结果发现该施工单位若要完成招标范围内的全部工程其成本价为 1420 万元，不加利润规费和税金的价格已远远超过了该招标控制价，通过逐项对比招标控制价和投标报价的分部分项工程及措施项目的报价发现，该招标控制价的组价内容只是考虑了常规的施工方法和套用了该市的消耗量定额，没有针对该工程具体的复杂的施工环境进行充分考虑，由此产生的组价是一个不符合现实的价格，该施工单位把河道环境实地考察并结合切实可行的施工方案的内容向招标方在规定的时间内提出了需要答疑的内容，但是招标方坚持招标控制价没有问题，该施工单位遂放弃了该项目的投标。

2.4.5 招标控制价与其他相关价款的区别

工程造价的计价具有动态性和阶段性（多次性）的特点。工程建设项目从决策到竣工交付使用，都有一个较长的建设期。在整个建设期内，构成工程造价的任何因素发生变化都必然会影响工程造价的变动，不能一次确定可靠的价格，要到竣工结算后才能最终确定工程造价，因此需对建设程序的各个阶段进行计价，以保证工程造价确定和控制的科学性。

"投标价"是在工程招标发包过程中，由投标人按照招标文件的要求，根据工程特点，并结合自身的施工技术、装备和管理水平，依据有关计价规定自主确定的工程造价，是投标人希望达成工程承包交易的期望价格。投标价不能高于招标人设定的招标控制价。

"签约合同价"是在工程发承包交易过程中，由发承包双方以合同形式确定的工程承包价格。采用招标发包的工程，其合同价应为投标人的中标价。即包括了分部分项工程费、措施项目费、其他项目费、规费和税金的合同总金额。

"预付款"是在工程开工前，发包人按照合同约定预先支付给承包人用于施工所需材料的采购以及组织人员进场等的款项。

"进度款"是施工过程中，发包人按照合同约定在付款周期内对承包人完成的合同价款给予支付的款项，又称期中结算支付。

"合同价款调整"是指施工过程中出现合同约定的价款调整事项，发承包双方提出和确认的行为。

"竣工结算价"是在承包人完成施工合同约定的全部工程内容，发包人依法组织竣工验收合格后，由发承包双方按照合同约定的工程造价条款，即已签约合同价、合同价款调整（包括工程变更、索赔和现场签证）等事项确定的最终工程造价。

本 章 小 结

本章重点讲述了招标公告、资格预审公告、招标文件、资格预审文件的编制；建设工程招标的程序；招标控制价与标底的内容。招标文件是工程项目施工招标过程中最重要、最基本的技术文件，资格预审文件是进行资格预审的技术文件，编制施工招标文件和资格预审文件是学生学习本门课程需要掌握的基本技能之一。国家对施工招标文件的内容、格式均有特殊规定。在编制招标文件和资格预审文件时要注意编制原则、组成形式、内容和范本利用等。资格审查分为资格预审和资格后审两种方式，审查因素和审查标准的正确划分和制定决定定量评审的科学性。随着国际化走向和清单计价模式完善，标底的作用在淡化。正确认识标底和招标控制价的区别和联系，招标控制价也是招标文件的一部分，是投标报价的最高限价。

思 考 与 练 习

一、填空题

1. 招标人自行招标应具备的条件为_____、_____、_____、_____。

2. 资格审查的方式有_____和_____。

3. 招标文件的内容可分为_____、_____、_____、_____、_____、_____、_____、_____。

4. 合格制资格审查活动的四个步骤依次为_____、_____、_____、_____。

5. 在投标截止时间_____天前，招标人可以书面形式修改招标文件并通知所有已购买招标文件的投标人。

6. 通过资格预审合格后，招标人向投标人发出_____。

7. 招标控制价的编制依据包括_____、_____、_____、_____、_____、_____、_____。

8. 通过资格预审申请人的数量不足_____个的，招标人重新组织资格预审或不再组织资格预审而直接招标。

二、选择题

1. 关于发布招标公告，下列说法中正确的是（   ）。

A. 发布招标公告是招标必经程序

B. 采用公开招标方式的，可以用资格预审公告代替招标公告

C. 依法必须招标项目的招标公告可以自由选择发布媒体

D. 发布招标公告的目的是吸引潜在投标人参与投标竞争

2. 根据《招标投标法实施条例》的规定，下列关于资格预审文件发售时间的说法中正确的是（   ）。

A. 由招标人在资格预审文件中规定

B. 自发售之日起至停止出售之日止最短不得少于 5 日

C. 停止出售之日应在资格预审申请文件提交截止时间 15 天前

D. 停止出售之日应与资格预审申请文件提交截止时间相同

3. 下列事宜中，依法可以由招标代理机构承担的包括（   ）。

A. 出售资格预审文件　　　　　　　B. 组织开标、评标

C. 编写评标报告　　　　　　　　　D. 向投标人解释评标过程

E. 发出中标通知书

4. 招标代理机构在招标人委托的代理权限范围内组织招标投标活动，其代理行为的民事责任应由（   ）承担。

A. 招标人　　　B. 投标人　　　C. 招标代理机构　　　D. 评标委员会

5. 根据《招标投标法》的规定，自招标文件开始发出之日至投标人提交投标文件截止之日的期限不得短于（   ）日。

A. 60　　　　　　B. 30　　　　　　C. 20　　　　　　D. 10

6. 某必须招标的建设项目，共有三家单位投标，其中一家未按招标文件要求提交投标保证金，则关于对投标的处理是否重新发包，下列说法中正确的是（   ）。

A. 评标委员会可以否决全部投标，招标人员应当重新招标

B. 评价委员会可以否决全部投标，招标人可以直接发包

C. 评价委员会必须否决全部投标，招标人应当重新招标

D. 评价委员会必须否决全部投标，招认人可以直接发包

7. 工程建设项目资格后审在（   ）时进行。

A. 接受投标文件　　B. 初步评审　　　C. 详细评审　　　D. 评标结束

8. 下列关于联合体共同投标的说法，正确的是（   ）。

A. 两个以上法人或其他组织可以组成一个联合体，以一个投标人的身份共同投标

B. 联合体各方只要其中任意一方具备承担招标项目的能力即可

C. 由同一专业的单位组成的联合体，投标时按照资质等级较高的单位确定资质等级

D. 联合体中标后，应选择其中一方代表与招标人签订合同

9. 公开招标设置资格预审的目的是（   ）。

A. 评选中标人　　　　　　　　　　B. 减少评标的工作量

C. 迫使投标单位降低投标报价　　　D. 优选最有实力的承包商参加投标

E. 了解投标人准备实施招标项目的方案

10. 投标单位有以下（   ）行为时，招标单位可视其为严重违约行为而没收投标保证金。

A. 通过资格预审后不投标　　　　B. 不参加开标会议

C. 中标后拒绝签订合同　　　　　D. 开标后要求撤回投标书

E. 不参加现场考察

11. 按照《招标投标法》的要求，招标人如果自行办理招标事宜，应具备的条件包括（　　　）。

A. 有编制招标文件的能力　　　　B. 已发布招标公告

C. 具有开标场地　　　　　　　　D. 有组织评标的能力

E. 已委托公证机关公证

12. 某项目招标文件中公布了评标办法，未公布评标细则。该做法（　　　）。

A. 违反招标投标的公开原则

B. 利于评标委员会在开标后结合投标情况完善评标细则

C. 适合于技术复杂项目的招标

D. 有效避免投标人对应评标细则编制投标文件，应当推广

13. 某政府投资项目进行资格预审，拟定于 9 月 6 日～12 日出售资格预审文件。按规定，资格预审申请文件递交截止时间最早可以为（　　　）。

A. 9 月 13 日　　　　B. 9 月 16 日　　　　C. 9 月 26 日　　　　D. 9 月 18 日

14. 招标公告的内容不包括（　　　）。

A. 招标条件　　　　　　　　　　B. 项目概况与招标范围

C. 发布公告的媒介　　　　　　　D. 资格预审文件的获取

15. 关于资格审查的规定说法正确的是（　　　）。

A. 资格审查可以分为资格预审和资格后审

B. 招标人可以改变载明的资格条件或以没有载明的资格条件对潜在投标人或者投标人进行资格审查

C. 除招标文件另有规定外，进行资格预审的，一般不再进行资格后审

D. 资格后审的目的是为了排除那些不合格的投标人，进而降低招标人的采购成本，提高招标效率

E. 专业资格审查是对已经具备基本资格的申请人履行拟定招标采购项目能力的审查

16. 关于自行招标，下列说法错误的是（　　　）。

A. 工程建设项目自行招标的，应当依法取得招标代理资格

B. 政府采购项目采购人符合自行招标条件的，也可采用委托招标

C. 工程建设项目招标人具有编制招标文件和组织评标能力的，可以自行办理招标事宜

D. 政府采购项目自行招标的，采购人员应经过省级以上人民政府财政部门组织的政府采购培训

17. 根据《招标投标法实施条例》，关于工程建设项目招标标底的设置和作用，下列说法正确的是（　　　）。

A. 标底只能作为评标的参考

B. 标底应当在招标文件中明确规定并事先公布

C. 应当把投标报价是否接近标底作为中标条件

D. 评标基准价的设置应当以标底上下浮动一定幅度为依据

18. 根据《招标投标法实施条例》，关于资格审查下列说法正确的有（   ）。

A. 招标人编制的资格预审文件的内容违反法律、行政法规的强制性规定的，招标人应当在修改资格预审文件后重新招标

B. 招标人终止招标的，招标人应当退还已收取的资格预审文件费用

C. 资格预审申请人提交资格预审申请文件的时间，应当自资格预审文件停止发售之日起不少于 10 日

D. 国有资金占控股或主导地位的依法必须进行招标的项目，招标人应当组建资格审查委员会审查资格预审申请文件

E. 潜在投标人对资格预审文件有异议的，应当在提交资格预审申请文件截止时间 3 日前提出

19. 下列情况中，无需推迟投标截止时间的是（   ）。

A. 工程招标设计图纸变更，在投标截止时间前第 12 日发放新的图纸

B. 工程量清单发生变化，在投标截止时间前第 14 日修改并发放新的工程量清单

C. 开标地点由市交易中心 3 号楼三层会议室改为 4 号楼一层多功能厅，在投标截止时间前第 2 日通知

D. 在已发放的补充的招标文件中又发现合同技术条款错误，在投标截止时间前第 3 日更正并发放新的合同技术条款

20. 施工公开招标进行资格预审时，不能作为资格审查内容的是（   ）。

A. 投标人的企业资质是否满足招标工程的要求

B. 投标人是否有与招标工程同规模工程的施工经历

C. 投标人是否在项目所在地区有过承包工程的经历

D. 投标人自有施工机具的拥有量能否满足招标工程的施工需要

（答案提示：1. D；2. B；3. AB；4. A；5. C；6. A；7. B；8. A；9. BD；10. CD；11. AD；12. A；13. D；14. D；15. ACE；16. A；17. A；18. ABD；19. C；20. C。）

三、简答题

1. 资格预审公告、招标公告、投标邀请函分别用在何种情况下？
2. 资格预审文件与招标文件的关系？
3. 工程项目招标文件的内容有哪些？
4. 招标控制价与标底的区别？
5. 按照国家有关规定，建设项目必须具备哪些条件，方可进行工程施工招标？
6. 工程施工公开招标的程序是什么？
7. 资格预审的程序是什么？
8. 什么叫投标有效期？
9. 招标控制价的优点和缺点有哪些？

四、案例分析

1. 某工程采用公开招标方式，招标人 3 月 1 日在指定媒体上发布了招标公告，3 月 6 日至 3 月 12 日发售了招标文件，共有 A、B、C、D 四家投标人购买了招标文件。在招标文件规定的投标截止日（4 月 5 日）前，四家投标人都递交了投标文件。开标时投标人 D

因其投标文件的签署人没有法定代表人的授权委托书而被招标管理机构宣布为无效投标。该工程评标委员会于 4 月 15 日经评标确定投标人 A 为中标人，并于 4 月 26 日向中标人和其他投标人分别发出中标通知书和中标结果通知，同时通知了招标人。

问题：指出该工程在招标过程中的不妥之处，并说明理由。

（答案提示：招标管理机构宣布无效投标不妥，应由招标人宣布，评标委员会确定中标人并发出中标通知书和中标结果通知不妥，应由招标人发出。）

2. 某建设单位经相关主管部门批准，组织某建设项目全过程总承包的公开招标工作，确定招标程序如下，如有不妥，请改正。

（1）成立该工程招标领导机构；（2）委托招标代理机构代理招标；（3）发出投标邀请书；（4）对报名参加投标者进行资格预审，并将结果通知合格的申请投标人；（5）向所有获得投标资格的投标人发售招标文件；（6）召开投标预备会并踏勘现场；（7）招标文件的澄清与修改；（8）建立评标组织，制定标底和评标、定标办法；（9）召开开标会议，审查投标书；（10）组织评标；（11）与合格的投标者进行质疑澄清；（12）决定中标单位；（13）发出中标通知书；（14）建设单位与中标单位签订承发包合同。

（答案提示：①第（3）条发出招标邀请书不妥，应为发布招标公告；②第（4）条将资格预审结果仅通知合格的申请投标人不妥，资格预审的结果应通知到所有投标人；③第（6）条召开投标预备会前应先组织投标单位踏勘现场；④第（8）条制定标底和评标定标办法不妥，该工作不应安排在此进行。）

3. 国有企业机场有限责任公司，全额利用自有资金新建机场航站楼，建设地点为 A 市 B 区 C 路 D 号。经 G 以发展和改革委员会批准（批准文号：G 发改［2018］×××号），工程建筑面积为 120000m²，批准的设计概算为 9800 万元，核准的施工招标方式为公开招标，可以自行组织招标。该工程为单体建筑，地下 3 层，地上 3 层。根据有关规定和工程实际需要，招标人拟定的招标方案概括如下：自行组织招标；采用施工总承包方式，选择一家施工总承包企业；要求投标人具有房屋建筑工程施工总承包特级资质，并至少具有一项规模相近的航站楼类似工程施工业绩；不接收联合体投标；采用资格后审方法；计划 2019 年 3 月 1 日开工建设，2021 年 3 月 1 日竣工投入使用；为降低潜在投标人投标成本，相关文件均免费发放，也不收取图纸押金，且为避免文件传递出现差错，所有文件往来均不接收邮寄；给予潜在投标人准备投标文件的时间从招标文件开始发售之日起 30 个日历日。该公司租用某写字楼作为办公场所，能够满足本次招标开、评标等招标投标活动的需要（A 市没有建设工程交易中心），联系方式均已落实。该工程现已具备施工总承包条件，拟于 2018 年 11 月 13 日（星期五）通过网络媒体发布邀请不特定潜在投标人参与投标竞争的公告。为加快招标进度，公告第二天即开始发放相关文件。

问题：请根据上述资料及有关规定对公告内容的要求，编写该工程施工总承包招标邀请不特定潜在投标人参与投标竞争的公告（要求逻辑合理、文字通顺、文字简洁）。

第3章　建设工程投标

[学习指南]　投标是建筑企业取得工程施工合同的主要途径，学习过程中要掌握投标的程序和投标文件编制的方法和内容。搜集工程实际投标文件，对照招标文件的要求掌握工程项目投标的程序、投标文件编制的方法（包括商务标、技术标）；熟悉投标决策与报价技巧，及其在工程实践中的应用；了解工程量清单计价模式下投标报价的确定方法。

[引导案例]　项目经理身兼两职导致投标保证金被没收

原告交建集团诉称，原告于 2018 年 9 月 14 日向被告山工集团电汇了 29 万元投标保证金，并于 2018 年 9 月 18 日参加被告办公楼桩基工程施工项目投标。原告未中标，被告无合法理由拒不返还投标保证金。请求法院判令被告返还投标保证金 29 万元及其占用期间利息 46569.17 元（按银行同期贷款基准利率计算）。被告山工集团辩称，原告为本项目中标候选人，在中标公示期间，有人实名举报原告在投标文件中确定的项目经理在招标文件规定的时间内有在建项目。被告经核查，举报情况属实。原评标委员会重新审查认为原告的投标文件不满足招标文件要求。2018 年 10 月 22 日，因原告的投标文件弄虚作假，被告书面告知原告取消其中标候选人资格，没收其投标保证金，有事实和法律依据。因原告投标文件弄虚作假，导致诉争项目工程第一次招标结果无效，原告只得依法申请重新评标，给被告造成重大损失。

法院经审理查明，2018 年 9 月 17 日，原告就诉争工程进行投标，其投标文件所附的《投标承诺书》载明："我方（原告）保证：本次投标文件中提供的相关资料均真实，无虚假，否则招标人有权没收我单位的投标保证金并取消中标资格。"《招标文件》中载明"本招标文件所称的项目经理有在建工程的认定标准为：（1）在本招标工程以外的招标人发出中标通知书至工程竣工验收材料合格之日期间……即认定有在建工程。（2）变更有在建工程的项目经理，作为拟派出的项目经理的，须在变更满 6 个月后方有资格参加本投标项目（工程）的投标。投标人投标时，应提供建设单位同意变更的书面函件和已在工程所在地建设主管部门办理项目经理变更备案的证明材料（变更日期以变更备案日起算），并附在投标文件《项目经理无在建工程和现场管理人员到位承诺书》中。"2018 年 9 月 18 日，本次招标项目开标，原告中标。中标公示期间，有实名举报原告在投标文件中确定的项目经理在招标文件规定的时间内有在建项目。被告接到该举报后立即着手调查。经核查，举报情况属实。2018 年 10 月 10 日，被告向市招标投标办提交申请重新审查拟中标单位履约能力的申请报告，市招标投标办向省发展改革委进行报告。2018 年 10 月 19 日，省发展改革委通知该项目原评标委员会对原告的投标文件及履约能力进行重新审查。原评标委员会全体专家出具审核报告明确："交建集团的投标文件不满足招标文件要求，应取消其中标候选人资格，并没收投标保证金。"2018 年 10 月 22 日，被告书面告知原告取消其中标候选人资格，没收其投标保证金。另查，原告项目经理于 2018 年 6 月 13 日在高速公路收费站房建工程项目中担任项目经理，当年 8 月 25 日该项目经理变更，9 月份原告的投标文件中将其作为涉案项目项目经理。

法院认为，原告所订立的《投标承诺书》是原告对在投标活动中遵守法律及各项规定的承诺，应当严格依合同约定及承诺履行义务，信守诺言。但原告却在项目经理人申报上出现违反规定及承诺的情况，即本投标工程原告派出的项目经理人在其他在建工程中担任项目经理人，在变更该项目经理人未满 6 个月又申报本投标工程项目经理人，被举报并经评标委员会核实确认，因此，原告的行为系招标投标文件虚假行为中的一种。原告称系对招标文件中"在建工程"定义的认知误解，但本院认为，在被告的招标文件中对"在建工程"、项目经理人以及项目经理人的变更的文意表达已经非常清晰、明了，不存在模棱两可或语意不详的情况，故原告的主张与事实不符。因此，被告依约依法没收其保证金并无错误。原告的诉请没有法律依据，不予支持。判决驳回原告交建集团的诉讼请求。

（本案例改编自参考文献［18］）

3.1 投　标　概　述

投标是指投标人根据招标文件的要求，编制并提交投标文件，响应招标、参加投标竞争的活动。投标是建筑企业取得工程施工合同的主要途径，又是建筑企业经营决策的重要组成部分，它是针对招标的工程项目，力求实现决策最优化的活动。

属于要约与承诺特殊表现形式的招标与投标是合同的形成过程，投标文件是建筑企业对业主发出的要约。投标人一旦提交了投标文件，就必须在招标文件规定的期限内信守其承诺，不得随意退出投标竞争。因为投标是一种法律行为，投标人必须承担中途反悔撤出的经济和法律责任。

3.1.1 投标人资格要求

投标人分为三类：一是法人；二是其他组织；三是具有完全民事行为能力的个人，亦称自然人。法人、其他组织和个人必须具备响应招标和参与投标竞争两个条件后，才能成为投标人。这两个条件是成为投标人的一般条件。要想成为合格投标人，还必须满足另外两项资格条件：一是国家有关规定对投标人的资格条件；二是招标人根据项目本身的要求，在招标文件或资格预审文件中规定的投标人的资格条件。

1. 响应招标

所谓响应招标，是指潜在投标人获得了招标信息，或者投标邀请书后购买招标文件，接受资格审查，并编制投标文件，按照投标人的要求参加投标的活动。法人或其他组织对特定的招标项目有兴趣，愿意参加竞争，并按合法途径获取招标文件，但这时法人或其他组织还不是投标人，只是潜在投标人。

2. 参与投标竞争

潜在投标人按照招标文件的约定，在规定的时间和地点递交投标文件，对订立合同正式提出要约。潜在投标人一旦正式递交了投标文件，就成为投标人。

3. 国家对投标人资格条件的规定

《工程建设项目施工招标投标办法》第 20 条规定了投标人参加工程建设项目施工投标应当具备 5 个条件："①具有独立订立合同的权利；②具有履行合同的能力，包括专业、技术资格和能力，资金、设备和其他物质设施状况，管理能力，经验、信誉和相应的从业人员；③没有处于被责令停业，投标资格被取消，财产被接管、冻结，破产状态；④在最近三年内没有骗取中标和严重违约及重大工程质量问题；⑤法律、行政法规规定的其他资格条件"。

4. 招标人在招标文件或资格预审文件中规定的投标人资格条件

招标人可以根据招标项目本身要求，在招标文件或资格预审文件中，对投标人的资格条件从资质、业绩、能力、财务状况等方面做出一些具体的规定，并依此对潜在投标人进行资格审查。投标人必须满足这些要求，才有资格成为合格投标人，否则，招标人有权拒绝其参与投标。同时，《招标投标法》也禁止招标人以不合理的条件限制或排斥潜在投标人，以及对潜在投标人实行歧视待遇。

投标人参加依法必须进行招标的项目的投标，不受地区或者部门的限制，任何单位和个人不得非法干涉。与招标人存在利害关系可能影响招标公正性的法人、其他组织或者个人，不得参加投标。单位负责人为同一人或者存在控股、管理关系的不同单位，不得参加同一标段投标或者未划分标段的同一招标项目投标。否则相关投标均无效。

3.1.2 投标组织

进行工程投标，需要有专门的机构和人员对投标的全部活动过程加以组织和管理，实践证明，建立一个强有力的、内行的投标班子是投标获得成功的根本保证。投标组织一般由以下三种类型的人才组成：

1. 经营管理类人才

经营管理类人员是指专门从事工程承包经营管理，制订和贯彻经营方针与规划，负责投标工作的全面筹划和具有决策能力的人员。主要包括企业的经理、副经理、总经济师等。

2. 专业技术类人才

专业技术类人才主要是指工程及施工中的各类技术人员，诸如建筑师、土木工程师、电气工程师、机械工程师等各类专业技术人员。他们应拥有本学科领域最新的专业知识、熟练的实际操作能力，以便在工程项目投标时能从本公司的实际技术能力水平出发，考虑切实可行的专业实施方案。

3. 商务金融类人才

商务金融类人才主要是指具有金融、贸易、税法、保险、采购、保函、索赔等专业知识的人员。财务人员要懂税收、保险、外汇管理和结算等方面的知识。

一个投标班子仅仅做到个体素质良好是不够的，还需要各方人员的共同协作，充分发挥团队的力量，并要保持投标班子成员的相对稳定，不断提高其整体素质和水平。同时，建筑企业要根据本企业情况建立企业定额，还应逐步采用和开发投标报价的软件，使投标报价工作更加快速、准确。

3.1.3 《招标投标法实施条例》中关于投标的禁止性规定

《招标投标法实施条例》第三十九条规定：禁止投标人相互串通投标。有下列情形之一的，属于投标人相互串通投标：（一）投标人之间协商投标报价等投标文件的实质性内容；（二）投标人之间约定中标人；（三）投标人之间约定部分投标人放弃投标或者中标；（四）属于同一集团、协会、商会等组织成员的投标人按照该组织要求协同投标；（五）投标人之间为谋取中标或者排斥特定投标人而采取的其他联合行动。

《招标投标法实施条例》第四十条规定：有下列情形之一的，视为投标人相互串通投标：（一）不同投标人的投标文件由同一单位或者个人编制；（二）不同投标人委托同一单位或者个人办理投标事宜；（三）不同投标人的投标文件载明的项目管理成员为同一人；（四）不同投标人的投标文件异常一致或者投标报价呈规律性差异；（五）不同投标人的投标文件相互混装；（六）不同投标人的投标保证金从同一单位或者个人的账户转出。

《招标投标法实施条例》第四十一条规定：禁止招标人与投标人串通投标。有下列情形之一的，属于招标人与投标人串通投标：（一）招标人在开标前开启投标文件并将有关信息泄露给其他投标人；（二）招标人直接或者间接向投标人泄露标底、评标委员会成员等信息；（三）招标人明示或者暗示投标人压低或者抬高投标报价；（四）招标人授意投标人撤换、修改投标文件；（五）招标人明示或者暗示投标人为特定投标人中标提供方便；（六）招标人与投标人为谋求特定投标人中标而采取的其他串通行为。

《招标投标法实施条例》第四十二条规定：使用通过受让或者租借等方式获取的资格、资质证书投标的，属于招标投标法第三十三条规定的以他人名义投标。投标人有下列情形之一的，属于招标投标法第三十三条规定的以其他方式弄虚作假的行为：（一）使用伪造、变造的许可证件；（二）提供虚假的财务状况或者业绩；（三）提供虚假的项目负责人或者主要技术人员简历、劳动关系证明；（四）提供虚假的信用状况；（五）其他弄虚作假的行为。

3.2 工程投标程序

投标的工作程序应该与招标程序一致。投标人为了取得投标的成功，首先要了解投标工作程序流程及其各个步骤。

3.2.1 投标的前期工作

投标的前期工作包括获取投标信息与前期投标决策，即从众多招标信息中确定选取哪些作为投标对象，这一阶段的工作要注意以下问题：

1. 获取信息并确定信息的可靠性

投标企业可通过多渠道获得信息，如各级基本建设管理部门、建设单位及主管部门、各地勘察设计单位、各类咨询机构、各种工程承包公司、行业协会等，各类刊物、广播、电视、互联网等多种媒体。目前，国内建设工程招标信息的真实性、公平性、透明度、业主支付工程价款、合同的履行等方面存在不少问题，因此要参加投标的企业在决定投标的对象时，必须认真分析所获信息的真实性、可靠性。其实，做到这一点并不困难，最简单的办法就是通过与招标单位直接洽谈，证实招标项目确实已立项批准和资金已落实即可。

2. 对业主进行必要的调查分析

对业主的调查了解是非常重要的，特别是能否得到及时的工程款支付。有些业主单位长期拖欠工程款，致使承包企业不仅不能获取利润，甚至连成本都无法收回，承包商必须对获得项目之后履行合同的各种风险进行认真的评估分析。风险是客观存在的，利用好风险可以为企业带来效益，但不良的业主风险同样也可使承包商陷入泥潭而不能自拔，当然，利润总是与风险并存的。

3. 投标方向的选择

承包商通过工程承包市场调查，大量收集工程招标信息。在许多可选择的招标工程中，必须就投标方向作出选择，这是承包商的一次重要决策。这对承包商的报价策略、合同谈判和合同签订后实施策略的制定有重要的指导作用，决策依据有：

（1）承包市场情况、竞争形势，如市场处于发展阶段或处于不景气阶段。

（2）该工程可能的竞争者数量以及竞争对手状况，以确定自己在投标工程中的竞争力和中标的可能性。

（3）工程的特点、性质、规模、技术难度，时间紧迫程度，是否为重大的有影响的工程，工程施工所需的工艺、技术和设备。

（4）业主的状况。

（5）承包商自身的情况，包括本公司的优势和劣势，技术水平，施工力量，资金状况，同类工程经验，现有的在手工程数量等。

（6）承包商的经营和发展战略。投标方向的选择要能最大限度地发挥自己的优势，符合承包商的经营总战略，如正准备在该地区或该领域发展，力图打开局面，则应积极投标。承包商不要企图承包超过自己施工技术水平、管理水平和财务能力的工程，以及自己没有竞争力的工程。

3.2.2 申请投标和递交资格预审书

向招标单位申请投标，可以直接报送，也可以采用信函、电报、电传或传真，其报送方式和所报资料必须满足招标人在招标公告中提出的有关要求，如资质要求、财务要求、业绩要求、信誉要求、项目经理资格等。申请投标和争取获得投标资格的关键是通过资格审查，因此申请投标的承包企业除向招标单位索取和递交资格预审书外，还可以通过其他辅助方式，如发送宣传本企业的印刷品，邀请业主参观本企业承建的工程等，使他们对本企业的实力及情况有更多的了解。我国建设工程招标中，投标人在获悉招标公告或投标邀请后，应当按照招标公告或投标邀请书中提出的资格审查要求，向招标人申报资格审查。资格审查是投标人投标过程中的第一关。

作为投标人，应熟悉资格预审程序，主要把握好获得资格预审文件、准备资格预审文件、报送资格预审文件等几个环节的工作。

最后招标人以书面形式向所有参加资格预审者通知评审结果，在规定的日期、地点向通过资格预审的投标人出售招标文件。

3.2.3 接受投标邀请和购买招标文件

申请者接到招标单位的招标申请书或资格预审通过通知书，就表明已具备并获得参加该项目投标的资格，如果决定参加投标，就应按招标单位规定的日期和地点凭邀请书或通知书及有关证件购买招标文件。

3.2.4 研究招标文件

由于建筑市场竞争十分激烈，加之我国建筑市场秩序尚不规范，在招标信息的真实性、公平竞争的透明度、业主支付意愿与支付实绩、承包商的履约诚意、合同条款的履行程度等方面都存在不少问题。因此，当承包商通过资格预审、得到招标文件后，必须仔细分析招标文件。

招标文件是业主对投标人的要约邀请，它几乎包括了全部合同文件。它所确定的招标条件和方式、合同条件、工程范围和工程的各种技术文件，是承包商制订实施方案和报价的依据，也是双方商谈的基础。

投标人取得（购得）招标文件后，通常首先进行总体检查，重点是检查招标文件的完备性。一般要对照招标文件目录检查文件是否齐全，是否有缺页，对照图纸目录检查图纸是否齐全。然后进行全面分析：

（1）投标人须知分析。通过分析不仅掌握招标条件、招标过程、评标的规则和各项要求，对投标报价工作作出具体安排，而且要了解投标风险，以确定投标策略。

（2）工程技术文件分析。即进行图纸会审、工程量复核、图纸和规范中的问题分析，从中了解承包商具体的工程项目范围、技术要求、质量标准。在此基础上做好施工组织和计划，确定劳动力的安排，进行材料、设备的分析，作实施方案，进行询价。

（3）合同评审。分析的对象是合同协议书和合同条件。从合同管理的角度，招标文件分析最重要的工作是合同评审。合同评审是一项综合性的、复杂的、技术性很强的工作。它要求合同管理者必须熟悉合同相关的法律、法规，精通合同条款，对工程环境有全面的了解，有合同管理的实际工作经验和经历。

（4）业主提供的其他文件。如场地资料，包括地质勘探钻孔记录和测试的结果；由业主获得的场地内和周围环境的情况报告（地形地貌图、水文测量资料、水文地质资料）；可以获得的关于场地及周围自然环境的公开的参考资料；关于场地地表以下的设备、设施、地下管道和其他设施的资料；毗邻场地和在场地上的建筑物、构筑物和设备的资料等。

按照诚实信用原则，业主应提出完备的招标文件，尽可能详细地、如实地、具体地说明拟建工程情况和合同条件；出具准确的、全面的规范、图纸、工程地质和水文资料；业主要使承包商十分简单而又清楚地理解招标文件，明了自己的工程范围、技术要求和合同责任。使承包商十分方便且精确地计划和报价，能够正确地执行。通常业主应对招标文件的正确性承担责任，即如果其中出现错误、矛盾，应由业主负责。

3.2.5 参加标前会议和勘查现场、环境调查

1. 标前会议

标前会议也称投标预备会，是招标人给所有投标人提供的一次答疑的机会，有利于加深对招标文件的理解，凡是想参加投标并希望获得成功的投标人，都应认真准备和积极参加前会议。

在标前会议之前应事先深入研究招标文件，并将发现的各类问题整理成书面文件，寄给招标人要求给予书面答复，或在标前会议上予以解释和澄清。参加标前会议应注意以下几点：

（1）对工程内容范围不清的问题应提请解释、说明，但不要提出修改设计方案的要求。

（2）如招标文件中的图纸、技术规范存在相互矛盾之处，可请求说明以何者为准，但不要轻易提出修改技术要求。

（3）对含糊不清、容易产生理解上歧义的合同条款，可以请求给予澄清、解释，但不要提出改变合同条件的要求。

（4）注意提问技巧，注意不使竞争对手从自己的提问中获悉本公司的投标设想和施工方案。

（5）招标人或咨询工程师在标前会议上对所有问题的答复均应发出书面文件，并作为招标文件的组成部分，投标人不能仅凭口头答复来编制自己的投标文件。

2. 现场勘察

现场勘察一般是标前会议的一部分，招标人会组织所有投标人进行现场参观和说明。投标人应准备好现场勘察提纲并积极参加，派往参加现场勘察的人员事先应当认真研究招标文件的内容，特别是图纸和技术文件。应派经验丰富的工程技术人员参加。现场勘察中，除与施工条件和生活条件相关的一般性调查外，应根据工程专业特点有重点地结合专业要求进行勘察。

进行现场勘察应侧重以下五个方面：

（1）工程的性质以及该工程与其他工程之间的关系。

（2）投标人投标的那一部分工程与其他承包商或分包商之间的关系。

（3）工地地貌、地质、气候、交通、电力、水源等情况，有无障碍物等。

（4）工地附近的住宿条件、料场开采条件、其他加工条件、设备维修条件等。

（5）工地附近治安情况。

现场勘察是投标者必须经过的投标程序。按照国际惯例，投标者提出的报价单一般被认为是在现场勘察的基础上编制报价的。一旦报价单提出后，投标者就无权因为现场勘察不周、情况了解不细或因素考虑不全面而提出修改投标、调整报价或提出补偿等要求。

现场勘察既是投标者的权利又是职责，因此，投标者在报价以前必须认真地进行施工现场勘察。

3. 环境调查

工程合同是在一定的环境条件下实施的。工程环境对工程实施方案、合同工期和费用有直接的影响。环境又是工程风险的主要根源。承包商必须收集、整理、保存一切可能对实施方案、工期和费用有影响的工程环境资料。这不仅是工程预算和报价的需要，而且是做施工方案、施工组织、合同控制和索赔的需要。

承包商应充分重视和仔细地进行现场考察和环境调查，以获取那些应由投标人自己负责的有关编制投标书、报价和签署合同所需的所有资料，并对环境调查的正确性负责。合同规定，只有当出现一个有经验的承包商不能预见和防范的任何自然力的作用，才属于业主的风险。

3.2.6　制订实施方案，编制施工规划

承包商的实施方案是按照他自己的实际情况（如技术装备水平、管理水平、资源供应能力、资金等），在具体环境中全面、安全、稳定、高效率地完成合同所规定的上述工程承包项目的技术、组织措施和手段。实施方案的确定有两个重要作用：

（1）作为工程成本计算的依据。不同的实施方案有不同的工程成本，那就有不同的报价。

（2）虽然施工方案及施工组织文件不作为合同文件的一部分，但在投标文件中承包商必须向业主说明拟采用的实施方案和工程总的进度安排。业主以此评价承包商投标的科学

性、安全性、合理性和可靠性。这是业主选择承包商的重要决定因素。

实施方案通常包括以下内容：

（1）施工方案。如工程施工所采用的技术、工艺、机械设备、劳动组合及其各种资源的供应方案等。

（2）工程进度计划。在业主招标文件中确定的总工期计划控制下确定工程总进度计划，包括总的施工顺序，主要工程活动工期安排的横道图，工程中主要里程碑事件的安排。

（3）现场的平面布置方案。如现场道路、仓库、办公室、各种临时设施、水电管网、围墙、门卫等。

（4）施工中所采用的质量保证体系以及安全、健康和环境保护措施。

（5）其他方案。如设计和采购方案（对总承包合同）、运输方案、设备的租赁、分包方案。

招标人将根据这些资料评价投标人是否采取了充分和合理的措施，保证按期完成工程施工任务。另外，施工规划对投标人自己也十分重要，因为进度安排是否合理、施工方案选择是否恰当，与工程成本和报价有密切关系。制定施工规划的依据是设计图纸、规范、经过复核的工程量清单、现场施工条件、开工竣工的日期要求、机械设备来源、劳动力来源等。编制一个好的施工规划可以大大降低标价，提高竞争力。编制的原则是在保证工期和工程质量的前提下，尽可能使工程成本最低，投标价格合理。

3.2.7 确定投标报价

投标报价是核算承包商为全面完成招标文件规定的义务所必需的费用支出。报价一经确认，即成为有法律约束力的合同价格。

为了规范建设工程投标报价的计价行为，统一建设工程工程量清单的编制和计价方法，维护招标人（业主）和投标人（承包商）的合法权益，促进建筑市场的市场化进程，根据《中华人民共和国招标投标法》、住建部颁布的《建筑工程施工发包和承包计价管理办法》、《建设工程工程量清单计价规范》等一系列政策法规规定，对国有资金投资的项目。

招标人（业主）必须按照计价规范的规定编制建设工程工程量清单，并列入招标文件中提供给投标人（承包商）；投标人（承包商）必须按照规范的要求填报工程量清单计价表并据此进行投标报价，投标报价文件（即工程量清单计价表）的填报编制，是以招标文件、合同条件、工程量清单、施工设计图纸、国家技术和经济规范及标准、投标人确定的施工组织设计或施工方案为依据，根据省、市、区等现行的建筑工程消耗量定额、企业定额及市场信息价格，并结合企业的技术水平和管理水平等自主确定。

投标报价表的编制是按规范的规定与要求，对拟建工程的工程量清单计价表的填报与编制。投标人根据招标人提供的统一工程量清单，投标人自主报价的一种计价行为。以下就工程量清单计价表，即投标报价表的编制介绍如下：

（1）工程量清单计价表的编制依据。工程量清单计价表的填报与编制依据主要包括：招标人提供的招标文件和工程量清单；招标人提供的设计图纸及有关的技术说明书等资料。各省、市、区颁发的现行建筑安装工程消耗量定额及与之相配套执行的各种费用定额及规定，企业内部制定的企业定额及价格标准。

（2）工程量清单的计价方法。工程量清单的计价采用综合单价计价。所谓综合单价，是指按合同规定完成工程量清单项目工作内容的单位综合费用，包括人工费、材料费、机械费、管理费和利润等，并包含一定风险因素的费用。上述费用的具体内容可参照各省、市、区的建设工程消耗量定额中的有关说明确定。综合单价计价是将综合单价分别填入相对应的工程量清单计价表中，再将已审定后的分部分项工程量乘以综合单价，累计后即得该工程分部分项工程造价，然后再分别按已确定的措施项目清单计价表、其他项目清单计价表中的项目内容，计算拟建工程的措施项目费用和其他项目费用，汇总后就得到该拟建工程的总造价。

投标人应根据招标文件的要求和招标项目的具体特点，结合市场情况和自身竞争实力自主报价。标价的计算必须与招标文件中规定的合同形式相协调。

3.2.8 编制投标文件

编制投标文件，应按招标文件规定的要求进行编制，一般不能带有任何附加条件，否则可能导致废标。

投标文件编制的要点如下：

（1）对招标文件要研究透彻，重点是投标须知、合同条件、技术规范、工程量清单及图纸等。

（2）为编制好投标文件和投标报价，应收集现行定额标准、取费标准及各类标准图集，收集掌握政策性调价文件及材料和设备价格情况等。

（3）在投标文件编制中，投标单位应依据招标文件和工程技术规范要求，并根据施工现场情况编制施工方案或施工组织设计。

（4）按照招标文件中规定的各种因素和依据计算报价，并仔细核对，确保准确，在此基础上正确运用报价技巧和策略，并用科学方法作出报价决策。

（5）填写各种投标表格。招标文件所要求的每一种表格都要认真填写，尤其是需要签章的一定要按要求完成，否则有可能会导致废标。

（6）投标文件的封装。投标文件编写完成后要按招标文件要求的方式分装、贴封、签章。

3.2.9 投标文件的投递

投标文件编制完成，经核对无误，由投标人的法定代表人签字盖章后，分类装订成册封入密封袋中，派专人在投标截止日前送到招标人指定地点，并领取回执作为凭证。投标人在规定的投标截止日前，在递送标书后，可用书面形式向招标人递交补充、修改或撤回其投标文件的通知，如果投标人在投标截止日后撤回投标文件，投标保证金将得不到退还。

递送投标文件不宜太早，因市场情况在不断变化，投标人需要根据市场行情及自身情况对投标文件进行修改。递送投标文件的时间在招标人接受投标文件截止日前两天为宜。

3.2.10 参加开标会，中标与签约

1. 开标会议

投标人可按规定的日期参加开标会。参加开标会议是获取本次投标招标人及竞争者公开信息的重要途径，以便于比较自身在投标方面的优势和劣势，为后续即将展开的工作方

向进行研究，以便于决策。

2. 中标与签约

投标人收到招标单位的中标通知书，即获得工程承建权，表示投标人在投标竞争中获胜。投标人接到中标通知书以后，应在招标单位规定的时间内与招标单位谈判，并签订承包合同，同时还要向业主提交履约保函或保证金。如果投标人在中标后不愿承包该工程而逃避签约，招标单位将按规定没收其投标保证金作为补偿。

3.3 投标文件的编制

投标文件是投标活动的一个书面成果，它是投标人能否通过评标、决标、进而签订合同的依据。在确定报价之后，即可编写投标文件。投标文件的编写要完全符合招标文件的要求，也要对招标文件做出实质性响应，否则会导致废标。

3.3.1 投标文件的组成

根据《工程建设项目施工招标投标办法》第三十六条的规定：投标人应当按照招标文件的要求编制投标文件，投标文件应当对招标文件提出的实质性要求和条件做出响应。根据住建部颁发的《房屋建筑和市政工程标准施工招标文件》（2010 版）（该文本适用于"一定规模以上，且设计和施工不是由同一承包人承担的房屋建筑和市政工程"）投标文件的组成一般包括下列内容：

（1）投标函及投标函附录；

（2）法定代表人身份证明或其授权委托书；

（3）联合体协议书（如果有的话）；

（4）投标保证金；

（5）已标价的工程量清单；

（6）施工组织设计（包括管理机构、施工组织设计、拟分包单位情况等）；

（7）项目管理机构；

（8）拟分包项目情况表；

（9）资格审查资料；

（10）其他资料。

3.3.1.1 投标函及其附录

投标函及其附录是指投标人按照招标文件的条件和要求，向招标人提交的有关报价、质量目标等承诺和说明的函件，是投标人为响应招标文件相关要求所作的概括性函件，一般位于投标文件的首要部分，其内容和格式必须符合招标文件的规定。

1. 投标函

工程投标函包括投标人告知招标人本次所投的项目具体名称和具体标段，以及本次投标的报价、承诺工期和达到的质量目标等，投标函内容格式见表 3-1。

2. 投标函附录

投标函附录一般附于投标函之后，共同构成合同文件的重要组成部分，主要内容是对投标文件中涉及关键性或实质性的内容条款进行说明或强调。

投 标 函

致：_____（招标人名称）

在考察现场并充分研究_____（项目名称）_____标段（以下简称"本工程"）施工招标文件的全部内容后，我方兹以：

人民币（大写）：_____元

RMB¥：_____元

的投标价格和按合同约定有权得到的其他金额，并严格按照合同约定，施工、竣工和交付本工程并维修其中的任何缺陷。

在我方的上述投标报价中，包括：

安全文明施工费 RMB¥：_____元

暂列金额（不包括计日工部分）RMB¥：_____元

专业工程暂估价 RMB¥：_____元

如果我方中标，我方保证在_____年_____月_____日或按照合同约定的开工日期开始本工程的施工，_____天（日历日）内竣工，并确保工程质量达到_____标准。我方同意本投标函在招标文件规定的提交投标文件截止时间后，在招标文件规定的投标有效期期满前对我方具有约束力，且随时准备接受你方发出的中标通知书。

随本投标函道交的投标函附录是本投标函的组成部分，对我方构成约束力。

随同本投标函递交投标保证金一份，金额为人民币（大写）：_____元（¥：_____元）。

在签署协议书之前，你方的中标通知书连同本投标函，包括投标函附录，对双方具有约束力。

投标人（盖章）：

法人代表或委托代理人（签字或盖章）：

日期：_____年_____月_____日

备注：采用综合评估法评标，且采用分项报价方法对投标报价进行评分的，应当在投标函中增加分项报价的填报。

投标人填报投标函附录时，在满足招标文件实质性要求的基础上，可以提出比招标文件要求更有利于招标人的承诺。一般以表格形式摘录列举，见表3-2。其中"序号"一般是根据所列条款名称在招标文件合同条款中的先后顺序进行排列；"条款名称"为所摘录条款的关键词；"合同条款号"为所摘录条款名称在招标文件合同条款中的条款号；"约定内容"是投标人投标时填写的承诺内容。

工程投标函附录所约定的合同重点条款应包括工程缺陷责任期、履约担保金额、发出开工通知期限、逾期竣工违约金、逾期竣工违约金限额、提前竣工的奖金、提前竣工的奖金限额、价格调整的差额计算、工程预付款、材料、设备预付款等对于合同执行中需投标人引起重视的关键数据。

投标函附录

工程名称：_____（项目名称）_____标段

序号	条 款 内 容	合同条款号	约定内容	备 注
1	项目经理	1.1.2.4	姓名：_____	
2	工期	1.1.4.3	_____日历天	
3	缺陷责任期	1.1.4.5		
4	承包人履约担保金额	4.2		
5	分包	4.3.4	见分包项目情况表	
6	逾期竣工违约金	11.5	_____元/天	
7	逾期竣工违约金最高限额	11.5		
8	质量标准	13.1		
9	价格调整的差额计算	16.1.1	见价格指数权重表	
10	预付款额度	17.2.1		
11	预付款保函金额	17.2.2		
12	质量保证金扣留百分比	17.4.1		
	质量保证金额度	17.4.1		
……	……			

备注：投标人在响应招标文件中规定的实质性要求和条件的基础上，可做出其他有利于招标人的承诺。此类承诺可在本表中予以补充填写。

投标人（盖章）：

法人代表或委托代理人（签字或盖章）：

日期：_____年_____月_____日

投标函附录除对以上合同重点条款摘录外，也可以根据项目的特点、需要，并结合合同执行者重视的内容进行摘录，这有助于投标人仔细阅读并深刻理解招标文件重要的条款和内容。如采用价格指数进行价格调整时，可增加价格指数和权重表等合同条款由投标人填报。

3.3.1.2 法定代表人身份证明或其授权委托书

1. 法定代表人身份证明

在招标投标活动中，法定代表人代表法人的利益行使职权，全权处理一切民事活动。因此，法定代表人身份证明十分重要，用以证明投标文件签字的有效性和真实性。

投标文件中的法定代表人身份证明见表 3-3。一般应包括：投标人名称、单位性质、地址、成立时间、经营期限等投标人的一般资料，除此之外还应有法定代表人的姓名、性别、年龄、职务等有关法定代表人的相关信息和资料。法定代表人身份证明应加盖投标人的法人印章。

法定代表人身份证明表   表 3-3

法定代表人身份证明

投 标 人：_____

单位性质：_____

地　　址：_____

成立时间：_____年_____月_____日

经营期限：_____

姓　　名：_____　性　　别：_____

年　　龄：_____　职　　务：_____

系_____（投标人名称）的法定代表人。

　特此证明。

投 标 人：_____（盖单位章）

_____年_____月_____日

2. 法人授权委托书

若投标人的法定代表人不能亲自签署投标文件进行投标，则法定代表人需授权代理人全权代表其在投标过程和签订合同中执行一切与此有关的事项。

授权委托书中应写明投标人名称、法定代表人姓名、代理人姓名、授权权限和期限等，见表 3-4。授权委托书一般规定代理人不能再次委托，即代理人无转委托权。法定代表人应在授权委托书上亲笔签名。根据招标项目的特点和需要，也可以要求投标人对授权委托书进行公证。

授权委托书表   表 3-4

授权委托书

本人_____（姓名）系_____（投标人名称）的法定代表人，现委托_____（姓名）为我方代理人。代理人根据授权，以我方名义签署、澄清、说明、补正、递交、撤回、修改_____（项目名称）_____标段施工投标文件、签订合同和处理有关事宜，其法律后果由我方承担。

委托期限：_____

_____。

代理人无转委托权。

　附：法定代表人身份证明

投 标 人：_____（盖单位章）

法定代表人：_____（签字）

身份证号码：_____

委托代理人：_____（签字）

身份证号码：_____

_____年_____月_____日

3.3.1.3　联合体协议书

《招标投标法》第三十一条规定，两个以上法人或者其他组织可以组成一个联合体，以一个投标人的身份共同投标。联合体各方均应当具备承担招标项目的相应能力；国家有关规定或者招标文件对投标人资格条件有规定的，联合体各方均应当具备规定的相应资格条件。由同一专业的单位组成的联合体，按照资质等级较低的单位确定资质等级。联合体各方应当签订共同投标协议，明确约定各方拟承担的工作和责任，并将共同投标协议连同投标文件一并提交招标人。联合体中标的，联合体各方应当共同与招标人签订合同，就中标项目向招标人承担连带责任。招标人不得强制投标人组成联合体共同投标，不得限制投标人之间的竞争。

《招标投标法实施条例》第三十七条规定：招标人应当在资格预审公告、招标公告或者投标邀请书中载明是否接受联合体投标。招标人接受联合体投标并进行资格预审的，联合体应当在提交资格预审申请文件前组成。资格预审后联合体增减、更换成员的，其投标无效。联合体各方在同一招标项目中以自己名义单独投标或者参加其他联合体投标的，相关投标均无效。

《工程建设项目施工招标投标办法》中规定，两个以上法人或者其他组织可以组成一个联合体，以一个投标人的身份共同投标。联合体各方签订共同投标协议后，不得再以自己名义单独投标，也不得组成新的联合体或参加其他联合体在同一项目中投标。联合体参加资格预审并获通过的，其组成的任何变化都必须在提交投标文件截止之日前征得招标人的同意。如果变化后的联合体削弱了竞争，含有事先未经过资格预审或者资格预审不合格的法人或者其他组织，或者使联合体的资质降到资格预审文件中规定的最低标准以下，招标人有权拒绝。联合体各方必须指定牵头人，授权其代表所有联合体成员负责投标和合同实施阶段的主办、协调工作，并应当向招标人提交由所有联合体成员法定代表人签署的授权书。联合体投标的，应当以联合体各方或者联合体中牵头人的名义提交投标保证金。以联合体中牵头人名义提交的投标保证金，对联合体各成员具有约束力。

凡联合体参与投标的，均应签署并提交联合体协议书，见表 3-6。

联合体协议书的内容：

（1）联合体成员的数量：联合体协议书中首先必须明确联合体成员的数量。其数量必须符合招标文件的规定，否则将视为不响应招标文件规定，而作为废标。

（2）牵头人和成员单位名称：联合体协议书中应明确联合体牵头人，并规定牵头人的职责、权利及义务。

（3）联合体内部分工：联合体协议书一项重要内容是明确联合体各成员的职责分工和专业工程范围，以便招标人对联合体各成员专业资质进行审查，并防止中标后联合体成员产生纠纷。

（4）签署：联合体协议书应按招标文件规定进行签署和盖章。

[案例 3-1]　联合体投标

某政府投资项目，主要分为建筑工程、安装工程和装修工程三部分。项目投资额为 5000 万元，其中估价为 280 万元的设备由招标人采购。招标文件中，招标人对投标有关时限的规定如下：

（1）投标截止时间为招标文件停止出售之日起第十五日上午 9 时整；

（2）接受投标文件的最早时间为投标截止时间前 72 小时；

（3）若投标人要修改、撤回已提交的投标文件，须在投标截止时间 24 小时前提出；

（4）投标有效期从发售招标文件之日开始计算，共 90 天。

并规定，建筑工程应由具有一级以上资质的企业承包，安装工程和装修工程应由具有二级以上资质的企业承包。招标人鼓励投标人组成联合体投标。

在参加投标的企业中，A、B、C、D、E、F 为建筑公司，G、H、J、K 为安装公司，L、N、P 为装修公司，除了 K 公司为二级企业外，其余均为一级企业。上述企业分别组成联合体投标，各联合体具体组成见表 3-5。

各联合体的组成表   表 3-5

联合体编号	Ⅰ	Ⅱ	Ⅲ	Ⅳ	Ⅴ	Ⅵ	Ⅶ
联合体组成	A, L	B, C	D, K	E, H	G, N	F, J, P	E, L

在上述联合体中，某联合体协议中约定：若中标，由牵头人与招标人签订合同，然后将该联合体协议送交招标人；联合体所有与业主方的联系工作以及内部协调工作均由牵头人负责；各成员单位按投入比例分享利润并向招标人承担责任，且需向牵头人支付各自所承担合同额部分 1% 的管理费。

问题：

1. 该项目估价为 280 万元的设备采购是否可以不招标？说明理由。

2. 分别指出招标人对投标有关期限的规定是否正确？说明理由。

3. 按联合体的编号，判别各联合体的投标是否有效？若无效，说明原因。

4. 指出上述联合体协议内容中的错误之处，说明理由或写出正确做法。

解析：

问题 1. 该设备采购必须招标，因为该项目属于政府投资项目，且设备采购的单项合同估价在 200 万元以上，属于必须招标的项目范围。

问题 2.（1）投标截止时间的规定正确，因为自招标文件开始出售至停止出售至少为五日，故满足自招标文件开始出售至投标截止不得少于二十日的规定；

（2）接受投标文件最早时间的规定正确，因为有关法规对此没有限制性规定；

（3）修改、撤回投标文件时限的规定不正确，因为在投标截止时间前均可修改、撤回投标文件；

（4）投标有效期从发售招标文件之日开始计算的规定不正确；投标有效期应从投标截止时间开始计算。

问题 3.①联合体Ⅰ的投标无效，因为投标人不得参与同一项目下不同的联合体投标。②联合体Ⅱ的投标有效。③联合体Ⅲ的投标有效。④联合体Ⅳ的投标无效，因为投标人不得参与同一项目下不同的联合体投标。⑤联合体Ⅴ的投标无效，因为缺乏建筑公司，若其中标，主体结构必然要分包，而主体结构工程分包是违法的。⑥联合体Ⅵ的投标有效。⑦联合体Ⅶ的投标无效，因为投标人不得参与同一项目下不同的联合体投标。

问题 4.（1）由牵头人与招标人签订合同错误，应由联合体各方共同与招标人签订合同。

（2）签订合同后将联合体协议送交招标人错误，联合体协议应当与投标文件一同提交给招标人。

（3）各成员单位按投入比例向业主承担责任错误，联合体各方应就承包的工程向业主承担连带责任。

3.3.1.4 投标保证金

投标保证金是指投标人按照招标文件的要求向招标人出具的，以一定金额表示的投标责任担保。招标人为了防止因投标人撤销或者反悔投标的不正当行为而使其蒙受损失，因此要求投标人按规定形式和金额提交投标保证金，并作为投标文件的组成部分。投标人不按招标文件要求提交投标保证金的，其投标文件作废标处理（表3-7）。

1. 投标保证金的形式

投标保证金的形式一般有：现金、银行保函、银行汇票、银行电汇、信用证、支票或招标文件规定的其他形式。投标保证金具体提交的形式由招标人在招标文件中确定。《招标投标法实施条例》第二十六条规定：依法必须进行招标的项目的境内投标单位，以现金或者支票形式提交的投标保证金应当从其基本账户转出。招标人不得挪用投标保证金。

联合体协议书表　　　　　　　　　　　　　　　　　　表3-6

联合体协议书
牵头人名称：_____ 法定代表人：_____ 法定住所：_____ 成员二名称：_____ 法定代表人：_____ 法定住所：_____ …… 　　鉴于上述各成员单位经过友好协商，自愿组成 _____（联合体名称）联合体，共同参加 _____（招标人名称）（以下简称招标人）_____（项目名称）_____标段（以下简称本工程）的施工投标并争取赢得本工程施工承包合同（以下简称合同）。现就联合体投标事宜立立如下协议： 　　1. _____（某成员单位名称）为 _____（联合体名称）牵头人。 　　2. 在本工程投标阶段，联合体牵头人合法代表联合体各成员负责本工程投标文件编制活动，代表联合体提交和接收相关的资料、信息及指示，并处理与投标和中标有关的一切事务；联合体中标后，联合体牵头人负责合同订立和合同实施阶段的主办、组织和协调工作。 　　3. 联合体将严格按照招标文件的各项要求，递交投标文件，履行投标义务和中标后的合同，共同承担合同规定的一切义务和责任，联合体各成员单位按照内部职责的部分，承担各自所负的责任和风险，并向招标人承担连带责任。 　　4. 联合体各成员单位内部的职责分工如下：_____。 　　按照本条上述分工，联合体成员单位各自所承担的合同工作量比例如下：_____。 　　5. 投标工作和联合体在中标后工程实施过程中的有关费用按各自承担的工作量分摊。 　　6. 联合体中标后，本联合体协议是合同的附件，对联合体各成员单位有合同约束力。 　　7. 本协议书自签署之日起生效，联合体未中标或者中标时合同履行完毕后自动失效。 　　8. 本协议书一式 _____份，联合体成员和招标人各执一份。 　　　　　　　　　　牵头人名称：_____（盖单位章） 　　　　　　　　　　法定代表人或其委托代理人：_____（签字） 　　　　　　　　　　成员二名称：_____（盖单位章） 　　　　　　　　　　法定代表人或其委托代理人：_____（签字） 　　　　　　　　　　…… 　　　　　　　　　　　　　　　　_____年_____月_____日 备注：本协议书由委托代理人签字的，应附法定代表人签字的授权委托书。

（1）现金

对于数额较小的投标保证金而言，采用现金方式提交是一个不错的选择。但对于数额较大的采用现金方式提交就不太合适。因为现金不易携带，不方便递交，在开标会上清点大量的现金不仅浪费时间，操作手段也比较原始，既不符合我国的财务制度，也不符合现代的交易支付习惯。

（2）银行保函

开具保函的银行性质及级别应满足招标文件的规定，并采用招标文件提供的格式。投标人应根据招标文件要求单独提交银行保函正本，并在投标文件中附上复印件或将银行保函正本装订在投标文件正本中。一般，招标人会在招标文件中给出银行保函的格式和内容，且要求保函主要内容不能改变，否则将以不符合招标文件的要求作废标处理。

（3）银行汇票

银行汇票是汇款人将款项存入当地出票银行，由出票银行签发的票据，交由汇款人转交给异地收款人，异地收款人再凭银行汇票在当地银行兑取汇款。投标人应在投标文件中附上银行汇票复印件，作为评标时对投标保证金评审的依据。

（4）支票

支票是出票人签发的，委托办理支票存款业务的银行或者其他金融机构在见票时无条件支付确定的金额给收款人或者持票人的票据。投标保证金采用支票形式，投标人应确保招标人收到支票后在招标文件规定的截止时间之前，将投标保证金划拨到招标人制定账户，否则，投标保证金无效。投标人应在投标文件中附上支票复印件，作为评标时对投标保证金评审的依据。

投标保证金表   表 3-7

投标保证金
保函编号：＿＿＿＿＿＿＿＿＿
＿＿＿＿＿＿＿＿＿＿（招标人名称）：
鉴于＿＿＿＿＿＿＿＿＿（投标人名称）（以下简称"投标人"）参加你方＿＿＿＿＿＿（项目名称）＿＿＿＿＿标段的施工投标，＿＿＿＿＿＿＿＿＿＿＿＿（担保人名称）（以下简称"我方"）受该投标人委托，在此无条件地、不可撤销地保证：一旦收到你方提出的下述任何一种事实的书面通知，在 7 日内无条件地向你方支付总额不超过＿＿＿＿＿＿＿＿＿（投标保函额度）的任何你方要求的金额：
1. 投标人在规定的投标有效期内撤销或者修改其投标文件。
2. 投标人在收到中标通知书后无正当理由而未在规定期限内与贵方签署合同。
3. 投标人在收到中标通知书后未能在招标文件规定期限内向贵方提交招标文件所要求的履约担保。
本保函在投标有效期内保持有效，除非你方提前终止或解除本保函。要求我方承担保证责任的通知应在投标有效期内送达我方。保函失效后请将本保函交投标人退回我方注销。
本保函项下所有权利和义务均受中华人民共和国法律管辖和制约。
担保人名称：＿＿＿＿＿＿＿＿＿＿＿＿＿＿＿＿＿＿＿（盖单位章）
法定代表人或其委托代理人：＿＿＿＿＿＿＿＿＿＿＿（签字）
地　　　址：＿＿＿＿＿＿＿＿＿＿＿＿＿＿
邮 政 编 码：＿＿＿＿＿＿＿＿＿＿＿＿＿＿
电　　　话：＿＿＿＿＿＿＿＿＿＿＿＿＿＿
传　　　真：＿＿＿＿＿＿＿＿＿＿＿＿＿＿
＿＿＿＿＿年＿＿＿＿＿月＿＿＿＿＿日
备注：经过招标人事先的书面同意，投标人可采用招标人认可的投标保函格式，但相关内容不得背离招标文件约定的实质性内容。

2. 投标保证金的额度

投标保证金金额通常有相对比例金额和固定金额两种方式。相对比例是以投标总价作为计算基数，投标保证金金额与投标报价有关；固定金额是招标文件规定投标人提交统一金额的投标保证金，投标保证金与报价无关。为避免招标人设置过高的投标保证金额度，《招标投标法实施条例》第二十六条规定：招标人在招标文件中要求投标人提交投标保证金的，投标保证金不得超过招标项目估算价的 2%。根据修订后的《工程建设项目施工招标投标办法》第三十七条的规定：投标保证金不得超过项目估算价的 2%，但最高不得超过 80 万元人民币。《工程建设项目勘察设计招标投标办法》规定，保证金数额一般不超过勘察设计费投标报价的 2%，最多不超过 10 万元人民币；《政府采购货物和服务招标投标管理办法》规定，投标保证金数额不得超过采购项目概算的 1%。

3. 投标有效期与投标保证金的有效期

投标有效期是以递交投标文件的截止时间为起点，以招标文件中规定的时间为终点的一段时间。在这段时间内，投标人必须对其递交的投标文件负责，受其约束。而在投标有效期开始生效之前（即递交投标文件截止时间之前），投标人（潜在投标人）可以自主决定是否投标、对投标文件进行补充修改，甚至撤回已递交的投标文件；在投标有效期届满之后，投标人可以拒绝招标人的中标通知而不受任何约束或惩罚。

如果在招标投标过程中出现特殊情况，在招标文件规定的投标有效期内，招标人无法完成评标并与中标人签订合同，则在原投标有效期期满之前招标人可以以书面形式要求所有投标人延长投标有效期。投标人同意延长的，不得要求或被允许修改其投标文件，但应当相应延长其投标保证金的有效期；投标人拒绝延长的，其投标在原投标有效期期满之后失效，投标人有权收回其投标保证金。

投标保证金本身也有一个有效期的问题。如银行一般都会在投标保函中明确该保函在什么时间内保持有效，《招标投标法实施条例》第二十六条规定：投标保证金有效期应当与投标有效期一致。《工程建设项目货物招标投标办法》规定，投标保证金有效期应当与投标有效期一致。

4. 投标保证金的作用

（1）对投标人的投标行为产生约束作用，保证招标投标活动的严肃性

招标投标是一项严肃的法律活动，投标人的投标是一种要约行为，投标人作为要约人，向招标人（受要约人）递交投标文件之后，即意味着向招标人发出了要约。在投标文件递交截止时间至招标人确定中标人的这段时间内，投标人不能要求退出竞标或者修改投标文件；而一旦招标人发出中标通知书，作出承诺，则合同即告成立，中标的投标人必须接受，并受到约束。否则，投标人就要承担合同订立过程中的缔约过失责任，就要承担投标保证金被招标人没收的法律后果。这实际上是对投标人违背诚实信用原则的一种惩罚。所以，投标保证金能够对投标人的投标行为产生约束作用，这是投标保证金最基本的功能。

（2）督促招标人尽快定标

投标保证金对投标人的约束作用是有一定时间限制的，这一时间即是投标有效期。如果超出了投标有效期，则投标人不对其投标的法律后果承担任何义务。所以，投标保证金只是在一个明确的期限内保持有效，从而可以防止招标人无限期地延长定标时间，影响投

标人的经营决策和合理调配自己的资源。

（3）从一个侧面反映和考察投标人的实力

投标保证金采用现金、支票、汇票等形式，实际上是对投标人流动资金的直接考验。投标保证金采用银行保函的形式，银行在出具投标保函之前一般都要对投标人的资信状况进行考察，信誉欠佳或资不抵债的投标人很难从银行获得经济担保。由于银行一般都对投标人进行动态的资信评价，掌握着大量投标人的资信信息，因此，投标人能否获得银行保函，能够获得多大额度的银行保函，这也可以从一个侧面反映投标人的实力。

5. 投标保证金的退还与没收

《招标投标法实施条例》第五十七条规定：招标人最迟应当在书面合同签订后 5 日内向中标人和未中标的投标人退还投标保证金及银行同期存款利息。第三十五条规定：投标人撤回已提交的投标文件，应当在投标截止时间前书面通知招标人。招标人已收取投标保证金的，应当自收到投标人书面撤回通知之日起 5 日内退还。投标截止后投标人撤销投标文件的，招标人可以不退还投标保证金。第七十四条规定：中标人无正当理由不与招标人订立合同，在签订合同时向招标人提出附加条件，或者不按照招标文件要求提交履约保证金的，取消其中标资格，投标保证金不予退还。

还可在招标文件中规定不退还投标保证金的其他情形，如不响应招标文件的规定；在提交投标文件截止时间后主动对投标文件提出实质性修改；投标人串通投标或有其他违法行为等。

3.3.1.5　已标价的工程量清单

投标人根据招标文件中工程量清单以及计价要求，结合施工现场实际情况及施工组织设计，按照企业工程施工定额或参照政府工程造价管理机构发布的工程定额，结合市场人工、材料、机械等要素价格信息进行投标报价。

投标人应按招标人提供的工程量清单填报价格。填写的项目编码、项目名称、项目特征、计量单位、工程量必须与招标人提供的一致。投标价由投标人自主确定，但不得低于工程成本。投标价应由投标人或受其委托具有相应资质的工程造价咨询人编制。

工程量清单投标报价的编制依据：

（1）《建设工程工程量清单计价规范》GB 50500—2013；

（2）国家或省级、行业建设主管部门颁发的计价办法；

（3）企业定额，国家或省级、行业建设主管部门颁发的计价定额和计价办法；

（4）招标文件、招标工程量清单及其补充通知、答疑纪要；

（5）建设工程设计文件及相关资料；

（6）施工现场情况、工程特点及拟定的投标施工组织设计或施工方案；

（7）与建设项目相关的标准、规范等技术资料；

（8）市场价格信息或工程造价管理机构发布的工程造价信息；

（9）其他的相关资料。

按照《建设工程工程量清单计价规范》GB 50500—2013 的要求，工程量清单计价表主要包括：封面、总说明、单项工程汇总表、单位工程汇总表、分部分项工程和单价措施项目清单与计价表、总价措施项目清单与计价表、其他项目清单与计价表、规费、税金项目清单与计价表组成。工程量清单计价应采用统一的格式，工程量清单计价格式随招标文件发至投标人，由投标人填写。工程量清单计价格式由下列内容组成。

（1）投标总价封面

封面由投标人按规定的内容填写、签字、盖章。封面格式见表3-8。

封　　面 表 3-8

   __银河小区 5 号楼__　工程   **投标总价**   投标人　恒安建筑工程有限公司   （单位盖章）   2013 年 3 月 10 日

（2）投标总价

投标总价应按工程项目总价表合计金额填写。投标人盖单位公章，法定代表人或其授权人签字或盖章，编制的造价人员（造价工程师或造价员）签字盖执业专用章。投标总价表格式见表3-9。

投标总价表 表 3-9

  投标总价   招　标　人：　　　　银河投资有限公司　　　　 工 程 名 称：　　　　银河小区 5 号楼　　　　 投标总价（小写）：　　　24383645.51 元　　　 　　　（大写）：　贰仟肆佰叁拾捌万叁仟陆佰肆拾伍元伍角壹分　 投　标　人：　　　恒安建筑工程有限公司　　　 （单位盖章）   法定代表人 或其授权人：　　　　　　谢长河　　　　　　 （签字或盖章）   编　制　人：　　　　　　李煜　　　　　　 （造价人员签字盖专用章）   编制时间：2013 年 3 月 10 日

（3）投标报价总说明

总说明的内容包括：采用的计价依据；采用的施工组织设计；综合单价中包含的风险因素、风险范围（幅度）；措施项目的依据；其他有关内容的说明等（表3-10）。

总说明　　　　　　　　　　　　　　　　　　　　　　　　**表 3-10**

工程名称：银河小区 5 号楼工程　　　　　　　　　　　　　　　　第 1 页　共 1 页

---

1. 工程概况：本工程为框架结构，混凝土灌注桩基，建筑层数为 11 层，建筑面积 14580m²，招标计划工期为 325 日历天，投标工期为 310 日历天。

2. 投标报价包括范围：为本次招标的施工图范围内的建筑工程和安装工程。

3. 投标报价编制依据：

(1) 招标文件、招标工程量清单和有关报价要求，招标文件的补充通知和答疑纪要；

(2) 施工图及投标施工组织设计；

(3)《建设工程工程量清单计价规范》GB 50500—2013 以及有关的技术标准、规范和安全管理规定等；

(4) 省建设主管部门颁发的计价定额和计价办法及相关计价文件；

(5) 材料价格根据本公司掌握的价格情况并参照工程所在地工程造价管理机构 2013 年 2 月工程造价信息发布的价格。单价中已包括招标文件要求的小于 5% 的价格波动风险。

（4）工程项目总价表

工程项目总价表应按各单项工程费汇总表的合计金额填写。投标报价汇总表与投标函中投标报价金额应当一致。就投标文件的各个组成部分而言，投标函是最重要的文件，其他组成部分都是投标函的支持性文件，投标函是必须经过投标人签字盖章，并且在开标会上必须当众宣读的文件。如果投标报价汇总表的投标总价与投标函填报的投标总价不一致，应当以投标函中填写的大写金额为准。工程项目总价表格式见表3-11。

建设项目投标报价汇总表　　　　　　　　　　　　　　　　**表 3-11**

工程名称：银河小区 5 号楼工程　　　　　　　　　　　　　　　　第 1 页　共 1 页

序号	单项工程名称	金额（元）	其　　中		
			暂估价（元）	安全文明施工费（元）	规费（元）
1	银河小区 5 号楼工程	24383645.51	600000.00	785132.09	813245.98

（5）单项工程投标报价汇总表

单项工程投标报价汇总表应按各单位工程投标报价汇总表的合计金额填写。单项工程投标报价汇总表格式见表3-12。

单项工程投标报价汇总表　　　　　　　　　　　　　　　　**表 3-12**

工程名称：银河小区 5 号楼工程　　　　　　　　　　　　　　　　第 1 页　共 1 页

序号	单项工程名称	金额（元）	其　　中		
			暂估价（元）	安全文明施工费（元）	规费（元）
1	银河小区 5 号楼工程	24383645.51	600000.00	785132.09	813245.98

（6）单位工程投标报价汇总表

单位工程投标报价汇总表根据分部分项工程量清单与计价表、措施项目清单与计价表、其他项目清单与计价汇总表、规费、税金项目清单与计价表的合计填写。单位工程投标报价汇总表见表3-13。

单位工程投标报价汇总表　　　　　　表3-13

工程名称：银河小区5号楼工程　　　　　　　　　　　　　　第1页　共1页

序号	汇总内容	金额（元）	其中：暂估价（元）
1	分部分项工程	15761302.83	
0101	土石方工程	1256785.32	
0105	钢筋及混凝土工程	9013871.78	600000.00
0111	楼地面装饰工程	1201131.09	
2	措施项目	2105432.72	
2.1	其中：安全文明施工费	785132.09	
3	其他项目	1970000.00	
3.1	其中：暂列金额	1000000.00	
3.2	其中：专业工程暂估价	800000.00	
3.3	其中：计日工	70000.00	
3.4	其中：总承包服务费	100000.00	
4	规费	813245.98	
5	税金	1858498.34	
	投标报价合计＝1＋2＋3＋4＋5	22508479.87	

（7）分部分项工程和单价措施项目清单与计价表

分部分项工程量清单与计价表是根据招标人提供的工程量清单填写单价与合价得到的。分部分项工程费应依据综合单价的组成内容，按招标文件中分部分项工程量清单项目的特征描述确定综合单价计算。投标人对招标工程量清单中的"项目编码、项目名称、项目特征、计量单位、工程量"均不能改动，"综合单价、合价"可以自主决定填写，招标文件中提供了暂估单价的材料，按暂估的单价计入综合单价，并应计算出暂估单价的材料在"综合单价"及其"合价"中的具体数额。

综合单价是完成一个规定计量单位的分部分项工程量清单项目所需的人工费、材料费、施工机械使用费和企业管理费与利润，综合单价中应考虑招标文件中要求投标人承担的风险费用。分部分项工程量清单与计价表格式见表3-14。

分部分项工程和单价措施项目清单与计价表　　　　　　表3-14

工程名称：银河小区5号楼工程　　　　　　　　　　　　　　第1页　共1页

序号	项目编码	项目名称	项目特征描述	计量单位	工程量	综合单价	合价	其中：暂估价
6	010515001001	现浇构件钢筋	三级螺纹钢Q235，20	t	200	3610.29	722058.00	600000
27	011407001001	外墙乳胶漆	基层抹灰面满刮成品耐水腻子三遍磨平，乳胶漆一底二面	m²	12001.35	46	552062.10	
38	011701001001	综合脚手架	框架，檐高31.2m	m²	14580	21.32	310845.60	

(8) 总价措施项目清单与计价表

措施项目清单计价应根据拟建工程的施工组织设计，可以计算工程量的措施项目，应按分部分项工程量清单的方式采用综合单价计价（见"分部分项工程和单价措施项目清单与计价表"中的"综合脚手架"子目）；其余的措施项目可以"项"为单位的方式计价，列入"总价措施项目计价表"，除"安全文明施工费"必须按强制性规定，按省级或行业建设主管部门的规定计取外，其他措施项目均可依据投标施工组织设计自主报价。其格式见表3-15。

总价措施项目计价表　　　　　　　　　　　　　　　　　　　　　　　表 3-15

工程名称：银河小区 5 号楼工程　　　　　　　　　　　　　　　　　第 1 页　共 1 页

序号	项目编码	项目名称	计算基础	费率（%）	金额（元）	调整费率（%）	调整后金额（元）	备注
1	011707001001	安全文明施工费	定额人工费	25	785132.09			
2	011707002001	夜间施工增加费	定额人工费	1.5	47107.93			
3	011707004001	二次搬运费	定额人工费	1	31405.28			
4	011707005001	冬雨季施工增加费	定额人工费	0.6	18843.17			
...								

(9) 其他项目清单与计价表

1）暂列金额应按招标人在其他项目清单中列出的金额填写；

2）材料暂估价应按招标人在其他项目清单中列出的单价计入综合单价；专业工程暂估价应按招标人在其他项目清单中列出的金额填写；

3）计日工按招标人在其他项目清单中列出的项目和数量，自主确定综合单价并计算计日工费用；

4）总承包服务费根据招标文件中列出的内容和提出的要求自主确定。

其他项目清单与计价表的格式见表3-16。

其他项目清单与计价汇总表　　　　　　　　　　　　　　　　　　　表 3-16

工程名称：银河小区 5 号楼工程　　　　　　　　　　　　　　　　　第 1 页　共 1 页

序号	项目名称	金额（元）	结算金额（元）	备注
1	暂列金额	1000000.00		
2	暂估价	800000.00		
2.1	材料暂估价	—		
2.2	专业工程暂估价	800000.00		
3	计日工	70000.00		
4	总承包服务费	100000.00		
	合计	1970000.00		

(10) 规费、税金项目清单与计价表

规费和税金应按国家或省级、行业建设主管部门的规定计算，不得作为竞争性费用。即这部分费用是强制性的费用，不可竞争。规费、税金项目清单与计价表格式见表 3-17。

规费、税金项目计价表　　　　　　　　表 3-17

工程名称：银河小区 5 号楼工程　　　　　　　　　　　　　第 1 页　共 1 页

序号	项目名称	计算基础	计算基数	计算费率（%）	金额（元）
1	规费	定额人工费			813245.98
1.1	社会保险费	定额人工费		22.5	580889.99
1.2	住房公积金	定额人工费		6	154904.00
1.3	工程排污费	定额人工费	按地市规定	3	77452.00
2	税金			9%	1858498.34
合　　计					2671744.32

3.3.1.6　施工组织设计

施工组织设计主要含在技术标中，是投标文件的重要组成部分，是编制投标报价的基础，是反映投标企业施工技术水平和施工能力的重要标志，在投标文件中具有举足轻重的地位。施工组织设计是指导拟建工程施工全过程各项活动的技术、经济和组织的综合性文件。它分为招标投标阶段编制的施工组织设计和接到施工任务后编制的施工组织设计。前者深度和范围都比不上后者，是初步的施工组织设计；如中标再行编制详细而全面的施工组织设计。初步的施工组织设计一般包括进度计划和施工方案等。

投标人应结合招标项目特点、难点和需求，研究项目技术方案，并根据招标文件统一格式和要求编制。方案编制必须层次分明，具有逻辑性，突出项目特点及招标人需求点，并能体现投标人的技术水平和能力特长。

1. 投标人应根据招标文件和对现场的勘察情况，采用文字并结合图表形式，参考以下要点编制投标工程的施工组织设计：

（1）施工方案及技术措施；

（2）质量保证措施和创优计划；

（3）施工总进度计划及保证措施（包括以横道图或标明关键线路的网络进度计划、保障进度计划需要的主要施工机械设备、劳动力需求计划及保证措施、材料设备进场计划及其他保证措施等）；

（4）施工安全措施计划；

（5）文明施工措施计划；

（6）施工场地治安保卫管理计划；

（7）施工环保措施计划；

（8）冬、雨期施工方案；

（9）施工现场总平面布置（投标人应递交一份施工总平面图，绘出现场临时设施布置图表并附文字说明，说明临时设施、加工车间、现场办公、设备及仓储、供电、供水、卫生、生活、道路、消防等设施的情况和布置）；

（10）项目组织管理机构，包括企业为项目设立的管理机构和项目管理班子（项目经理或项目负责人、项目技术负责人等）；

（11）承包人自行施工范围内拟分包的非主体和非关键性工作（按"投标人须知"中的规定）、材料计划和劳动力计划；

（12）成品保护和工程保修工作的管理措施和承诺；

（13）任何可能的紧急情况的处理措施、预案以及抵抗风险（包括工程施工过程中可能遇到的各种风险）的措施；

（14）对总包管理的认识以及对专业分包工程的配合、协调、管理、服务方案；

（15）与发包人、监理及设计人的配合；

（16）招标文件规定的其他内容。

2. 技术方案尽可能采用图表形式，直观、准确地表达方案的意思和作用。在投标阶段编制的进度计划不是施工阶段的工程施工计划，可以粗略一些，一般用横道图表示即可；除招标文件专门规定必须用网络图外，不一定采用网络计划。在编制进度计划时要考虑和满足以下要求：

（1）总工期符合招标文件的要求；如果合同要求分期、分批竣工交付使用，则应标明分期、分批交付使用的时间和数量。

（2）表示各项主要工程的开始和结束时间，如房屋建筑中的土方工程、基础工程、混凝土结构工程、屋面工程、装修工程、水电安装工程等的开始和结束时间。

（3）体现主要工序相互衔接的合理安排。

（4）有利于基本上均衡地安排劳动力，尽可能避免现场劳动力数量急剧起落，这样可以提高工效和节省临时设施。

（5）有利于充分有效地利用施工机械设备，减少机械设备占用周期。

（6）便于编制资金流动计划，有利于降低流动资金占用量，节省资金利息。

施工方案的制订要从工期要求、技术可行性、保证质量、降低成本等方面综合考虑，选择和确定各项工程的主要施工方法和适用、经济的施工方案。

3.3.2　编制投标文件应注意的问题

（1）对招标人的特别要求。了解清楚特别要求后再决定是否投标。如招标人在业绩上要求投标人必须有几个业绩；如土建标，要求几级以上的施工资质；要求投标人资金在多少金额以上等。

（2）应认真领会的要点。前附表格要点；招标文件各要点；投标文件部分，尤其是组成和格式；保证金应注意开户银行级别、金额、币种以及时间；文件递交方式时间地点以及密封签字要求；几个造成废标的条件；参加开标仪式及做好澄清工作。

（3）投标文件应严格按规定格式制作。如开标一览表、投标函、投标报价表、授权书等，包括银行保函格式亦有统一规定，不能自己随便写。需要检查封面格式是否与招标文件要求格式一致，文字是否有错别字；目录内容从顺序到文字表述是否与招标文件要求一致；目录编号、页码、标题与内容编号、页码、标题是否一致；主要技术管理人员中各岗位专业人员是否齐全、满足招标文件要求，资格证是否在有效期内；企业近年来从事过的类似工程主要业绩是否满足招标文件要求，要核对时效、规模、结构形式、投资额等。

（4）技术规格的响应。投标人应认真制作技术规格响应表，主要指标有一个偏离即会导致废标。次要指标亦应作出响应；认真填写技术规格偏离表。

（5）应核对报价数据，消除计算错误。各分项分部工程的报价及单方造价、全员劳动生产率、单位工程一般用料、用工指标是否正常等，应根据现有指标和企业内部数据进行宏观审核，防止出现大的错误和漏项。

（6）编制投标文件的过程中，投标人必须考虑开标后如果成为评标对象，其在评标过程中应采取的对策。比如在我国鲁布革引水工程招标中，日本大成公司在这方面做了很好的准备，决策及时，因而在评标中获胜，获得了合同。如果情况允许，投标人也可以向业主致函，表明投送投标文件后考虑同业主长期合作的诚意，可以提出一些优惠措施或备选方案。

（7）根据 2014 年 2 月 1 日起施行的《建筑工程施工发包与承包计价管理办法》第十条的规定：投标报价不得低于工程成本，不得高于最高投标限价。投标报价应当依据工程量清单、工程计价有关规定、企业定额和市场价格信息等编制。第十一条规定：投标报价低于工程成本或者高于最高投标限价总价的，评标委员会应当否决投标人的投标。在编制投标报价时尤其要注意这两条的规定。

[**案例 3-2**] 投标文件应响应招标文件的要求

某工业厂房，框架 4 层，总建筑面积约 21000m²，实行工程量清单招标。由招标人提供工程量清单，投标人必须按照此清单报价，工程结算时，工程量按实结算。投标保证金 20 万元，从企业的基本账户中转出到指定账户。合同工期为 180 天。

投标人 A 为了使得投标总价降低，把某项招标人给出的清单工程量由 8573.68m³ 直接改为按 6573.68m³ 进行报价。投标人 B 认为 180 天的工期不符合实际和国家下发的工期定额，遂按工期定额的规定计算为 210 天。投标人 C 按规定时间截止前从投标人代表的个人账户中转出 20 万元到招标文件中指定的账户中。

在评标时，评标委员会发现了投标人 A、B、C 文件中存在的上述问题，认为投标人 A 擅自改变了招标人提供的工程量清单，投标人 B 没有实质性响应招标文件中工期要求，投标人 C 没有从企业的基本账户中转出投标保证金，其三家投标人均没能实质性响应招标文件中的要求，均被认定为废标。

3.4　工程项目施工投标决策与报价技巧

3.4.1　投标决策的概念

投标决策，就是投标人选择和确定投标项目与制定投标行动方案的决定。工程投标决策是指建设工程承包商为实现其生产经营目标，针对建设工程招标项目，而寻求并实现最优化的投标行动方案的活动。因为投标决策是公司经营决策的重要组成部分，并指导投标全过程，与公司经济效益紧密相关，所以必须及时、迅速、果断地进行投标决策。实践中，建设工程投标决策主要研究以下三个方面的内容：

（1）投标机会决策，即是否投标的机会研究。

（2）投标定位决策，即投何种性质的标。

（3）投标方法性决策，采用何种策略和技巧投标决策问题，首先是要进行是否投标的机会决策研究和投何种性质的标的投标报价决策研究；其次，是研究投标中如何采用以长制短、以优胜劣的策略和技巧。投标决策分为两个阶段：前期投标机会决策阶段和后期报价决策阶段，投标机会决策阶段主要解决是否投标的机会问题，报价决策阶段是要解决投标性质选择及报价选择问题。

1. 投标机会决策

投标机会决策阶段，主要是投标人及其决策组织成员对是否参加投标进行研究、论证并作出决策的过程。一般是在投标人购买资格预审文件前后完成。在这一阶段当中，进行决策的主要依据包括了招标人发布的招标公告，投标人对工程项目的跟踪调查情况，投标人对招标人情况进行的调查研究及了解资料。在针对国际项目的招标工程当中，进行决策的依据还应该包括投标人对工程所在国及所在地的调查研究及了解。

在下列情况下，投标人可以根据实际情况的调查，放弃投标。

（1）工程资质要求超过本企业资质等级的项目；

（2）本企业业务范围和经营能力之外的项目；

（3）本企业在手承包任务比较饱满，而招标工程的风险较大或盈利水平较低的项目；

（4）本企业投标资源投入量过大时面临的项目；

（5）有在技术等级、信誉、水平和实力等方面具有明显优势的潜在竞争对手参加的项目。

2. 投标定位决策

如果投标人经过前期的投标机会研究决定进行投标，便进入投标的后期决策阶段，即投标定位决策阶段。该阶段是指从申报投标资格预审资料至投标报价为止期间的决策研究阶段，主要研究投什么样的标及怎样进行投标。在进行决策时，可以根据投标性质不同，考虑投风险标或保险标；或者根据效益情况不同，考虑投盈利标、保本标或亏损标。

（1）保险标指承包商对基本上不存在什么技术、设备、资金和其他方面问题的，或虽有技术、设备、资金和其他方面问题，但可预见并已有了解决办法的工程项目而投的标。

若企业经济实力较弱，经不起失误或风险的打击，投标人往往投保险标，尤其是在国际工程承包市场上承包商大多愿意投保险标。

（2）风险标指承包商对存在技术、设备、资金或其他方面未解问题，承包难度比较大的招标工程而投的标。投标后若对于存在的问题解决的好，则可以取得较好的经济效益，同时可以得到更多的管理经验；若对于存在的问题解决不好，企业则面临经济损失、信誉损害等问题。因此，这种情况下的投标决策必须谨慎。

（3）盈利标是指承包商为能获得丰厚利润回报的而投的标。

（4）保本标是指承包商对不能获得多少利润但一般也不会出现亏损的招标工程而投的标。

3. 投标决策的具体方法

（1）定性决策

影响报价的因素很多，往往很难定量的测算，就需要定性分析。定性选择投标项目，主要依靠投标决策人员个人的经验和科学的分析研究方法优选投标项目。这种方法虽有一定的局限性，但具有方法简单，对相关资料的要求不高等优点，因而应用较为广泛。

（2）定量决策

定量决策的方法有很多，本章以决策树方法为例来介绍定量决策。决策树分析法是一种利用概率分析原理，并用树状图描述各阶段备选方案的内容、参数、状态及各阶段方案的相互关系，实现对方案进行系统分析和评价的方法。

当投标项目较多，承包商施工能力有限时，只能从中选择一些项目投标，而对另一些项目则放弃投标。分析时单纯从获利角度，从中选择期望利润最大的项目，作为投标项目。

3.4.2 投标报价策略

投标策略从投标的全过程分析主要表现在以下三个方面：

1. 生存型策略

投标报价以克服生存危机为目标而争取中标，可以不考虑各种影响因素。但由于社会、政治、经济环境的变化和投标人自身经营管理不善，都有可能造成投标人的生存危机。这种危机首先表现在企业的经济状况，投标项目的减少。其次，政府调整基本建设投资方向，使某些投标人擅长的工程项目减少，这种危机常常危害到营业范围单一的专业工程投标人。第三，如果投标人经营管理不善，会存在投标邀请越来越少的危机。这时投标人应以生存为重，采取不盈利甚至赔本也要夺标的措施，只要能暂时维持生存渡过难关，就会有东山再起的希望。

2. 竞争型策略

投标报价以竞争为手段，以开拓市场、低盈利为目标，在精确计算成本的基础上，充分估计竞争对手的报价目标，以有竞争力的报价达到中标的目的。投标人处在以下几种情况下，应采取竞争型报价策略：经营状况不景气，近期接收到的投标邀请较少；竞争对手有威胁性；试图打入新的地区；开拓新的工程施工类型；投标项目风险小、施工工艺简单、工程量大、社会效益好的项目；附近有本企业其他正在施工的项目。这种策略是大多数企业采用的，也叫保本低利策略。

3. 盈利型策略

这种策略是投标报价要充分发挥自身优势，以实现最佳盈利为目标。下面几种情况可以采用盈利型报价策略，如投标人在该地区已经打开局面、施工能力饱和、信誉度高、竞争对手少、具有技术优势并对招标人有较强的名牌效应、投标人目标主要是扩大影响，或者施工条件差、难度高、资金支付条件不好、工期质量等要求苛刻等。

按一定的策略得到初步报价后，应当对这个报价进行多方面分析。分析的目的是探讨这个报价的合理性、竞争性、盈利性及风险性。一般来说，投标人对投标报价的计算方法大同小异，造价工程师的基础价格资料也是相似的。因此，从理论上分析，各投标人的投标报价同招标人的标底价都应当相差不远。为什么在实际投标中却出现许多差异呢？除了那些明显的计算失误，误解招标文件内容，有意放弃竞争而报高价者外，出现投标报价差异的主要原因大致有：一是追求利润的高低不一。有的投标人急于中标以维持生存局面，不得不降低利润率，甚至不计取利润；也有的投标人机遇较好，并不急切求得中标，而追求较高的利润。二是各自拥有不同的优势。有的投标人拥有闲置的机具和材料，有的投标人拥有雄厚的资金；有的投标人拥有众多的优秀管理人才等。三是选择的施工方案不同。对于大中型项目和一些特殊的工程项目，施工方案的选择对成本影响较大。科学合理的施工方案，包括工程进度的合理安排、机械化程度的正确选择、工程管理的优化等，都可以明显降低施工成本，因而降低报价。四是管理费用的差别。集团企业和中小企业、老企业和新企业、项目所在地企业和外地企业之间的管理费用的差别是比较大的。在清单计价模式下显示投标人个别成本，这种差别显得更加明显。

这些差异正是实行工程量清单计价后体现低报价原因的重要因素，但在工程量清单计价下的低价必须讲"合理"二字。并不是越低越好，不能低于投标人的个别成本，不能由于低价中标而造成亏损。投标人必须是在保证质量、工期的前提下，保证预期的利润及考虑一定风险的基础上确定最低成本价。低价虽然重要，但不是报价唯一因素，除了低报价之外，投标人可以采取策略或投标技巧战胜对手，或可以提出能够让招标人降低投资的合理化建议或对招标人有利的一些优惠条件等，这些措施都可以弥补报高价的不足。

3.4.3 投标报价技巧

投标报价技巧是指在投标报价中采用既能使招标人接受，而中标后又能获得更多利润的方法。投标人在工程投标时，主要应该在先进合理的技术方案和较低的投标价格上下功夫，以争取中标，但还有一些投标技巧对中标及中标后的获利有一定的帮助。

影响报价的因素很多，往往难以做定量的测算，因此就需要进行定性分析。报价的最终目的有两个，一是提高中标的可能性；二是中标后企业能获得盈利。为了达到这两个目的，企业必须在投标中认真分析招标信息，掌握建设单位和竞争对手的情况，采用各种报价技巧，报出合理的标价。对标价高低的定性分析，又称为报价技巧。下面介绍几种常用报价技巧供参考。

1. 不平衡报价法

不平衡报价法是指一个工程项目的投标报价，在总价基本确定后，如何调整内部各个分项目的报价，以达到既不提高总价，不影响中标，又能在结算时得到更理想的经验效益的目的。不平衡报价法一定要建立在对工程量仔细核对的基础上，同时一定要控制在合理的幅度内（一般在10%左右）。以下几种情况，可采取不平衡报价法。

（1）不平衡报价法的应用方法

①前高后低。对能早期结账收回工程款的项目（如土方、基础等）的单价可以报高价，以利于资金周转；对后期项目（如装饰、电气设备安装等）单价可适当降低。这种方法对竣工后一次结算的工程不适用。

②工程量可能增加的报高价。工程量有可能减少的项目单价可适当降低。这种方法适用于按工程量清单报价、按实际完成工程量结算工程款的招标工程。

但上述两点要统筹考虑。对于工程量数量有错误的早期工程，如不可能完成工程量表中的数量，则不能盲目抬高单价，需要具体分析后再确定。

③图纸内容不明确的或有错误，估计修改后工程量要增加的，其单价可提高；而工程内容不明确的，其单价可降低。

④没有工程量只填报单价的项目，其单价宜高。这样，既不影响总的投标报价，又可多获利。

⑤对于暂定项目，其实施的可能性大的项目，价格可定高价；估计该工程不一定实施的，可定低价。

⑥零星用工（计日工）一般可稍高于工程单价表中的工资单价，之所以这样做是因为

零星用工不属于承包有效合同总价的范围，发生时实报实销，也可多获利。

⑦量大价高的提高报价。工程量大的少数子项适当提高单价，工程量小的大多数子项则报低价。这种方法适用于采用单价合同的项目

（2）应用不平衡报价法的注意事项

①注意避免各项目的报价畸高畸低，否则有可能失去中标机会。

②上述不平衡报价的具体做法要统筹考虑，例如某项目虽然属于早期工程，但工程量可能是减少的，则不宜报高价。

[案例 3-3]　不平衡报价

承包商参与某高层商用办公楼土建工程的投标。为了既不影响中标，又能在中标后取得较好的收益，决定采用不平衡报价法对原估价作了适当调整，具体数字见表 3-18。现假设桩基围护工程、主体结构工程、装饰工程的工期分别为 4 个月、12 个月、8 个月，年利润 1%，并假设各分部工程每月完成的工作量相同且能按月度及时收到工程款（不考虑工程款结算所需的时间）。

表 3-18

	桩基维护工程	主体结构工程	装饰工程	总　　价
调整前估价	1480	6600	7200	15280
调整后报价	1600	7200	6480	15280

问题：

（1）该承包商所运用的不平衡报价法是否恰当？为什么？

（2）采用不平衡报价法后，该承包商所得工程款的现值比原估价增加多少（以开工日期为结算点。）

解析：

（1）恰当。因为不平衡报价法的基本原理是在总价不变的前提下，调整分项工程的单价。通常对前期完成的工程、工程量可能增加的工程、计日工等项目，原估单价调高，反之则调低。该工程承包商是将属于前期工程的桩基围护工程和主体结构工程的单价调高，而将属于后期工程的装饰工程的单价调低，可以在施工的早期阶段收到较多的工程款，从而可以提高承包商所得工程款的现值；而且，这三类工种单价的调整幅度均在 ±10% 以内，属于合理范围。

（2）计算单价调整后的工程款现值

①单价调整前的工程款现值

桩基维护工程每月工程款 $A_1 = 1480 \div 4 = 370$（万元）

主体结构工程每月工程款 $A_2 = 6600 \div 12 = 550$（万元）

装饰工程每月工程款 $A_3 = 7200 \div 8 = 900$（万元）

则，单价调整前的工程款现值：

$$PV_0 = A_1(P/A, 1\%, 4) + A_2(P/A, 1\%, 12)(P/F, 1\%, 4) + A_3(P/A, 1\%, 8)(P/F, 1\%, 16)$$

$$= 370 \times 3.9020 + 550 \times 11.2551 \times 0.9610 + 900 \times 7.6517 \times 0.8528$$

$$= 1443.74 + 5948.88 + 5872.83$$

$$= 13265.45（万元）$$

②单价调整后的工程款现值

桩基维护工程每月工程款 $A_1' = 1600 \div 4 = 400$ 万元

主体结构工程每月工程款 $A_2' = 7200 \div 12 = 600$ 万元

装饰工程每月工程款 $A_3' = 6480 \div 8 = 810$ 万元

则，单价调整后的工程款现值：

$$PV_0' = A_1'(P/A,1\%,4) + A_2'(P/A,1\%,12)(P/F,1\%,4) + A_3'(P/A,1\%,8)(P/F,1\%,16)$$

$$= 400 \times 3.9020 + 600 \times 11.2551 \times 0.9610 + 810 \times 7.6517 \times 0.8528$$

$$= 1560.80 + 6489.69 + 5285.55$$

$$= 13318.83（万元）$$

③两者的差额为：$PV_0' - PV_0 = 13318.83 - 13265.45 = 53.38$（万元）

因此，采用不平衡报价法后，该承包商所得工程款的现值比原估价增加 53.38 万元。

2. 多方案报价

多方案报价是投标人针对招标文件中的某些不足，提出有利于业主的替代方案（又称备选方案），用合理化建议吸引业主争取中标的一种投标技巧。

多方案报价法的适用情况是：对于一些招标文件，如果发现工程范围不很明确，条款不清楚或很不公正，或技术规范要求过于苛刻时，则要在充分估计投标风险的基础上，按多方案报价法处理。即是按原招标文件报一个价，然后再提出，如某某条款作某些变动，报价可降低多少，由此可报出一个较低的价。这样，可以降低总价，吸引业主。

但这种方法的应用要根据招标文件的要求，如果招标文件中明确规定不允许报多个方案和多个报价，则不可以采用此种方法。

3. 增加备选方案报价法

有时招标文件中规定，可以提一个建议方案，即可以修改原设计方案，提出一个备选方案。投标人应抓住机会，组织一批有经验的设计和施工工程师，对原招标文件的设计和施工方案仔细研究。提出更为合理的方案以吸引招标人，促成自己的方案中标。这种新建议方案可以降低总造价或缩短工期，或使工程运用更为合理。但要注意的是，对原招标方案一定也要报价。建议方案不能写得太具体，要保留方案的关键技术部分，防止招标人将此方案交给其他投标人。同时要注意的是，建议方案一定要比较成熟，自己比较熟悉，有很好的可操作性。

但这种方法的应用要根据招标文件的要求，如果招标文件中明确规定不接受备选方案，则不可以采用此种方法。

[案例 3-4] 一个项目能否投两份投标文件

新加坡某局为一座集装箱仓库的屋盖进行工程招标，该工程为 60000m² 仓库，上面为 6 组拼连的屋盖，原招标方案用大跨度的普通钢屋架、檩条和彩色涂层压型钢板的传统式屋盖。招标文件规定除原方案报价外，允许投标者提出新的建议方案和报价，但不能改变仓库的外形和下部结构。一家中国公司参加投标，除严格按照原方案报价外，提出新的建议是，将原方案改成钢管构件的螺栓球接点空间网架结构。这个新方案不仅节约大量钢材，而且可以在中国加工制作构件和接点后，用集装箱运到新加坡现场进行拼装，从而大大降低了工程造价，施工周期可以缩短两个月。开标后，按原方案报价，中国公司名列第5名，但其可供选择的方案报价最低、工期最短且技术先进。招标人派专家到中国考察，看到大量这种空间网架结构，技术先进、可靠而且美观，因此宣布将这个仓库的大型屋盖工程以近 2000 万美元的承包价格授予这家中国公司。

这不是投两份投标文件，而是对招标文件中允许提交的备选方案进行的相应报价。

4. 突然降价法

突然降价法是指在投标最后截止时间内，采取突然降价的手段，确定最终投标报价的方法。通常的做法是，在准备投标报价的过程中预先考虑好降价的幅度，然后有意散布一些假情报，如打算弃标，按一般情况报价或准备报高价等，等临近投标截止日期前，突然前往投标，并降低报价，以期战胜竞争对手。

[案例 3-5]　某水电站的招标，水电某工程局于开标前一天带着高、中、低三个报价到达该地后，通过各种渠道了解投标者到达的情况及可能出现的竞争者的情况，直到截止投标前 10 分钟，他们发现主要的竞争者已放弃投标，立即决定不用最低报价，同时又考虑到第二竞争对手的竞争力，决定放弃最高报价，选择了"中报价"，结果成为最低标，为该项目中标打下基础。

5. 先亏后盈法

对大型分期施工项目，在第一期工程投标时，可以将部分间接费用摊到第二期工程中去，少计算利润以争取中标。这样在第二期工程投标时，凭借第一期工程的经验、临时设施及树立的信誉，比较容易拿到第二期工程。另外，投标人为了打入某一地区也可采用先亏后盈法。

6. 许诺优惠条件法

投标报价附带优惠条件是行之有效的一种手段。招标人评标时，除了主要考虑报价和技术方案外，还要分析其他条件，如工期、质量、支付条件等。在投标时投标人主动提出提前竣工、低息贷款、赠给施工设备、免费转让新技术、免费技术协作、代为培训人员等，均是吸引业主、利于中标的有效手段。

7. 争取评标奖励法

有时招标文件规定，对某些技术指标的评标，投标人若提供优于规定标准的指标值时，给予适当的评标奖励。投标人应该使业主比较注重的指标适当优于规定标准，可以获得适当的评标奖励，有利于在竞争中取胜。

8. 开标升级法

在投标报价时把某些造价高的特殊工作从报价中减掉，使报价成为竞争对手无法相比的低价。利用这种"低价"来吸引招标人，从而取得与招标人进一步商谈的机会，在商谈过程中逐步提高价格。当招标人明白过来当初的"低价"实际上一是个钓饵时，往往已经在时间上招标人处于谈判弱势，丧失了与其他投标人谈判的机会。利用这种方法时，要特别注意在最初的报价中说明某项工作的缺项，否则可能会弄巧成拙，真的以"低价"中标。

9. 无利润投标法

此方法有以下几种情况：

（1）对于分期建设的项目，可以低价获得首期项目，而后赢得竞争优势，并在以后的实施中赚得利润。

（2）某些施工企业其投标的目的不在于从当前的工程上获利，而是着眼于长远的发展。如为了开辟市场、掌握某种有发展前途的工程施工技术等。

（3）在一定的时期内，施工单位没有在建的工程，如果再不得标，就难以维持生存。所以，在报价中可能只考虑企业管理费用，以维持公司的日常运转，渡过暂时的难关后再图发展。

上述策略与技巧是投标报价中经常采用的，施工投标报价是一项系统工程，报价策略与技巧的选择需要掌握充足的信息，更需要在投标实践中灵活使用，否则就可能导致投标失败。

[案例 3-6] 投标策略的应用

某承包商通过资格预审后，对招标文件进行了仔细分析，发现业主所提出的工期要求过于苛刻，且合同条款中规定每拖延 1 天工期罚合同价的 1‰。若要保证实现该工期要求，必须采取特殊措施，从而大大增加成本；还发现原设计方案采用框架剪力墙体系过于保守。因此，该承包商在投标文件中说明业主的工期要求难以实现，因而按自己认为的合理工期（比业主要求的工期增加 6 个月）编制施工进度计划和据此报价；还建议将框架剪力墙体系改为框架体系，并对这两种结构体系进行了技术经济分析和比较，证明框架体系不仅能保证工程结构的可靠性和安全性，增加使用面积，提高空间利用的灵活性，而且可降低造价约 3%。

该承包商将技术标和商务标分别封装，在封口处加盖本单位公章和项目经理签字后，在投标截止日前 1 天上午将投标文件报送业主。次日（即投标截止日当天）下午，在规定的投标截止时间前 1 小时，该承包商又递交了一份补充材料，其中声明将原报价降低4%，但是招标单位的有关工作人员认为，根据国际上"一标一投"的惯例，一个承包商不得递交两份投标文件，因而拒收承包商的补充材料。

问题：

（1）该承包商运用了哪几种投标策略？其运用是否恰当？

（2）从所介绍的背景资料看，在该项目招标过程中存在哪些问题？

解析：

（1）该承包商运用了三种报价技巧，即多方案报价法、增加建议方案法和突然降价法。

其中，多方案报价法运用不当，因为运用该报价技巧时，必须对原方案（本案例指业主的工期要求）报价，而该承包商在投标时仅说明了该工期要求难以实现，却并未报出相应的投标价。

增加建议方案法运用得当，通过对两个结构体系方案的技术经济分析和比较（这意味着对两个方案均报了价），论证了建议方案（框架体系）的技术可行性和经济合理性，对业主有很强的说服力。

突然降价法也运用得当，原投标文件的递交时间比规定的投标截止时间仅提前 1 天多，这既符合常理，又为竞争对手调整、确定最终报价留有一定的时间，起到了迷惑竞争对手的作用。若提前时间太多，会引起竞争对手的怀疑，而在开标前 1 小时突然递交一份补充文件，这时竞争对手已不可能再调整报价了。

（2）该项目招标程序中的不妥之处在于：

"招标单位的有关工作人员拒收承包商的补充材料"不妥，因为承包商在投标截止时间之前所递交的任何正式书面文件都是有效文件，都是投标文件的有效组成部分，即补充文件与原投标文件共同构成一份投标文件，而不是两份相互独立的投标文件。

本 章 小 结

本章主要对工程项目投标进行了详细的介绍。围绕工程项目投标的程序，重点对投标准备工作、投标报价分析、投标决策与投标技巧、投标文件的组成与编制的相关内容进行了详细说明。取得招标信息并参加资格审查、研究招标文件、组成投标班子是投标前重要的几项工作。其中研究招标文件时要重点研究招标文件条款、评标方法、合同条款和工程量清单等内容。编制投标文件应做到内容的完整性、符合性和响应性，还应注意编写技巧和编写要求。招标投标阶段的施工组织设计是施工企业控制和指导施工的文件，内容要科学合理。投标决策与报价技巧是两个相互联系的不同的范畴，正确的使用会提高中标的可能性和利润的优化。

思 考 与 练 习

一、填空题

1. 投标人在＿＿＿＿＿＿＿＿后撤回投标文件，投标保证金将可能被没收。

2. 投标保证金的额度一般不应大于招标项目估算价的＿＿＿＿％。

3. 由同一专业的单位组成的联合体，按照＿＿＿＿单位确定资质等级。

4. 投标文件一般有下列内容组成：＿＿＿、＿＿＿、＿＿＿、＿＿＿、＿＿＿、＿＿＿、＿＿＿、＿＿＿等内容。

5. 工程量清单投标报价的编制依据包括＿＿＿、＿＿＿、＿＿＿、＿＿＿、＿＿＿、＿＿＿、＿＿＿等内容。

6. 投标决策主要研究以下三个方面的内容：＿＿＿＿＿、＿＿＿＿＿、＿＿＿＿＿。

二、选择题

1. 某建设项目招标，采用经评审的最低投标价法评标，经评审的投标价格最低的投标人报价 1020 万元，评标价 1010 万元，评标结束后，该投标人向招标人表示，可以再降低报价，报 1000 万元，与此对应的评标价为 990 万元，则双方订立的合同价应为（　　）。

A. 1020 万元　　　B. 1010 万元　　　C. 1000 万元　　　D. 990 万元

2. 投标人现场考察后，以书面形式提出质疑，招标人给予了书面解答。当解答与招标文件的规定不一致时，（　　）。

A. 投标人应要求招标人继续解释　　B. 以书面解答为准

C. 以招标文件为准　　　　　　　　D. 由人民法院判定

3. 投标文件对招标文件的响应出现偏差，可以要求投标人在评标结束前予以澄清或补正的情况是（　　）。

A. 投标文件没有加盖公章

B. 投标文件中的大写金额与小写金额不一致

C. 投标担保金额多于招标文件的规定

D. 投标文件的关键内容字迹模糊，无法辨认

4. 根据招标投标法，投标人可以在（　　）期间撤回投标书并收回投标保证金。

A. 收到中标通知书至签订合同　　　　　B. 评标结束至确定中标人

C. 开标至评标结束　　　　　　　　　　D. 提交标书至投标截止时间

5. 关于投标有效期，下列说法中正确的是（　　）。

A. 投标有效期延长通知送达投标人时，该投标人的投标保证金随即延长

B. 投标人同意延长投标有效期的，不得修改投标文件的实质性内容

C. 投标有效期内，投标文件对招标人和投标人均具有合同约束力

D. 投标有效期内撤回投标文件，投标保证金应予退还

6. 关于联合体投标，下列说法中不正确的是（　　）。

A. 两个以上法人或者组织可以组成一个联合体

B. 联合体成员不得在同一项目再以自己名义单独投标

C. 必须以一个投标人的身份共同投标

D. 招标人可以根据项目需要要求投标人组成联合体

7. 投标有效期设置应合理，如果投标有效期过短，则造成的后果是（　　）。

A. 降低了招标人的风险

B. 加大了投标人的风险

C. 招标人在投标有效期内可能无法完成招标工作

D. 投标人可能无法完成投标文件的编制工作

8. 下列文件中，属于工程施工投标文件中技术文件的是（　　）。

A. 已标价的工程量清单　　　　　　　　B. 施工组织设计

C. 联合体协议书　　　　　　　　　　　D. 资格审查资料

9. 投标有效期应当自（　　）的时间开始计算。

A. 投标人提交投标文件　　　　　　　　B. 招标人收到投标文件

C. 招标文件规定的开标　　　　　　　　D. 中标通知书发出

10. 通常情况下，下列施工招标项目中应放弃投标的是（　　）。

A. 本施工企业主营和兼营能力之外的项目

B. 工程规模、技术要求超过本施工企业资质等级的项目

C. 本施工企业生产任务饱满，而招标工程的盈利水平较低或风险较大

D. 本施工企业技术等级、信誉、施工水平明显不如竞争对手的项目

E. 本施工企业在类似项目施工中信誉非常好的项目

11. 投标保证金的额度一般不应大于估算价的（　　）。

A. 10%　　　　　　B. 5%　　　　　　C. 2%　　　　　　D. 3%

12. 在投标报价程序中，在调查研究，收集信息资料后，应当（　　）。

A. 对是否参加投标作出决定　　　　　　B. 确定投标方案

C. 办理资格审查　　　　　　　　　　　D. 进行投标计价

13. 投标单位有以下（　　）行为时，招标单位可视其为严重违约行为而没收投标保
证金。

A. 通过资格预审后不投标　　　　B. 不参加开标会议

C. 中标后拒签订合同　　　　　　D. 不参加现场考察

14. 当一个工程项目总报价基本确定后，通过调整内部各个项目的报价，以期既不提高报价、不影响中标，又能在结算时得到较为理想的经济效益，这种报价技巧叫作（　　）。

A. 根据中标项目的不同特点采用不同报价

B. 多方案报价法

C. 可供选择的项目的报价

D. 不平衡报价法

15. 工程项目投标是指具有（　　）的投标人，根据招标条件，经过初步研究和估算，在指定期限内填写标书，提出报价，并等候开标，决定能否中标的经济活动。

A. 合法资格　　　　　　　　　　B. 良好信誉

C. 委托丰富经验　　　　　　　　D. 合法资格和能力

16. 不属于施工投标文件的内容有（　　）。

A. 投标函　　　　　　　　　　　B. 投标报价

C. 拟签订合同的主要条款　　　　D. 施工方案

17. 工程投标函附录主要内容是对投标文件中涉及（　　）的内容条款进行说明或强调。

A. 商务条款偏离　　　　　　　　B. 资格证明材料

C. 工程量清单　　　　　　　　　D. 关键性或实质性

18. 工程建设项目施工招标，关于投标人的资格条件，下列说法正确的是（　　）。

A. 分公司可以作为投标人

B. 已完成的施工项目的工程质量不影响投标人的资格条件

C. 财产是否被冻结不影响投标人的资格条件

D. 招标文件规定的投标人资格条件可以高于法律、法规的要求

19. 根据《工程建设项目施工招标投标办法》，招标人要求中标人提供履约保证金，招标人一般应向中标人提供（　　）。

A. 资金来源证明　　　　　　　　B. 等额履约担保

C. 等额预付款　　　　　　　　　D. 工程款支付担保

（答案提示：1. A；2. B；3. B；4. D；5. B；6. D；7. C；8. B；9. C；10. ABCD；11. C；12. A；13. C；14. D；15. D；16. C；17. D；18. D；19. D。）

三、简答题

1. 投标单位在投标前一般需要做哪些方面的工作？

2. 投标文件的组成内容有哪些？

3. 什么是不平衡报价法？如何应用不平衡报价法？

4. 什么是多方案报价？什么是增加备选方案报价法？

5. 论述常用的投标报价技巧。

6. 简述建设工程投标程序。

7. 常用的投标策略有哪些？

四、案例分析

1. 某房地产公司计划在北京开发某住宅项目，采用公开招标的形式，有 A、B、C、D、E 5 家施工单位领取了招标文件。本工程招标文件规定 2018 年 1 月 20 日上午 10：30 为投标文件接收终止时间。在提交投标文件的同时，需投标单位提供投标保证金 20 万元。在 2018 年 1 月 20 日，A、B、C、D 4 家投标单位在上午 10：30 前将投标文件送达，E 单位在上午 11：00 送达。各单位均按招标文件的规定提供了投标保证金。在上午 10：25 时，B 单位向招标人递交了一份投标价格下降 5％的书面说明。

问题：B 单位向招标人递交的书面说明是否有效？

（答案提示：B 单位向招标人递交的书面说明有效。根据《招标投标法》的规定，投标人在招标文件要求提交投标文件的截止时间前，可以补充、修改或者撤回已提交的投标文件，补充、修改的内容作为投标文件的组成部分。）

2. 联合体资格条件

某建设工程发布的招标公告中，对投标人资格条件要求为：（1）本次招标资质要求是主项资质为房屋建筑工程施工总承包三级及以上资质；（2）有 3 个及以上同类工程业绩，并在人员、设备、资金等方面具有相应的施工能力；（3）本次招标接受联合体投标。A 建筑公司具备房屋建筑工程施工总承包二级资质，且具有多个同类工程业绩；B 建筑公司具备房屋建筑工程施工总承包三级资质，但同类工程业绩较少。A、B 公司都想参加此次投标，但 A 公司目前资金比较紧张，而 B 公司则担心由于自己的业绩一般，在投标中处于劣势，因此，两公司协商组成联合体进行投标。在评标过程中，该联合体的资质等级被确定为房屋建筑工程施工总承包三级。评标办法中将资质等级列为一项计算得分的项目，根据评标办法中的计算办法，该联合体得分略低于另外一家投标人，失去了中标机会。

问题：

（1）什么是联合体投标？A、B 怎样组成联合体投标？如果中标，双方的权利义务是什么？

（2）法律对联合体有何规定？A、B 组成的联合体资质等级是如何确定的？

（答案提示：A、B 双方应当签订共同投标协议，明确各方拟承担的工作和责任，并将共同投标协议连同投标文件一并提交招标人。如果 A、B 联合体中标，双方应当共同与招标人签订合同，就中标项目向招标人承担连带责任。A、B 组成的联合体资质等级确定为三级。）

第4章 建设工程开标、评标与定标

[学习指南] 了解开标、评标与定标的组织工作，掌握开标、评标与定标各个阶段的主要工作内容与工作步骤，掌握评标的常用工作方法。重点掌握工程开标评标的过程，能正确处理开标评标过程中可能出现的问题。利用案例加深对知识的理解和掌握，查找知识盲区，梳理整个招标流程，提高学习效率。

[引导案例] 鲁布革水电站的引水工程按世界银行的规定，实行新中国成立以来第一次的国际公开（竞争性）招标。该工程由一条长 8.8km、内径 8m 的引水隧洞和调压井等组成。招标范围包括其引水隧洞、调压井和通往电站的压力钢管等。

招标程序及合同履行情况见表 4-1。

表 4-1

时　　间	工 作 内 容	说　　明
1982 年 9 月	刊登招标通告及编制招标文件	
1982 年 9 月~12 月	第一阶段资格预审	从 13 个国家 32 家公司中选定 20 家合格公司，包括我国 3 家公司
1983 年 2 月~7 月	第二阶段资格预审	与世界银行磋商第一阶段预审结果，中外股市为组成联合投标公司进行谈判
1983 年 6 月 15 日	发售招标文件（标书）	15 家外商及 3 家国内公司购买了标书，8 家投了标
1983 年 11 月 8 日	当众开标	8 家公司投标，其中一家为废标
1983 年 11 月~1984 年 4 月	评标	确定大成、前田和英波吉洛公司 3 家为评标对象，最后确定日本大成公司中标，与之签订合同，合同价 8463 万元，比标底 12958 万元低 43%，合同工期 1597 天
1984 年 11 月	引水工程正式开工	
1988 年 8 月 13 日	正式竣工	工程师签署了工程竣工移交证书，工程初步结算价 9100 万元，仅为标底的 60.8%，比合同价增加 7.53%，实际工期 1475 天，比合同工期提前 122 天

表 4-2 为各投标人的评标折算报价情况。按照国际惯例，只有前三名进入评标阶段，因此我国两家公司没有入选。这次国际竞争性招标，虽然国内公司享受 7.5% 的优惠，条件颇为有利但未中标，最后日本大成公司中标。

表 4-2

公　　司	折算报价(万元)	公　　司	折算报价(万元)
日本大成公司	8460	中国闽昆与挪威 FHS 联合公司	12210
日本前田公司	8800	南斯拉夫能源公司	13220
英波吉洛公司（美意联合）	9280	法国 SBTP 联合公司	17940
中国贵华与霍尔兹曼（西德）联合公司	12000	西德某公司	废标

4.1 建设工程开标

开标，即在招标投标活动中，由招标人主持，在招标文件预先载明的开标时间和开标地点，邀请所有投标人参加，公开宣布全部投标人的名称、投标价格及投标文件中其他主要内容，使招标投标当事人了解各个投标的关键信息，并将相关情况记录在案。开标是招标投标活动中"公开"原则的重要体现。

根据《招标投标法》第三十四条明确规定，开标应当在招标文件确定的提交投标文件截止时间的同一时间公开进行；开标地点应当为招标文件中预先确定的地点。除不可抗力原因外，招标单位或其招标代理机构，不得以任何理由延迟开标，或拒绝开标。

4.1.1 开标准备工作

开标准备工作包括两个方面：

1. 投标文件接收

招标人应当安排专人，在招标文件指定地点接收投标人递交的投标文件（包括投标保证金），详细记录投标文件送达人、送达时间、份数、包装密封、标识等查验情况，经投标人确认后，出具投标文件和投标保证金的接收凭证。投标文件密封不符合招标文件要求的，招标人不予受理，在开标时间前，应当允许投标人在投标文件接收场地之外自行更正修补。在投标截止时间后递交的投标文件，招标人应当拒绝接收。至投标截止时间提交投标文件的投标人少于3家的，不得开标，招标人应将接收的投标文件退回投标人，并依法重新组织招标。

《招标投标法实施条例》第三十六条规定：未通过资格预审的申请人提交的投标文件，以及逾期送达或者不按照招标文件要求密封的投标文件，招标人应当拒收。招标人应当如实记载投标文件的送达时间和密封情况，并存档备查。

2. 开标现场及资料

招标人应保证受理的投标文件不丢失、不损坏、不泄密，并组织工作人员将投标截止时间前受理的投标文件运送到开标地点。招标人应准备好开标必备的现场条件。

招标人应准备好开标资料，包括开标记录一览表、投标文件接收登记表等。

4.1.2 开标程序

开标由招标人主持，负责开标过程的相关事宜，包括对开标全过程的会议记录。开标的主要程序如下述。

1. 宣布开标纪律

主持人宣布开标纪律，对参与开标会议的人员提出会场要求，主要是开标过程中不得喧哗；通信工具调整到静音状态；约定的提问方式等。任何人不得干扰正常的开标程序。

2. 确认投标人代表身份

招标人可以按照招标文件的约定，当场校验参加开标会议的投标人授权代表的授权委托书和有效身份证件，确认授权代表的有效性，并留存授权委托书和身份证件的复印件。

3. 公布在投标截止日前接收投标文件的情况

招标人当场宣布投标截止时间前递交投标文件的投标人名称、时间等。

4. 宣布有关人员姓名

开标会主持人介绍招标人代表、招标代理机构代表、监督人代表或公证人员等，依次宣布开标人、唱标人、记录人、监标人等有关人员姓名。

5. 检查标书的密封情况

标书密封情况的检查必须由投标人执行，如公证机关与会，也可以由公证机关对密封进行检查。

标书密封情况的检查，是为了保障投标人的合法利益，有利于维护公平的竞争环境。

6. 宣布投标文件开标顺序

主持人宣布开标顺序。如招标文件未约定开标顺序的，一般按照投标文件递交的顺序或倒序进行唱标。

7. 唱标

按照宣布的开标顺序当众开标。唱标人应按照招标文件约定的唱标内容，严格依据投标函（或包括投标函附录，或货物、服务投标一览表），并当即做好唱标记录。唱标内容一般包括投标函及投标函附录中的报价、备选方案报价、工期、质量目标、投标保证金等。招标人设有标底的，应公布标底。

8. 开标记录签字

开标会议应当做好书面记录，如实记录开标会的全部内容，包括开标时间、地点、程序，出席开标会的单位和代表，开标会程序、唱标记录、公证机构和公证结果等。投标人代表、招标人代表、监标人、记录人等应在开标记录上签字确认，存档备查。

9. 开标结束

完成开标会议全部程序和内容后，主持人宣布开标会议结束。

4.1.3　开标注意问题

1. 开标时间和地点

《招标投标法》第三十四条规定："开标应当在招标文件确定的提交投标文件截止时间的同一时间公开进行；开标地点应为招标文件中预先确定的地点。"

《招标投标法实施条例》第四十四条规定：招标人应当按照招标文件规定的时间、地点开标。投标人少于3个的，不得开标；招标人应当重新招标。投标人对开标有异议的，应当在开标现场提出，招标人应当当场作出答复，并制作记录。

开标时间和提交投标文件截止时间应为同一时间，应具体到某年某月某日的几时几分，并在招标文件中明示。开标地点可以是招标人的办公室或指定的其他地点。如果招标人需要修改开标时间和地点，应以书面形式通知所有招标文件的收受人。

2. 开标参与人

《招标投标法》第三十五条规定："开标由招标人主持，邀请所有投标人参加。"对于开标参与人需注意下列问题：

（1）开标由招标人主持，也可以委托招标代理机构主持；并邀请所有投标人参加；

（2）投标人自主决定是否参加开标。投标人或其授权代表有权出席开标会，也可以自主决定不参加开标会；

（3）根据项目的不同情况，招标人可以邀请除投标人以外的其他方面相关人员参加开标，如公证机关、行政监督部门等。

4.2 建设工程评标

招标项目评标工作由招标人依法组建的评标委员会按照法律规定和招标文件约定的评标方法和具体评标标准，对开标中所有拆封并唱标的投标文件进行评审，根据评审情况出具评审报告，并向招标人推荐中标候选人，或者根据招标人的授权直接确定中标人的过程。评标是招标全过程的核心环节。高效的评标工作对于降低工程成本、提高经济效益和确保工程质量起着重要作用。

4.2.1 评标原则与纪律

1. 评标原则

(1) 评标活动遵循公平、公正、科学、择优的原则

《评标委员会和评标办法暂行规定》第三条规定："评标活动遵循公平、公正、科学、择优的原则。"第十七条规定："招标文件中规定的评标标准和评标方法应当合理，不得含有倾向或者排斥潜在投标人的内容，不得妨碍或者限制投标人之间的竞争。"为了体现"公平"和"公正"的原则，招标人和招标代理机构应在制作招标文件时，依法选择科学的评标方法和标准；招标人应依法组建合格的评标委员会；评标委员会应依法评审所有投标文件，择优推荐中标候选人。

(2) 评标活动依法进行，任何单位和个人不得非法干预或者影响评标过程和结果

《招标投标法》第 38 条规定："任何单位和个人不得非法干预、影响评标的过程和结果"。评标是评标委员会受招标人的委托，由评标委员会成员依法运用其知识和技能，根据法律规定和招标文件的要求，独立地对所有投标文件进行评审和比较。不论是招标人，还是主管部门，均不得非法干预、影响或者改变评标过程和结果。

(3) 招标人应当采取必要措施，保证评标活动在严格保密的情况下进行

《招标投标法》第 38 条规定："招标人应当采取必要的措施，保证评标在严格保密的情况下进行"。严格保密的措施涉及很多方面，包括：评标地点保密；评标委员会成员的名单在中标结果确定之前保密；评标委员会成员在密闭状态下开展评标工作，评标期间不得与外界接触，对评标情况承担保密义务；招标人、招标代理机构或者相关主管部门等参与评标现场工作的人员，均应承担保密义务。

(4) 严格遵守评标方法

《招标投标法》第 40 条规定："评标委员会应当按照招标文件确定的评标标准和方对投标文件进行评审和比较；设有标底的，应当参考标底。"《评标委员会和评标方法暂行规定》第 17 条规定："评标委员会应当根据招标文件规定的评标标准和方法，对投标文件进行系统的评审和比较。招标文件中没有规定的标准和方法不得作为评标的依据。"《招标投标法实施条例》第四十九条规定：评标委员会成员应当依照招标投标法和本条例的规定，按照招标文件规定的评标标准和方法，客观、公正地对投标文件提出评审意见。招标文件没有规定的评标标准和方法不得作为评标的依据。

2. 评标纪律

《招标投标法》第 44 条规定："评标委员会成员应当客观、公正地履行职务，遵守职业道德，对所提出的评审意见承担个人责任。评标委员会成员不得私下接触投标人，不得

收受投标人的财物或者其他好处。评标委员会成员和参与评标的有关工作人员不得透露对投标文件的评审和比较、中标候选人的推荐情况以及与评标有关的其他情况。"

《招标投标法实施条例》第四十九条规定：评标委员会成员不得私下接触投标人，不得收受投标人给予的财物或者其他好处，不得向招标人征询确定中标人的意向，不得接受任何单位或者个人明示或者暗示提出的倾向或者排斥特定投标人的要求，不得有其他不客观、不公正履行职务的行为。

4.2.2 评标委员会

评标委员会是由招标人依法组建，负责评标活动，向招标人推荐中标候选人或者根据招标人的授权直接确定中标人的临时组织。从定义可以看出，评标委员会的组成是否合法、规范、合理，将直接决定评标工作的成败。

1. 评标专家的资格

为规范评标活动，保证评标活动的公平、公正，提高评标质量，评标专家应当符合《招标投标法》、《评标委员会和评标方法暂行规定》规定的条件：

（1）从事相关领域工作满 8 年并具有高级职称或者具有同等专业水平；

（2）熟悉有关招标投标的法律法规，并具有与招标项目相关的实践经验；

（3）能够认真、公正、诚实、廉洁地履行职责；

（4）身体健康，能够承担评标工作。

2. 评标委员会的组成

评标委员会由招标人或其委托的招标代理机构熟悉相关业务的代表，以及有关技术、经济等方面的专家组成，成员人数为五人以上单数，其中技术、经济等方面的专家不得少于成员总数的三分之二。

委员会组成人员，由招标人从省级以上人民政府有关部门提供的专家名册或者招标代理机构的专家库内的相关专家名单中确定。确定方式可以采取随机抽取或者直接确定的方式。一般项目，可以采取随机抽取的方式；技术特别复杂、专业性要求特别高或者国家有特殊要求的招标项目，采取随机抽取方式确定的专家难以胜任的，可以由招标人直接确定。

如有下列情形之一的，则该专家不得担任评标委员会成员：

（1）投标人或者投标人主要负责人的近亲属；

（2）项目主管部门或者行政监督部门的人员；

（3）与投标人有经济利益关系，可能影响对投标公正评审的；

（4）曾因在招标、评标以及其他与招标投标有关活动中从事违法行为而受过行政处罚或刑事处罚的。

评标委员会成员有上述规定情形之一的，应当主动提出回避。评标委员会成员应当客观、公正地履行职责，遵守职业道德，对所提出的评审意见承担个人责任。

《招标投标法实施条例》第四十五条规定：国家实行统一的评标专家专业分类标准和管理办法。具体标准和办法由国务院发展改革部门会同国务院有关部门制定。省级人民政府和国务院有关部门应当组建综合评标专家库。

《招标投标法实施条例》第四十六条规定：除招标投标法规定的特殊招标项目外，依法必须进行招标的项目，其评标委员会的专家成员应当从评标专家库内相关专业的专家名单中以随机抽取方式确定。任何单位和个人不得以明示、暗示等任何方式指定或者变相指定参加评标委员会的专家成员。依法必须进行招标的项目的招标人非因招标投标法和本条例规定的事由，不得更换依法确定的评标委员会成员。更换评标委员会的专家成员应当依照相应规定进行。评标委员会成员与投标人有利害关系的，应当主动回避。有关行政监督部门应当按照规定的职责分工，对评标委员会成员的确定方式、评标专家的抽取和评标活动进行监督。行政监督部门的工作人员不得担任本部门负责监督项目的评标委员会成员。

《招标投标法实施条例》第四十七条规定，招标投标法中所称特殊招标项目，是指技术复杂、专业性强或者国家有特殊要求，采取随机抽取方式确定的专家难以保证胜任评标工作的项目。

3. 组织评标委员会需要注意的问题

招标人组织评标委员会评标，应注意以下问题：

（1）评标委员会的职责是依据招标文件确定的评标标准和方法，对进入开标程序的投标文件进行系统评审和比较，无权修改招标文件中已经公布的评标标准和方法；

（2）评标委员会对招标文件中的评标标准和方法产生疑义时，招标人或其委托的招标代理机构要进行解释；

（3）招标人接收评标报告时，应核对评标委员会是否遵守招标文件确定的评标标准和方法，评标报告是否有算术性错误，签字是否齐全等内容，发现问题应要求评标委员会及时改正；

（4）评标委员会及招标人或其委托的招标代理机构参与投标的人员应严格保密，不得泄露任何信息。评标结束后，招标人应将评标的各种文件资料、记录表、草稿纸收回归档。

［案例 4-1］　某棚户区旧城改造市政道路工程施工项目，按照工程建设有关法律程序进行了公开招标、评审和中标公告。投诉人在中标公示期内向市住房和城乡建设局监督部门递交投诉书，要求招标人重新组织评标，维护其合法权益。经依法成立的监督调查小组查明：该工程项目共有 4 家提交了投标文件，从评标报告中看出，评标委员会认为"4 家投标人中，有 3 家在资格评审记录表中无项目经理职称证复印件，依据招标文件规定，该 3 家作废标处理，因缺乏竞争性，建议重新招标"。经查，该项目施工招标公告对投标人资格要求："本次招标要求投标人具备市政公用工程施工总承包三级及以上资质（且在企业资质许可范围内）。近三年企业类似业绩两个，近三年项目经理类似业绩两个，并在人员、设备、资金等方面具备相应的施工能力，其中，投标人拟派项目经理须具备市政公用工程（专业）二级注册建造师资格，具备有效的安全生产考核合格证书，且未担任其他在建建设工程项目的项目经理"，招标文件规定的资格条件没有规定项目经理必须有职称证复印件。投诉人的投标文件按照招标文件资格要求提供了符合性的相应材料。调查处理决定：评标委员会未按照招标文件规定进行评审，将投标人无项目经理职称证复印件作为废标的依据不足，原评标结果无效，在回避原评标委员会成员的情况下，重新组建评标委员会进行评标。鉴于该评标委员会在复审时拒绝改正错误，根据《招标投标法实施条例》和《评标委员会和评标方法暂行规定》等法律法规，对原评标委员会 5 名专家一次性扣 20 分，并禁止其在 6 个月内参加依法必须进行招标项目的评标，并说明各方主体如有不服，自收到本处理决定书之日起 60 日内向市人民政府或省住房和城乡建设厅提请行政复议或直接向市级人民法院提起行政诉讼。

4.2.3 评标方法与评标程序

评标方法一般包括经评审的最低投标价法、综合评估法或者法律、行政法规允许的其他评标方法。招标人应选择适宜招标项目特点的评标方法。

4.2.3.1 经评审的最低投标价法

经评审的最低投标价法一般适用于具有通用技术、性能标准或者招标人对其技术、性能没有特殊要求，工程施工技术管理方案的选择性较小，且工程质量、工期、成本受施工技术管理方案影响较小，工程管理要求简单的施工招标项目的评标。应该推荐能够满足招标文件的实质性要求，并且经评审的投标价格最低的投标人为中标候选人；但是投标价格低于其成本的除外。

经评审的最低投标价法与通常所讲的最低价中标法有着本质的区别。所谓"经评审的"，是指投标者的自主报价不能够作为最终评标价，评标委员会根据招标文件中规定的评标价格调整方法，对所有投标人的投标报价以及投标文件的商务部分作必要的价格调整后得到的最低标价作为选择中标人的依据。

根据经评审的最低投标价法，能够满足招标文件的实质性要求，并且经评审的最低投标价的投标，应当推荐为中标候选人。采用经评审的最低投标价法的，中标人的投标应当符合招标文件规定的技术要求和标准，但评标委员会无需对投标文件的技术部分进行价格折算。

评标程序是招标文件中"评标办法"的组成部分，评标委员会应当按照下述所规定的详细程序开展并完成评标工作。评标活动将按下述 4 个步骤进行（此部分内容主要参考《标准施工招标文件》（国家发展改革委、财政部、建设部等九部委令第 56 号）（2007 年）和《房屋建筑和市政工程标准施工招标文件》（2010 年））。

1. 评标准备

（1）评标委员会成员签到

评标委员会成员到达评标现场时应在签到表上签到以证明其出席。

（2）评标委员会的分工

评标委员会首先推选一名评标委员会主任。招标人也可以直接指定评标委员会主任。评标委员会主任负责评标活动的组织领导工作。评标委员会主任在与其他评标委员会成员协商的基础上，可以将评标委员会划分为技术组和商务组。

（3）熟悉文件资料

评标委员会主任应组织评标委员会成员认真研究招标文件，了解和熟悉招标目的、招标范围、主要合同条件、技术标准和要求、质量标准和工期要求等，掌握评标标准和方法，熟悉评标表格的使用，未在招标文件中规定的标准和方法不得作为评标的依据。

招标人或招标代理机构应向评标委员会提供评标所需的信息和数据，包括招标文件、未在开标会上当场拒绝的各投标文件、开标会记录、资格预审文件及各投标人在资格预审阶段递交的资格预审申请文件（适用于已进行资格预审的）、招标控制价或标底（如果有）、工程所在地工程造价管理部门颁布的工程造价信息、定额（如作为计价依据时）、有关的法律、法规、规章、国家标准以及招标人或评标委员会认为必要的其他信息和数据。

（4）对投标文件进行基础性数据分析和整理工作（清标）

在不改变投标人投标文件实质性内容的前提下，评标委员会应当对投标文件进行基础性数据分析和整理（简称为"清标"），从而发现并提取其中可能存在的对招标范围理解的偏差、投标报价的算术性错误、错漏项、投标报价构成不合理、不平衡报价等存在明显异常的问题，并就这些问题整理形成清标成果。评标委员会对清标成果审议后，决定需要投标人进行书面澄清、说明或补正的问题，形成质疑问卷，向投标人发出问题澄清通知（包括质疑问卷）。

在不影响评标委员会成员的法定权利的前提下，评标委员会可委托由招标人专门成立的清标工作小组完成清标工作。在这种情况下，清标工作可以在评标工作开始之前完成，也可以与评标工作平行进行。清标工作小组成员应为具备相应执业资格的专业人员，且应当符合有关法律法规对评标专家的回避规定和要求，不得与任何投标人有利益、上下级等关系，不得代行依法应当由评标委员会及其成员行使的权利。清标成果应当经过评标委员会的审核确认，经过评标委员会审核确认的清标成果视同是评标委员会的工作成果，并由评标委员会以书面方式追加对清标工作小组的授权，书面授权委托书必须由评标委员会全体成员签名。

投标人接到评标委员会发出的问题澄清通知后，应按评标委员会的要求提供书面澄清资料并按要求进行密封，在规定的时间递交到指定地点。投标人递交的书面澄清资料由评标委员会开启。

2. 初步评审

（1）形式评审

评标委员会根据评标办法前附表中规定的评审因素及评审标准（表4-3），对投标人的投标文件进行形式评审，并记录评审结果。

形式评审因素及标准　　　　　　　　　　　　　表 4-3

评 审 因 素	评 审 标 准
投标人名称	与营业执照、资质证书、安全生产许可证一致
投标函签字盖章	有法定代表人或其委托代理人签字并加盖单位章
投标文件格式	符合第八章"投标文件格式"的要求
联合体投标人（如有）	提交联合体协议书，并明确联合体牵头人
报价唯一	只能有一个有效报价
……	……

（2）资格评审

①未进行资格预审的

评标委员会根据评标办法前附表中规定的评审因素及评审标准（表4-4），对投标人的投标文件进行资格评审，并记录评审结果。

资格评审因素及评审标准　　　　　　　　　　　表 4-4

评 审 因 素	评 审 标 准
营业执照	具备有效的营业执照
安全生产许可证	具备有效的安全生产许可证
资质等级	符合"投标人须知"中要求的规定

评 审 因 素	评 审 标 准
财务状况	符合"投标人须知"中要求的规定
类似项目业绩	符合"投标人须知"中要求的规定
信誉	符合"投标人须知"中要求的规定
项目经理	符合"投标人须知"中要求的规定
其他要求	符合"投标人须知"中要求的规定
联合体投标人（如有）	符合"投标人须知"中要求的规定
……	……

②已进行资格预审的

当投标人资格预审申请文件的内容发生重大变化时，评标委员会依据资格预审文件中规定的标准和方法，对照投标人在资格预审阶段递交的资格预审文件中的资料以及在投标文件中更新的资料，对其更新的资料进行评审。其中：

资格预审采用"合格制"的，投标文件中更新的资料应当符合资格预审文件中规定的审查标准，否则其投标作废标处理；

资格预审采用"有限数量制"的，投标文件中更新的资料应当符合资格预审文件中规定的审查标准，其中以评分方式进行审查的，其更新的资料按照资格预审文件中规定的评分标准评分后，其得分应当保证即便在资格预审阶段仍然能够获得投标资格且没有对未通过资格预审的其他资格预审申请人构成不公平，否则其投标作废标处理。

（3）响应性评审

评标委员会根据评标办法前附表中规定的评审因素和评审标准（表4-5），对投标人的投标文件进行响应性评审，并记录评审结果。

响应性评审因素及评审标准   表 4-5

评 审 因 素	评 审 标 准
投标内容	符合"投标人须知"规定
工期	符合"投标人须知"规定
工程质量	符合"投标人须知"规定
投标有效期	符合"投标人须知"规定
投标保证金	符合"投标人须知"规定
权利义务	符合"合同条款及格式"规定
已标价工程量清单	符合"工程量清单"给出的子目编码、子目名称、子目特征、计量单位和工程量
技术标准和要求	符合"技术标准和要求"规定
投标价格	□ 低于（含等于）拦标价，拦标价＝标底价×（1＋＿＿＿％） □ 低于（含等于）"投标人须知"前附表载明的招标控制价
分包计划	符合"投标人须知"规定
其他	……

投标人投标价格不得超出（不含等于）按照投标须知前附表的规定计算的"招标控制价"，凡投标人的投标价格超出"招标控制价"的，该投标人的投标文件不能通过响应性评审。（适用于设立招标控制价的情形）

（4）施工组织设计和项目管理机构评审

评标委员会根据招标文件中评标办法前附表中规定的评审因素和评审标准，评审因素主要包括：施工方案与技术措施、质量管理体系与措施、安全管理体系与措施、环境保护管理体系与措施、工程进度计划与措施、资源配备计划、技术负责人、其他主要人员、施工设备、试验、检测仪器设备等，具体的各项目对应的评审标准由招标人根据具体工程项目的实际需要进行详细设置，对投标人的施工组织设计和项目管理机构进行评审后记录评审结果。

（5）算术错误修正

评标委员会依据规定的相关原则对投标报价中存在的算术错误进行修正，并根据算术错误修正结果计算评标价。

（6）澄清、说明或补正

在评标过程中，评标委员会可以书面形式要求投标人对所提交投标文件中不明确的内容进行书面澄清或说明，或者对细微偏差进行补正。评标委员会不接受投标人主动提出的澄清、说明或补正。投标人的书面澄清、说明和补正属于投标文件的组成部分。评标委员会对投标人提交的澄清、说明或补正有疑问的，可以要求投标人进一步澄清、说明或补正，直至满足评标委员会的要求。

澄清、说明或者补正应以书面方式进行并不得超出投标文件的范围或者改变投标文件的实质性内容。投标文件中的大写金额和小写金额不一致的，以大写金额为准；总价金额与单价金额不一致的，以单价金额为准，但单价金额小数点有明显错误的除外；对不同文字文本投标文件的解释发生异议的，以中文文本为准。

评标委员会应当根据招标文件，审查并逐项列出投标文件的全部投标偏差。投标偏差分为重大偏差和细微偏差。除非招标文件另有规定，对重大偏差应作废标处理。细微偏差是指投标文件在实质上响应招标文件要求，但在个别地方存在漏项或者提供了不完整的技术信息和数据等情况，并且补正这些遗漏或者不完整不会对其他投标人造成不公平的结果。细微偏差不影响投标文件的有效性。评标委员会应当书面要求存在细微偏差的投标人在评标结束前予以补正。拒不补正的，在详细评审时可以对细微偏差作不利于该投标人的量化，量化标准应当在招标文件中规定。

3. 详细评审

只有通过了初步评审、被判定为合格的投标方可进入详细评审。

（1）价格折算

评标委员会根据评标办法前附表、规定的程序、标准和方法，以及算术错误修正结果，对投标报价进行价格折算，计算出评标价，并记录评标价折算结果。

（2）判断投标报价是否低于成本

评标委员会根据规定的程序、标准和方法，判断投标报价是否低于其成本。在评标过程中，评标委员会发现投标人的报价明显低于其他投标报价或者在设有标底时明显低于标底，使得其投标报价可能低于其个别成本的，应当要求该投标人作出书面说明并提供相关证明材料。由评标委员会认定投标人以低于成本竞标的，其投标作废标处理。

（3）澄清、说明或补正

在评审过程中，评标委员会应当就投标文件中不明确的内容要求投标人进行澄清、说明或者补正。投标人应当根据问题澄清通知要求，以书面形式予以澄清、说明或者补正。

4. 推荐中标候选人或者直接确定中标人

（1）汇总评标结果

投标报价评审工作全部结束后，评标委员会填写评标结果汇总表。

（2）推荐中标候选人

除"投标人须知"前附表授权直接确定中标人外，评标委员会在推荐中标候选人时，应遵照以下原则：

①评标委员会对有效的投标按照评标价由低至高的次序排列，根据"投标人须知"前附表中的规定推荐中标候选人。

②如果评标委员会根据规定作废标处理后，有效投标不足三个，且少于"投标人须知"前附表中规定的中标候选人数量的，则评标委员会可以将所有有效投标按评标价由低至高的次序作为中标候选人向招标人推荐。如果因有效投标不足三个使得投标明显缺乏竞争的，评标委员会可以建议招标人重新招标。

投标截止时间前递交投标文件的投标人数量少于三个或者所有投标被否决的，招标人应当依法重新招标。

（3）直接确定中标人

"投标人须知"前附表中授权评标委员会直接确定中标人的，评标委员会对有效的投标按照评标价由低至高的次序排列，并确定排名第一的投标人为中标人。

（4）编制及提交评标报告

评标委员会根据规定向招标人提交评标报告。评标报告应当由全体评标委员会成员签字，并于评标结束时抄送有关行政监督部门。评标报告应当包括以下内容：①基本情况和数据表；②评标委员会成员名单；③开标记录；④符合要求的投标一览表；⑤废标情况说明；⑥评标标准、评标方法或者评标因素一览表；⑦经评审的价格一览表（包括评标委员会在评标过程中所形成的所有记载评标结果、结论的表格、说明、记录等文件）；⑧经评审的投标人排序；⑨推荐的中标候选人名单（如果"投标人须知"前附表中授权评标委员会直接确定中标人，则为"确定的中标人"）与签订合同前要处理的事宜；⑩澄清、说明或补正事项纪要。

4.2.3.2 综合评估法的评标办法

综合评估法一般适用于工程建设规模较大，履约工期较长，技术复杂，工程施工技术管理方案的选择性较大，且工程质量、工期和成本受不同施工技术管理方案影响较大，工程管理要求较高的施工招标项目的评标。评标时应该推荐能够最大限度地满足招标文件中规定的各项综合评价标准的投标人为中标候选人，但是投标价格低于其成本的除外。

具体评标活动将按以下四个步骤进行：

1. 评标准备（同"经评审的最低投标价法"）

2. 初步评审（同"经评审的最低投标价法"，不含"施工组织设计和项目管理机构评审"）

3. 详细评审，澄清、说明或补正

只有通过了初步评审、被判定为合格的投标方可进入详细评审。评标委员会按照规定的程序进行详细评审：①施工组织设计评审和评分；②项目管理机构评审和评分；③投标报价评审和评分，并对明显低于其他投标报价的投标报价，或者在设有标底时明显低于标底的投标报价，判断是否低于其个别成本；④其他因素评审和评分；⑤汇总评分结果。

评标办法前附表中有关评分因素和标准的规定见表 4-6。

评标办法前附表中有关评分因素和标准的规定 表 4-6

条款号		条 款 内 容	编 列 内 容
2.2.1		分值构成 （总分 100 分）	施工组织设计：_____分 项目管理机构：_____分 投标报价：_____分 其他评分因素：_____分
2.2.2		评标基准价计算方法	
2.2.3		投标报价的偏差率计算公式	偏差率＝100%×（投标人报价－评标基准价）/评标基准价
条款号	评分因素		评分标准
2.2.4 （1）	施工组织设计评分标准	内容完整性和编制水平	……
		施工方案与技术措施	……
		质量管理体系与措施	……
		安全管理体系与措施	……
		环保管理体系与措施	……
		工程进度计划与措施	……
		资源配备计划	……
		……	……
2.2.4 （2）	项目管理机构评分标准	项目经理资格与业绩	……
		技术负责人资格与业绩	……
		其他主要人员	……
		……	……
2.2.4 （3）	投标报价评分标准	偏差率	……
		……	……
2.2.4 （4）	其他因素评分标准	……	……

（1）施工组织设计评审和评分

按照评标办法前附表中规定的分值设定、各项评分因素、评分标准，对施工组织设计进行评审和评分，并记录对施工组织设计的评分结果，施工组织设计的得分记录为 A。

（2）项目管理机构评审和评分

按照评标办法前附表中规定的分值设定、各项评分因素、评分标准，对项目管理机构进行评审和评分，并记录对项目管理机构的评分结果，项目管理机构的得分记录为B。

（3）投标报价评审和评分

①仅按投标总报价进行评分

按照评标办法前附表中规定的方法计算"评标基准价"。按照评标办法前附表中规定的方法，计算各个已通过了初步评审、施工组织设计评审和项目管理机构评审并且经过评审认定为不低于其成本的投标报价的"偏差率"。按照评标办法前附表中规定的评分标准，对照投标报价的偏差率，分别对各个投标报价进行评分，记录对投标报价的评分结果，投标报价的得分记录为C。

②按投标总报价中的分项报价分别进行评分

投标报价按以下项目的分项投标报价分别进行评审和评分：投标总报价减去分别进行评分的各个分项投标报价以后的部分；按照评标办法前附表中规定的方法，分别计算各个分项投标报价"评标基准价"。按照评标办法前附表中规定的方法，分别计算各个分项投标报价与对应的分项投标报价评标基准价之间的偏差率。按照评标办法前附表中规定的评分标准，对照分项投标报价的偏差率，分别对各个分项投标报价进行评分，汇总各个分项投标报价的得分，记录对各个投标报价的评分结果，投标报价的得分记录为C。

（4）其他因素的评审和评分

根据评标办法前附表中规定的分值设定、各项评分因素和相应的评分标准，对其他因素（如果有）进行评审和评分，并记录对其他因素的评分结果，其他因素的得分记录为D。

（5）判断投标报价是否低于成本

评标委员会根据规定的程序、标准和方法，判断投标报价是否低于其成本。由评标委员会认定投标人以低于成本竞标的，其投标作废标处理。

（6）澄清、说明或补正

在详细评审过程中，评标委员会应当就投标文件中不明确的内容要求投标人进行澄清、说明或者补正。投标人对此以书面形式予以澄清、说明或者补正。

（7）汇总评分结果

详细评审工作全部结束后，使用表4-7的格式汇总各个评标委员会成员的详细评审评分结果，并按照详细评审最终得分由高至低的次序对投标人进行排序。

详细评审评分汇总表 表4-7

工程名称：_____（项目名称）_____标段

序号	评分项目	分值代码	投标人名称代码		
1	施工组织设计	A			
2	项目管理机构	B			
3	投标报价	C			
4	其他因素	D			
	详细评审得分合计				

评标委员会成员签名： 日期： 年 月 日

4. 推荐中标候选人或者直接确定中标人及提交评标报告（同"经评审的最低投标价法"）

4.2.3.3 废标、否决所有投标和重新招标

1. 废标

废标，一般是评标委员会履行评标职责过程中，对投标文件依法作出的取消其中标资格、不再予以评审的处理决定。

废标应注意几个问题：第一，除非法律有特别规定，废标是评标委员会依法作出的处理决定。其他相关主体，如招标人或招标代理机构，无权对投标作废标处理。第二，废标应符合法定条件。评标委员会不得任意废标，只能依据法律规定及招标文件的明确要求，对投标进行审查决定是否应予废标。第三，被作废标处理的投标，不再参加投标文件的评审，也完全丧失中标的机会。

（1）判断投标是否为废标

判断投标人的投标是否为废标。投标人或其投标文件有下列情形之一的，其投标作废标处理：

① "投标人须知"中列出的投标人不得存在下列情形之一：为招标人不具有独立法人资格的附属机构（单位）；为本标段前期准备提供设计或咨询服务的，但设计施工总承包的除外；为本标段的监理人；为本标段的代建人；为本标段提供招标代理服务的；与本标段的监理人或代建人或招标代理机构同为一个法定代表人的；与本标段的监理人或代建人或招标代理机构相互控股或参股的；与本标段的监理人或代建人或招标代理机构相互任职或工作的；被责令停业的；被暂停或取消投标资格的；财产被接管或冻结的；在最近三年内有骗取中标或严重违约或重大工程质量问题的。

② 有串通投标或弄虚作假或有其他违法行为的。

③ 不按评标委员会要求澄清、说明或补正的。

④ 在形式评审、资格评审（适用于未进行资格预审的）、响应性评审中，评标委员会认定投标人的投标文件不符合评标办法前附表中规定的任何一项评审标准的。

⑤ 当投标人资格预审申请文件的内容发生重大变化时，其在投标文件中更新的资料，未能通过资格评审的（适用于已进行资格预审的）。

⑥ 投标报价文件（投标函除外）未经有资格的工程造价专业人员签字并加盖执业专用章的；

⑦ 在施工组织设计和项目管理机构评审中，评标委员会认定投标人的投标未能通过此项评审的。

⑧ 评标委员会认定投标人以低于成本报价竞标的。

（2）《招标投标法实施条例》规定，有下列情形之一的，评标委员会应当否决其投标：

① 投标文件未经投标单位盖章和单位负责人签字；

② 投标联合体没有提交共同投标协议；

③ 投标人不符合国家或者招标文件规定的资格条件；

④ 同一投标人提交两个以上不同的投标文件或者投标报价，但招标文件要求提交备选投标的除外；

⑤ 投标报价低于成本或者高于招标文件设定的最高投标限价；

⑥ 投标文件没有对招标文件的实质性要求和条件作出响应；

⑦ 投标人有串通投标、弄虚作假、行贿等违法行为。

2. 否决所有投标

《招标投标法》第 42 条规定："评标委员会经评审，认为所有投标都不符合招标文件要求的，可以否决所有投标"。《评标委员会和评标方法暂行规定》规定：评标委员会否决不合格投标或者界定为废标后，因有效投标不足 3 个使得投标明显缺乏竞争的，评标委员会可以否决全部投标。

从上述规定可以看出，否决所有投标包括两种情况：一是所有的投标都不符合招标文件要求，因每个投标均被界定为废标、被认为无效或不合格，所以，评标委员会否决了所有的投标。二是部分投标被界定为废标、被认为无效或不合格之后，仅剩余不足 3 个的有效投标，使得投标明显缺乏竞争的，违反了招标的根本目的，所以，评标委员会可以否决全部投标。

3. 重新招标

《招标投标法》第 28 条规定："投标人少于 3 个的，招标人应当依照本法重新招标。"第 42 条规定："依法必须进行招标的项目的所有投标被否决的，招标人应当依照本法重新招标。"

重新招标，是一个招标项目发生法定情况，无法继续进行评标、推荐中标候选人，当次招标结束后，如何开展项目采购的一种选择。所谓法定情况，包括于投标截止时间到达时投标人少于 3 个、评标中所有投标被否决或其他法定情况。应注意，相关部门规章对不同类别项目重新招标的法定情况做出了具体规定。

[**案例 4-2**] 某加固工程项目公开招标，此项目招标控制价为 122 万元整。至投标截止时间共有六家投标人交了投标文件，其报价分别为：A 120 万元、B 116 万元、C 102 万元、D 98 万元、E 92.4 万元、F 30 万元。最低和最高的投标报价如此悬殊，令开标现场一片哗然。作为评标委员会无需去讨论投标人的投标成本问题，只需要看此投标供应商的投标文件有没有响应招标文件的要求。

经讨论，评标委员会要求 F 投标人就报价低是否低于成本价的问题进行书面解释并提供相关证明材料。F 投标人最终承认报价低于成本，目的是扩大影响力、尽早介入结构加固市场。评委会仔细阅读了解释函，认为 F 投标人的报价明显低于工程成本价，对其投标做无效投标处理。

4.3 建设工程定标

定标是指招标人根据评标委员会的评标报告，在推荐的中标候选人（一般为 1～3 个）中最后确定中标人；在某些情况下，招标人也可以直接授权评标委员会直接确定中标人。

4.3.1 定标依据

评标委员会根据招标文件提交评标报告，推荐的中标候选人应当限定在一至三人，并标明排列顺序。招标人根据报告确定中标人。中标人的投标应当符合下列条件之一：

（1）能够最大限度满足招标文件中规定的各项综合评价标准；

（2）能够满足招标文件的实质性要求，并且经评审的投标价格最低；但是投标价格低于成本的除外。

在确定中标人之前，招标人不得与投标人就投标价格、投标方案等实质性内容进行谈判。

《招标投标法实施条例》第五十五条规定：国有资金占控股或者主导地位的依法必须进行招标的项目，招标人应当确定排名第一的中标候选人为中标人。排名第一的中标候选人放弃中标、因不可抗力不能履行合同、不按照招标文件要求提交履约保证金，或者被查实存在影响中标结果的违法行为等情形，不符合中标条件的，招标人可以按照评标委员会提出的中标候选人名单排序依次确定其他中标候选人为中标人，也可以重新招标。

依法必须进行招标的项目，招标人应当自收到评标报告之日起 3 日内公示中标候选人，公示期不得少于 3 日。投标人或者其他利害关系人对依法必须进行招标的项目的评标结果有异议的，应当在中标候选人公示期间提出。招标人应当自收到异议之日起 3 日内作出答复；作出答复前，应当暂停招标投标活动。

根据《招标公告和公示信息发布管理办法》的规定，依法必须招标项目的中标候选人公示应当载明以下内容：

（1）中标候选人排序、名称、投标报价、质量、工期（交货期）以及评标情况；

（2）中标候选人按照招标文件要求承诺的项目负责人姓名及其相关证书名称和编号；

（3）中标候选人响应招标文件要求的资格能力条件；

（4）提出异议的渠道和方式；

（5）招标文件规定公示的其他内容。

依法必须招标项目的中标结果公示应当载明中标人名称。

中标候选人的经营、财务状况发生较大变化或者存在违法行为，招标人认为可能影响其履约能力的，应当在发出中标通知书前由原评标委员会按照招标文件规定的标准和方法审查确认。招标人和中标人应当依照招标投标法和招标投标法实施条例的规定签订书面合同，合同的标的、价款、质量、履行期限等主要条款应当与招标文件和中标人的投标文件的内容一致。招标人和中标人不得再行订立背离合同实质性内容的其他协议。

招标投标法和实施条例中都规定，中标人应当按照合同约定履行义务，完成中标项目。中标人不得向他人转让中标项目，也不得将中标项目肢解后分别向他人转让。中标人按照合同约定或者经招标人同意，可以将中标项目的部分非主体、非关键性工作分包给他人完成。接受分包的人应当具备相应的资格条件，并不得再次分包。中标人应当就分包项目向招标人负责，接受分包的人就分包项目承担连带责任。

4.3.2 中标通知书

1. 中标通知书的性质

我国法学界一般认为，建设工程招标公告和投标邀请书是要约邀请，而投标文件是要约，中标通知书是承诺。《中华人民共和国合同法》也明确规定，招标公告是要约邀请。也就是说，招标实际上是邀请投标人对其提出要约（即报价），属于要约邀请。投标则是一种要约，它符合要约的所有条件，如具有缔结合同的主观目的；一旦中标，投标人将受投标书的约束；投标书的内容具有足以使合同成立的主要条件等。招标人向中标的投标人发出的中标通知书，则是招标人同意接受中标的投标人的投标条件，即同意接受该投标人的要约的意思表示，应属于承诺。

2. 中标通知书的法律效力

中标通知书对招标人和中标人具有法律效力。中标通知书发出后，招标人改变中标结果的，或者中标人放弃中标项目的，应当依法承担法律责任。

3. 中标通知书及未中标通知书格式

中标通知书参考格式见表 4-8。

中标通知书格式　　　　　　　　　　　　　　　　　　　**表 4-8**

中标通知书

_____（中标人名称）：

你方于_____（投标日期）所递交的_____（项目名称）_____标段施工投标文件已被我方接受，被确定为中标人。

中标价：_____元。

工期：_____日历天。

工程质量：符合_____标准。

项目经理：_____（姓名）。

请你方在接到本通知书后的_____日内到_____（指定地点）与我方签订施工承包合同，在此之前按招标文件第二章"投标人须知"第 7.3 款规定向我方提交履约担保。

特此通知。

招标人：_____（盖单位章）

法定代表人：_____（签字）

_____年___月___日

招标方向未中标人发的中标结果通知书，格式见表 4-9。

中标结果通知书格式　　　　　　　　　　　　　　　　　　**表 4-9**

中标结果通知书

_____（未中标人名称）：

我方已接受_____（中标人名称）于_____（投标日期）所递交的_____（项目名称）_____标段施工投标文件，确定_____（中标人名称）为中标人。

感谢你单位对我们工作的大力支持！

招标人：_____（盖单位章）

法定代表人：_____（签字）

_____年___月___日

中标方收到中标通知书的确认通知书，格式见表 4-10。

确认通知

_____（招标人名称）：

我方已接到你方_____年_____月_____日发出的_____（项目名称）

标段施工招标关于_____的通知，我方已于_____年_____月_____日收到。

特此确认。

投标人：_____（盖单位章）

_____年___月___日

4.3.3　合同签订

1. 合同的签订

招标人和中标人应当自中标通知书发出之日起 30 日内，按照招标文件和中标人的投标文件订立书面合同。招标人和中标人不得再订立背离合同实质性内容的其他协议。如果投标书内提出的某些非实质性偏离的不同意见而发包人也同意接受时，双方应就这些内容通过谈判达成书面协议。通常的做法是，不改动招标文件中的通用条件和专用条件，将某些条款协商一致后改动的部分在合同协议书中予以明确。

2. 投标保证金的退还和履约担保的提交

（1）投标保证金的退还

招标人最迟应当在书面合同签订后 5 日内向中标人和未中标的投标人退还投标保证金及银行同期存款利息。

中标通知书发出后，中标人放弃中标项目的，无正当理由不与招标人签订合同的，在签订合同时向招标人提出附加条件或者更改合同实质性内容的，或者拒不提交所要求的履约保证金的，招标人可取消其中标资格，并没收其投标保证金；给招标人的损失超过投标保证金数额的，中标人应当对超过部分予以赔偿；没有提交投标保证金的，应当对招标人的损失承担赔偿责任。

（2）提交履约担保

《招标投标法实施条例》第五十八条规定：招标文件要求中标人提交履约保证金的，中标人应当按照招标文件的要求提交。履约保证金不得超过中标合同金额的 10％。拒绝提交的，视为放弃中标项目。招标人不得擅自提高履约保证金，不得强制要求中标人垫付中标项目建设资金。

要求中标人提交履约保证金是招标人的一项权利，其目的是保证完全履行合同。

4.3.4　招标人与投标人的违法行为及应负的责任

（1）《招标投标法实施条例》第七十四条规定：中标人无正当理由不与招标人订立合同，在签订合同时向招标人提出附加条件，或者不按照招标文件要求提交履约保证金的，取消其中标资格，投标保证金不予退还。对依法必须进行招标的项目的中标人，由有关行政监督部门责令改正，可以处中标项目金额 10‰以下的罚款。

（2）《招标投标法实施条例》第七十五条规定：招标人和中标人不按照招标文件和中

标人的投标文件订立合同，合同的主要条款与招标文件、中标人的投标文件的内容不一致，或者招标人、中标人订立背离合同实质性内容的协议的，由有关行政监督部门责令改正，可以处中标项目金额5‰以上10‰以下的罚款。

（3）《招标投标法实施条例》第七十六条规定：中标人将中标项目转让给他人的，将中标项目肢解后分别转让给他人的，违反招标投标法和本条例规定将中标项目的部分主体、关键性工作分包给他人的，或者分包人再次分包的，转让、分包无效，处转让、分包项目金额5‰以上10‰以下的罚款；有违法所得的，并处没收违法所得；可以责令停业整顿；情节严重的，由工商行政管理机关吊销营业执照。

4.4　综合案例分析

[综合案例1]　　招标文件的编制

背景： 某高校投资建造一座教学楼，拟采用工程量清单以公开招标方式施工招标。业主委托有相应招标和造价咨询资质的咨询企业编制招标文件和最高投标限价，招标文件包括如下规定：

①项目投标保证金从投标企业的普通账户中转出；

②招标人不组织项目现场勘查活动；

③投标人对招标文件有异议的，应当在投标截止时间15日前提出；

④招标人设有最高投标限价和最低投标限价，高于最高投标限价或低于最低投标限价的投标人报价均按废标处理。

⑤投标保证金有效期比投标有效期延长一个月；

⑥中标人的履约保证金为最高投标限价的10%；

⑦投标人资格条件之一是近3年必须承担过高校教学楼工程；

⑧缺陷责任期为3年，期满后退还预留的质量保证金。

投标和评标过程发生如下事件：

事件1：投标人A为外地企业，对项目所在区域不熟悉，向招标人申请希望招标人安排一名工作人员陪同勘查现场，招标人同意安排一位普通工作人员陪同投标人勘查现场。

事件2：投标过程中，投标人F在开标前1小时口头告知招标人，撤回了已提交的投标文件，要求招标人3日内退还其投标保证金。

事件3：评标发现，投标人A的每项单价基本都是投标人B的相应项目单价的1.2倍。

事件4：评标委员会某成员认为投标人D与招标人曾经在多个项目上合作过，从有利于招标人的角度，建议优先选择投标人D为中标候选人。

问题：

（1）请逐一分析招标文件中规定的①～⑧项内容是否妥当，分别说明理由。

（2）针对事件1和事件2，招标人应如何处理？

（3）针对事件3和事件4，评标委员会应如何处理？

解析：

（1）①不妥。投标保证金必须从企业的基本账户中转出。

②妥当。招标人可以自主确定是否组织项目现场勘查活动。

③不妥。投标人对招标文件有异议的，应当在投标截止时间10日前提出。

④"招标人设有最高投标限价，高于最高投标限价的投标人报价按废标处理"妥当。《招标投标法实施条例》规定，招标人可以设定最高投标限价；且根据《建设工程工程量清单计价规范》规定，国有资金投资建设项目必须编制招标控制价（最高投标限价），高于招标控制价的投标人报价按废标处理。"招标人设有最低投标限价"不妥，《招标投标法实施条例》规定招标人不得规定最低投标限价。

⑤不妥。投标保证金有效期应与投标有效期一致。

⑥不妥。中标人的履约保证金应不超过中标合同价的10%；

⑦不妥。不应设定"承担过高校教学楼工程"，根据《招标投标法》的相关规定，招标人不得以不合理条件限制或排斥投标人，此条违反了公平原则。

⑧不妥。缺陷责任期最长不得超过24个月。

（2）事件1：招标人的做法不妥当，根据招标投标法及实施条例的规定，投标人不能单独组织投标人勘查现场。

事件2：投标人F口头告知招标人撤回投标文件不妥，投标人撤回已提交的投标文件，应当在投标截止时间前书面通知招标人。要求招标人3日内退还其投标保证金不妥，应当自收到投标人书面撤回通知之日起5日内退还。

（3）事件3，评标委员会可以认定为投标人A和投标人B串标，因为他们的报价呈现规律性变化。

（4）事件4，评标委员会的做法不妥当，评标委员会应按照招标文件中规定的评标因素和评标方法进行公平对待各投标人。

[综合案例2] 投标文件的有效性

背景：政府投资的某工程，监理单位承担了施工招标代理和施工监理任务。该工程采用无标底公开招标方式选定施工单位。工程实施中发生了下列事件：

事件1：施工招标过程中，建设单位提出的部分建议如下：

①省外投标人必须在工程所在地承担过类似工程；②投标人应在提交资格预审文件截止日前提交投标保证金；③联合体中标的，可由联合体代表与建设单位签订合同；④中标人可以将某些非关键性工程分包给符合条件的分包人完成。

事件2：工程招标时，A、B、C、D、E、F、G共7家投标单位通过资格预审，并在投标截止时间前提交了投标文件。评标时，发现A投标单位的投标文件虽加盖了公章，但没有投标单位法定代表人的签字，只有法定代表人授权书中被授权人的签字（招标文件中对是否可由被授权人签字没有具体规定）；B投标单位的投标报价明显高于其他投标单位的投标报价，分析其原因是施工工艺落后造成的；C投标单位以招标文件规定的工期380天作为投标工期，但在投标文件中明确表示如果中标，合同工期按定额工期400天签订；D投标单位投标文件中的总价金额汇总有误。

事件3：经评标委员会评审，推荐G、F、E投标单位为前3名中标候选人。在中标通知书发出前，建设单位要求监理单位分别找G、F、E投标单位重新报价，以价格低者为中标单位，按原投标报价签订施工合同后，建设单位与中标单位再以新报价签订协议书作为实际履行合同的依据。监理单位认为建设单位的要求不妥，并提出了不同意见，建设单位最终接受了监理单位的意见，确定 G 投标单位为中标单位。

问题：

（1）事件1中，建设单位的建议有哪些不妥？

（2）事件2中，A、B、C、D 投标单位的投标文件是否有效？说明理由。

（3）事件3中，建设单位的要求违反了招标投标有关法规的哪些具体规定？

解析：

（1）①不妥。招标人不得以本地区工程业绩限制或排斥潜在投标人。②不妥。投标人应在提交投标文件截止日前随投标文件提交投标保证金。③不妥。联合体中标的，联合体各方应当共同与招标人签订合同，就中标项目向招标人承担连带责任。

（2）①A 单位的投标文件有效。招标文件对此没有具体规定，签字人有法定代表人的授权书。

②B 单位的投标文件有效。招标文件中对高报价没有限制。

③C 单位的投标文件无效。没有响应招标文件的实质性要求（或：附有招标人无法接受的条件）。

④D 单位的投标文件有效。总价金额汇总有误属于细微偏差（或：明显的计算错误允许补正）。

（3）①确定中标人前，招标人不得与投标人就投标文件实质性内容进行协商；

②招标人与中标人必须按照招标文件和中标人的投标文件订立合同，不得再行订立背离合同实质性内容的其他协议。

［综合案例3］ 投标要求

背景： 某大型工程项目由政府投资建设，业主委托某招标代理公司代理施工招标。招标代理公司确定该项目采用公开招标方式招标，招标公告在当地政府规定的招标信息网上发布。招标文件中规定：投标担保可采用投标保证金或投标保函方式得保。评标方法采用经评审的最低投标价法。投标有效期为60天。

业主对招标代理公司提出以下要求：为了避免潜在的投标人过多，项目招标公告只在本市日报上发布，且采用邀请招标方式招标。项目施工招标信息发布以后，共有12家潜在的投标人报名参加投标。业主认为报名参加投标的人数太多，为减少评标工作量，要求招标代理公司仅对报名的潜在投标人的资质条件、业绩进行资格审查。开标后发现：

（1）A 投标人的投标报价为8000万元，为最低投标价，经评审后推荐其为中标候选人；

（2）B 投标人在开标后又提交了一份补充说明，提出可以降价5%；

（3）C 投标人提交的银行投标保函有效期为70天；

（4）D 投标人投标文件的投标函盖有企业及企业法定代表人的印章，但没有加盖项目负责人的印章；

（5）E 投标人与其他投标人组成了联合体投标，附有各方资质证书，但没有联合体共同投标协议书；

（6）F 投标人投标报价最高，故 F 投标人在开标后第二天撤回了其投标文件。

经过标书评审，A投标人被确定为中标候选人。发出中标通知书后，招标人和A投标人进行合同谈判，希望A投标人能再压缩工期、降低费用。经谈判后双方达成一致：不压缩工期，降价3%。

问题：

（1）业主对招标代理公司提出的要求是否正确？说明理由。

（2）分析A、B、C、D、E投标人的投标文件是否有效？说明理由。

（3）F投标人的投标文件是否有效？对其撤回投标文件的行为应如何处理？

（4）该项目施工合同应该如何签订？合同价格应是多少？

解析：

（1）①"业主提出招标公告只在本市日报上发布"不正确，理由：公开招标项目的招标公告，必须在指定媒介发布，任何单位和个人不得非法限制招标公告的发布地点和发布范围。②"业主要求采用邀请招标"不正确，理由：因该工程项目由政府投资建设，相关法规规定："全部使用国有资金投资或者国有资金投资占控股或者主导地位的项目"，应当采用公开招标方式招标。如果采用邀请招标方式招标，应由有关部门批准。③"业主提出的仅对潜在投标人的资质条件、业绩进行资格审查"不正确，理由：资格审查的内容还应包括：信誉、技术、拟投入人员、拟投入机械、财务状况等。

（2）①A投标人的投标文件有效。

②B投标人的投标文件（或原投标文件）有效。但补充说明无效，因开标后投标人不能变更（或更改）投标文件的实质性内容。

③C投标人的投标文件有效。《招标投标法实施条例》第二十六条规定：投标保证金有效期应当与投标有效期一致。现在投标保函的有效期超过了投标有效期10天，是满足要求的。

④D投标人的投标文件有效。没有要求必须有项目负责人的印章。

⑤E投标人的投标文件无效。因为组成联合体投标的，投标文件应附联合体各方共同投标协议书。

（3）F投标人的投标文件有效。招标人可以没收其投标保证金，给招标人造成损失超过投标保证金的，招标人可以要求其赔偿。

（4）①该项目应自中标通知书发出后30天内按招标文件和A投标人的投标文件签订书面合同，双方不得再签订背离合同实质性内容的其他协议。

②合同价格应为8000万元。

[综合案例4] 工程评标经评审的最低投标价法案例

背景： 某工程施工项目采用资格预审方式招标，并采用经评审最低投标价法进行评标。共有4个投标人进行投标，且4个投标人均通过了初步评审，评标委员会对经算术性修正后的投标报价进行详细评审。

招标文件规定工期为30个月，工期每提前1个月给招标人带来的预期收益是50万元，招标人提供临时用地500亩，临时用地每亩用地费为6000元，评标价的折算考虑以下两个因素：投标人所报的租用临时用地的数量；提前竣工的效益。

投标人A：算术修正后的投标报价为6200万元，提出需要临时用地400亩，承诺的工期为 28 个月。投标人 B：算术修正后的投标报价为 5800 万元，提出需要临时用地 480 亩，承诺的工期为 31 个月。投标人 C：算术修正后的投标报价为 5500 万元，提出需要临时用地 500 亩，承诺的工期为 28 个月。投标人 D：算术修正后的投标报价为 5000 万元，提出需要临时用地 550 亩，承诺的工期为 30 个月。

问题：

根据经评审的最低投标价法确定中标人。

解析：临时用地调整因素：

投标人 A：（400－500）×6000＝－600000 元

投标人 B：（480－500）×6000＝－120000 元

投标人 C：（500－500）×6000＝0 元

投标人 D：（550－500）×6000＝300000 元

提前竣工因素的调整：

投标人 A：（28－30）×500000＝－1000000 元

投标人 B：（31－30）×500000＝500000 元

投标人 C：（28－30）×500000＝－1000000 元

投标人 D：（30－30）×500000＝0 元

评标价格比较表见表 4-11。

评标价格比较表　　　　　　　　　　　　　　　　表 4-11

项　　目	投标人 A	投标人 B	投标人 C	投标人 D
算术性修正后的报价（元）	62000000	58000000	55000000	50000000
临时用地导致报价调整（元）	－600000	－120000	0	300000
提前竣工导致报价调整（元）	－1000000	500000	－1000000	0
评标价（元）	60400000	58380000	54000000	5300000
排　　序	4	3	2	1

投标人 D 是经评审的投标价最低，评标委员会推荐其为第一中标候选人。

［综合案例 5］ 工程评标综合评估法案例一

背景： 某大型工程，由于技术难度大，对施工单位的施工设备和同类工程施工经验要求高，而且对工期的要求也比较紧迫。业主在对有关单位和在建工程考察的基础上，仅邀请了 3 家国有一级施工企业参加投标，并预先与咨询单位和该 3 家施工单位共同研究确定了施工方案。业主要求投标单位将技术标和商务标分别装订报送。经招标领导小组研究确定的评标规定如下：

（1）技术标共 30 分，其中施工方案 10 分（因已确定施工方案，各投标单位均得 10 分）、施工总工期 10 分、工程质量 10 分、满足业主总工期要求（36 个月）者得 4 分，每提前 1 个月加 1 分，不满足者不得分；自报工程质量合格者得 4 分，自报工程质量优良者得 6 分（若实际工程质量未达到优良者将扣罚合同价的 2%），近三年内获鲁班工程奖每项加 2 分，获省优工程奖每项加 1 分。

（2）商务标共 70 分。报价不超过标底（35500 万元）的 ±5% 者为有效标，超过者为废标。报价为标底的 98% 者得满分（70分），在此基础上，报价比标底每下降 1%，扣1分，每上升 1%，扣2分（计分按四舍五入取整）。各投标单位的有关情况见表4-12。

投标参数汇总表　　　　　　　　　　　　　　　表4-12

投标单位	报价(万元)	总工期(月)	自报工程质量	鲁班工程奖	省优工程奖
A	35642	33	优良	1	1
B	34364	31	优良	0	2
C	33867	32	合格	0	1

问题：

（1）该工程采用邀请招标方式且仅邀请3家施工单位投标，是否违反有关规定？为什么？

（2）请按综合得分最高者中标的原则确定中标单位。

（3）若改变该工程评标的有关规定，将技术标增加到40分，其中施工方案20分（各投标单位均得20分），商务标减少为60分，是否会影响评标结果？为什么？若影响，应由哪家施工单位中标？

解析：

（1）不违反（或符合）有关规定。因为根据有关规定，对于技术复杂的工程，允许采用邀请招标方式，邀请参加投标的单位不得少于3家。

（2）①计算各投标单位的技术标得分见表4-13。

投标单位技术标得分　　　　　　　　　　　　　表4-13

投标单位	施工方案	总工期(月)	工程质量	合计
A	10	$4+(36-33)\times1=7$	$6+2+1=9$	26
B	10	$4+(36-31)\times1=9$	$6+1\times2=8$	27
C	10	$4+(36-32)\times1=8$	$4+1=5$	23

②计算各投标单位的商务标得分见表4-14。

投标单位商务标得分　　　　　　　　　　　　　表4-14

投标单位	报价	报价与标底的比例(%)	扣分	得分
A	10	$35642/35500=100.4$	$(100.4-98)\times2=5$	$70-5=65$
B	10	$34364/35500=96.8$	$(98-96.8)\times1=1$	$70-1=69$
C	10	$33867/35500=95.4$	$(98-95.4)\times1=3$	$70-3=67$

③计算各投标单位的综合得分见表4-15。

投标单位综合得分　　　　　　　　　　　　　　表4-15

投标单位	技术标得分	商务标得分	综合得分
A	26	65	91
B	27	69	96
C	23	67	90

因 B 公司综合得分最高，故选 B 公司为中标单位。

（3）这样改变评标方法不会影响评标结果，因为各投标单位的技术标得分均增加 10 分（20～10），而商务标得分均减少 10 分（70～60），综合得分不变。

[综合案例 6]　工程评标综合评估法案例二

背景：某市政府拟投资建一大型垃圾焚烧发电站工程项目。该项目除厂房及有关设施的土建工程外，还有配套进口垃圾焚烧发电设备及垃圾处理专业设备的安装工程。厂房范围内地质勘察资料反映地基条件复杂，地基处理采用钻孔灌注桩。招标单位委托某咨询公司进行全过程投资管理。该项目厂房土建工程更有 A、B、C、D、E 共五家施工单位参加投标，资格预审结果均合格。招标文件要求投标单位将技术标和商务标分别封装。评标原则及方法如下：

（1）采用综合评估法，按照得分高低排序，推荐三名合格的中标候选人。

（2）技术标共 40 分，其中施工方案 10 分，工程质量及保证措施 15 分，工期、业绩信誉、安全文明施工措施分别为 5 分。

（3）商务标共 60 分。①若最低报价低于次低报价 15％以上（含 15％），最低报价的商务标得分为 30 分，且不再参加商务标基准价计算；②若最高报价高于次高报价 15％以上（含 15％），最高报价的投标按废标处理；③人工、钢材、商品混凝土价格参照当地有关部门发布的工程造价信息，若低于该价格 10％以上时，评标委员会应要求该投标单位作必要的澄清；④以符合要求的商务报价的算术平均数作为基准价（60 分），报价比基准价每下降 1％扣 1 分，最多扣 10 分，报价比基准价每增加 1％扣 2 分，扣分不保底。

各投标单位的技术标得分和商务标报价见表 4-16、表 4-17。

各投标单位技术标得分汇总表　　　　　　　　　　表 4-16

投标单位	施工方案	工期	质保措施	安全文明施工	业绩信誉
A	8.5	4	14.5	4.5	5
B	9.5	4.5	14	4	4
C	9.0	5	14.5	4.5	4
D	8.5	3.5	14	4	3.5
E	9.0	4	13.5	4	3.5

各投标单位商务标报价汇总表　　　　　　　　　　表 4-17

投标单位	A	B	C	D	E
报价(万元)	3900	3886	3600	3050	3784

（4）评标过程中又发生 E 投标单位不按评标委员会要求进行澄清，说明补正。

问题：

（1）该项目应采取何种招标方式？如果把该项目划分成若干个标段分别进行招标，划分时应当综合考虑的因素是什么？本项目可如何划分？

（2）按照评标办法，计算各投标单位商务标得分。

（3）按照评标办法，计算各投标单位综合得分。

（4）推荐合格的中标候选人并排序。

解析：

（1）①应采取公开招标方式。因为根据有关规定，垃圾焚烧发电站项目是政府投资项目，属于必须公开招标的范围。②标段划分应综合考虑以下因素：招标项目的专业要求、招标项目的管理要求、对工程投资的影响、工程各项工作的衔接，但不允许将工程肢解成分部分项工程进行招标。③本项目可划分成：土建工程、垃圾焚烧发电进口设备采购、设备安装工程三个标段招标。

（2）计算各投标单位商务标得分：

①最低D与次低C报价比：$(3600-3050)/3600=15.28\%>15\%$，最高A与次高B报价比：$(3900-3886)/3886=0.36\%<15\%$，承包商D的报价（3050万元）在计算基准价时不予以考虑，且承包商D商务标得分30分；

②E投标单位不按评委要求进行澄清和说明，按废标处理；

③基准价$=(3900+3886+3600)/3=3795.33$（万元）

④计算各投标单位商务标得分见表4-18。

投标单位商务标得分　　　　　　　　　　　　　　　　　　　　　　　表4-18

投标单位	报价(万元)	报价与基准价比例(%)	扣　分	得　分
A	3900	3900÷3795.33=102.76	(102.76−100)×2=5.52	54.48
B	3886	3886÷3795.33=102.39	(102.39−100)×2=4.78	55.22
C	3600	3600÷3795.33=94.85	(100−94.85)×1=5.15	54.85
D	3050			30
E	3784	按废标处理		

（3）计算各投标单位综合得分见表4-19。

投标单位综合得分　　　　　　　　　　　　　　　　　　　　　　　表4-19

投标单位	技术标得分	商务标得分	综合得分
A	8.5+4+14.5+4.5+5=36.5	54.48	90.98
B	9.5+4.5+14+4+4=36.00	55.22	91.22
C	9.0+5+14.5+4.5+4=37.00	54.85	91.85
D	8.5+3.5+14+4+3.5=33.50	30	63.5
E	按废标处理		

（4）推荐中标候选人及排序：1. C；2. B；3. A。

[综合案例7] 招标投标全过程案例分析

背景： 某超高写字楼工程为政府投资项目，于5月8日发布招标公告。招标公告中对招标文件的发售和投标截止时间规定如下：

（1）各投标人于5月17～18日，每日9：00～16：00在指定地点领取招标文件；

（2）投标截止时间为6月5日14：00。

对招标作出响应的投标人有A、B、C、D，以及E、F组成的联合体。A、B、C、D、E、F均具备承建该项目的资格。评标委员会委员由招标人确定，共8人组成，其中招标人代表4人，关技术、经济专家4人。在开标阶段，经招标人委托的市公证处人员检查了投标文件的密封情况，确认其密封完好后，投标文件当众拆封。招标人宣布有 A、B、C、D 以及 E、F 联合体 5 个投标人投标，并宣读其投标报价、工期、质量标准和其他招标文件规定的唱标内容。其中，A 的投标总报价为 14320 万元整，其相关数据见表 4-20。

正式报价相关数据   表 4-20

	桩基维护工程	主体结构工程	装饰工程	总　价
正式报价	1450	6600	6270	14310

招标人委托造价咨询机构编制的标底部分数据见表 4-21。

标底价相关数据   表 4-21

	桩基维护工程	主体结构工程	装饰工程	总　价
标底价	1320	6100	6900	14320

评标委员会按照招标文件中确定的评标标准对投标文件进行评审与比较，并综合考虑各投标人的优势，评标结果为：各投标人综合得分从高到低的顺序依次为 A、D、B、C 以及 E、F 联合体。评标委员会由此确定承包人 A 为中标人，其中标价为 14310 万元人民币。由于承包人 A 为外地企业，招标人于 6 月 7 日以挂号方式将中标通知书寄出，承包人 A 于 6 月 11 日收到中标通知书。

此后，自 6 月 13 日至 7 月 3 日招标人又与中标人 A 就合同价格进行了多次谈判，于是中标人 A 在正式报价的基础上又下调了 200 万元，最终双方于 7 月 9 日签订了书面合同。

问题：

（1）什么是不平衡报价法？投标人 A 的报价是否属于不平衡报价？请评析评标委员会接受 A 承包人运用的不平衡报价法是否恰当？

（2）逐一指出在该项目的招标投标中，哪些方面不符合《招标投标法》的有关规定？

解析：

（1）不平衡报价法，是指在估价（总价）不变的前提下，调整分项工程的单价，以达到较好收益目的的报价策略。

参考招标人的标底文件，可以认为 A 投标人采用了不平衡报价法。表现在其将属于前期工程的桩基围护工程和主体结构工程的单价调高，而将属于后期工程的装饰工程的单价调低，可以在施工的早期阶段收到较多的工程款，从而可以提高其所得工程款的现值；A 投标人对桩基围护工程主体结构工程和装饰工程的单价调整幅度均未超过 10%，在合理范围之内。评标委员会接受 A 投标人运用的不平衡报价法并无不当。

（2）在该项目招标投标中，不符合《招标投标法》规定的情形有：

①招标文件的发售时间只有 2 日，不符合《招标投标法实施条例》关于招标文件的发售时间最短不得少于 5 日的规定。

②招标文件开始发出之日起至投标人提交投标文件截止之日的时间段不符合规定。该工程项目建设使用财政资金，按照《招标投标法》的规定必须进行招标，并满足自招标文件开始发出之日起至投标人提交投标文件截止之日止，最短不得少于 20 日。本案 5 月 17 日开始发出招标文件，至招标公告规定的投标截止时间 6 月 5 日止，不足 20 日。

③评标委员会成员组成及人数不符合《招标投标法》规定。《招标投标法》第三十七条规定，评标委员会由招标人代表和有关技术、经济等方面的专家组成，成员人数为5人以上单数，其中招标人代表不得超过成员总数的1/3。

④评标委员会对投标文件差错采用的修正原则不正确。在投标文件中，用数字表示的数额与用文字表示的数额不一致时，以文字数额为准；单价与工程量的乘积与总价之间不一致时，以单价为准，若单价有明显的小数点错位，应以总价为准，并修改单价。本案中，出现A投标人的总报价文字（壹亿肆仟叁佰贰拾万元整）和数字（14310万元）不一致时，应以文字为主，且可以看出，A承包人关于各分项报价之和与文字一致，故评标委员会应认定A投标人的投标报价为14320万元。签订的合同价也应为14320万元。

⑤中标通知书发出后，招标人不应与中标人A就合同价格进行谈判。《招标投标法》第四十六条规定，招标人和中标人应当按照招标文件和投标文件订立书面合同，不得再行订立背离合同实质性内容的其他协议。

⑥招标人和中标人签订书面合同的日期不当。《招标投标法》第四十六条规定，招标人和中标人应当自中标通知书发出之日起30日内，按照招标文件和中标人的投标文件订立书面合同。本案中标通知书于6月7日已经发出，双方直至7月9日才签订了书面合同，已超过法律规定的30日期限。虽然中标通知书到达的日期是6月11日，但我国对于中标通知书实行的是"发出主义"，即中标通知书从发出之日起具备法律效力。

[综合案例8] 某高速公路工程施工招标全过程分析

背景： 某省国道主干线高速公路土建施工项目实行公开招标，根据项目的特点和要求，招标人提出了招标方案和工作计划。采用资格预审方式组织项目土建施工招标，招标过程中出现了下列事件：

事件1： 7月1日（星期一）发布资格预审公告。公告载明资格预审文件自7月2日起发售，资格预审申请文件于7月22日下午16：00之前递交至招标人处。某投标人因从外地赶来。7月8日（星期一）上午上班时间前来购买资审文件，被告知已经停售。

事件2： 资格审查过程中，资格审查委员会发现某省路桥总公司提供的业绩证明材料部分是其下属第一工程有限公司业绩证明材料，且其下属的第一工程有限公司具有独立法人资格和相关资质。考虑到属于一个大单位，资格审查委员会认可了其下属公司业绩为其业绩。

事件3： 投标邀请书向所有通过资格预审的申请单位发出，投标人在规定的时间内购买了招标文件。按照招标文件要求，投标人须在投标截止时间5日前递交投标保证金，因为标段的估算金额在3000万元至4000万元之间，要求每个标段100万元投标担保金。

事件4： 评标委员会人数为5人，其中3人为工程技术专家，其余2人为招标人代表。

事件5： 评标委员会在评标过程中。发现B单位投标报价远低于其他报价。评标委员会认定B单位报价过低，按照废标处理。

事件6： 招标人根据评标委员会书面报告，确定各个标段排名第一的中标候选人为中标人，并按照要求发出中标通知书后，向有关部门提交招标投标情况的书面报告，同中标人签订合同并退还投标保证金。

事件 7： 招标人在签订合同前，认为中标人 C 的价格略高于自己期望的合同价格，因而又与投标人 C 就合同价格进行了多次谈判。考虑到招标人的要求，中标人 C 觉得小幅度降价可以满足自己利润的要求，同意降低合同价，并最终签订了书面合同。

问题：

（1）招标人自行办理招标事宜需要什么条件？

（2）所有事件中有哪些不妥当？请逐一说明。

（3）事件 6 中，请详细说明招标人在发出中标通知书后应于何时做其后的这些工作？

解析：

（1）《工程建设项目自行招标试行办法》（国家计委 5 号令）第四条规定，招标人自行办理招标事宜，应当具有编制招标文件和组织评标的能力，具体包括：①具有项目法人资格（或者法人资格）；②具有与招标项目规模和复杂程度相适应的工程技术、概预算、财务和工程管理等方面专业技术力量；③有从事同类工程建设项目招标的经验；④设有专门的招标机构或者拥有 3 名以上专职招标业务人员；⑤熟悉和掌握招标投标法及有关法规规章。

（2）事件 1～事件 5 和事件 7 做法不妥当，分析如下：

事件 1 不妥当。《招标投标法实施条例》第十六条规定，招标人应当按照资格预审公告、招标公告或者投标邀请书规定的时间、地点发售资格预审文件或者招标文件。资格预审文件或者招标文件的发售期不得少于 5 日。本案中，7 月 2 日周二开始出售资审文件，按照最短 5 日的规定，最早停售日期应是 7 月 6 日下午截止。

事件 2 不妥当。《招标投标法》第二十五条规定，投标人是响应招标、参加投标竞争的法人或者其他组织。本案中，投标人或是以总公司法人的名义投标，或是以具有法人资格的子公司的名义投标。法人总公司或具有法人资格的子公司投标，只能以自己的名义、自己的资质、自己的业绩投标，不能相互借用资质和业绩。

事件 3 不妥当。《招标投标法实施条例》第二十六条规定：招标人在招标文件中要求投标人提交投标保证金的，投标保证金不得超过招标项目估算价的 2%。本案中，投标保证金的金额太高，超过了此限额。同时，投标保证金从性质上属于投标文件，在投标截止时间前都可以递交。本案招标文件约定在投标截止时间 5 日前递交投标保证金不妥，其行为侵犯了投标人权益。

事件 4 不妥当。《招标投标法》第三十七条规定，依法必须进行招标的项目，其评标委员会由招标人的代表和有关技术、经济等方面的专家组成，成员人数为 5 人以上单数，其中技术、经济等方面的专家不得少于成员总数的 2/3。本案中，评标委员会 5 人中专家人数至少为 4 人才符合法定要求。

事件 5 不妥当。《评标委员会和评标方法暂行规定》第二十一条规定，在评标过程中，评标委员会发现投标人的报价明显低于其他投标报价或者在设有标底时明显低于标底，使得其投标报价可能低于其个别成本的，应当要求该投标人作出书面说明并提供相关证明材料。投标人不能合理说明或者不能提供相关证明材料的，由评标委员会认定该投标人以低于成本报价竞标，其投标应作废标处理。本案中，评标委员会判定 B 的投标为废标的程序存在问题。评标委员会应当要求 B 投标人作出书面说明并提供相关证明材料，仅当投标人 B 不能合理说明或者不能提供相关证明材料时，评标委员会才能认定该投标人以低于成本报价竞标。作废标处理。

事件 7 不妥当。《招标投标法》第四十三条规定，在确定中标人前，招标人不得与投标人就投标价格、投标方案等实质性内容进行谈判。同时《招标投标法实施条例》第五十七条规定，招标人和中标人应当依照招标投标法和本条例的规定签订书面合同，合同的标的、价款、质量、履行期限等主要条款应当与招标文件和中标人的投标文件的内容一致。招标人和中标人不得再行订立背离合同实质性内容的其他协议。本案中，招标人与中标人就合同中标价格进行谈判。直接违反了法律规定。

（3）招标人在发出中标通知书后，应完成以下工作：

① 自确定中标人之日起 15 日内，向有关行政监督部门提交招标投标情况的书面报告。

② 自中标通知书发出之日起 30 日内，按照招标文件和中标人的投标文件，与中标人订立书面合同；招标文件要求中标人提交履约担保的，中标人应当在签订合同前提交，同时招标人向中标人提供工程款支付担保。

③ 招标人最迟应当在书面合同签订后 5 日内向中标人和未中标的投标人退还投标保证金。

本 章 小 结

本章主要讲述工程开标、评标与定标的组织工作、基本工作程序以及各个阶段的工作要求和方法。开标评标是定标的关键环节，为了保证评标的公平、公正，我国法律对评标委员会的组建有明确的规定。对于两种评标方法的适用范围和使用方法进行案例分析。对于中标人的确定应参照我国《招标投标法》，其中明确规定中标人应符合的条件。

思 考 与 练 习

一、填空题

1. 评标活动遵循_____、_____、_____、_____的原则。

2. 建设工程评标主要有_____和_____两种办法。

3. 评标委员会成员中，成员人数应为_____人以上单数，其中经济、技术专家不得少于成员总数的_____。

4. 《招标投标法》规定：中标人的投标应当符合两个条件是：_____、_____。

5. 招标人和中标人应当自中标通知书发出之日起_____内，按照招标文件和中标人的投标文件订立书面合同。

二、选择题

1. 关于评标，下列不正确的说法是（   ）。

A. 评标委员会成员名单一般应于开标前确定，且该名单在中标结果确定前应当保密

B. 评标委员会必须由技术、经济方面的专家组成，其人数为五人以上的单数

C. 评标委员会成员应是从事相关专业领域工作满 5 年并具有高级职称或同等专业水平

D. 评标委员会成员不得与任何投标人进行私人接触

2. 评标过程中应当作为废标处理的情况包括（   ）。

A. 投标文件未按对投标文件的要求予以密封

B. 拒不按要求对投标文件进行澄清、说明或补正

C. 投标文件未能对招标文件提出的所有实质性要求和条件做出响应

D. 经评标委员会确认投标人报价低于其成本价

E. 组成联合体投标，投标文件未附联合体各方投标协议

3. 依法必须招标的项目，评标委员会成员未在评标报告中陈述不同意见和理由，也拒绝签字的，视为（　　　）。

A. 同意评标结论　　　　　　　　　B. 评标结论待定

C. 弃权　　　　　　　　　　　　　D. 保留意见

4. 根据《招标投标法》的有关规定，下列说法符合开标程序的是（　　　）。

A. 开标应当在招标文件确定的提交投标文件截止时间的同一时间公开进行

B. 开标地点由招标人在开标前通知

C. 开标由建设行政主管部门主持，邀请中标人参加

D. 开标由建设行政主管部门主持，邀请所有投标人参加

5. 在建设工程招标投标活动中，在提交投标文件截止时间后到投标有效期终止之前，下列对有关投标文件处理的表述中，正确的是（　　　）。

A. 投标人可以替换已提交的投标文件

B. 投标人可以补充已提交的投标文件

C. 招标人可以修改已提交的招标文件

D. 投标人撤回投标文件的，其投标保证金将被没收

6. 对于投标文件存在的下列偏差，评标委员会应书面要求投标人在评标结束前予以补正的情形是（　　　）。

A. 未按招标文件规定的格式填写，内容不全的

B. 所提供的投标担保有瑕疵的

C. 投标人名称与资格预审时不一致的

D. 实质上响应招标文件要求但个别地方存在漏项的细微偏差

7. 在投标有效期内出现特殊情况，招标人以书面形式通知投标人延长投标有效期时，投标人的正确做法是（　　　）。

A. 同意延长，并要求修改投标文件

B. 同意延长，并相应延长投标保证金的有效期

C. 同意延长，但拒绝延长投标保证金的有效期

D. 拒绝延长，但无权收回投标保证金

8. 下列有关建设项目施工招标投标评标定标的表述正确的是（　　　）。

A. 若有评标委员会成员拒绝在评标报告上签字同意的，评标报告无效

B. 使用国家融资的项目，招标人不得授权评标委员会直接确定中标人

C. 招标人和中标人只需按照中标人的投标文件订立书面合同

D. 合同签订后 5 日内，招标人应当退还中标人和未中标人的投标保证金

9. 招标投标法规定开标的时间应当是（　　　）。

A. 提交投标文件截止时间的同一时间

B. 提交投标文件截止时间的 24 小时内

C. 提交投标文件截止时间的 30 天内

D. 提交投标文件截止时间后的任何时间

10. 在评标过程中，评标委员会对同一投标文件中表述不一致的问题，正确的处理方法是（　　）。

A. 投标文件的小写金额和大写金额不一致的，应以小写为准

B. 投标函与投标文件其他部分的金额不一致的，应以投标文件其他部分为准

C. 总价金额与单价金额不一致的，应以总价金额为准

D. 对不同文字文本的投标文件解释发生异议的，以中文文本为准

11. 招标项目开标时，检查投标文件密封情况的应当是（　　）。

A. 投标人　　　　　　　　　　　B. 招标人

C. 招标代理机构人员　　　　　　D. 招标单位的纪检部门人员

12. 招标项目的中标人确定后，招标人对未中标投标人应做的工作是（　　）。

A. 通知中标结果并退还投标保证金

B. 通知中标结果但不退还投标保证金

C. 不通知中标结果，也不退还投标保证金

D. 不通知中标结果，但退还投标保证金

13. 某施工项目招标，四家投标人的报价和评标价分别为：甲，1800 万元、1870 万元；乙，1850 万元、1890 万元；丙，1880 万元、1820 万元；丁，1990 万元、1880 万元，则中标候选人中排序第一的应是（　　）。

A. 甲　　　　　　B. 乙　　　　　　C. 丙　　　　　　D. 丁

14. 招标项目开标后发现投标文件存在下列问题，可以继续评标的情况包括（　　）。

A. 没有按照招标文件要求提供投标担保

B. 报价金额的大小写不一致

C. 总价金额和单价与工程量乘积之和的金额不一致

D. 工期超出招标文件要求

E. 投标函未盖章和签字

15. 某建设项目采用评标价法评标，其中一位投标人的投标报价为 3000 万元，工期提前获得评标优惠 100 万元，评标时未考虑其他因素，则评标价和合同价分别为（　　）。

A. 2900 万元，3000 万元　　　　　　B. 2900 万元，2900 万元

C. 3100 万元，3000 万元　　　　　　D. 3100 万元，2900 万元

16. 关于联合体投标需遵循的规定，下列说法中正确的是（　　）。

A. 联合体各方签订共同投标协议后，可再以自己名义单独投标

B. 资格预审后联合体增减、更换成员的，其投标有效性待定

C. 联合体中标的，由联合体各方共同和招标方签订合同

D. 由同一专业的单位组成的联合体，按其中较高资质确定联合体资质等级

17. 接收投标文件和开标前两个环节，检查投标文件的密封情况应当依次分别由（　　）负责。

A. 招标人、招标人　　　　　　　　　B. 投标人、投标人

C. 招标人、投标人　　　　　　　　　D. 招标人、行政监督人员

18. 根据《招标投标法实施条例》，关于评标过程否决投标的说法正确的是（   ）。

A. 投标函未经投标单位盖章和单位负责人签字的，评标委员会应当否决其投标

B. 投标联合体没有提交共同投标协议的，评标委员会应当否决其投标

C. 招标文件是评标委员会否决投标的唯一依据

D. 被否决的投标文件可以通过澄清予以补正

19. 关于订立合同的要求，下列说法错误的是（   ）。

A. 招标人和中标人应该按照招标文件和投标文件的内容确定合同内容

B. 中标人在投标文件中提出的工期比招标文件中的工期短的，以招标文件为准签订合同

C. 书面合同订立后，招标人和中标人不得再行订立背离合同实质性内容的其他协议

D. 招标人和中标人应当自中标通知书发出之日起 30 日内订立书面合同

（答案提示：1. C；2. ABCDE；3. A；4. A；5. D；6. D；7. B；8. D；9. A；10. D；11. A；12. A；13. C；14. BC；15. A；16. C；17. C；18. B；19. B。）

三、简答题

1. 简述开标流程。

2. 简述评标原则。

3. 简述评标委员会的组成及要求。

4. 什么是综合评标法？

5. 简述定标依据。

四、案例分析

1. 某电器设备厂筹资新建一生产流水线，该工程设计已完成，施工图纸齐备，施工现场已完成"三通一平"工作，已具备开工条件。工程施工招标委托招标代理机构采用公开招标方式代理招标。招标代理机构编制了标底（800 万元）和招标文件。招标文件中要求工程总工期为 365 天。按国家工期定额规定，该工程的工期应为 460 天。通过资格预审并参加投标的共有 A、B、C、D、E 五家施工单位。开标会议由招标代理机构主持，开标结果是这五家投标单位的报价均高出标底近 300 万元。这一异常引起了业主的注意，为了避免招标失败，业主提出由招标代理机构重新复核和制定新的标底，招标代理机构复核标底后，确认是由于工作失误，漏算部分工程项目，使标底偏低。在修正错误后，招标代理机构确定了新的标底。A、B、C 三家投标单位认为新的标底不合理，向招标人要求撤回投标文件。由于上述问题纠纷导致定标工作在原定的投标有效期内一直没有完成。为早日开工，该业主更改了原定工期和工程结算方式等条件，指定了其中一家施工单位中标。

问题：

（1）上述招标工作存在哪些问题？

（2）A、B、C 三家投标单位要求撤回投标文件的作法是否正确？为什么？

（3）如果招标失败，招标人可否另行招标？投标单位的损失是否应由招标人赔偿？为什么？

（答案提示：（1）在招标工作中，存在以下问题：①开标以后，又重新确定标底；②在投标有效期内，没有完成定标工作；③更改招标文件的合同工期和工程结算条件；④直接指定施工单位。

（2）①不正确。②投标是一种要约行为；

（3）①招标人可以重新组织招标。②招标人不应给予赔偿，因招标属于要约邀请。)

2.某工程采用公开招标方式，招标人3月1日在指定媒体上发布了招标公告，3月6日至3月12日发售了招标文件，共有A、B、C、D四家投标人购买了招标文件。在招标文件规定的投标截止日（4月5日）前，四家投标人都递交了投标文件。开标时投标人D因其投标文件的签署人没有法定代表人的授权委托书而被招标管理机构宣布为无效投标。

该工程评标委员会于4月15日经评标确定投标人A为中标人，并于4月26日向中标人和其他投标人分别发出中标通知书和中标结果通知，同时通知了招标人。

问题：指出该工程在招标过程中的不妥之处，并说明理由。

（答案提示：招标管理机构宣布无效投标不妥，应由招标人宣布。评标委员会确定中标人并发出中标通知书和中标结果通知不妥，应由招标人发出。)

3.某工程采用公开招标方式，有A、B、C、D、E、F6家承包商参加投标，经资格预审该6家承包商均满足业主要求。该工程采用两阶段评标，评标委员会由7名委员组成，评标的具体规定如下：

（1）第一阶段评技术标：技术标共计40分，其中施工方案15分，总工期8分，工程质量6分，项目班子6分，企业信誉5分。技术标各项内容的得分，为各评委评分的算术平均分数。技术标合计得分不满28分者，不再评其商务标。表4-22为各评委对6家承包商施工方案评分的汇总表。表4-23为各承包商总工期、工程质量、项目班子、企业信誉得分汇总表。

评委对承包商施工方案评分表　　　　表 4-22

评委 投标单位	一	二	三	四	五	六	七
A	13.0	11.5	12.0	11.0	11.0	12.5	12.5
B	14.5	13.5	14.5	13.0	13.5	14.5	14.5
C	12.0	10.0	11.5	11.0	10.5	11.5	11.5
D	14.0	13.5	13.5	13.0	13.5	14.0	14.5
E	12.5	11.5	12.0	11.0	11.5	12.5	12.5
F	10.5	10.5	10.5	10.0	9.5	11.0	10.5

承包商总工期、工程质量、项目班子、企业信誉得分汇总表　　　　表 4-23

投标单位	总工期	工程质量	项目班子	企业信誉
A	6.5	5.5	4.5	4.5
B	6.0	5.0	5.0	4.5
C	5.0	4.5	3.5	3.0
D	7.0	5.5	5.0	4.5
E	7.5	5.0	4.0	4.0
F	8.0	4.5	4.0	3.5

（2）第二阶段评商务标

商务标共计60分。以承包商报价算术平均数为基准价，但最高（或最低）报价高于（或低于）次高（或次低）报价的15%者，在计算承包商报价算术平均数时不予考虑，且商务标得分为 15 分。以基准价为满分（60 分），报价比基准每下降 1%，扣 1 分，最多扣 10 分；报价比基准价每增加 1%，扣 2 分，扣分不保底。表 4-24 为标底和各承包商的报价汇总表。

标底和各承包商的报价汇总表（万元） 表 4-24

投标单位	A	B	C	D	E	F
报价	13656	11108	14303	13098	13241	14125

问题：

请按综合得分最高者中标的原则确定中标单位。

（答案提示：A、B、C、D、E、F 的得分依次是：92.72、49.5、78.1、91.42、89.19、83.92。）

4. 某工业厂房项目的业主经过多方了解，邀请了 A、B、C 三家技术实力和资信俱佳的承包商参加该项目的投标。在招标文件中规定：评标时采用最低综合报价中标的原则，但最低投标价低于次低投标价 10% 的报价将不予考虑。工期不得长于 18 个月，若投标人自报工期少于 18 个月，在评标时将考虑其给业主带来的收益，折算成综合报价后进行评标。若实际工期短于自报工期，每提前 1 天奖励 1 万元；若实际工期超过自报工期，每拖延 1 天罚款 2 万元。A、B、C 三家承包商投标书与报价和工期有关的数据汇总见表 4-25。

假定：贷款月利率为 1%，各分部工程每月完成的工作量相同，在评标时考虑工期提前给业主带来的收益为每月 40 万元。

承包商投标书与报价和工期有关的数据汇总表 表 4-25

投标人	基础工程		上部结构工程		安装工程		安装工程与上部结构工程搭接时间（月）
	报价（万元）	工期（月）	报价（万元）	工期（月）	报价（万元）	工期（月）	
A	400	4	1000	10	1020	6	2
B	420	3	1080	9	960	6	2
C	420	3	1100	10	1000	5	3

现值系数表 表 4-26

N	2	3	4	6	7	8	9	10	12	13	14	15	16
$(P/A,1\%,n)$	1.970	2.941	3.902	5.795	6.728	7.625	8.566	9.471	—	—	—	—	—
$(P/F,1\%,n)$	0.980	0.971	0.961	0.942	0.933	0.923	0.941	0.905	0.887	0.879	0.870	0.861	0.853

问题：

（1）我国《招标投标法》对中标人的投标应当符合的条件是如何规定的？

（2）若不考虑资金的时间价值，应选择哪家承包商作为中标人？

（3）若考虑资金的时间价值，应选择哪家承包商作为中标人？

（答案提示：（2）不考虑资金的时间价值时，A 的综合报价为 2420 万元，B 的综合报价为 2380 万元，C 的综合报价为 2400 万元，承包商 B 的综合报价最低，选其为中标人。
（3）考虑资金的时间价值时，A 的综合报价现值为 2171.86 万元，B 的综合现值报价为 2181.44 万元，C 的综合报价现值为 2200.49 万元，承包商 A 的综合报价最低，选其为中标人。）

第5章　建设工程合同法律基础

[**学习指南**]　熟悉合同的订立、合同的效力、合同的履行、合同的转让和终止、合同的违约责任及合同争议的解决。

建设工程的相关法律法规应结合相关法规进一步学习，以便具体了解相关知识。重点掌握合同生效的条件，效力待定合同、无效合同、可变更或者可撤销的合同的具体情况；合同履行的一般规则，合同履行中的抗辩权、代位权和撤销权的概念；合同终止和解除的条件；合同违约责任的承担方式。了解建设工程的相关法律法规。

[**引导案例**]　2016年10月，发包人森林集团与承包人二建公司签订《建设工程施工合同》，约定由二建公司承建森林集团国际广场的土建工程；2017年4月，二建公司与森林集团签订补充合同，约定森林集团将森林国际广场室外铺装总体工程发包给二建公司施工。2017年7月，涉案工程全部竣工验收合格，并由森林集团接收使用。后因双方在结算过程中发生争议，遂二建公司起诉森林集团支付工程款及违约金，并赔偿因设计变更造成的损失；森林集团反诉二建公司偷工减料、未按设计图纸施工，质量不合格，导致屋面广泛渗漏，请求赔偿损失并追究其工期逾期违约责任。

争议焦点：因屋面渗漏，二建公司作为施工单位应如何承担责任？

法院观点：江苏省高级人民法院二审认为，屋面广泛性渗漏属客观存在并已经法院确认的事实，竣工验收合格证明及其他任何书面证明均不能对该客观事实形成有效对抗。本案屋面渗漏主要系二建公司施工过程中偷工减料而形成，其交付的屋面本身不符合合同约定，且已对森林公司形成仅保修无法救济的损害，故该案裁判的基本依据为民法通则、合同法等基本法律，而非《建设工程质量管理条例》。根据法律位阶关系，该条例在本案中只作参考。本案中屋面渗漏质量问题的赔偿责任应按谁造成、谁承担的原则处理，这是符合法律的公平原则的。

承包人交付的建设工程应符合合同约定的交付条件及相关工程验收标准。工程实际存在明显的质量问题，承包人以工程竣工验收合格证明等主张工程质量合格的，人民法院不予支持。在双方当事人已失去合作信任的情况下，为解决双方矛盾，人民法院可以判决由发包人自行委托第三方参照修复设计方案对工程质量予以整改，所需费用由承包人承担。

5.1　合同法律关系

5.1.1　合同法律关系的构成

1. 合同法律关系的概念

合同法律关系是指由合同法律规范调整的当事人在民事流转过程中形成的权利和义务关系。合同法律关系包括合同法律关系主体、合同法律关系客体、合同法律关系内容三个要素。这三个要素构成了合同法律关系，缺少其中任何一个要素都不能构成合同法律关系，改变其中的任何一个要素就改变了原来设定的法律关系。

2. 合同法律关系的主体

合同法律关系主体，是参加合同法律关系、享有相应权利、承担相应义务的当事人，包括自然人、法人、其他组织等。

（1）自然人

自然人是指基于出生而成为民事法律关系的有生命的人。作为合同法律关系主体的自然人必须具备相应的民事权利能力和民事行为能力。民事权利能力是民事主体依法享有民事权利和承担民事义务的资格。自然人的民事权利能力始于出生，终于死亡。民事行为能力是民事主体通过自己的行为取得民事权利和履行民事义务的资格。根据自然人的年龄和精神健康状况，可以将自然人分为完全民事行为能力人、限制民事行为能力人和无民事行为能力人。2017 年 10 月 1 日施行的《中华人民共和国民法总则》（以下简称《民法总则》）中规定，十八周岁以上的自然人为成年人。不满十八周岁的自然人为未成年人。成年人为完全民事行为能力人，十六周岁以上的未成年人，以自己的劳动收入为主要生活来源的，视为完全民事行为能力人。八周岁以上的未成年人为限制民事行为能力人，不满八周岁的未成年人或不能辨认自己行为的成年人为无民事行为能力人。

（2）法人

法人是相对自然人而言的社会组织，是具有民事权利能力和民事行为能力，依法独立享有民事权利和承担民事义务的组织。法人的成立应当具备四个条件：依法成立；有必要的财产或者经费；有自己的名称、组织机构和场所；能够独立承担民事责任。法人的法定代表人是自然人，他依据法律或法人组织章程的规定，代表法人行使职权。法人分为营利法人、非营利法人、特别法人。营利法人是指以取得利润并分配给股东等出资人为目的成立的法人，包括有限责任公司、股份有限公司和其他企业法人等。非营利法人是指为公益目的或者其他非营利目的成立的、不向出资人、设立人或者会员分配所取得利润的法人。非营利法人包括事业单位、社会团体、基金会、社会服务机构等。特别法人是指机关法人、农村集体经济组织法人、城镇农村的合作经济组织法人和基层群众性自治组织法人等。

（3）非法人组织

非法人组织是指不具有法人资格，但是能够依法以自己的名义从事民事活动的组织。包括个人独资企业、合伙企业、不具有法人资格的专业服务机构等。非法人组织应当依照法律的规定登记。非法人组织的财产不足以清偿债务的，其出资人或者设立人承担无限责任。

3. 合同法律关系的客体

合同法律关系的客体是指合同法律关系的主体享有的经济权利和承担的经济义务所共同指向的对象。包括行为、物、财和智力成果。

（1）行为

法律意义上的行为是指人的有意识的活动。在合同法律关系中，行为多表现为完成一定的工作。如勘察设计、施工安装等，这些行为都可以成为合同法律关系的客体。

（2）物

物是指可能被人们控制和支配的、有一定经济价值的、以物质形态表现出来的生产资料和消费资料。作为合同法律关系客体的物，它包括了自然资源和人工制造的产品。如建筑材料、建设设备、建筑物等都可能成为合同法律关系的客体。货币作为一般等价物也是法律意义上的物，可以作为合同法律关系的客体，如借款合同等。

（3）智力成果

智力成果也称非物质财富，是指人们脑力劳动所产生的成果，如专利、发明、科研成果、创作成果等。

4. 合同法律关系的内容

合同法律关系的内容是指合同约定和法律规定的主体享有的权利和承担的义务。合同法律关系的内容是合同的具体要求，决定了合同法律关系的性质。

（1）权利

权利是指权利主体依照法律规定和约定，有权按照自己的意志作出某种行为，同时又要求义务主体作出某种行为或不得作出某种行为，以实现其合法权益。

（2）义务

义务是指义务主体依照法律的规定和权利主体的合法要求，必须作出某种行为或不作出某种行为，以保证权利主体实现其权益，否则要承担法律责任。

5.1.2　合同法律关系的产生、变更与消灭

1. 合同法律事实

（1）合同法律事实的概念

合同法律关系的设立、变更和终止，必须要具备两个条件：一是要有国家制定的相应法律规范；二是要有一定的法律事实。所谓的合同法律事实是指由合同法律规范确认并能够引起合同法律关系设立、变更与终止的客观情况。

（2）合同法律事实的内容

合同法律事实的内容包括行为和事件。

①行为。行为是指依当事人的意志而作出的，能够引起合同法律关系设立、变更和终止的活动，包括合法行为和违法行为。合法行为就是符合法律规范所要求的行为，行为的内容和方式均符合法律的规定；违法行为就是实施了法律规范所禁止的行为，行为的内容和方式违反了法律的规定。如：建设工程合同当事人违约，导致建设工程合同关系的变更或者消灭。

此外，行政行为和发生法律效力的法院判决、裁定以及仲裁机构发生法律效力的裁决等，也是一种法律事实，也能引起法律关系的发生、变更、消亡。

②事件。事件是指那些不以当事人的主观意志为转移而发生的，能够引起合同法律关系设立、变更和终止的客观事实，可分为自然事件和社会事件。自然事件是指由自然现象所引起的客观事实，如地震、台风等；社会事件是指由于社会上发生了不以人的意志为转移的、难以预料的重大事变而引起的客观事实，如战争、罢工等。

2. 合同法律关系的设立

合同法律关系的设立是指由于一定客观情况的存在，合同法律关系主体间形成的一定的权利和义务关系。如业主和承包商之间，在相互协商的基础上签订了建筑工程施工合同，从而产生了合同法律关系。

3. 合同法律关系的变更

合同法律关系的变更是指已形成的合同法律关系，由于一定的客观情况的出现而引起的合同法律关系的主体、客体、内容的变化。合同法律关系的变更不是任意的，它要受到法律的限制，并要严格依照法定程序进行。

4. 合同法律关系的终止

合同法律关系的终止是指合同法律关系主体间的权利义务关系不复存在。法律关系的终止，可以是因为义务主体履行了义务，权利主体实现了权利而终止；也可以是因为双方协商一致的变更或发生不可抗力而终止；还可以是因为主体的消亡、停业、转业、破产或严重违约而终止。

5.2 合同法律基础

《中华人民共和国合同法》（以下简称《合同法》）于 1999 年 3 月 15 日第九届全国人民代表大会第二次会议审议通过并发布，自 1999 年 10 月 1 日起施行，是规范我国社会主义市场交易的基本法律。合同法分总则、分则和附则三部分。总则的规定是共性规定，对合同的订立、合同的效力、合同的履行、合同的变更和转让、合同的权利义务终止、违约责任做了规定。分则将合同分为 15 类分别是：买卖合同；供用电、水、气、热力合同；赠予合同；借款合同；租赁合同；融资租赁合同；承揽合同；建设工程合同；运输合同；技术合同；保管合同；仓储合同；委托合同；行纪合同；居间合同。

《合同法》第二条第一款规定："本法所称合同是平等主体的自然人、法人、其他组织之间设立、变更、终止民事权利义务关系的协议。婚姻、收养、监护等有关身份关系的协议，适用其他法律的规定。"

5.2.1 合同的法律特征

1. 合同是一种民事法律行为

民事法律行为，是指以意思表示为要素，依其意思表示的内容而引起民事法律关系设立、变更和终止的行为。而合同是合同当事人意思表示的结果，是以设立、变更、终止财产性的民事权利义务为目的，且合同的内容即合同当事人之间的权利义务是由意思表示的内容来确定的。因而，合同是一种民事法律行为。

2. 合同是一种双方或多方或共同的民事法律行为

合同是两个或两个以上的民事主体在平等自愿的基础上互相或平行作出意思表示，且意思表示一致而达成的协议。首先，合同的成立须有两个或两个以上的当事人；其次，合同的各方当事人须互相或平行作出意思表示；再次，各方当事人的意思达成共识，即达成合意或协议，且这种合意或协议是当事人平等自愿协商的结果。因而，合同是一种双方、多方或共同的民事法律行为。

3. 合同是以在当事人之间设立、变更、终止财产性的民事权利义务为目的

首先，合同当事人签订合同的目的，在于为了各自的经济利益或共同的经济利益，因而合同的内容为当事人之间财产性的民事权利义务；其次，合同当事人为了实现或保证各自的经济利益或共同的经济利益，以合同的方式来设立、变更、终止财产性的民事权利义务关系，是指当事人通过订立合同来形成某种财产性的民事法律关系，从而具体地享有民事权利，承担民事义务；所谓变更财产性的民事权利义务关系，是指当事人通

过订立合同使原有的合同关系在内容上发生变化；所谓终止财产性的民事权利义务关系，是指当事人通过订立合同以消灭原法律关系。无论当事人订立合同是为了设立财产性的民事权利义务关系，还是为了变更或终止财产性的民事权利义务关系，只要当事人达成的协议依法成立并生效，就会对当事人产生法律约束力，当事人也必须依合同规定享有权利和履行义务。

4. 订立、履行合同，应当遵守法律、行政法规

这其中包括：合同的主体必须合法，订立合同的程序必须合法，合同的形式必须合法，合同的内容必须合法，合同的履行必须合法，合同的变更、解除必须合法等。

5. 合同依法成立即具有法律约束力

所谓法律约束力，是指合同的当事人必须遵守合同的规定，如果违反，就要承担相应的法律责任。合同的法律约束力主要体现在以下两个方面：①不得擅自变更或解除合同。合同成立后，当事人认真履行合同的过程中发生了新的情况需要变更或解除合同，也必须依照合同法的有关规定办理，不得擅自变更或者解除合同，否则必须承担相应的法律责任。②违反合同应当承担相应的违约责任。除了不可抗力等法律规定的情况外，合同当事人不履行或者不完全履行合同时，必须承担违反合同的责任，即按照合同和法律的规定由违反合同的一方承担违反合同的责任，即按照合同和法律的规定由违反合同的一方当事人向对方支付违约金和赔偿金等；同时，如果对方当事人仍要求违约方履行合同时，违反合同的一方当事人还应当继续履行。

5.2.2　合同订立的原则

合同订立要遵循合法、平等、自愿、公平、诚实信用、合法的原则，这是在订立合同的整个过程中，对双方签订合同起指导和规范作用的、双方应当遵循的准则。

1. 平等的原则

《合同法》第三条规定："合同当事人的法律地位平等，一方不得将自己的意志强加给另一方。"具体表现在：

（1）当事人的法律地位平等，一方不能将自己的意志强加给另一方。在订立合同时，任何一方都无权以大欺小、以上压下。合同内容平等协商确定，任何一方都不得把自己提出的条款强加于对方，不得强迫对方同自己签订合同。

（2）履行合同时当事人法律地位平等。合同一旦依法成立，就具有法律效力。当事人都必须平等地受合同的约束，要严格地履行合同规定的义务。任何一方都不得擅自变更或解除合同。

（3）承担合同违约责任时当事人法律地位平等。任何当事人违反合同，都应当承担违约责任，包括承担经济责任、行政责任或刑事责任。

2. 自愿的原则

《合同法》第四条规定："当事人依法享有自愿订立合同的权利，任何单位和个人不得非法干预。"具体表现在：依据自己的意志决定是否签订合同；依据自己的意志决定与谁签订合同；依据自己的意志决定合同的内容和形式，即有权拟定或者接受合同条款和有权以书面或口头的形式订立合同。

合同自愿原则赋予合同当事人从事民事活动时一定的意志自由，要求当事人在民事活动中表达自己的真实意志。但并不意味着当事人可以随心所欲地订立合同而不受任何约

束。合同订立自愿，是在法律规定范围内享有的自愿，并不是不受限制、不受约束的自由。

对于建设工程合同而言，法律法规对建设工程合同的干预较多，对当事人的合同自愿的限制也较多。如建设工程合同中的质量条款，必须符合国家的质量标准，这是强制性的规定，合同当事人不能订立低于国家强制性质量标准的合同。

3. 公平的原则

《合同法》第五条规定："当事人应当遵循公平原则确定各方的权利和义务。"具体表现在：合同当事人权利义务要对等；当事人合理承担责任和风险。

公平原则要求合同双方当事人之间的权利义务要公平合理，合同上的负担和风险的合理分配。在订立建设工程合同中贯彻公平原则，反映了商品交换等价有偿的客观规律和要求。

在双务合同中，一方当事人在享有权利的同时，也要承担相应的义务，取得的利益要与付出的代价相适应。建设工程合同作为双务合同，合同当事人之间同样互负对等的权利义务。

4. 诚实信用的原则

合同法第六条规定："当事人行使权利、履行义务应当遵循诚实信用原则。"具体表现在：当事人在订立合同时，应当诚实地陈述真实情况，不得有任何隐瞒、欺诈；当事人在履行合同时，应当全面地履行合同的约定或法定的义务，恪守合同；合同纠纷时，应当力求正确地解释合同，不得故意曲解合同条款。

在建设工程施工合同订立阶段，发包人和承包人在招标文件和投标文件中应当如实说明自己和项目的情况；在合同履行阶段应当相互协作，在行驶权利时都应当充分尊重他人和社会的利益，对约定的义务要忠实地履行；在发生不可抗力时，相互告知，采取相应措施，尽量减少自己和对方的损失。

5. 合法的原则

合同法第七条规定："当事人订立、履行合同，应当遵守法律、行政法规，尊重社会公德，不得扰乱社会经济秩序，损害社会公共利益。"

这是订立任何合同必须遵守的首要原则。根据该原则，订立合同的主体、内容、形式、程序等都要符合法律、行政法规的规定，尊重社会公德，不得扰乱社会经济秩序，损害社会公共利益。只有这样，合同才受国家法律的保护，当事人预期的经济利益、目的才有保障。建设工程合同的订立和履行，应当遵守法律法规和公序良俗的原则。建设工程合同的当事人应当遵守《民法总则》、《建筑法》、《合同法》、《招标投标法》等法律法规。

5.2.3 合同的分类

1. 要式合同与不要式合同

根据合同的成立是否需要特定的形式，可将合同分为要式合同与不要式合同。要式合同，是指法律要求必须具备一定的形式和手续的合同。不要式合同，是指法律不要求必须具备一定形式和手续的合同。

2. 双务合同和单务合同

根据当事人双方权利义务的分担方式，可把合同分为双务合同与单务合同。双务合同，是指当事人双方相互享有权利、承担义务的合同。在双务合同中，一方享有的权利正是对方所承担的义务，反之亦然，每一方当事人既是债权人又是债务人。买卖、互易、租赁、承揽、运送、保险等合同均为双务合同。单务合同，是指当事人一方只享有权利，另一方只承担义务的合同。如赠予、借用合同就是单务合同。

3. 有偿合同与无偿合同

根据当事人取得权利是否以偿付为代价，可以将合同分为有偿合同与无偿合同。有偿合同，是指当事人一方享有合同规定的权利，须向另一方付出相应代价的合同，如买卖、租赁、运输、承揽等合同。有偿合同是常见的合同形式。无偿合同，是一方当事人享有合同规定的权益，但无须向另一方付出相应代价的合同，如无偿借用合同。有些合同既可以是有偿的也可以是无偿的，由当事人协商确定，如委托、保管等合同。双务合同都是有偿合同，单务合同原则上为无偿合同，但有的单务合同也可为有偿合同，如有息贷款合同。

4. 有名合同与无名合同

根据法律是否赋予特定合同名称并设有专门规范，合同可以分为有名合同与无名合同。有名合同，也称典型合同，是法律对某类合同赋予专门名称，并设定专门规范的合同。无名合同也称非典型合同，是法律上未规定专门名称和专门规则的合同。

5.2.4　合同的订立

1. 合同订立的形式

当事人订立合同，有书面形式、口头形式和其他形式。法律法规规定采用书面形式的，或当事人约定采用书面形式的，应当采用书面形式。

《合同法》第十一条规定："书面形式是指合同书、信件和数据电文（包括电报、电传、传真、电子数据交换和电子邮件）等可以有形地表现所载内容的形式。"《合同法》第二百七十条规定："建设工程合同应当采用书面形式。"这种情况下，当事人不能再对合同形式进行选择。

这里要注意的问题是：即使法律、行政法规规定或当事人约定采用书面形式订立合同，当事人未采用书面形式，但一方已经履行了主要义务，对方接受的，该合同成立。采用书面形式订立合同的，在签字盖章之前，当事人一方已经履行主要义务，对方接受的，该合同成立。因为合同的形式只是当事人意思的载体，法律法规在合同形式上的要求也是为了保障交易的安全。如某施工合同，在施工任务完成后由于发包人拖欠工程款而发生纠纷，但双方一直没有签订书面合同，此时应当认定合同已经成立。

2. 合同订立的过程

当事人订立合同需要经过要约和承诺两个阶段。

（1）要约

①要约的概念

要约是希望和他人订立合同的意思表示，提出要约的一方为要约人，接受要约的一方为受要约人。要约有效的条件：

A. 内容具体确定。是指要约的内容必须是明确的、具体的和详细的，其具体明确和详细的程度必须达到足以使合同成立的水平；

B. 表明经受要约人承诺，要约人即受该意思表示约束。

具体来讲，要约必须是特定人的意思表示，必须是以缔结合同为目的。要约必须是相对人发出的行为，必须由相对人承诺。

②要约邀请

要约邀请是希望他人向自己发出要约的意思表示。要约邀请并不是合同成立过程中的必经过程，它是当事人订立合同的预备行为，在法律上一般无须承担责任。这种意思表示的内容往往不确定，不含有合同得以成立的主要内容，也不含相对人同意后受其约束的表示。寄送的价目表、拍卖公告、招标公告、招标说明书、商业广告等为要约邀请。

③要约的撤回和撤销

要约撤回，是指要约在发生法律效力之前，欲使其不发生法律效力而取消要约的意思表示。要约可以撤回。撤回要约的通知应当在要约到达受要约人之前或者与要约同时到达受要约人。

要约撤销，是指要约在发生法律效力之后，要约人欲使其丧失法律效力而取消该项要约的意思表示。要约可以撤销。撤销要约的通知应当在受要约人发出承诺通知之前到达受要约人。有下列情形之一的要约不得撤销：A. 要约人确定了承诺期限或者以其他形式明示要约不可撤销；B. 受要约人有理由认为要约是不可撤销的，并已经为履行合同作了准备工作。

④要约的生效与失效

要约到达受要约人时生效。采用数据电文形式订立合同，收件人指定特定系统接收电文的，该数据电文进入该特定系统的时间，视为到达时间；为指定特定系统的，该数据电文进入收件人任何系统的首次时间，视为到达时间。

有下列情形之一的，要约失效：A. 拒绝要约的通知到达要约人；B. 要约人依法撤销要约；C. 承诺期限届满，受要约人未作出承诺；D. 受要约人对要约的内容作出实质性变更。

（2）承诺

①承诺的概念

承诺是受要约人同意要约的意思表示。承诺应当在要约确定的期限内到达要约人。

承诺具有以下条件：

A. 承诺必须由受要约人做出。非受要约人向要约人做出的接受要约的意思表示是一种要约而非承诺。

B. 承诺只能向要约人做出。非要约对象向要约人做出的完全接受要约意思的表示也不是承诺，因为要约人根本没有与其订立合同的意愿。

C. 承诺的内容应当与要约的内容一致。受要约人对要约的内容做出实质性变更的，视为新要约。有关合同标的、数量、质量、价款和报酬、履行期限和履行地点和方式、违约责任和解决争议方法等的变更，是对要约内容的实质性变更。承诺对要约的内容做出非实质性变更的，除要约人及时反对或者要约表明不得对要约内容作任何变更以外，该承诺有效，合同以承诺的内容为准。

D. 承诺必须在承诺期限内发出。超过期限，除要约人及时通知受要约人该承诺有效外，视为新要约。

在建设工程合同的订立过程中，招标人发出中标通知书的行为是承诺。因此，中标通知书必须由招标人向投标人发出，并且其内容应当与投标文件的内容一致。

②承诺的期限

承诺必须以明示的方式，在要约规定的期限内作出。要约没有规定承诺期限的，视要约的方式而定：要约以对话方式作出的，应当即时作出承诺，但当事人另有约定的除外；要约以非对话方式作出的，承诺应当在合理期限内到达。"合理期限"要根据要约发出的客观情况和交易习惯确定，应当注意双方的利益平衡。

受要约人超过承诺期限发出承诺的，除要约人及时通知受要约人该承诺有效的以外，为新要约。受要约人在承诺期限内发出承诺，按照通常情形能够及时到达要约人，但因其他原因承诺到达要约人时超过承诺期限的，除要约人及时通知受要约人因承诺超过期限不接受该承诺的以外，该承诺有效。

③承诺的撤回

承诺的撤回是承诺人阻止或者消灭承诺发生法律效力的意思表示。承诺可以撤回。撤回承诺的通知应当在承诺通知到达要约人之前或者与承诺通知同时到达要约人。

④承诺的生效

承诺通知到达要约人时生效，承诺生效时合同成立。承诺不需要通知的，根据交易习惯或者要约的要求作出承诺的行为时生效。

3. 合同的内容

合同的内容由当事人约定，这是合同自由的重要体现。《合同法》规定了合同一般包括以下条款：当事人的名称或者姓名和住所、标的、数量、质量、价款或者报酬、履行期限、地点和方式、违约责任、解决争议的方法。当事人可以参照各类合同的示范文本订立合同，例如《工程建设合同示范文本》、《建设工程施工合同（示范文本）》、《FIDIC 施工合同条件》。

（1）当事人的名称或者姓名和住所

合同主体包括自然人、法人、其他组织。自然人的姓名是指经户籍登记管理机关核准登记的正式用名。自然人的住所是指自然人有长期居住的意愿和事实的处所，即经常居住地。法人、其他组织的名称是指经登记主管机关核准登记的名称，如公司的名称以营业执照上的名称为准。法人和其他组织的住所是指它们的主要营业地或者主要办事机构所在地。

（2）标的

标的是合同当事人双方权利和义务共同指向的对象。标的的表现形式为物、劳务、行为、智力成果、工程项目等。没有标的的合同是空的，当事人的权利义务无所依托；标的不明确的合同无法履行，合同也不能成立。所以，标的是合同的首要条款，签订合同时，标的必须明确、具体，必须符合国家法律和行政法规的规定。

（3）数量

数量是衡量合同标的多少的尺度，以数字和计量单位表示。没有数量或数量的规定不明确，当事人双方权利义务的多少，合同是否完全履行都无法确定。数量必须严格按照国家规定的度量衡制度确定标的物的计量单位，以免当事人产生不同的理解。

（4）质量

质量是标的的内在品质和外观形态的综合指标。签订合同时，必须明确质量标准。合同对质量标准的约定应当是准确而具体的，对于技术上较为复杂的和容易引起歧义的词语、标准，应当加以说明和解释。对于强制性的标准，当事人必须执行，合同约定的质量不得低于该强制性标准。对于推荐性的标准，国家鼓励采用。当事人没有约定质量标准，如果有国家标准，则依国家标准执行；如果没有国家标准，则依行业标准执行；没有行业标准，则依地方标准执行；没有地方标准，则依企业标准执行。

（5）价款或者报酬

价款或者报酬是当事人一方向交付标的的另一方支付的货币。标的物的价款由当事人双方协商，但必须符合国家的物价政策，劳务酬金也是如此。合同条款中应写明有关银行结算和支付方法的条款。

（6）履行的期限、地点和方式

履行的期限是当事人各方依照合同规定全面完成各自义务的时间，包括合同的签订期、有效期和履行期。履行的地点是指当事人交付标的和支付价款或酬金的地点，包括标的的交付、提取地点；服务、劳务或工程项目建设的地点；价款或劳务的结算地点。履行的方式是指当事人完成合同规定义务的具体方法，包括标的的交付方式和价款或酬金的结算方式。履行的期限、地点和方式是确定合同当事人是否适当履行合同的依据，是合同中必不可少的条款。

（7）违约责任

违约责任是任何一方当事人不履行或者不适当履行合同规定的义务而应当承担的法律责任。当事人可以在合同中约定，一方当事人违反合同时，向另一方当事人支付一定数额的违约金，或者约定违约损害赔偿的计算方法。

（8）解决争议的方法

在合同履行过程中不可避免地会产生争议，为使争议发生后能够有一个双方都能接受的解决办法，应当在合同条款中对此作出规定。

5.2.5 合同的效力

1. 合同生效

合同生效与合同成立是两个不同的概念。合同的成立，是指双方当事人依照有关法律对合同的内容进行协商并达成一致的意见。合同生效，是指合同产生法律上的效力，具有法律约束力。在通常情况下，合同依法成立之时就是合同生效之日，二者在时间上是同步的。但有些合同在成立后，并非立即产生法律效力，而是需要其他条件成就之后，才开始生效。

当事人对合同的效力可以约定附条件，附生效条件的合同，自条件成就时生效；附解除条件的合同，自条件成就时失效。当事人为自己的利益不正当地阻止条件成就的，视为条件已成熟；不正当地促成条件成熟的，视为条件不成熟。当事人对合同的效力可以约定附期限。附生效期限的合同，自期限届至时生效。附终止期限的合同，自期限届满时失效。

在建设工程施工合同中，当事人双方在合同中约定工程提前竣工与工期延期的奖罚对等条件就属于附条件的合同。双方所约定的奖罚只有在条件成就时才能产生效力。

2. 效力待定合同

效力待定合同是指合同已经成立，但合同效力能否产生尚不能确定的合同。效力待定合同包括下列四种情况：

（1）限制民事行为能力人订立的合同

限制民事行为能力人是指 10 周岁以上不满 18 周岁的未成年人，以及不能完全辨认自己行为的精神病人。限制民事行为能力人订立的合同，经法定代理人追认后，该合同有效，但纯获利益的合同或者与其年龄、智力精神健康状况相适应而订立的合同，不必经法定代理人追认。

相对人可以催告法定代理人在一个月内予以追认。法定代理人未作表示的，视为拒绝追认。合同被追认之前，善意相对人有撤销的权利。撤销应当以通知的方式作出。

（2）无权代理人代订的合同

无权代理人代订的合同主要包括行为人没有代理权、超越代理权限范围或者代理权终止后仍以被代理人的名义订立的合同。

《合同法》第四十八和四十九条规定，行为人没有代理权、超越代理权或者代理权终止后以被代理人名义订立的合同，未经被代理人追认，对被代理人不发生效力，由行为人承担责任。相对人可以催告被代理人在一个月内予以追认。被代理人未作表示的，视为拒绝追认。合同被追认之前，善意相对人有撤销的权利。撤销应当以通知的方式作出。行为人没有代理权、超越代理权或者代理权终止后以被代理人名义订立合同，相对人有理由相信行为人有代理权的，该代理行为有效。

（3）法人或者其他组织的法定代表人、负责人超越权限订立的合同

法人或者其他组织的法定代表人、负责人超越权限订立的合同，除相对人知道或者应当知道其超越权限的以外，该代表行为有效。

（4）无处分权的人处分他人财产的合同

无处分权的人处分他人财产的合同一般情况下为无效合同。但是，在《合同法》第五十一条规定："无处分权的人处分他人财产，经权利人追认或者无处分权的人订立合同后取得处分权的，该合同有效。"

[案例 5-1]　甲与乙订立了一份建筑施工设备买卖合同，合同约定甲向乙交付 5 台设备，分别为设备 A、设备 B、设备 C、设备 D、设备 E，总价款为 100 万元；乙向甲交付定金 20 万元，余下款项由乙在半年内付清。双方还约定，在乙向甲付清设备款之前，甲保留该 5 台设备的所有权。甲向乙交付了该 5 台设备。

问题：假设在设备款付清之前，乙与丁达成一项转让设备 D 的合同，在向丁交付设备 D 之前，该合同的效力如何？为什么？

解析：该合同效力待定。因为设备款付清之前，设备 D 的所有权属于甲，乙无权处分。根据《合同法》第五十一条规定，无处分权的人处分他人财产的，经权利人追认或无处分权的人订立合同后取得处分权的，合同有效。

3. 无效合同

无效合同是指其内容和形式违反了法律、行政法规的强制性规定，或者损害了国家利益、集体利益、第三人利益和社会公共利益，因而不为法律所承认和保护、不具有法律效力的合同。

有下列情形之一的，合同无效：

①一方以欺诈、胁迫的手段订立合同，损害国家利益

"欺诈"是指一方当事人故意告知对方虚假情况，或者故意隐瞒真实情况，诱使对方

当事人作出错误意思表示的行为。如施工企业伪造资质等级证书与发包人签订施工合同。"胁迫"是以给自然人及其亲友的生命健康、荣誉、名誉、财产等造成损害或者以给法人的荣誉、名誉、财产等造成损害为要挟，迫使对方作出违背真实意思表示的行为。如材料供应商以败坏施工企业名誉为要挟，迫使施工企业与其订立材料买卖合同。以欺诈、胁迫的手段订立合同，如果损害国家利益，则合同无效。

②恶意串通，损害国家、集体或者第三人利益

在建设领域较为常见的是投标人串通投标或者招标人与投标人串通，损害国家、集体或第三人利益，投标人与招标人通过这样的方式订立的合同是无效的。

③以合法形式掩盖非法目的

如果合同要达到的目的是非法的，即使其以合法的形式作掩护，也是无效的。如企业之间为了达到借款的非法目的，即使设计了合法的形式也属于无效合同。

④损害社会公共利益

如果合同违反公序良俗，就损害了社会公共利益，这样的合同也是无效的。例如，施工单位在劳动合同中规定雇员应当接受搜身检查的条款，或者在施工合同的履行中规定以债务人的人身作为担保的约定，都属于无效的合同条款。

⑤违反法律、行政法规的强制性规定

违反法律、行政法规的强制性规定的合同也是无效的。如建设工程的质量标准是《标准化法》《建筑法》规定的强制性标准，如果建设工程合同当事人约定的质量标准低于国家标准，则该合同是无效的。

⑥无效合同的免责条款

免责条款，是指合同当事人在合同中约定免除或者限制其未来责任的合同条款；免责条款无效，是指没有法律约束力的免责条款。合同中的下列免责条款无效：造成对方人身伤害的；因故意或者重大过失造成对方财产损失的。

[**案例 5-2**]　**基本案情：**2014 年 5 月 31 日，原、被告签订建筑安装工程承包合同一份，工程名称为银龙大酒店，承包工程每平方米 1950 元，如果合同期内发生劳务、材料价格调整，取费标准变动，按文件规定执行，按国家规定据实结算平方。合同签订后，原告进行施工，被告共支付工程款 490 万元。现该工程处于停滞状态，原告未全部完工，亦未要求对工程进行竣工验收结算。原告以被告未按照约定向其支付工程款，并因被告违约导致工程造价成本上涨为由诉至法院，要求判令被告支付拖欠的工程款、误工损失、设备租赁费，并将每平方米承包价格调整至合理水平。诉讼中，被告提出鉴定申请，要求对未竣工的银龙大酒店现状工程是否达到合同及施工图设计要求、质量是否合格等进行鉴定。2016 年 2 月 10 日，建筑工程司法鉴定所出具书面鉴定报告，认定银龙大酒店已施工工程混凝土构件强度达不到合同约定设计要求的 C30 等级，即对应质量达不到合格标准。

裁判结果：法院经审理认为，原告的企业性质为个人独资企业，法定代表人系李某，但其并未提供相应的建筑施工资质证书，法院向其询问是否具有施工资质证书时其表示不清楚，故应认定原告不具备相应的建筑施工企业资质，根据最高人民法院《关于审理建设工程施工合同纠纷案件适用法律问题的解释（一）》第一条规定，承包人未取得建筑施工企业资质或者超越资质等级的建设工程合同被认定无效，所以原、被告签订的合同应当系无效合同。合同无效后，因该合同取得财产应予返还，不能返还或者没有必要返还的，应

当折价补偿。原告承揽的工程经鉴定为不合格工程，故原告依据该无效合同提出的各项的诉讼请求既无事实根据，亦无法律依据，依法不予支持，判决驳回原告的诉讼请求。

4. 可变更或者可撤销的合同

可变更、可撤销合同是指欠缺一定的合同生效条件，但当事人一方可依照自己的意思使合同的内容得以变更或者使合同的效力归于消灭的合同。可变更、可撤销合同的效力取决于当事人的意思，属于相对无效的合同。

下列合同，当事人一方有权请求人民法院或者仲裁机构变更或者撤销：

①因重大误解订立的

重大误解是指由于合同当事人一方本身的原因，对合同主要内容发生误解，产生错误认识。由于建设工程合同订立的程序较为复杂，当事人发生重大误解的可能性较小。但在建设工程合同的履行或者变更的具体问题上仍有发生重大误解的可能性。如在工程师发布的指令中，或者建设工程涉及的买卖合同中等。行为人因对行为的性质、对方当事人、标的物的品种、质量、规格和数量等的错误认识，使行为的后果与自己的意思相悖，并造成较大损失时，可以认定为重大误解。这里的重大误解必须是当事人在订立合同时已经发生的误解，如果是合同订立后发生的事实，且一方当事人订立时由于自己的原因而没有预见到，则不属于重大误解。

②在订立合同时显失公平的

一方当事人利用优势或者利用对方没有经验，致使双方的权利与义务明显违反公平原则的，可以认定为显失公平。最高人民法院的司法解释认为，民间借贷（包括公民与企业之间的借贷）约定的利息高于银行同期同种贷款利率的4倍，为显失公平。但在其他方面，显失公平尚无定量的规定。

③一方以欺诈、胁迫的手段或者乘人之危，使对方在违背真实意思的情况下订立的

一方以欺诈、胁迫的手段或者乘人之危，使对方在违背真实意思的情况下订立的合同，受损害方有权请求人民法院或者仲裁机构变更或撤销。当事人请求变更的，人民法院或者仲裁机构不得撤销。

（1）合同撤销权的消灭

有下列情形之一的，撤销权消灭：具有撤销权的当事人自知道或者应当知道撤销事由之日起一年内没有行使撤销权；具有撤销权的当事人知道撤销事由后明确表示或者以自己的行为放弃撤销权。

无效的合同或者被撤销的合同自始没有法律约束力。合同部分无效，不影响其他部分效力的，其他部分仍然有效。合同无效、被撤销或者终止的，不影响合同中独立存在的有关解决争议方法的条款的效力。

（2）合同被撤销后的法律后果

合同无效或者被撤销后，因该合同取得的财产，应当予以返还；不能返还或者没有必要返还的，应当折价补偿。有过错的一方应当赔偿对方因此所受到的损失，双方都有过错的，应当各自承担相应的责任。

5. 合同的履行

当事人应当按照约定全面履行自己的义务。当事人应当遵循诚实信用原则，根据合同的性质、目的和交易习惯履行通知、协助、保密等义务。合同生效后，当事人不得因姓

名、名称的变更或者法定代表人、负责人、承办人的变动而不履行合同义务。

（1）合同履行的一般规则

合同生效后，当事人就质量、价款或者报酬、履行地点等内容没有约定或者约定不明确的，可以协议补充；不能达成补充协议的，按照合同有关条款或者交易习惯确定，仍不能确定的，适用下列规定：

①质量要求不明确的，按照国家标准、行业标准履行；没有国家标准、行业标准的，按照通常标准或者符合合同目的的特定标准履行。

②价款或者报酬不明确的，按照订立合同时履行地的市场价格履行；依法应当执行政府定价或者政府指导价的，按照规定履行。

③履行地点不明确，给付货币的，在接受货币一方所在地履行；交付不动产的，在不动产所在地履行；其他标的，在履行义务一方所在地履行。

④履行期限不明确的，债务人可以随时履行，债权人也可以随时要求履行，但应当给对方必要的准备时间。

⑤履行方式不明确的，按照有利于实现合同目的的方式履行。

⑥履行费用的负担不明确的，由履行义务一方负担。

（2）执行政府价格的合同

执行政府定价或者政府指导价的合同，在合同约定的交付期限内政府价格调整时，按照交付时的价格计价。逾期交付标的物的，遇价格上涨时，按照原价格执行；价格下降时，按照新价格执行。逾期提取标的物或者逾期付款的，遇价格上涨时，按照新价格执行；价格下降时，按照原价格执行。

（3）合同履行中的抗辩权

抗辩权是指在双务合同中，当事人一方有依法对抗对方要求或否认对方权利主张的权利。

①同时履行抗辩权。

当事人互负债务，没有先后履行顺序的，应当同时履行。一方在对方履行债务不符合约定时，有权拒绝其相应的履行要求。如施工合同中期付款时，对承包人施工质量不合格部分，发包人有权拒付该部分的工程款；如果发包人拖欠工程款，则承包人可以放慢施工进度，甚至停止施工。产生的后果，由违约方承担。

同时履行抗辩权的适用条件是：

A. 由同一双务合同产生互负的对价给付债务；

B. 合同中未约定履行的顺序；

C. 对方当事人没有履行债务或者没有正确履行债务；

D. 对方的对价给付是可能履行的义务。所谓对价给付是指一方履行的义务和对方履行的义务之间具有互为条件、互为牵连的关系并且在价格上基本相等。

②后履行抗辩权。

当事人互负债务，有先后履行顺序，先履行一方未履行的，后履行一方有权拒绝其履行要求。先履行一方债务不符合约定的，后履行一方有权拒绝其相应的履行要求。如材料供应合同按照约定应由供货方先行交付订购的材料后，采购方再行付款结算，若合同履行过程中供货方交付的材料质量不符合约定的标准，采购方有权拒付货款。

后履行抗辩权应满足的条件为：

A. 由同一双务合同产生互负的对价给付债务；

B. 合同中约定了履行的顺序；

C. 应当先履行的合同当事人没有履行债务或者没有正确履行债务；

D. 应当先履行的对价给付是可能履行的义务。

③不安抗辩权。

不安抗辩权也称为先履行抗辩权，在应当先履行的双务合同履行过程中，当事人一方根据合同规定应向对方先为履行合同义务，但在其履行合同义务之前，如果发现对方的财产状况明显恶化或者其履行合同义务的能力明显降低甚至丧失，致使其难以履行合同给付义务时，可拒绝先为履行自己合同义务的权利。

应当先履行债务的当事人，有确切证据证明对方有下列情形之一的，可以中止履行：

A. 经营状况严重恶化；

B. 转移财产、抽逃资金，以逃避债务；

C. 丧失商业信誉；

D. 有丧失或者可能丧失履行债务能力的其他情形。

E. 当事人依照上述规定中止履行的，应当及时通知对方，对方提供适当担保时，应当恢复履行。中止履行后，对方在合理期限内未恢复履行能力并且未提供适当担保的，中止履行的一方可以解除合同。当事人没有确切证据中止履行的，应当承担违约责任。

[案例 5-3] 不安抗辩权

2017 年 9 月，甲公司与乙公司签订工业设备供货合同，价款为 1500 万元人民币，质保金 10%，保修期 3 年，同时约定质保金在质保期满无质量问题后支付；甲方在指定地点安装设备，经验收合格后乙方支付货款总额的 90%。合同签订后，甲方即安装设备并经验收合格，乙公司按约定支付货款 1350 万元。2018 年 1 月，乙公司大股东（公司经营总经理）因贪污受贿被抓，公司经营停顿，公司资金被其内部人员转入个人账户，因欠款账户被法院查封。甲公司得知这一情况后，遂于同年 9 月 10 日向该市仲裁委提起仲裁，要求乙公司提前支付质保金。乙公司辩称质保期未到，甲公司未履行完服务义务，拒绝提前支付。

评析：仲裁庭在审理过程中查明了以下事实：甲公司作为先履行合同的一方当事人按合同约定完成了安装、调试，乙公司也按合同约定期限支付了 90% 的货款，合同仍然对双方存在法律拘束力。甲公司仍应继续履行质保义务，乙公司也有义务到期支付质保金。但乙公司大股东因贪污受贿被抓，造成公司经营停顿，资金被其内部人员转入个人账户，账户被法院查封。因此乙公司将无法按合同约定期限支付质保金。根据《合同法》第 68 条的规定，甲公司有权行使不安抗辩权，中止履行其义务。对申请人提出的中止履行的义务，包括不履行质保义务和提前收回质保金的主张，因申请人履行合同义务期限即合同约定的保质期终止时间，仲裁庭予以支持。

（4）合同履行中债权人的代位权和撤销权

在合同履行过程中，为了保护债权人的合法权益，预防因债务人的财产不当减少，而危害债权人的债权时，法律允许债权人为保全其债权的实现而采取法律保障措施，此项法律保障措施包括代位权和撤销权。

债权人的代位权，是指债权人为了保障其债权不受损害，而以自己的名义代替债务人行使债权的权利。《合同法》规定，因债务人怠于行使其到期债权，对债权人造成了损害，债权人可以向人民法院请求以自己的名义代位行使债务人的债权。代位权的行使范围以债权人的债权为限。债权人行使代位权的必要费用，由债务人负担。比如：乙欠甲的钱，丙欠乙的钱，但丙欠乙的钱到期了，乙却不主动要求丙偿还，导致乙没有钱还甲，这时甲可以向法院请求以甲自己的名义代位向丙要钱。

债权人的撤销权，是指债权人对于债务人危害其债权实现的不当行为，有请求人民法院予以撤销的权利。《合同法》规定，因债务人放弃其到期债权或者无偿转让财产，对债权人造成了损害，债权人可以请求人民法院撤销债务人的行为。债务人以明显不合理的低价转让财产，对债权人造成损害，并且受让方知道该情形，债权人也可以请求人民法院撤销债务人的行为。撤销权的行使范围以债权人的权限为限。债权人行使撤销权的必要费用，由债务人负担。撤销权自债务人知道或者应当知道撤销事由之日起一年内行使，五年内没有行使撤销权的，该撤销权消灭。

5.2.6 合同的变更和转让

1. 合同的变更

合同的变更是指对已经依法成立的合同，在承认其法律效力的前提下，对其进行修改或补充。当事人协商一致，可以变更合同。当事人对合同变更的内容约定不明确，令人难以判断约定的新内容与原内容的本质区别，则推定为未变更。

合同变更必须针对有效的合同，协商一致是合同变更的必要条件，任何一方都不得擅自变更合同。由于合同签订的特殊性，有些合同需要有关部门的批准或登记，对于此类合同的变更需要重新登记或审批。合同的变更一般不涉及已履行的内容。有些的合同变更必须有明确的合同内容的变更。如果当事人对合同的变更约定不明确，视为没有变更。合同变更后原合同债消灭，产生新的合同债。因此，合同变更后，当事人不得再按原合同履行，而须按变更后的合同履行。

2. 合同的转让

合同转让是当事人一方取得另一方同意后将合同的权利义务转让给第三方的法律行为。合同转让是合同变更的一种特殊形式，它不是变更合同中规定的权利义务内容，而是变更合同主体。

（1）债权转让

债权人可以将合同的权利全部或者部分转让给第三人。列出了三种不得转让的债权：①根据合同性质不得转让；②按照当事人约定不得转让；③依照法律规定不得转让。

若债权人转让权利，债权人应当通知债务人。未经通知，该转让对债务人不发生效力。除非经受让人同意，债权人转让权利的通知不得撤销。

债权让与后，该债权由原债权人转移给受让人，受让人取代让与人（原债权人）成为新债权人，依附于主债权的从债权也一并移转给受让人，例如抵押权、留置权等。为保护债务人利益，不致其因债权转让而蒙受损失，凡债务人对让与人的抗辩权（例如同时履行的抗辩权等），可以向受让人主张。

（2）债务转让

应当经债权人同意，债务人才能将合同的义务全部或者部分转移给第三人。

债务人转移义务后，原债务人可享有的对债权人的抗辩权也随债务转移而由新债务人享有，新债务人可以主张原债务人对债权人的抗辩权。与主债务有关的从债务，例如附随于主债务的利息债务，也随债务转移而由新债务人承担。

（3）债权债务一并转让

当事人一方经对方同意，可以将自己在合同中的权利和义务一并转让给第三人。权利和义务一并转让的处理，适用上述有关债权人和债务人转让的有关规定。

当事人订立合同后合并的，由合并后的法人或其他组织行使合同权利，履行合同义务。当事人订立合同后分立的，除另有约定外，由分立的法人或其他组织对合同的权利和义务享有连带债权，承担连带债务。

[**案例 5-4**] 某开发公司是某住宅小区的建设单位，某建筑公司是该项目的施工单位，某采石场是为建筑公司提供建筑石料的材料供应商。

2018 年 9 月 18 日住宅小区竣工，按照施工合同约定，开发公司应该于 2018 年 9 月 30 日向建筑公司支付工程款。而按照材料采供合同约定，建筑公司应该于同一天向采石场支付材料款。

2018 年 9 月 28 日，建筑公司负责人与采石场负责人协议并达成一致意见，由开发公司代替建筑公司向采石场支付材料款。建筑公司将该协议的内容通知了开发公司。

2018 年 9 月 30 日，采石场请求开发公司支付材料款，但是开发公司却以未经其同意为由拒绝支付。开发公司的拒绝应该予以支持吗？

分析：不应该予以支持。《合同法》第八十条规定："债权人转让权利的，应该通知债务人。未经通知，该转让对债务人不发生效力。债权人转让权利的通知不得撤销，但经受让人同意的除外。"可见，债权转让的时候无须征得债务人的同意，只要通知债务人即可。该案例中，建筑公司已经将债权转让事宜通知了债务人开发公司，所以，该转让行为是有效的。建设单位必须支付材料款。

5.2.7 合同的终止和解除

1. 合同终止的条件

合同终止是指合同当事人双方依法使相互间的权利义务关系终止，即合同关系消灭。

合同终止的情形包括：①债务已经按照约定履行；②合同解除；③债务相互抵消；④债务人依法将标的物提存；⑤债权人免除债务；⑥债权债务同归于一人；⑦法律规定或者当事人约定终止的其他情形。

债权人免除债务人部分或者全部债务的，合同的权利义务部分或者全部终止；债权和债务同归于一人的，合同的权利义务终止，但涉及第三人利益的除外。

合同权利义务的终止，不影响合同中结算和清理条款的效力以及通知、协助、保密等义务的履行。

2. 合同的解除

合同的解除是指当事人一方在合同规定的期限内未履行、未完全履行或者不能履行合同时，另一方当事人或者发生不能履行情况的当事人可以根据法律规定的或者合同约定的条件，通知对方解除双方合同关系的法律行为。

合同解除的条件，可以分为约定解除条件和法定解除条件。

约定解除条件包括：①当事人协商一致，可以解除合同；②当事人可以约定一方解除合同的条件。解除合同的条件成就时，解除权人可以解除合同。

法定解除条件包括：①因不可抗力致使不能实现合同目的；②在履行期届满之前，当事人一方明确表示或者以自己的行为表明不履行主要债务；③当事人一方延迟履行主要债务，经催告后在合理期限内仍未履行；④当事人一方延迟履行债务或者有其他违约行为致使不能实现合同目的；⑤法律规定的其他情形。

5.2.8 违约责任

1. 违约责任的概念

违约责任是指合同当事人不履行合同义务或者履行合同义务不符合约定的，应依法承担的责任。违约行为的表现形式包括不履行和不适当履行。不履行是指当事人不能履行或者拒绝履行合同义务。不能履行合同的当事人一般也应承担违约责任。不适当履行则包括不履行以外的其他所有违约情况。当事人一方不履行合同义务或者履行合同义务不符合约定的，应当承担继续履行、采取补救措施或者赔偿损失等违约责任。当事人双方都违反合同的，应各自承担相应的责任。

2. 承担违约责任的条件和原则

当事人承担违约责任的条件，是指当事人承担违约责任应当具备的要件。按照《合同法》规定，承担违约责任的条件采用严格责任原则，只要当事人有违约行为，即当事人不履行合同或者履行合同不符合约定的条件，就应当承担违约责任。严格责任原则还包括，当事人一方因第三人的原因造成违约时，应当向对方承担违约责任。如施工过程中，承包人因发包人委托设计单位提供的图纸错误而导致损失后，发包人应首先给承包人以相应损失的补偿，然后再依据设计合同追究设计承包人的违约责任。违反合同而承担的违约责任，是以合同有效为前提的。无效合同从订立之时起就没有法律效力，所以谈不上违约责任问题。但对部分无效合同中有效条款的不履行，仍应承担违约责任。所以，当事人承担违约责任的前提，必须是违反了有效的合同或合同条款的有效部分。

承担违约责任的原则。《合同法》规定的承担违约责任是以补偿性为原则的。补偿性是指违约责任旨在弥补或者补偿因违约行为造成的损失。对于财产损失的赔偿范围，《合同法》规定，赔偿损失额应当相当于因违约行为所造成的损失，包括合同履行后可获得的利益。但是，违约责任在有些情况下也具有惩罚性。如：合同约定了违约金，违约行为没有造成损失或损失小于约定的违约金；约定了定金，违约行为没有造成损失或者损失小于约定的定金等。

3. 承担违约责任的方式

（1）继续履行

当事人一方明确表示或者以自己的行为表明不履行合同义务的，对方有权要求其在合同履行期限满后继续按照原合同约定的主要条件履行合同义务的行为。继续履行是合同当事人一方违约时，其承担违约责任的首选方式。

当事人一方未支付价款或者报酬的，对方可以要求其支付价款或者报酬。当事人一方不履行非金钱债务或者履行非金钱债务不符合约定的，对方可以要求履行，但有下列情形之一的除外：①法律或者事实上不能履行；②债务的标的不适于强制履行或者履行费用过高；③债权人在合理期限内未要求履行。

（2）采取补救措施

合同标的物的质量不符合约定的，应当按照当事人的约定承担违约责任，其中属于对合同中条款和补充协议中没有约定或者约定不明确，并且按照合同中的有关条款和交易习惯也不能确定的违约责任，受损害方根据标的的性质以及损失的大小，可以合理选择要求对方承担修理、更做、重做、退货、减少价款或者报酬等违约责任。当事人一方违约后，对方应当采取适当措施防止损失的扩大；没有采取适当措施致使损失扩大的，不得就扩大的损失要求赔偿。当事人因防止损失扩大而支出的合理费用，由违约方承担。

（3）赔偿损失

当事人一方不履行合同义务或者履行合同义务不符合约定的，在履行义务或者采取补救措施后，对方还有其他损失的，应当赔偿损失。损失赔偿额应当相当于因违约所造成的损失，包括合同履行后可以获得的利益，但不得超过违反合同一方订立合同时预见到或者应当预见到的因违反合同可能造成的损失。

当事人一方违约后，对方应当采取适当措施防止损失的扩大；没有采取适当措施致使损失扩大的，不得就扩大的损失要求赔偿。当事人因防止损失扩大而支出的合理费用，由违约方承担。

合同的变更或解除，不影响当事人要求赔偿损失的权利。

（4）违约金和定金

当事人可以约定一方违约时，应当根据违约情况向对方支付一定数额的违约金，也可以约定因违约产生的损失赔偿额的计算方法。约定的违约金低于造成的损失的，当事人可以请求人民法院或者仲裁机构予以增加；约定的违约金过分高于造成的损失的，当事人可以请求人民法院或者仲裁机构予以适当减少。当事人迟延履行约定违约金的，违约方支付违约金后，还应当履行债务。

定金属于担保的一种形式，当事人可以依照《担保法》约定一方向对方给付定金作为债权的担保。债务人履行债务后，定金应当抵作价款或者收回。给付定金的一方不履行约定的债务的，无权要求返还定金；收受定金的一方不履行约定的债务的，应当双倍返还定金。

当事人既约定违约金，又约定定金的，一方违约时，对方可以选择适用违约金或者定金条款。

[案例5-5] 建筑公司与采石场签订了一个购买石料的合同，合同中约定了违约金的比例。为了确保合同的履行，双方还签订了定金合同。建筑公司交付了5万元定金。

2016年4月5日是合同中约定交货的日期，但是采石场却没能按时交货。建筑公司要求其支付违约金并返还定金。但是采石场认为如果建筑公司选择适用了违约金条款，就不可以要求返还定金了。你认为采石场的观点正确吗？

分析：不正确。

《合同法》第一百一十六条规定："当事人既约定违约金，又约定定金的，一方违约时，对方可以选择适用违约金或者定金条款。"采石场违约，建筑公司可以选择违约金条款，也可以选择定金条款。

建筑公司选择了违约金条款，并不意味着定金不可以收回。定金无法收回的情况仅仅发生在给付定金的一方不履行约定的债务的情况下。本案例中不存在这个前提条件，建筑公司是可以收回定金的，并可要求对方支付违约金。

5.2.9 合同争议的解决

合同争议也称为合同纠纷，是指合同当事人对合同规定的权利和义务产生了不同的理解。合同争议的解决方式有和解、调解、仲裁、诉讼四种。

1. 和解

和解，是指在发生合同纠纷后，合同当事人在自愿、友好、互谅基础上，依照法律、法规的规定和合同的约定，自行协商解决合同争议的一种方式。自行和解达成协议的经双方签字并盖章后作为合同补充文件，双方均应遵照执行。

合同发生争议时，当事人应首先考虑通过和解解决。和解解决有以下优点：简便易行，能经济、及时地解决纠纷。有利于维护双方当事人团结和协作氛围，使合同更好地履行。由于工程合同双方当事人对事态的发展经过有亲身的经历，了解合同纠纷的起因、发展以及结果的全过程，便于双方当事人抓住纠纷产生的关键原因，有针对性地加以解决。可以避免当事人把大量的精力、人力、物力放在诉讼活动上。工程合同发生纠纷后，往往合同当事人各方都认为自己有理，特别在诉讼中败诉的一方，会一直把官司打到底，牵扯巨大的精力。而且可能由此结下怨恨。如果和解解决，就可以避免这些问题，对双方当事人都有好处。

2. 调解

合同当事人可以就争议请求建设行政主管部门、行业协会或其他第三方进行调解，调解达成协议的，经双方签字并盖章后作为合同补充文件，双方均应遵照执行。

工程合同争议的调解，是解决合同争议的一种重要方式，也是我国解决建设工程合同争议的一种传统方法。它是在第三人的参加与主持下，通过查明事实，分清是非，说服教育，促使当事人双方做出适当让步，平息争端，促使双方在互谅互让的基础上自愿达成调解协议，消除纷争。第三人进行调解必须实事求是、公正合理，不能压制双方当事人，而应促使他们自愿达成协议。

3. 仲裁

（1）仲裁的概念

仲裁、亦称"公断"，是当事人双方在争议发生前或争议发生后达成协议，自愿将争议交给第三者做出裁决，并负有自动履行义务的一种解决争议的方式。这种争议解决方式必须是自愿的，因此必须有仲裁协议。如果当事人之间有仲裁协议，争议发生后又无法通过和解和调解解决，则应及时将争议提交仲裁机构仲裁。

（2）仲裁的原则

①自愿原则

解决合同争议是否选择仲裁方式以及选择仲裁机构本身并无强制力。当事人采用仲裁方式解决纠纷，应当贯彻双方自愿原则，达成仲裁协议。如有一方不同意进行仲裁的，仲裁机构即无权受理合同纠纷。

②公平合理原则

仲裁的公平合理，是仲裁制度的生命力所在。这一原则要求仲裁机构要充分收集证据，听取纠纷双方的意见。仲裁应当根据事实。同时，仲裁应当符合法律规定。

③仲裁依法独立进行原则

仲裁机构是独立的组织，相互间也无隶属关系。仲裁依法独立进行，不受行政机关、社会团体和个人的干涉。

④一裁终局原则

由于仲裁是当事人基于对仲裁机构的信任做出的选择，因此其裁决是立即生效的。裁决做出后，当事人就同一纠纷再申请仲裁或者向人民法院起诉的，仲裁委员会或者人民法院不予受理。

（3）仲裁委员会

仲裁委员会可以在直辖市和省、自治区人民政府所在地的市设立，也可以根据需要在其他设区的市设立，不按行政区划层层设立。

仲裁委员会由主任1人、副主任2至4人和委员7至11人组成。仲裁委员会应当从公道正派的人员中聘任仲裁员。仲裁委员会独立于行政机关，与行政机关没有隶属关系。仲裁委员会之间也没有隶属关系。

（4）仲裁协议

①仲裁协议的内容

仲裁协议是纠纷当事人愿意将纠纷提交仲裁机构仲裁的协议。它应包括以下内容：请求仲裁的意思表示；仲裁事项；选定的仲裁委员会。

在以上3项内容中，选定的仲裁委员会具有特别重要的意义。因为仲裁没有法定管辖，如果当事人不约定明确的仲裁委员会，仲裁将无法操作，仲裁协议将是无效的。至于请求仲裁的意思表示和仲裁事项则可以通过默示的方式来体现。可以认为在合同中选定仲裁委员会就是希望通过仲裁解决争议，同时，合同范围内的争议就是仲裁事项。

②仲裁协议的作用

合同当事人均受仲裁协议的约束；是仲裁机构对纠纷进行仲裁的先决条件；排除了法院对纠纷的管辖权；仲裁机构应按仲裁协议进行仲裁。

（5）仲裁庭的组成

仲裁庭的组成有两种方式。

①当事人约定由3名仲裁员组成仲裁庭

当事人如果约定由3名仲裁员组成仲裁庭，应当各自选定或者各自委托仲裁委员会主任指定1名仲裁员，第3名仲裁员由当事人共同选定或者共同委托仲裁委员会主任指定。第3名仲裁员是首席仲裁员。

②当事人约定由1名仲裁员组成仲裁庭

仲裁庭也可以由1名仲裁员组成。当事人如果约定由1名仲裁员组成仲裁庭的，应当由当事人共同选定或者共同委托仲裁委员会主任指定仲裁员。

（6）执行

仲裁委员会的裁决作出后，当事人应当履行。由于仲裁委员会本身并无强制执行的权力，因此，当一方当事人不履行仲裁裁决时，另一方当事人可以依照《民事诉讼法》的有关规定向人民法院申请执行。接受申请的人民法院应当执行。

4. 诉讼

（1）诉讼的概念

诉讼，是指合同当事人依法请求人民法院行使审判权，审理双方之间发生的合同争议，作出有国家强制保证实现其合法权益、从而解决纠纷的审判活动。诉讼是解决合同纠纷的有效方式之一。根据我国现行法律规定，下列情形当事人可以选择诉讼方式解决合同纠纷：

①合同纠纷当事人不愿意和解或者调解的可以直接向人民法院起诉。

②经过和解或者调解未能解决合同纠纷的，合同纠纷当事人可以向人民法院起诉。

③当事人没有订立仲裁协议或者仲裁协议无效的，可以向人民法院起诉。

④仲裁裁决被人民法院依法裁定撤销或者不予执行的，当事人可以向人民法院起诉。

合同当事人双方可以在签订合同时约定选择诉讼方式解决合同纠纷，并依法选择有管辖权的人民法院，但不得违反《民事诉讼法》关于级别管辖和专属管辖的规定。人民法院审理民事案件，依照法律规定实行合议、回避、公开审判和两审终审制度。

（2）诉讼的特点

①诉讼程序和实体判决严格依法。与其他解决纠纷的方式相比，诉讼的程序和实体判决都应当严格依法进行。

②当事人在诉讼中对抗的平等性。诉讼当事人在实体和程序的地位平等。原告起诉，被告可以反诉；原告提出诉讼请求，被告可以反驳诉讼请求。

③二审终审制。建设工程纠纷当事人如果不服第一审人民法院判决，可以上诉至第二审人民法院。工程索赔争议经过两级人民法院审理，即告终结。

④执行的强制性。诉讼判决具有强制执行的法律效力，当事人可以向人民法院申请强制执行。

（3）建设工程合同纠纷的管辖

建设工程合同纠纷的管辖，既涉及地域管辖，也涉及级别管辖。

①级别管辖

级别管辖是指不同级别人民法院受理第一审建设工程合同纠纷的权限分工。一般情况下基层人民法院管辖第一审民事案件。中级人民法院管辖以下案件：重大涉外案件、在本辖区有重大影响的案件、最高人民法院确定由中级人民法院管辖的案件。在建设工程合同纠纷中，判断是否在本辖区有重大影响的依据主要是合同争议的标的额。由于建设工程合同纠纷争议的标的额往往较大，因此往往由中级人民法院受理一审诉讼，有时甚至由高级人民法院受理一审诉讼。

②地域管辖

地域管辖是指同级人民法院在受理第一审建设工程合同纠纷的权限分工。对于一般的合同争议，由被告住所地或合同履行地人民法院管辖。《民事诉讼法》也允许合同当事人在书面协议中选择被告住所地、合同履行地、合同签订地、原告住所地、标的物所在地人民法院管辖。对于建设工程合同的纠纷一般都适用不动产所在地的专属管辖，由工程所在地人民法院管辖。

发生争议后，除非出现下列情况的，双方都应继续履行合同，保持施工连续，保护好已完工程：单方违约导致合同确已无法履行，双方协议停止施工；调解要求停止施工，且为双方接受；仲裁机构要求停止施工；法院要求停止施工。

[案例 5-6] 须招标而未招标签订施工合同仲裁案

背景：原告：A 建设单位　　被告：B 施工单位

某地建设行政主管部门下发通知，要求在次年 7 月 20 日至 9 月 20 日期间，当地所有在建工程建设项目必须停工。A建设单位为了在次年7月20日前实现竣工交付，将其开发的商品房建设项目直接发包给曾经与之合作过的B施工单位。B施工单位基于与A建设单位之前良好的合作经历，遂与A建设单位就施工合同的一些主要内容签署了一份简单合同。合同部分约定发生争议时，由天津市仲裁委员会裁决。

B施工单位按照A建设单位的要求，开始进场实施桩基施工。后A建设单位指定分包，但与B施工单位无法达成一致，遂申请仲裁，请求裁决双方签署的合同无效。B施工单位递交了答辩书，辩称：合同约定的仲裁机构是"天津市仲裁委员会"，与受理仲裁的"天津仲裁委员会"名称不符，应视为仲裁协议无效，天津仲裁委员会无权管辖。

问题：

(1) 天津仲裁委员会是否有权管辖？为什么？

(2) A、B双方签署的简单合同是否有效？为什么？

解析：(1) 天津仲裁委员会有权管辖。根据《仲裁法》及其司法解释等的有关规定，仲裁协议对仲裁事项或者仲裁委员会没有约定或者约定不明确的，当事人可以补充协议；达不成补充协议的，仲裁协议无效。仲裁协议约定的仲裁机构名称不准确，但能够确定具体的仲裁机构的，应当认定选定了仲裁机构。A、B双方签署的简单合同中对仲裁机构的名称表述虽不准确，但其真实意思表示是选择"天津仲裁委员会"作为其解决争议的裁决机构，因此，应当认定其选定了仲裁机构，天津仲裁委员会有权管辖该案件。

（2）A、B双方签署的简单合同无效。根据《招标投标法》和《工程建设项目招范围和规模标准规定》的有关规定，A建设单位开发的商品房建设项目属于依法必须进行招标的工程建设项目。出于工期考虑，A建设单位将该项目直接发包给B施工单位。根据《合同法》第五十二条第（五）项的规定和《最高人民法院关于审理建设工程施工合同纠纷案件适用法律问题的解释》第一条第（三）项规定，建设工程必须招标而未招标的，建设工程施工合同无效。因此，A、B双方签署的简单合同无效。

5.3 建设工程相关法律法规的概述

1.《民法总则》

《中华人民共和国民法总则》（本书简称《民法总则》），自2017年10月1日起施行。该法旨在调整平等主体的自然人、法人和非法人组织之间的人身关系和财产关系。它是订立和履行合同以及处理合同纠纷的法律基础。

2.《建筑法》

《中华人民共和国建筑法》（本书简称《建筑法》），自1998年3月1日起施行。它是建筑业的基本法律，制定的主要目的在于：加强对建筑业活动的监督管理，维护建筑市场秩序，保障建筑工程的质量和安全，促进建筑业健康发展。

《建筑法》主要适用于各类房屋建筑及其附属设施的建造和与其配套的线路、管道、设备的安装活动。建筑法是一部规范建筑活动的重要法律。它确立了建筑许可、建筑工程发包与承包、建筑工程监理、建筑安全生产管理、建筑工程质量管理制度。

3.《招标投标法》

《中华人民共和国招标投标法》（本书简称《招标投标法》），自2000年1月1日起施行。该法包括招标、投标、开标、评标和中标等内容，其制定目的在于规范招标投标活动，保护国家利益、社会公共利益和招标投标活动当事人的合法权益，提高经济效益及保证工程项目质量等。

4. 《安全生产法》

《中华人民共和国安全生产法》（本书简称《安全生产法》），自 2002 年 11 月 1 日起施行。该法旨在加强安全生产监督管理，防止和减少生产安全事故，保障人民群众生命安全和财产安全，促进经济发展。

5. 《环境保护法》

《中华人民共和国环境保护法》（本书简称《环境保护法》），自 1989 年 12 月 26 日起施行。该法旨在保护和改善生活环境与生态环境，防止污染和其他公害，保障人身健康，促进社会主义现代化的发展。建设项目的选址、规划、勘察、设计、施工、使用和维修均应遵循该法。

6. 《环境影响评价法》

《中华人民共和国环境影响评价法》（本书简称《环境影响评价法》），自 2002 年 11 月 1 日起施行。该法旨在实施可持续发展战略，预防因规划和建设项目实施后对环境造成不良影响，以促进经济、社会和环境的协调发展。内容包括规划的环境影响评价、建设项目的环境影响评价及相关的法律责任。

7. 《劳动法》

《中华人民共和国劳动法》（本书简称《劳动法》），自 1995 年 1 月 1 日起施行。该法旨在保护劳动者的利益，调整劳动关系，建立和维护适应社会主义市场经济的劳动制度，促进经济发展和社会进步。建设工程中，有关订立劳动合同和集体合同、工作时间和工资、劳动安全、女职工和未成年人的特殊保护、职工培训、社会保险和福利及劳动争议解决等事项应遵循该法。

8. 《仲裁法》

《中华人民共和国仲裁法》（本书简称《仲裁法》），自 1995 年 9 月 1 日起施行。该法旨在保证公正、及时地仲裁经济纠纷，保护当事人的合法权益及保障社会主义市场经济健康发展。

9. 《保险法》

《中华人民共和国保险法》（本书简称《保险法》），自 1995 年 10 月 1 日起施行。该法旨在规范保险活动，保护保险活动当事人的合法权益，加强对保险业的监督管理，促进保险业的健康发展，并对保险合同，包括财产保险合同和人身保险合同作了规定。

10. 《建设工程环境保护管理条例》

《建设工程环境保护管理条例》，自 1998 年 11 月 29 日起施行。该条例旨在防止建设项目产生新的污染，破坏生态环境。内容包括环境影响评价、环境保护设施建设、法律责任等。

11. 《建设工程勘察设计管理条例》

《建设工程勘察设计管理条例》，自 2000 年 9 月 25 日起施行。该条例旨在加强对建设工程勘察、设计活动的管理，保证建设工程勘察、设计质量，保护人民生命和财产安全。内容包括资质资格管理、建设工程勘察设计发包与承包、建设工程勘察设计文件的编制与实施、建设工程勘察设计活动的监督管理、罚则等。

12.《建设工程质量管理条例》

《建设工程质量管理条例》，自 2000 年 1 月 30 日起施行。该条例旨在加强对建设工程质量的管理，保证建设工程质量，保护人民生命和财产安全。内容包括建设单位、勘察设计单位、施工单位及工程监理单位的质量责任和义务，建设工程质量保修和监督管理、罚则等。

13.《建设工程安全生产管理条例》

《建设工程安全生产管理条例》，自 2004 年 2 月 1 日起施行。该条例旨在加强建设工程安全生产监督管理，保障人民群众生命和财产安全。内容包括建设单位的安全责任，勘察、设计、工程监理及其他有关单位的安全责任，施工单位的安全责任，建设工程安全生产的监督管理，生产安全事故的应急救援和调查处理，法律责任等。

14.《招标投标法实施条例》

《中华人民共和国招标投标法实施条例》（本书简称《招标投标法实施条例》）自 2012 年 2 月 1 日起施行。该条例旨在规范招标投标活动、规范招标投标市场秩序、规范投标人的行为，对招标投标规则进行统一、加强和改进招标投标行政监督等方式，进一步规范招标人等其他招标投标主体的行为。内容包括招标、投标、开标、评标和中标、投诉与处理、法律责任等。

除了上述法律和条例，国务院下属各部委还通过并发布了与建设工程有关的部门规章，具体如下：《评标委员会和评标方法暂行规定》、《工程建设项目招标代理机构资格认定办法》、《工程建设项目自行招标试行办法》、《实施工程建设强制性标准监督管理》、《房屋建筑和市政基础设施工程施工招标投标管理办法》、《评标专家和评标专家库管理暂行办法》、《工程建设项目施工招标投标办法》。

本　章　小　结

合同的订立要遵循合法、平等、自愿、公平、诚实信用的原则，订立合同需要经过要约和承诺两个阶段。合同生效与合同成立是两个不同的概念。无效合同是不为法律所承认和保护、不具有法律效力的合同。可变更、可撤销合同是指欠缺一定的合同生效条件，但当事人一方可依照自己的意思使合同的内容得以变更或者使合同的效力归于消灭的合同。合同履行中的抗辩权是指在双务合同中，当事人一方有依法对抗对方要求或否认对方权利主张的权利。代位权和撤销权是在合同履行过程中，为了保护债权人的合法权益不受损害而行使的权利。合同的变更是指对已经依法成立的合同，在承认其法律效力的前提下，对其进行修改或补充。合同转让是当事人一方取得另一方同意后将合同的权利义务转让给第三方的法律行为。合同终止是指合同当事人双方依法使相互间的权利义务关系终止。违约责任是指合同当事人不履行合同义务或者履行合同义务不符合约定的，应依法承担的责任。当事人一方不履行合同义务或者履行合同义务不符合约定的，应当承担继续履行、采取补救措施或者赔偿损失等违约责任。

建设工程相关法律法规有《民法总则》、《建筑法》、《招标投标法》、《安全生产法》、《环境保护法》、《环境影响评价法》、《劳动法》、《仲裁法》、《保险法》、《建设工程环境保护管理条例》、《建设工程勘察设计管理条例》、《建设工程质量管理条例》、《建设工程安全生产管理条例》、《招标投标法实施条例》等。

思 考 与 练 习

一、填空题

1. 合同订立要遵循_____、平等、自愿、公平、_____的原则。

2. 当事人订立合同需要经过_____和_____两个阶段。

3. 效力待定合同包括_____合同和_____合同。

4. 具有撤销权的当事人自知道或者应当知道撤销事由之日起_____内没有行使撤销权，撤销权消灭。

5. 当事人一方不履行合同义务或者履行合同义务不符合约定的，应当承担继续履行、采取补救措施或者_____、_____等违约责任。

6. 合同解除的条件，可以分为_____条件和_____条件。

7. 《建筑法》主要适用于各类_____及其附属设施的建造和与其配套的线路、管道、设备的安装活动。

二、选择题

1. 依当事人之间是否互负义务，合同可以分为双务合同与单务合同。下列合同中，属于单务合同的是（　　）。

    A. 买卖合同　　　　　　　　　　B. 赠予合同

    C. 建设工程施工合同　　　　　　D. 勘察设计合同

2. 下列各项中属于要约的是（　　）。

    A. 招标公告　　　B. 投标文件　　　C. 中标通知书　　　D. 合同谈判会议纪要

3. 某建材供应商向某建筑公司发出一份销售建筑材料的广告，其内容只是介绍多种建筑材料的规格、价格与性能，则此广告的性质属于（　　）。

    A. 要约　　　　　B. 要约邀请　　　C. 承诺　　　　　D. 合同

4. 下列（　　）合同属于无效合同。

    A. 因重大误解而订立　　　　　　B. 订立时显失公平

    C. 损害公共利益　　　　　　　　D. 以欺诈、胁迫手段订立

5. 在执行政府定价或政府指导价的合同履行过程中，如逾期付款又遇到标的物的价格发生变化，则处理的原则是（　　）。

    A. 遇价格上涨，按原价执行，价格下降，按新价执行

    B. 遇价格上涨，按新价执行，价格下降，按原价执行

    C. 无论价格上涨还是下降，按原价执行

    D. 无论价格上涨还是下降，按新价执行

6. 某施工单位与某汽车厂签订了一份买卖合同，约定5月30日施工单位付给汽车厂100万元预付款，6月30日由汽车厂向施工单位交付两辆汽车，但到了5月30日，施工单位发现汽车厂已全面停产，经营状况严重恶化。此时施工单位可以行使（　　），以维护自己的权益。

    A. 同时履行抗辩权　　　　　　　B. 先履行抗辩权

    C. 不安抗辩权　　　　　　　　　D. 预期违约抗辩权

7. 甲建设单位欠乙总承包商 50 万元工程款，到期没有清偿。而甲享有对丙企业的 60 万元到期债权，却未去尽力追讨。此时，乙可以行使（　　）。

    A. 代位权　　　　　B. 确认权　　　　　C. 否认权　　　　　D. 撤销权

8. 当事人因对方违约采取适当的措施防止损失的扩大而支出的合理费用，由（　　）承担。

    A. 违约方　　　　　　　　　　　B. 非违约方

    C. 双方各一半　　　　　　　　　D. 依据责任的大小双方分担

9. 2016 年 2 月，甲公司未经依法招标与乙公司签订建设工程承包合同，约定由乙公司为甲建房一栋。乙与丙签订内部承包协议，约定由丙承包建设该楼房并承担全部经济和法律责任，乙收取丙支付的工程价款 5% 的管理费，丙实际施工至主楼封顶。2018 年 1 月，乙向法院起诉请求甲支付拖欠的工程款并解除施工合同。以下关于乙与丙的内部承包协议效力的判断正确的是（　　）。

    A. 是效力待定的从合同，取决于法院是否裁定甲乙间的主合同无效

    B. 是无效的从合同，因为甲乙间的主合同违反法律强制性规定无效

    C. 是有效合同，因为当事人自愿签订，符合合同法原则

    D. 是无效的转包合同，因为违反法律的禁止性规定

10. 甲公司向乙公司发出要约转手一批汽车，乙公司收到信后于次日将购车款汇出，不久，执法机关发现这是一批走私汽车将其扣押。甲乙之间订立的这份合同（　　）。

    A. 没有成立　　　　　　　　　　B. 已经成立

    C. 已经成立，但是无效　　　　　D. 成立且有效

11. 甲手机专卖店门口立有一块木板，上书"假一罚十"四个醒目大字。乙从该店购买了一部手机，后经有关部门鉴定，该手机属于假冒产品，乙遂要求甲履行其"假一罚十"的承诺。关于本案，下列正确的是（　　）。

    A. "假一罚十"过分加重了甲的负担，属于无效的格式条款

    B. "假一罚十"没有被订入到合同之中，故对甲没有约束力

    C. "假一罚十"显失公平，甲有权请求法院予以变更或者撤销

    D. "假一罚十"是甲自愿作出的真实意思表示，应当认定为有效

12. A 市甲建筑公司向 B 市乙建材公司订购了 100t 钢材，约定货款 30 万元。但双方事先未就提货和付款地点做好约定，后发生纠纷。下列表述中，正确的是（　　）。

    A. 付款地点为 A 市　　　　　　　B. 交货地点为 A 市

    C. 付款地点在 B 市　　　　　　　D. 交货地点在 B 市

13. 某合同执行政府指导价。签订合同时约定价格为每千克 1000 元，每天逾期交货和逾期付款违约金均为每千克 1 元。供货方按时交货，但买方逾期付款 30 天。付款时市场价格为每千克 1200 元。则买方应付货款为每千克（　　）元。

    A. 1000　　　　　　B. 1030　　　　　　C. 1200　　　　　　D. 1230

14. 光华大厦将于 2015 年 11 月底竣工，2015 年 5 月主体封顶前，承包商建科公司突然得知大厦建设单位光彩集团因资金周转不灵已被众多催债人诉请进入破产程序，建科公司遂中止施工，并发函要求光彩集团提供足额的工程款支付担保。这一行为在我国合同法理论上称为（　　）。

A. 同时履行抗辩权　　　　　　　　　　B. 先诉抗辩权

C. 先履行抗辩权　　　　　　　　　　　D. 不安抗辩权

15. 某工程项目的总承包商甲公司为逃避分包商乙公司的分包工程款，于 2014 年 11 月 20 日放弃了其对丙房地产开发公司 10 万元剩余工程款的债权。乙公司 2016 年 7 月 1 日方得知此事，向律师咨询后欲依法行使撤销权，请问，根据我国合同法的规定，乙公司必须在（　　　）之前行使其撤销权，否则该权利将消灭。

A. 2016 年 11 月 20 日　　　　　　　　B. 2017 年 7 月 1 日

C. 2018 年 7 月 1 日　　　　　　　　　D. 2019 年 11 月 20 日

16. 下列属于仲裁协议必须包括的内容是（　　　）。

A. 选定的仲裁规则　　　　　　　　　　B. 选定的仲裁委员会

C. 选定的仲裁员　　　　　　　　　　　D. 选定的仲裁地点

17. 关于投标文件的撤回与撤销，下列说法正确的是（　　　）。

A. 投标人撤销投标文件的，可以重新投标

B. 投标人撤回投标文件的，招标人可以不退还投标人的投标保证金

C. 投标人撤回投标文件的，应当以书面形式通知招标人和已参加投标的投标人

D. 投标人撤回投标文件的，可以不再投标，也可在规定的投标截止时间前重新投标

（答案提示：1. B；2. B；3. B；4. C；5. B；6. C；7. A；8. A；9. D；10. C；11. D；12. CD；13. D；14. D；15. B；16. B；17. D。）

三、简答题

1. 简述合同订立的原则。

2. 哪些合同属于无效合同？哪些合同属于可撤销的合同？

3. 在什么情况下，合同可以中止履行？

4. 合同在什么情况下可以约定解除？

5. 简述债权人的代位权和撤销权的概念。

6. 简述合同履行中的抗辩权的概念。

四、案例分析

1. 2015 年底，某发包人与某承包人签订施工承包合同，约定施工到月底结付当月工程进度款。2016 年初承包人接到开工通知后随即进场施工，截至 2016 年 4 月，发包人均结清当月应付工程进度款。承包人计划 2016 年 5 月完成的当月工程量约为 500 万元，此时承包人获悉，法院在另一诉讼案中对发包人实施保全措施，查封了其办公场所；同月，承包人又获悉，发包人已经严重资不抵债。2016 年 5 月，承包人向发包人发出书面通知称，"鉴于贵公司工程款支付能力严重不足，本公司决定暂时停止施工，并愿意与贵公司协商解决后续事宜。"

问题：本案例中，承包人的行为是否合理？为什么？

（答案提示：本案例是行使不安抗辩权的典型情形，上述情况属于有证据表明发包人经营情况严重恶化，承包人可以中止施工，并有权要求发包人提供适当担保，并可根据是否获得担保再决定是否终止合同。）

2. 某开发公司作为建设单位与施工单位某建筑公司签订了某住宅小区的施工承包合同。合同中约定该项目于 2015 年 6 月 6 日开工，2017 年 8 月 8 日竣工。2016 年 1 月 20

日，有群众举报该建设项目存在严重的偷工减料行为。经权威部门鉴定确认该工程已完成部分为"豆腐渣"工程。开发公司以此为由单方面与建筑公司解除了合同。建筑公司认为解除合同需要当事人双方协商一致方可解除。

问题：本案例中，建筑公司的观点正确吗？为什么？

（答案提示：不正确。合同的解除分为约定解除与法定解除两种情形。根据《合同法》第九十四条，当事人一方延迟履行债务或者有其他违约行为致使不能实现合同目的的，当事人可以解除合同。该解除合同属于法定解除，无须与对方协商。建筑公司的偷工减料行为是违法行为，也是违约行为，开发公司可以与建筑公司解除合同而不需要征得建筑公司的同意。）

第6章 建设工程施工合同管理

[学习指南] 根据工程的规模、施工难易程度、图纸的详细程度、工期的要求等条件合理选择建设工程施工合同的类型。在施工合同的订立、履行、解除、违约及争议的合同管理过程中，需要熟悉合同履行的原则、合同双方的权利和义务；熟悉影响工程质量的因素、影响工程价款调整及变更的因素、工程竣工结算的程序、工程验收的条件、程序及要求、合同争议产生的原因及解决方式，当事人的违约责任等；重点掌握《建设工程施工合同（示范文本）》GF-2017-0201中有关质量管理、工期管理、价款管理、安全管理、竣工验收等的规定。通过案例的学习对所学知识进行综合练习。

[引导案例] A房地产开发公司将其开发的某小区住宅楼工程进行公开招标，招标前A房地产开发公司与B建筑工程公司先行就合同的实质性内容进行了谈判，2014年3月，双方就谈判内容订立了《某小区住宅楼建设工程施工合同》。后B建筑工程公司在公开招标中中标，并于2014年8月与A房地产开发公司订立了中标合同，该中标合同对工程项目性质、工程工期、工程质量、工程价款、支付方式及违约责任均作了详细的约定，并将中标合同向相关建设行政主管部门进行了备案。2015年底该工程竣工并验收合格，但双方对于用哪一份合同作为工程款结算的依据存在争议。2016年3月，B建筑工程公司诉至法院。审理过程中，A房地产开发公司认为，应按标前合同支付工程款，理由是标前合同是双方真实意思表示，且已经实际履行，而中标合同只是作为备案用途，不能用于工程结算。而B建筑工程公司认为，应按中标合同支付工程款，理由是中标合同是按照招标投标文件的规定签订的，且已向有关部门备案，应作为结算依据。法院认定，因A房地产开发公司与B建筑工程公司违反《招标投标法》的强制性规定，涉嫌串标，故标前合同和中标合同均认定无效，双方当事人应按实际履行的合同结算工程款。

法官点评：在建设工程领域中，存在大量的"阴阳合同"，又称"黑白合同"，是指当事人就同一标的工程签订两份或两份以上实质性内容相异的合同。通常"阳合同"是指发包方与承包方按照《招标投标法》的规定，依据招标投标文件签订的在建设工程管理部门备案的建设工程施工合同。"阴合同"则是承包方与发包方为规避政府管理，私下签订的建设工程施工合同，未履行规定的招标投标程序，且该合同未在建设工程行政管理部门备案。

根据最高人民法院《关于审理建设工程施工合同纠纷案件适用法律问题的解释（一）》第二十一条规定，"当事人就同一建设工程另行订立的建设工程施工合同与经过备案的中标合同实质性内容不一致的，应当以备案的中标合同作为结算工程价款的根据。"但适用本条规定的前提是备案的中标合同为有效合同。而本案中，A房地产开发公司与B建筑工程公司在招标投标前已经对招标投标项目的实质性内容达成一致，构成恶意串标，并且签订了标前合同（阴合同），后又违法进行招标投标并另行订立中标合同（阳合同），这一行为违反了《招标投标法》第四十三条、第五十五条的强制性规定，因此中标无效，从而必然导致因此签订的标前合同和中标合同均无效。故本案并不适用《关于审理建设工程施工合同纠纷案件适用法律问题的解释（一）》第二十一条规定。因此，标前合同（阴合同）与备案的中标合同（阳合同）均因违反法律、行政法规的强制性规定被认定为无效时，应按照当事人实际履行的建设工程合同结算工程价款。

（本案例改编自参考文献［28］）

6.1　建设工程施工合同概述

6.1.1　建设工程施工合同的概念、类型及特点

6.1.1.1　建设工程施工合同的概念

建设工程施工合同是发包人与承包人就完成具体工程项目的建筑施工、设备安装、设备调试、工程保修等工作内容，确定双方权利和义务的协议。构成建设工程施工合同的文件包括合同协议书、中标通知书（如果有）、投标函及其附录（如果有）、专用合同条款及其附件、通用合同条款、技术标准和要求、图纸、已标价工程量清单或预算书以及其他合同文件。施工合同是建设工程合同的一种，它与其他建设工程合同一样是双务有偿合同，在订立时应遵守自愿、公平、诚实信用等原则。建设工程施工合同是建设工程的主要合同之一，其标的是将设计图纸变为满足功能、质量、进度、投资等发包人投资预期目的的建筑产品。

建设工程施工合同的当事人是发包人和承包人，双方是平等的民事主体。承发包双方签订施工合同，必须具备相应资质条件和履行施工合同的能力。对合同范围内的工程实施建设时，发包人必须具备组织协调能力；承包人必须具备有关部门核定的资质等级并持有营业执照等证明文件。发包人既可以是建设单位，也可以是取得建设项目总承包资格的项目总承包单位。

6.1.1.2　建设工程施工合同的类型

建设工程施工合同可以划分为以下不同的类型：

1. 单价合同

单价合同是指合同当事人约定以工程量清单及其综合单价进行合同价格计算、调整和确认的建设工程施工合同，在约定的范围内合同单价不作调整。合同当事人应在专用合同条款中约定综合单价包含的风险范围和风险费用的计算方法，并约定风险范围以外的合同价格的调整方法。

这里应注意的是：单价合同中的单价固定是指在合同约定的范围内合同单价不作调整，但若实际合同履行过程中超出了合同约定的风险范围，则单价应是允许调整的。如在专用条款中，合同双方可以约定一个估计的工程量和允许工程量变动范围幅度，同时还应该约定如何对单价进行调整。当实际工程量在约定变动幅度内时单价不调整；当实际工程量发生较大变化时可以对单价进行调整。当然也可以约定，当国家政策发生变化时，可以对哪些工程内容的单价进行调整以及如何调整等。因此，承包商的风险相对较小。

单价合同是最常见的一种合同类型，适用范围广。我国的建设工程施工合同也主要是这一类合同。在这种合同中，承包商仅按照合同规定承担报价的风险，而工程量的风险由业主承担。由于风险分配比较合理，能够适应大多数工程，能调动承包商和业主双方管理

的积极性。单价合同允许随工程量变化而调整工程总价。

2. 总价合同

总价合同是指合同当事人约定以施工图、已标价工程量清单或预算书及有关条件进行合同价格计算、调整和确认的建设工程施工合同，在约定的范围内合同总价不作调整。合同当事人应在专用合同条款中约定总价包含的风险范围和风险费用的计算方法，并约定风险范围以外的合同价格的调整方法，是建设工程施工中常采用的一种合同形式。在这类合同中承包商承担了全部的工程量和价格风险。除了设计有重大变更，一般不允许调整合同价格。由于承包商承担了全部风险，报价中不可预见风险费用较高。承包商报价的确定必须考虑施工期间物价变化以及工程量变化带来的影响。价格风险有报价计算错误、漏报项目、物价和人工费上涨等；工程量风险有工程量计算错误、工程范围不确定、工程变更或由于涉及深度不够所造成的误差等。

这里应注意的是：总价合同中的总价固定是指在合同约定的范围内合同总价不作调整，但若实际合同履行过程中超出了合同约定的风险范围，则总价应是允许调整的。如在合同中约定招标图纸范围内的总价是固定的，但设计变更带来的价格变化应是允许调整总价的。

总价合同适用于以下情况的工程项目：工程量小，工期短，估计在施工过程中环境因素变化小，工程条件稳定并合理；工程设计详细，图纸完整、清楚，工程任务和范围明确；工程结构和技术简单，风险小；技术不太复杂；投标期相对宽裕，承包商可以有充足的时间详细考察现场、复核工程量、分析招标文件、拟定施工计划。

3. 成本加酬金合同

成本加酬金是与固定总价合同相反的合同类型。工程最终合同价格按承包商的实际成本加一定比率的酬金计算。在合同签订时不能确定一个具体的合同价格，只能确定酬金的比率。由于合同价格按承包商的实际成本结算，所以在这类合同中，承包商不承担任何风险，而业主承担了全部的工程量和价格风险，所以承包商在工程中没有成本控制的积极性，常常不仅不愿意压缩成本，相反期望提高成本以提高他自己的工程经济效益。这样会损害工程的整体效益。所以这类合同的使用应受到限制，通常应用于如下情况：投标阶段依据不准，工程的范围无法界定，无法准确估价，缺少工程的详细说明；工程特别复杂，工程技术、结构方案不能预先确定；时间特别紧急，要求尽快开工。

对承包商来说，这种合同比固定总价的风险低，利润比较有保证，因而比较有积极性。其缺点是合同的不确定性，由于设计未完成，无法准确确定合同的工程内容、工程量以及合同的终止时间，有时难以对工程计划进行合理安排。

成本加酬金合同的形式：

（1）成本加固定费用合同

根据双方讨论同意的工程规模、估计工期、技术要求、工作性质及复杂性、涉及的风险等来考虑确定一笔固定数目的报酬金额作为管理费及利润，对人工、材料、机械台班等直接成本则实报实销。如果设计变更或增加新项目，当直接费超过原估算成本的一定比例（如10%）时，固定的报酬也要增加。在工程总成本开始估价不准，可能变化不大的情况下，可采用此合同形式，有时可分几个阶段谈判付给固定报酬。这种方式虽然不能鼓励承包商降低成本，但为了尽快得到酬金，承包商会尽快缩短工期。有时也可在固定费用之外，根据工程质量、工期和节约成本等因素，给承包商另加奖金，以鼓励承包商积极工作。

（2）成本加固定比例费用合同

工程成本中直接费加一定比例的报酬费，报酬部分的比例在签订合同时由双方确定。这种方式的报酬费用总额随成本加大而增加，不利于缩短工期和降低成本。一般在工程初期很难描述工作范围和性质，或工期紧迫，无法按常规编制招标文件招标时采用。

（3）成本加奖金合同

奖金是根据报价书中的成本估算指标制定的，在合同中对这个估算指标规定一个底点和顶点，分别为成本估算的 $60\%\sim75\%$ 和 $110\%\sim135\%$。承包商在估算指标的顶点以下完成工程则可得到奖金，超过顶点则要对超出部分支付罚款。如果成本在底点之下，则可加大酬金值或酬金百分比。采用这种方式通常规定，当实际成本超过顶点对承包商罚款时，最大罚款限额不超过原先商定的最高酬金额。在招标时，当图纸、规范等准备不充分，不能据以确定合同价格，而仅能制定一个估算指标时采用这种方式。

（4）最大成本加费用合同

在工程成本总价合同基础上加固定酬金费用的方式，即当设计深度达到可以报总价的深度，投标人报一个工程成本总价和一定固定的酬金（包括各项管理费、风险费和利润）。如果实际成本超过合同中规定的工程成本总价，由承包商承担所有的额外费用，若实施过程中节约成本，节约的部分归业主，或者由业主与承包商分享，在合同中要确定节约分成比例。

在施工承包合同中采用成本加酬金计价方式时，业主与承包商应注意：

①必须有一个明确的如何向承包商支付酬金的条款，包括支付时间和金额百分比。如果发生变更和其他变化，酬金支付如何调整。

②应该列出工程费用清单，要规定一套详细的工程现场有关的数据记录、信息存储甚至记账的格式和方法，以便对工地实际发生的人工、材料和机械消耗等数据认真而及时地记录。应该保留有关工程实际成本的发票或付款的账单、表明款额已经支付的记录或证明等，以便业主进行审核和结算。

［案例 6-1］　单价合同

某施工企业中标了某工程项目，中标的混凝土的单价为 550 元/m^3，招标清单工程量为 1000m^3，轻质砌体的单价为 700 元/m^3，招标清单工程量为 200m^3，屋面防水的单价为 80 元/m^2，招标清单工程量为 600m^2，签订的是固定单价合同，并约定合同履行期间，当应予计量的实际工程量与招标工程量偏差超过 15% 时，单价可进行调整，但工程量增加 15% 以上时，增加部分的工程量的单价调整为中标单价的 90%，当工程量减少 15% 以上时，减少后剩余部分的工程量的综合单价调整为中标单价的 110%。由于设计变更，竣工结算时，甲乙双方认可的混凝土的实际工程量为 1200m^3，轻质砌体的实际工程量为 164m^3，屋面防水的实际工程量为 660m^2。

问题：工程结算时是否允许混凝土、轻质砌体和屋面防水的单价进行调整？此三子项的结算总价分别为多少？

解析：单价合同的特点是单价优先，在工程结算时，按实际发生的工程量乘以单价来支付价款，单价固定是在合同约定的风险范围内单价不能调整，超出合同约定的范围则允许调整。

（1）混凝土的实际工程量与招标工程量相差（1200－1000）/1000＝20％＞15％，单价可进行调整。增加部分的单价为 550×0.9＝495 元/m³，结算总价＝（1000＋1000×15％）×550＋（1200－1000－1000×15％）×495＝657250 元。

（2）轻质砌体的实际工程量与招标工程量相差（200－164）/200＝18％＞15％，单价可进行调整。剩余部分的单价为 700×1.1＝770 元/m³，结算总价＝164×770＝126280 元。

（3）屋面防水的实际工程量与招标工程量相差（660－600）/600＝10％＜15％，单价不可调整。结算总价＝660×80＝52800 元。

［案例 6-2］　总价合同

某建筑构件厂因 A 项目的钢结构工程与上海某超市有限公司签订建设工程施工合同，合同约定为固定总价合同，总价款 800 万元。工程按期完成，质量合格。承包商在施工过程中较工程量清单少用钢材 40t（价值人民币约 80 万元），在结算时业主以承包商少用钢材为由拒付该部分工程款，遂酿成纠纷。最后处理结果：按合同结算。

分析： 任何承包商在签订固定总价工程合同后，在保证质量的情况下，采用新技术、新工艺、新方法节约材料不仅是为了企业自身利益的需要，也是符合包括业主等整个社会的价值取向，其行为是应该鼓励的。如果业主认为承包商报价过高，那也属于签订合同之前的问题，合同一经签订就应该严格履行，不能否定承包商因节约而获利，也不能为自己签约时的过失推卸责任。其按合同支付工程款是理所应当的。

［案例 6-3］　成本加酬金合同

某市因传染疫情严重，为了使传染病人及时隔离治疗，临时将郊区的一座疗养院改为传染病医院，投资概算为 2500 万元，因情况危急，建设单位决定邀请三家有医院施工经验的一级施工总承包企业进行竞标，设计和施工同时进行，采用了成本加酬金的合同形式，通过谈判，选定一家施工企业，按实际成本加 15％的酬金比例进行工程价款的结算，工期为 40 天。合同签订后，因时间紧迫，施工单位加班加点赶工期，工程实际支出为 2800 万元，建设单位不愿承担多出概算的 300 万元。

问题：

（1）该工程采用成本加酬金的合同形式是否合适？为什么？

（2）成本增加的风险应由谁来承担？

（3）采用成本加酬金合同的不足之处？

解析：

（1）本工程采用成本加酬金的合同形式是合适的。因工程紧迫，设计图纸尚未出来，工程造价无法准确计算。

（2）该项目的风险应由建设单位来承担。成本加酬金合同中，建设单位需承担项目发生的实际费用，也就承担了项目的全部风险，施工单位只是按 15％提取酬金，无需承担责任。

（3）工程总价不容易控制，建设单位承担了全部风险；施工单位往往不注意降低成本；施工单位的酬金一般较低。

6.1.1.3　建设工程施工合同的特点

建设工程施工合同作为最主要的建设工程合同，除具有建设工程合同的特征外，还具有以下特点：

1. 合同内容的多样性和复杂性

虽然建设工程施工合同的当事人只有两方，但其涉及的主体却有许多。与大多数合同相比较，建设工程施工合同的履行期限长、标的额大、涉及的法律关系包括劳动关系、保险关系、运输关系等具有多样性和复杂性。这就要求建设工程施工合同的内容尽量详尽。建设工程施工合同除了具备合同的一般内容外，还应对安全施工、专利及时使用、发现地下障碍和文物、工程分包、不可抗力、工程设计变更、材料设备的供应、运输、验收等内容做出规定。在建设工程施工合同的履行过程中，除施工企业与发包方的合同关系外，还涉及与劳务人员的劳动关系、与保险公司的保险关系、与材料设备供应商的买卖关系、与运输企业的运输关系等。所有这些，都决定了建设工程施工合同的内容具有多样性和复杂性的特点。

2. 合同标的的特殊性和合同履行期限的长期性

施工合同标的是各类建筑产品，建造过程中往往受到自然条件、地质水文条件、社会条件等因素的影响。决定了每个施工合同的标的的单件性特点，建筑产品的标的额度较大，施工期限较长，在较长的合同期内，双方履行义务往往受到不可抗力、履行期限过程中法律政策的变化、市场价格的浮动等因素的影响，引起合同的内容约定管理等较复杂。

3. 合同监督的严格性

由于建设工程施工合同的履行对国家经济发展、公民工作和生活都有重大的影响，因此，国家对建设工程施工合同的监督是十分严格的。具体体现在以下几个方面：

（1）对合同主体监督的严格性

建设工程施工合同主体一般只能是法人。发包人一般只能是经过批准进行工程项目建设的法人，必须具有国家批准的建设项目，落实投资计划，并且应当具备相应的协调能力；承包人则必须具备法人资格，而且应当具备相应的施工资质。无营业执照或无承包资质的单位不能作为建设工程施工合同的主体，资质等级低的单位不能越级承包建设工程。

《最高人民法院关于审理建设工程施工合同纠纷案件适用法律问题的解释（一）》第四条中规定：承包人非法转包、违法分包建设工程或者没有资质的实际施工人借用有资质的建筑施工企业名义与他人签订建设工程施工合同的行为无效。

（2）对合同订立监督的严格性

订立建设工程施工合同必须以国家批准的投资计划为前提，即使是国家计划投资以外的，以其他方式筹集的投资也要受到当年的贷款规模和批准限额的限制，纳入当年投资规模的平衡，并经过严格的审批程序。建设工程施工合同的订立，还必须符合国家关于建设程序的规定。

（3）合同管理的经济效益显著

建设工程施工合同管理得好，可使承包商避免亏本，获得盈利，否则，将要蒙受较大的经济损失。

6.1.2 建设工程施工合同的内容

《合同法》第二百七十五条规定，施工合同的内容包括工程范围、建设工期、中间交工工程的开工和竣工时间、工程质量、工程造价、技术资料交付时间、材料和设备供应责任、拨款和结算、竣工验收、质量保修范围和质量保证期、双方相互协作等条款。

1. 工程范围

当事人应在合同中附上工程项目一览表及其工程量，主要包括建筑栋数、结构、层数、资金来源、投资总额以及工程的批准文号等。

2. 建设工期

即全部建设工程的开工和竣工日期。

3. 中间交工工程的开工和竣工日期

所谓中间交工工程，是指需要在全部工程完成期限之前完工的工程。对中间交工工程的开工和竣工日期，也应当在合同中作出明确约定。

4. 工程质量

建设项目百年大计，必须做到质量第一，因此这是最重要的条款之一。发包人、承包人必须遵守《建设工程质量管理条例》的有关规定，保证工程质量符合工程建设强制性标准。

5. 工程造价

工程造价，或工程价格，由人工费、材料费、施工机具使用费、管理费、规费、利润和税金构成。工程价格包括合同价款、追加合同价款和其他款项。实行招标投标的工程应当通过工程所在地招标投标监督管理机构采用招标投标的方式定价；对于不宜采用招标投标的工程，可采用施工图预算加变更洽商的方式定价。

6. 技术资料交付时间

发包人应当在合同约定的时间内按时向承包人提供与本工程项目有关的全部技术资料，否则造成的工期延误或者费用增加应由发包人负责。

7. 材料和设备供应责任

即在工程建设过程中所需要的材料和设备由哪一方当事人负责提供，并应对材料和设备的验收程序加以约定。

8. 拨款和结算

即发包人向承包人拨付工程价款和结算的方式和时间。

9. 竣工验收

竣工验收是工程建设的最后一道程序，是全面考核设计、施工质量的关键环节，合同双方还将在该阶段进行结算。竣工验收应当根据《建设工程质量管理条例》第16条的有关规定执行。

10. 质量保修范围和质量保修期

合同当事人应当根据实际情况确定合理的质量保修范围和质量保修期，但不得低于《建设工程质量管理条例》规定的最低质量保修期限。

除了上述10项基本合同条款以外，当事人还可以约定其他协作条款，如施工准备工作的分工、工程变更时的处理办法等。

6.1.3 建设工程施工合同示范文本概述

住房城乡建设部、国家工商行政管理总局分别在 1991 年、1999 年、2013 年、2017 年发布了《建设工程施工合同示范文本》GF—1991—0201、《建设工程施工合同（示范文本）》GF—1999—0201、《建设工程施工合同（示范文本）》、GF—2013—0201 和《建设工程施工合同（示范文本）》GF—2017—0201。2017 版《建设工程施工合同（示范文本）》自 2017 年 10 月 1 日起施行（以下简称《施工合同（示范文本）》），为非强制性使用文本，适用于房屋建筑工程、土木工程、线路管道和设备安装工程、装修工程等建设工程的施工承发包活动，合同当事人可结合建设工程具体情况，根据《示范文本》订立合同，并按照法律法规规定和合同约定承担相应的法律责任及合同权利义务。

1. 合同协议书

《施工合同（示范文本）》合同协议书共计 13 条，主要包括：工程概况、合同工期、质量标准、签约合同价和合同价格形式、项目经理、合同文件构成、承诺以及合同生效条件等重要内容，集中约定了合同当事人基本的合同权利义务。合同协议书格式如下：

合同协议书

发包人（全称）：___银河商业大厦投资有限公司___

承包人（全称）：___恒安建筑工程有限公司___

根据《中华人民共和国合同法》《中华人民共和国建筑法》及有关法律规定，遵循平等、自愿、公平和诚实信用的原则，双方就__银河商业大厦__工程施工及有关事项协商一致，共同达成如下协议：

一、工程概况

1. 工程名称：___银河商业大厦___。

2. 工程地点：___银河市胜华路 13 号___。

3. 工程立项批准文号：___登记备案号 1000000094___。

4. 资金来源：___自筹___。

5. 工程内容：___施工图纸范围内的所有内容___。

6. 工程承包范围：所有施工图纸范围内的土建、水电暖安装、装饰工程内容。

二、合同工期

计划开工日期：__2013__年__7__月__1__日。

计划竣工日期：__2014__年__8__月__31__日。

工期总日历天数：__427__天。工期总日历天数与根据前述计划开竣工日期计算的工期天数不一致的，以工期总日历天数为准。

三、质量标准

工程质量符合___合格___标准。

四、签约合同价与合同价格形式

1. 签约合同价为：

人民币（大写）__贰亿肆仟万元__（￥__240000000__元）；

其中：

（1）安全文明施工费：

人民币（大写）　　叁佰柒拾捌万整　　（￥3780000 元）；

（2）材料和工程设备暂估价金额：

人民币（大写）　　伍佰万元整　　（￥5000000 元）；

（3）专业工程暂估价金额：

人民币（大写）　　壹佰贰拾万元整　　（￥1200000 元）；

（4）暂列金额：

人民币（大写）　　叁佰万元整　　（￥3000000 元）。

2. 合同价格形式：　　固定单价合同　　。

五、项目经理

承包人项目经理：　　王一路　　。

六、合同文件构成

本协议书与下列文件一起构成合同文件：

（1）中标通知书（如果有）；

（2）投标函及其附录（如果有）；

（3）专用合同条款及其附件；

（4）通用合同条款；

（5）技术标准和要求；

（6）图纸；

（7）已标价工程量清单或预算书；

（8）其他合同文件。

在合同订立及履行过程中形成的与合同有关的文件均构成合同文件组成部分。

上述各项合同文件包括合同当事人就该项合同文件所作出的补充和修改，属于同一类内容的文件，应以最新签署的为准。专用合同条款及其附件须经合同当事人签字或盖章。

七、承诺

1. 发包人承诺按照法律规定履行项目审批手续、筹集工程建设资金并按照合同约定的期限和方式支付合同价款。

2. 承包人承诺按照法律规定及合同约定组织完成工程施工，确保工程质量和安全，不进行转包及违法分包，并在缺陷责任期及保修期内承担相应的工程维修责任。

3. 发包人和承包人通过招标投标形式签订合同的，双方理解并承诺不再就同一工程另行签订与合同实质性内容相背离的协议。

八、词语含义

本协议书中词语含义与第二部分通用合同条款中赋予的含义相同。

九、签订时间

本合同于2013 年6 月10 日签订。

十、签订地点

本合同在　银河商业大厦投资有限公司　签订。

十一、补充协议

合同未尽事宜，合同当事人另行签订补充协议，补充协议是合同的组成部分。

十二、合同生效

本合同自　合同成立　生效。

十三、合同份数

本合同一式4份，均具有同等法律效力，发包人执2份，承包人执2份。

发包人：　　　　　　（公章）	承包人：　　　　　　（公章）
法定代表人或其委托代理人：　（签字）	法定代表人或其委托代理人：　（签字）
组织机构代码：＿＿＿＿＿＿＿	组织机构代码：＿＿＿＿＿＿＿
地　址：＿＿＿＿＿＿＿＿＿＿	地　址：＿＿＿＿＿＿＿＿＿＿
邮政编码：＿＿＿＿＿＿＿＿＿	邮政编码：＿＿＿＿＿＿＿＿＿
法定代表人：＿＿＿＿＿＿＿＿	法定代表人：＿＿＿＿＿＿＿＿
委托代理人：＿＿＿＿＿＿＿＿	委托代理人：＿＿＿＿＿＿＿＿
电　话：＿＿＿＿＿＿＿＿＿＿	电　话：＿＿＿＿＿＿＿＿＿＿
传　真：＿＿＿＿＿＿＿＿＿＿	传　真：＿＿＿＿＿＿＿＿＿＿
电子信箱：＿＿＿＿＿＿＿＿＿	电子信箱：＿＿＿＿＿＿＿＿＿
开户银行：＿＿＿＿＿＿＿＿＿	开户银行：＿＿＿＿＿＿＿＿＿
账　号：＿＿＿＿＿＿＿＿＿＿	账　号：＿＿＿＿＿＿＿＿＿＿

2. 通用合同条款

通用合同条款是合同当事人根据《建筑法》《合同法》等法律法规的规定，就工程建设的实施及相关事项，对合同当事人的权利义务作出的原则性约定。

通用合同条款共计20条，具体条款分别为：一般约定、发包人、承包人、监理人、工程质量、安全文明施工与环境保护、工期和进度、材料与设备、试验与检验、变更、价格调整、合同价格、计量与支付、验收和工程试车、竣工结算、缺陷责任与保修、违约、不可抗力、保险、索赔和争议解决。前述条款安排既考虑了现行法律法规对工程建设的有关要求，也考虑了建设工程施工管理的特殊需要。

通用条款的主要内容见本章第2节和第3节的阐述。

3. 专用合同条款

专用合同条款是对通用合同条款原则性约定的细化、完善、补充、修改或另行约定的条款。合同当事人可以根据不同建设工程的特点及具体情况，通过双方的谈判、协商对相应的专用合同条款进行修改补充。在使用专用合同条款时，应注意以下事项：

（1）专用合同条款的编号应与相应的通用合同条款的编号一致；

（2）合同当事人可以通过对专用合同条款的修改，满足具体建设工程的特殊要求，避免直接修改通用合同条款；

（3）在专用合同条款中有横道线的地方，合同当事人可针对相应的通用合同条款进行细化、完善、补充、修改或另行约定；如无细化、完善、补充、修改或另行约定，则填写"无"或划"/"。

除以上三部分内容外，合同中还包含他们的附件。协议书附件包括承包人承揽工程项目一览表。专用合同条款附件包括发包人供应材料设备一览表；工程质量保修书；主要建设工程文件目录；承包人用于本工程施工的机械设备表；承包人主要施工管理人员表；分包人主要施工管理人员表；履约担保格式；预付款担保格式；支付担保格式；暂估价一览表等。

6.2　建设工程施工合同的订立

6.2.1　订立建设工程施工合同的过程

根据我国《合同法》和建设工程相关法律法规的规定，工程合同的订立有两种方式。一种是遵循合同的一般订立程序（即要约-承诺）订立工程合同；另一种是通过特殊的方式，即招标投标的方式订立合同，通过招标公告或招标邀请（要约邀请）-投标（要约）-中标通知书（承诺）-签订书面工程合同四个阶段订立工程合同。

建设工程施工合同的招标，一般不指向某个特定的承包单位，也不提出订立工程承包合同的具体条件，即使招标方提供了招标文件，因不具备标价等主要合同条件，在法律上还不具备要约的性质。但招标是一种与合同成立有密切关系的行为，目的是通过招标公告或招标文件，承包单位提出合同条件-投标（要约），投标人的投标，是向招标人提出的一项要约。要约的具体形式是投标文件，承包商的投标文件符合要约的成立条件，内容具体明确（具体标明了标价、工期、质量等级、施工方法等），经受要约人承诺即受其约束。中标通知书是招标人同意承包人要约的意思表示，故为承诺。根据《招标投标法》的规定，自中标通知书发出之日起三十日内，按照招标文件和中标人的投标文件订立书面合同。签订合同的必须是中标的施工企业，投标书中已确定的合同条款在签订时不得更改，合同价应与中标价相一致。如果中标施工企业拒绝与建设单位签订合同，则建设单位将不再返还其投标保证金，建设行政主管部门或其授权机构还可给予一定的行政处罚。

订立建设工程施工合同应当具备以下条件：

（1）初步设计已经批准；

（2）工程项目已列入年度建设计划；

（3）有能够满足施工需要的设计文件和有关技术资料；

（4）建设资金和主要建筑材料设备来源已经落实；

（5）招标投标工程项目，中标通知已经下达。

6.2.2　合同订立阶段中应注意的合同管理问题

1. 避免缔约过失行为

缔约过失责任是指在合同订立过程中，当事人一方或双方因自己的过失而致合同不成立、无效或被撤销或致另一方的信赖利益损失，应对信赖其合同为有效成立的相对人赔偿基于此项信赖而发生的损害。缔约过失责任既不同于违约责任，也有别于侵权责任，是一种独立的责任。

我国《合同法》第42条确立了缔约过失责任制度，该条规定："当事人在订立合同过程中有下列情形之一，给对方造成损失的，应当承担损害赔偿责任：（一）假借订立合同，恶意进行磋商；（二）故意隐瞒与订立合同有关的重要事实或者提供虚假情况；（三）有其他违背诚实信用原则的行为。"缔约过失责任实质上是诚实信用原则在缔约过程中的体现。恶意磋商是指一方没有订立合同的诚意，假借订立合同与对方磋商而导致另一方遭受损失的行为。如甲施工企业知悉自己的竞争对手在协商与乙企业联合投标，为了与对手竞争，遂与乙企业谈判联合投标事宜，在谈判中故意拖延时间，使竞争对手失去与乙企业联合的机会，之后宣布谈判终止，致使乙企业遭受重大损失。故意隐瞒重要事实或者提供虚假情况，是指对涉及合同成立与否的事实予以隐瞒或者提供与事实不符的情况而引诱对方订立合同的行为。如施工企业不具有相应的资质等级而谎称具有；或者借用他人资质进行投标。另外，当事人在订立合同过程中知悉的商业秘密，无论合同是否成立，均不得泄露或者不正当使用。泄露或者不正当使用该商业秘密给对方造成损失的，应当承担损害赔偿责任。如发包人在建设工程招标投标中或者合同谈判中知悉了对方的商业秘密，如果泄露或不正当使用，给承包人造成损失的，应当承担损害赔偿责任。

缔约过失责任的构成要件：

（1）缔约过失责任发生在合同订立过程中。双方做出了订立合同的意向，但合同尚未成立。

（2）缔约当事人一方主观上有过错行为。包括主观上的故意行为、过失行为而引发合同不成立。

（3）缔约人另一方受到实际损失。实际损失是构成缔约过失责任的前提条件，也即缔约人一方基于对另一方的信赖，能够订立有效的合同，却因对方的过错行为，致使合同不能成立而造成损失，有权依法得到保护，而追究对方的缔约过失责任。

（4）缔约当事人一方的过错行为与另一方当事人的损失之间存在因果关系。缔约过程中，当事人一方的过错行为与当事人另一方的损失之间在客观上有因果关系，是承担法律责任的前提条件之一。缔约过失责任人承担其行为造成相对人实际损失的法律责任，不属于合同中的违约责任，而是因其订约中的过错行为违反了法定的合同义务形成的因果关系。

在建设工程项目招标投标过程中，招标人和投标人应注意尽到自己的相关法律义务，有效避免缔约过失行为。招标人的缔约过失行为主要有以下形式：招标人变更或者修改招标文件后未履行通知义务；招标人采用不公正、不合理的招标方式进行招标；招标人违反公平、公正和诚实信用原则拒绝所有投标；业主借故不与中标人签订工程合同等。投标人的缔约过失责任主要有以下形式：投标人串通投标，如哄抬标价、压低标价；投标人以虚假手段骗取中标（如投标人不如实填写资格预审文件，虚报企业资质等级，以他人名义投标等）；中标人借故不与招标人签订工程合同等。

2. 避免签订无效施工合同

建设工程施工合同一经依法订立，即具有法律效力，双方当事人应当按合同约定严格履行。

《最高人民法院关于审理建设工程施工合同纠纷案件适用法律问题的解释（一）》中规定：建设工程施工合同具有下列情形之一的，认定无效：

（1）承包人未取得建筑施工企业资质或者超越资质等级的。

（2）没有资质的实际施工人借用有资质的建筑施工企业名义的。

（3）建设工程必须进行招标而未招标或者中标无效的。

《招标投标法》规定了中标无效的六种情形：招标代理机构泄密或恶意串通；招标人泄露招标情况或标底；招标人在定标前与投标人进行实质性谈判；招标人违法确定中标人；投标人串标或行贿；投标人弄虚作假骗取中标。

（4）承包人非法转包、违法分包建设工程所订立的建设工程施工合同

工程转包，是指不行使承包人的管理职能，不承担技术经济责任，将所承包的工程倒手转给他人承包的行为。承包人不得将其承包的全部工程转包给他人，也不得将其承包的全部工程肢解以分包的名义分别转包给他人。工程转包，不仅违反合同，也违反我国有关法律和法规的规定。

下列行为均属转包：

①承包人将承包的工程全部包给其他施工单位，从中提取回扣者；

②承包人将工程的部分或群体工程中半数以上的单位工程包给其他施工单位者；

③分包单位将承包的工程再次分包给其他施工单位者。

3. 合理确定风险分担

风险是一种客观存在的、可以带来损失的、不确定的状态。它具有客观性、损失性、不确定性三大特性，并且风险始终是与损失相联系的。建设工程项目由于投资的巨大性、地点的固定性、生产的单件性以及规模大、周期长、施工过程复杂等特点，比一般产品生产具有更大的风险。工程施工发包是一种期货交易行为，工程建设本身又具有单件性和建设周期长的特点。在工程施工过程中，影响工程施工及工程造价的风险因素很多，但并非所有的风险都是承包人能预测、能控制和应承担其造成损失的。施工环境恶化、通货膨胀、政策调整、复杂技术等常常造成建设工程项目目标失控，如工期延长、成本增加、计划修改等，最终导致项目经济效益降低，甚至导致项目失败。基于市场交易的公平性和工程施工过程中发、承包双方权、责的对等性要求，发、承包双方应合理分摊风险。

为有效地控制风险并尽可能减少风险对建设工程项目的影响，在工程合同订立时，合同当事人双方应对建设工程项目风险转化为工程合同风险。通过对具体工程项目的特征分析以及合同类型的选择和合同条款的制定把风险在承发包双方之间合理分配，风险工程合同风险应根据一定的风险分配原则在工程合同当事人双方之间公平合理地分配。比如签订了固定总价合同，在材料价格变动的一定的幅度范围内工程总价不变，由承包商在报价中综合考虑这部分费用，但是如果是因为通货膨胀导致物价大幅上涨或因国家产业政策的调整或国家定价物资大幅调价造成的物价大幅度上涨，承包商则无法完全承担此部分费用，涨价部分应当由发包方合理负责一部分。

6.2.3　合同内容的约定

依据合同范本，订立合同时应注意通用条款及专用条款需明确说明的内容。

6.2.3.1　施工合同管理中涉及的有关各方

施工合同管理中涉及的利益相关者包括：发包人、承包人、监理人、设计人、分包人等。《施工合同（示范文本）》通用条款第1条中规定了工程相关的各方定义：

合同当事人是指发包人和（或）承包人。发包人是指与承包人签订合同协议书的当事人及取得该当事人资格的合法继承人。承包人是指与发包人签订合同协议书的，具有相应

工程施工承包资质的当事人及取得该当事人资格的合法继承人。监理人是指在专用合同条款中指明的，受发包人委托按照法律规定进行工程监督管理的法人或其他组织。设计人是指在专用合同条款中指明的，受发包人委托负责工程设计并具备相应工程设计资质的法人或其他组织。分包人是指按照法律规定和合同约定，分包部分工程或工作，并与承包人签订分包合同的具有相应资质的法人。发包人代表是指由发包人任命并派驻施工现场在发包人授权范围内行使发包人权利的人。项目经理是指由承包人任命并派驻施工现场，在承包人授权范围内负责合同履行，且按照法律规定具有相应资格的项目负责人。总监理工程师是指由监理人任命并派驻施工现场进行工程监理的总负责人。

6.2.3.2 合同双方一般权利和义务

对于发承包双方在合同中各自享有的权利和负有的义务在《施工合同（示范文本）》通用条款的第2、3、4条明确规定：

1. 关于发包人的规定见《施工合同（示范文本）》通用条款的第2条

（1）许可或批准。发包人应遵守法律，并办理法律规定由其办理的许可、批准或备案，包括但不限于建设用地规划许可证、建设工程规划许可证、建设工程施工许可证、施工所需临时用水、临时用电、中断道路交通、临时占用土地等许可和批准。发包人应协助承包人办理法律规定的有关施工证件和批件。因发包人原因未能及时办理完毕前述许可、批准或备案，由发包人承担由此增加的费用和（或）延误的工期，并支付承包人合理的利润。

（2）发包人代表。发包人应在专用合同条款中明确其派驻施工现场的发包人代表的姓名、职务、联系方式及授权范围等事项。发包人代表在发包人的授权范围内，负责处理合同履行过程中与发包人有关的具体事宜。发包人代表在授权范围内的行为由发包人承担法律责任。发包人更换发包人代表的，应提前7天书面通知承包人。发包人代表不能按照合同约定履行其职责及义务，并导致合同无法继续正常履行的，承包人可以要求发包人撤换发包人代表。不属于法定必须监理的工程，监理人的职权可以由发包人代表或发包人指定的其他人员行使。

（3）发包人人员。发包人应要求在施工现场的发包人人员应遵守法律及有关安全、质量、环境保护、文明施工等规定，并保障承包人免于承受因发包人人员未遵守上述要求给承包人造成的损失和责任。发包人人员包括发包人代表及其他由发包人派驻施工现场的人员。

（4）施工现场、施工条件和基础资料的提供。除专用合同条款另有约定外，发包人应最迟于开工日期7天前向承包人移交施工现场。除专用合同条款另有约定外，发包人应负责提供施工所需要的条件，包括：

①将施工用水、电力、通信线路等施工所必需的条件接至施工现场内；

②保证向承包人提供正常施工所需要的进入施工现场的交通条件；

③协调处理施工现场周围地下管线和邻近建筑物、构筑物、古树名木的保护工作，并承担相关费用；

④按照专用合同条款约定应提供的其他设施和条件。

发包人应当在移交施工现场前向承包人提供施工现场及工程施工所必需的毗邻区域内供水、排水、供电、供气、供热、通信、广播电视等地下管线资料，气象和水文观测资料，地质勘查资料，相邻建筑物、构筑物和地下工程等有关基础资料，并对所提供资料的真实性、准确性和完整性负责。按照法律规定确需在开工后方能提供的基础资料，发包人应尽其努力及时地在相应工程施工前的合理期限内提供，合理期限应以不影响承包人的正常施工为限。

因发包人原因未能按合同约定及时向承包人提供施工现场、施工条件、基础资料的，由发包人承担由此增加的费用和（或）延误的工期。

（5）资金来源证明及支付担保。除专用合同条款另有约定外，发包人应在收到承包人要求提供资金来源证明的书面通知后 28 天内，向承包人提供能够按照合同约定支付合同价款的相应资金来源证明。除专用合同条款另有约定外，发包人要求承包人提供履约担保的，发包人应当向承包人提供支付担保。支付担保可以采用银行保函或担保公司担保等形式，具体由合同当事人在专用合同条款中约定。

（6）支付合同价款。发包人应按合同约定向承包人及时支付合同价款。

（7）组织竣工验收。发包人应按合同约定及时组织竣工验收。

（8）现场统一管理协议。发包人应与承包人、由发包人直接发包的专业工程的承包人签订施工现场统一管理协议，明确各方的权利义务。施工现场统一管理协议作为专用合同条款的附件。

2. 关于承包人的规定见《施工合同（示范文本）》通用条款的第 3 条

（1）承包人的一般义务

承包人在履行合同过程中应遵守法律和工程建设标准规范，并履行以下义务：

①办理法律规定应由承包人办理的许可和批准，并将办理结果书面报送发包人留存；

②按法律规定和合同约定完成工程，并在保修期内承担保修义务；

③按法律规定和合同约定采取施工安全和环境保护措施，办理工伤保险，确保工程及人员、材料、设备和设施的安全；

④按合同约定的工作内容和施工进度要求，编制施工组织设计和施工措施计划，并对所有施工作业和施工方法的完备性和安全可靠性负责；

⑤在进行合同约定的各项工作时，不得侵害发包人与他人使用公用道路、水源、市政管网等公共设施的权利，避免对邻近的公共设施产生干扰，承包人占用或使用他人的施工场地，影响他人作业或生活的，应承担相应责任；

⑥按照环境保护条款约定负责施工场地及其周边环境与生态的保护工作；

⑦按安全文明施工条款约定采取施工安全措施，确保工程及其人员、材料、设备和设施的安全，防止因工程施工造成的人身伤害和财产损失；

⑧将发包人按合同约定支付的各项价款专用于合同工程，且应及时支付其雇用人员工资，并及时向分包人支付合同价款；

⑨按照法律规定和合同约定编制竣工资料，完成竣工资料立卷及归档，并按专用合同条款约定的竣工资料的套数、内容、时间等要求移交发包人；

⑩应履行的其他义务。

（2）项目经理

项目经理应为合同当事人所确认的人选，并在专用合同条款中明确项目经理的姓名、职称、注册执业证书编号、联系方式及授权范围等事项，项目经理经承包人授权后代表承包人负责履行合同。项目经理应是承包人正式聘用的员工，承包人应向发包人提交项目经理与承包人之间的劳动合同，以及承包人为项目经理缴纳社会保险的有效证明。承包人不提交上述文件的，项目经理无权履行职责，发包人有权要求更换项目经理，由此增加的费用和（或）延误的工期由承包人承担。

项目经理应常驻施工现场，且每月在施工现场时间不得少于专用合同条款约定的天数。项目经理不得同时担任其他项目的项目经理。项目经理确需离开施工现场时，应事先通知监理人，并取得发包人的书面同意。项目经理的通知中应当载明临时代行其职责的人员的注册执业资格、管理经验等资料，该人员应具备履行相应职责的能力。

承包人违反上述约定的，应按照专用合同条款的约定，承担违约责任。

项目经理按合同约定组织工程实施。在紧急情况下为确保施工安全和人员安全，在无法与发包人代表和总监理工程师及时取得联系时，项目经理有权采取必要的措施保证与工程有关的人身、财产和工程的安全，但应在48小时内向发包人代表和总监理工程师提交书面报告。

承包人需要更换项目经理的，应提前14天书面通知发包人和监理人，并征得发包人书面同意。通知中应当载明继任项目经理的注册执业资格、管理经验等资料，继任项目经理继续履行约定的职责。未经发包人书面同意，承包人不得擅自更换项目经理。承包人擅自更换项目经理的，应按照专用合同条款的约定承担违约责任。

发包人有权书面通知承包人更换其认为不称职的项目经理，通知中应当载明要求更换的理由。承包人应在接到更换通知后14天内向发包人提出书面的改进报告。发包人收到改进报告后仍要求更换的，承包人应在接到第二次更换通知的28天内进行更换，并将新任命的项目经理的注册执业资格、管理经验等资料书面通知发包人。继任项目经理继续履行约定的职责。承包人无正当理由拒绝更换项目经理的，应按照专用合同条款的约定承担违约责任。

项目经理因特殊情况授权其下属人员履行其某项工作职责的，该下属人员应具备履行相应职责的能力，并应提前7天将上述人员的姓名和授权范围书面通知监理人，并征得发包人书面同意。

（3）承包人人员

除专用合同条款另有约定外，承包人应在接到开工通知后7天内，向监理人提交承包人项目管理机构及施工现场人员安排的报告，其内容应包括合同管理、施工、技术、材料、质量、安全、财务等主要施工管理人员名单及其岗位、注册执业资格等，以及各工种技术工人的安排情况，并同时提交主要施工管理人员与承包人之间的劳动关系证明和缴纳社会保险的有效证明。

承包人派驻到施工现场的主要施工管理人员应相对稳定。施工过程中如有变动，承包人应及时向监理人提交施工现场人员变动情况的报告。承包人更换主要施工管理人员时，应提前7天书面通知监理人，并征得发包人书面同意。通知中应当载明继任人员的注册执业资格、管理经验等资料。特殊工种作业人员均应持有相应的资格证明，监理人可以随时检查。

发包人对于承包人主要施工管理人员的资格或能力有异议的，承包人应提供资料证明被质疑人员有能力完成其岗位工作或不存在发包人所质疑的情形。发包人要求撤换不能按照合同约定履行职责及义务的主要施工管理人员的,承包人应当撤换。承包人无正当理由拒绝撤换的,应按照专用合同条款的约定承担违约责任。

除专用合同条款另有约定外,承包人的主要施工管理人员离开施工现场每月累计不超过 5 天的,应报监理人同意;离开施工现场每月累计超过 5 天的,应通知监理人,并征得发包人书面同意。主要施工管理人员离开施工现场前应指定一名有经验的人员临时代行其职责,该人员应具备履行相应职责的资格和能力,且应征得监理人或发包人的同意。

承包人擅自更换主要施工管理人员,或前述人员未经监理人或发包人同意擅自离开施工现场的,应按照专用合同条款约定承担违约责任。

(4)承包人现场查勘

承包人应对基于发包人提交的基础资料所做出的解释和推断负责,但因基础资料存在错误、遗漏导致承包人解释或推断失实的,由发包人承担责任。

承包人应对施工现场和施工条件进行查勘,并充分了解工程所在地的气象条件、交通条件、风俗习惯以及其他与完成合同工作有关的其他资料。因承包人未能充分查勘、了解前述情况或未能充分估计前述情况所可能产生后果的,承包人承担由此增加的费用和(或)延误的工期。

3. 关于监理人的规定见《施工合同(示范文本)》通用条款的第 4 条

(1)监理人的一般规定

工程实行监理的,发包人和承包人应在专用合同条款中明确监理人的监理内容及监理权限等事项。监理人应当根据发包人授权及法律规定,代表发包人对工程施工相关事项进行检查、查验、审核、验收,并签发相关指示,但监理人无权修改合同,且无权减轻或免除合同约定的承包人的任何责任与义务。除专用合同条款另有约定外,监理人在施工现场的办公场所、生活场所由承包人提供,所发生的费用由发包人承担。

(2)监理人员

发包人授予监理人对工程实施监理的权利由监理人派驻施工现场的监理人员行使,监理人员包括总监理工程师及监理工程师。监理人应将授权的总监理工程师和监理工程师的姓名及授权范围以书面形式提前通知承包人。更换总监理工程师的,监理人应提前 7 天书面通知承包人;更换其他监理人员,监理人应提前 48 小时书面通知承包人。

(3)监理人的指示

监理人应按照发包人的授权发出监理指示。监理人的指示应采用书面形式,并经其授权的监理人员签字。紧急情况下,为了保证施工人员的安全或避免工程受损,监理人员可以口头形式发出指示,该指示与书面形式的指示具有同等法律效力,但必须在发出口头指示后 24 小时内补发书面监理指示,补发的书面监理指示应与口头指示一致。

监理人发出的指示应送达承包人项目经理或经项目经理授权接收的人员。因监理人未能按合同约定发出指示、指示延误或发出了错误指示而导致承包人费用增加和(或)工期延误的,由发包人承担相应责任。除专用合同条款另有约定外,总监理工程师不应将应由总监理工程师做出确定的权力授权或委托给其他监理人员。

承包人对监理人发出的指示有疑问的,应向监理人提出书面异议,监理人应在 48 小时内对该指示予以确认、更改或撤销,监理人逾期未回复的,承包人有权拒绝执行上述指示。

监理人对承包人的任何工作、工程或其采用的材料和工程设备未在约定的或合理期限内提出意见的，视为批准，但不免除或减轻承包人对该工作、工程、材料、工程设备等应承担的责任和义务。

（4）商定或确定

合同当事人进行商定或确定时，总监理工程师应当会同合同当事人尽量通过协商达成一致，不能达成一致的，由总监理工程师按照合同约定审慎做出公正的确定。

总监理工程师应将确定以书面形式通知发包人和承包人，并附详细依据。合同当事人对总监理工程师的确定没有异议的，按照总监理工程师的确定执行。任何一方合同当事人有异议，按照争议解决条款约定处理。争议解决前，合同当事人暂按总监理工程师的确定执行；争议解决后，争议解决的结果与总监理工程师的确定不一致的，按照争议解决的结果执行，由此造成的损失由责任人承担。

6.2.3.3　合同文件的组成

组成合同的各项文件应互相解释，互为说明。除专用合同条款另有约定外，解释合同文件的优先顺序如下：

（1）合同协议书；

（2）中标通知书（如果有）；

（3）投标函及其附录（如果有）；

（4）专用合同条款及其附件；

（5）通用合同条款；

（6）技术标准和要求；

（7）图纸；

（8）已标价工程量清单或预算书；

（9）其他合同文件。

上述各项合同文件包括合同当事人就该项合同文件所作出的补充和修改，属于同一类内容的文件，应以最新签署的为准。在合同订立及履行过程中形成的与合同有关的文件均构成合同文件组成部分，并根据其性质确定优先解释顺序。

6.2.3.4　语言文字和适用法律、标准及规范

合同以中国的汉语简体文字编写、解释和说明。合同当事人在专用合同条款中约定使用两种以上语言时，汉语为优先解释和说明合同的语言。

合同所称法律是指中华人民共和国法律、行政法规、部门规章，以及工程所在地的地方性法规、自治条例、单行条例和地方政府规章等。合同当事人可以在专用合同条款中约定合同适用的其他规范性文件。

适用于工程的国家标准、行业标准、工程所在地的地方性标准，以及相应的规范、规程等，合同当事人有特别要求的，应在专用合同条款中约定。发包人要求使用国外标准、规范的，发包人负责提供原文版本和中文译本，并在专用合同条款中约定提供标准规范的名称、份数和时间。发包人对工程的技术标准、功能要求高于或严于现行国家、行业或地方标准的，应当在专用合同条款中予以明确。除专用合同条款另有约定外，应视为承包人在签订合同前已充分预见前述技术标准和功能要求的复杂程度，签约合同价中已包含由此产生的费用。

6.2.3.5 图纸、文件的规定

（1）图纸的提供和交底。发包人应按照专用合同条款约定的期限、数量和内容向承包人免费提供图纸，并组织承包人、监理人和设计人进行图纸会审和设计交底。发包人至迟不得晚于开工通知载明的开工日期前 14 天向承包人提供图纸。因发包人未按合同约定提供图纸导致承包人费用增加和（或）工期延误的，按照因发包人原因导致工期延误约定办理。

（2）图纸的错误。承包人在收到发包人提供的图纸后，发现图纸存在差错、遗漏或缺陷的，应及时通知监理人。监理人接到该通知后，应附具相关意见并立即报送发包人，发包人应在收到监理人报送通知后的合理时间内作出决定。合理时间是指发包人在收到监理人的报送通知后，尽其努力且不懈怠地完成图纸修改补充所需的时间。

（3）图纸的修改和补充。图纸需要修改和补充的，应经图纸原设计人及审批部门同意，并由监理人在工程或工程相应部位施工前将修改后的图纸或补充图纸提交给承包人，承包人应按修改或补充后的图纸施工。

（4）承包人文件。承包人应按照专用合同条款的约定提供应当由其编制的与工程施工有关的文件，并按照专用合同条款约定的期限、数量和形式提交监理人，并由监理人报送发包人。

除专用合同条款另有约定外，监理人应在收到承包人文件后 7 天内审查完毕，监理人对承包人文件有异议的，承包人应予以修改，并重新报送监理人。监理人的审查并不减轻或免除承包人根据合同约定应当承担的责任。

（5）图纸和承包人文件的保管。除专用合同条款另有约定外，承包人应在施工现场另外保存一套完整的图纸和承包人文件，供发包人、监理人及有关人员进行工程检查时使用。

与合同有关的通知、批准、证明、证书、指示、指令、要求、请求、同意、意见、确定和决定等，均应采用书面形式，并应在合同约定的期限内送达接收人和送达地点。发包人和承包人应在专用合同条款中约定各自的送达接收人和送达地点。任何一方合同当事人指定的接收人或送达地点发生变动的，应提前 3 天以书面形式通知对方。发包人和承包人应当及时签收另一方送至送达地点和指定接收人的来往信函。拒不签收的，由此增加的费用和（或）延误的工期由拒绝接收一方承担。

6.2.3.6 工程价款的约定

1. 合同价款的约定

工程合同价款的约定是建设工程合同的主要内容，实行招标的工程合同价款应在中标通知书发出之日起 30 天内，由发包人、承包人双方依据招标文件和中标人的投标文件在书面合同中约定。不实行招标的工程合同价款，在发包人、承包人双方认可的工程价款基础上，由发包人、承包人双方在合同中约定。发包人、承包人双方应在合同条款中对下列事项进行约定；合同中没有约定或约定不明的，由双方协商确定。

（1）预付工程款的数额、支付时间及抵扣方式；

（2）工程计量与支付工程进度款的方式、数额及时间；

（3）工程价款的调整因素、方法、程序、支付及时间；

（4）索赔与现场签证的程序、金额确认与支付时间；

（5）发生工程价款争议的解决方法及时间；

（6）承担风险的内容、范围以及超出约定内容、范围的调整办法；

（7）工程竣工价款结算编制与核对、支付及时间；

（8）工程质量保证（保修）金的数额、预扣方式及时间；

（9）与履行合同、支付价款有关的其他事项等。

2. 合同价格形式

《施工合同示范文本》通用条款第 12.1 条规定：发包人和承包人应在合同协议书中选择下列一种合同价格形式：单价合同；总价合同；其他价格形式。

3. 预付款的约定

（1）《施工合同（示范文本）》通用条款第 12.2 条规定了预付款的相关内容

预付款的支付。预付款的支付按照专用合同条款约定执行，但至迟应在开工通知载明的开工日期 7 天前支付。预付款应当用于材料、工程设备、施工设备的采购及修建临时工程、组织施工队伍进场等。除专用合同条款另有约定外，预付款在进度付款中同比例扣回。在颁发工程接收证书前，提前解除合同的，尚未扣完的预付款应与合同价款一并结算。发包人逾期支付预付款超过 7 天的，承包人有权向发包人发出要求预付的催告通知，发包人收到通知后 7 天内仍未支付的，承包人有权暂停施工，并按发包人违约的情形执行。

（2）《建设工程工程量清单计价规范》GB 50500—2013 和《建设工程价款结算暂行办法》（财建〔2004〕369 号）中的规定

工程预付款的额度和支付时间应符合下列规定：

①包工包料工程的预付款按合同约定拨付，原则上预付比例不低于合同金额的 10%，不高于合同金额的 30%，对重大工程项目，按年度工程计划逐年预付。计价执行《建设工程工程量清单计价规范》GB 50500—2013 的工程，实体性消耗和非实体性消耗部分应在合同中分别约定预付款比例。

②预付的工程款必须在合同中约定抵扣方式，并在工程进度款中进行抵扣。

③凡是没有签订合同或不具备施工条件的工程，发包人不得预付工程款，不得以预付款为名转移资金。

4. 支付工程进度款的约定

在专用条款内应约定工程进度款的支付时间和支付方式。工程进度款支付可以采用按月计量支付、按里程碑完成工程的进度分阶段支付或完成工程后一次性支付等方式。

5. 风险范围及风险费用的约定

采用工程量清单计价的工程，应在招标文件或合同中明确风险内容及其范围（幅度），不得采用无限风险、所有风险或类似语句规定风险内容及其范围（幅度）。

根据我国工程建设特点，投标人应完全承担的风险是技术风险和管理风险，如管理费和利润；应有限度承担的是市场风险，如材料价格、施工机械使用费等风险；应完全不承担的是法律、法规、规章和政策变化的风险。

目前我国工程建设的实际情况，各省、自治区、直辖市建设行政主管部门均根据当地劳动行政主管部门的有关规定发布人工成本信息，对此关系职工切身利益的人工费不宜纳入风险，材料价格的风险宜控制在5%以内，施工机械使用费的风险可控制在10%以内，超过者予以调整，管理费和利润的风险由承包人全部承担。

6.2.3.7 工期的约定

在合同协议书内应明确注明开工日期、竣工日期和合同工期总日历天数。如果是招标选择的承包人，工期总日历天数应为投标书内承包人承诺的天数，不一定是招标文件要求的天数。因为招标文件通常规定本招标工程最长允许的完工时间；而承包人为了竞争，投标书中的投标工期往往短于招标文件限定的最长工期，此项因素通常也是评标比较的一项内容。因此，在中标通知书中已注明发包人接受的投标工期。

工期是指在合同协议书约定的承包人完成工程所需的期限，包括按照合同约定所作的期限变更。天，除特别指明外，均指日历天。合同中按天计算时间的，开始当天不计入，从次日开始计算，期限最后一天的截止时间为当天24:00。开工日期包括计划开工日期和实际开工日期。计划开工日期是指合同协议书约定的开工日期；实际开工日期是指监理人按照开工通知约定发出的符合法律规定的开工通知中载明的开工日期。竣工日期包括计划竣工日期和实际竣工日期。计划竣工日期是指合同协议书约定的竣工日期；实际竣工日期按照竣工日期的约定确定。

自2019年2月1日起施行的最高人民法院《关于审理建设工程施工合同纠纷案件适用法律问题的解释（二）》第五条规定：

当事人对建设工程开工日期有争议的，人民法院应当分别按照以下情形予以认定：

（1）开工日期为发包人或者监理人发出的开工通知载明的开工日期；开工通知发出后，尚不具备开工条件的，以开工条件具备的时间为开工日期；因承包人原因导致开工时间推迟的，以开工通知载明的时间为开工日期。

（2）承包人经发包人同意已经实际进场施工的，以实际进场施工时间为开工日期。

（3）发包人或者监理人未发出开工通知，亦无相关证据证明实际开工日期的，应当综合考虑开工报告、合同、施工许可证、竣工验收报告或者竣工验收备案表等载明的时间，并结合是否具备开工条件的事实，认定开工日期。

6.2.3.8 工程分包的约定

发包人通过复杂的招标程序选择了综合能力最强的投标人，要求其来完成工程的施工，因此合同管理过程中对工程分包要进行严格控制。承包人出于自身能力考虑，可能将部分自己没有实施资质的特殊专业工程分包，也可将部分较简单的工作内容分包。包括在承包人投标书内的分包计划，发包人通过接受投标书已表示了认可，如果施工合同履行过程中承包人又提出分包要求，则需要经过发包人的书面同意。发包人控制工程分包的原则是，主体工程的施工任务不允许分包，主要工程量必须由承包人完成。

《施工合同（示范文本）》通用条款第3.5条规定：承包人不得将其承包的全部工程转包给第三人，或将其承包的全部工程肢解后以分包的名义转包给第三人。承包人不得将工程主体结构、关键性工作及专用合同条款中禁止分包的专业工程分包给第三人，主体结构、关键性工作的范围由合同当事人按照法律规定在专用合同条款中予以明确。承包人不得以劳务分包的名义转包或违法分包工程。

承包人应按专用合同条款的约定进行分包，确定分包人。已标价工程量清单或预算书中给定暂估价的专业工程，按照暂估价的相关约定确定分包人。按照合同约定进行分包的，承包人应确保分包人具有相应的资质和能力。工程分包不减轻或免除承包人的责任和义务，承包人和分包人就分包工程向发包人承担连带责任。除合同另有约定外，承包人应在分包合同签订后7天内向发包人和监理人提交分包合同副本。

承包人应向监理人提交分包人的主要施工管理人员表，并对分包人的施工人员进行实名制管理，包括但不限于进出场管理、登记造册以及各种证照的办理。

分包合同价款除合同中约定的情况或专用合同条款另有约定外，分包合同价款由承包人与分包人结算，未经承包人同意，发包人不得向分包人支付分包工程价款；生效法律文书要求发包人向分包人支付分包合同价款的，发包人有权从应付承包人工程款中扣除该部分款项。

关于分包合同权益的转让。分包人在分包合同项下的义务持续到缺陷责任期届满以后的，发包人有权在缺陷责任期届满前，要求承包人将其在分包合同项下的权益转让给发包人，承包人应当转让。除转让合同另有约定外，转让合同生效后，由分包人向发包人履行义务。

［案例6-4］ 分包

某大型综合体育场工程，发包方通过邀请招标的方式确定本工程由承包商乙中标，双方签订了工程总承包合同。在征得甲方书面同意的情况下，承包商乙将桩基础工程分包给具有相应资质的专业分包商丙，并签订了专业分包合同。在桩基础施工期间，由于分包商丙自身管理不善，造成甲方现场周围的建筑物受损，给甲方造成了一定的经济损失，甲方就此事件向承包商乙提出了索赔要求。另外，考虑到体育馆主体工程施工难度高、自身技术力量和经验不足等情况，在甲方不知情的情况下，承包商又与另一家具有施工总承包一级资质的某知名承包商丁签订了主体工程分包合同，合同约定承包商丁以承包商乙的名义进行施工，双方按约定的方式进行结算。

问题：

（1）承包商乙与分包商丙签订的桩基础工程分包合同是否有效？理由？

（2）对分包商丙给甲方造成的损失，承包商乙要承担什么责任？理由？

（3）承包商乙将主体工程分包给承包商丁在法律上属于何种行为？理由？

解析： 工程分包，是相对总承包而言的。所谓工程分包，是指施工总承包企业将所承包的建设工程中的专业工程或劳务作业发包给其他建筑业企业完成的活动。工程转包，是指承包单位承包建设工程，不履行合同约定的责任和义务，将其承包的全部建设工程转给他人或者将其承包的全部建设工程肢解以后以分包的名义分别转给其他单位承包的行为。

（1）有效。根据有关规定，在征得建设单位书面同意的情况下，施工总承包企业可以将非主体工程或者劳务作业分包给具有相应专业承包资质或者劳务分包资质的其他建筑企业。

（2）对分包商丙给甲方造成的损失，承包商乙要承担连带责任。根据《建筑法》第29条规定，建筑工程总承包单位按照总承包合同的约定对建设单位负责；分包单位按照分包合同的约定对总承包单位负责。总承包单位和分包单位就分包工程对建设单位承担连带责任。

（3）该主体工程的分包在法律上属于违法分包行为。根据《建设工程质量管理条例》第78条之规定，下列行为均为违法分包：①总承包单位将建设工程分包给不具备相应资质条件的单位的；②建设工程总承包合同中未有约定，又未经建设单位认可，承包单位将其承包的部分建设工程交由其他单位完成的；③施工总承包单位将建设工程主体结构的施工分包给其他单位的；④分包单位将其承包的建设工程再分包的。

6.2.3.9 工程保险和工程担保

1. 工程保险的内容

建设工程保险，是指发包人或承包人为了建设工程项目顺利完成而对工程建设中可能产生的人身伤害或财产损失，而向保险公司投保以化解风险的行为。

建设工程保险包括下列三种：

（1）意外伤害险

意外伤害险是指被保险人在保险有效期间，因遭遇非本意的、外来的、突然的意外事故，致使其身体蒙受伤害而残疾或死亡时，保险人依照合同规定给付保险金的保险。《建筑法》第四十八条规定："建筑施工企业必须为从事危险作业的职工办理意外伤害保险，支付保险费"。

（2）建筑工程一切险及安装工程一切险

建筑工程一切险及安装工程一切险是以建筑或安装工程中的各种财产和第三者的经济赔偿责任为保险标的的保险。这两类保险的特殊性在于保险公司可以在一份保单内对所有参加该项工程的有关各方都给予所需要的保障，换言之，即在工程进行期间，对这项工程承担一定风险的有关各方，均可作为被保险人之一。

建筑工程一切险一般都同时承保建筑工程第三者责任险，即指在该工程的保险期内，因发生意外事故所造成的依法应由被保险人负责的工地上及邻近地区的第三者的人身伤亡、疾病、财产损失，以及被保险人因此所支出的费用。

（3）职业责任险

职业责任险是指承保专业技术人员因工作疏忽、过失所造成的合同一方或他人的人身伤害或财产损失的经济赔偿责任的保险。建设工程标的额巨大、风险因素多，建筑事故造成损害往往数额巨大，而责任主体的偿付能力相对有限，这就有必要借助保险来转移职业责任风险。在工程建设领域，这类保险对勘察、设计、监理单位尤为重要。

2. 关于工程保险的规定见《施工合同（示范文本）》通用条款第 18 条

（1）工程保险。除专用合同条款另有约定外，发包人应投保建筑工程一切险或安装工程一切险；发包人委托承包人投保的，因投保产生的保险费和其他相关费用由发包人承担。

（2）工伤保险。发包人应依照法律规定参加工伤保险，并为在施工现场的全部员工办理工伤保险，缴纳工伤保险费，并要求监理人及由发包人为履行合同聘请的第三方依法参加工伤保险。承包人应依照法律规定参加工伤保险，并为其履行合同的全部员工办理工伤保险，缴纳工伤保险费，并要求分包人及由承包人为履行合同聘请的第三方依法参加工伤保险。

（3）其他保险。发包人和承包人可以为其施工现场的全部人员办理意外伤害保险并支付保险费，包括其员工及为履行合同聘请的第三方的人员，具体事项由合同当事人在专用合同条款约定。除专用合同条款另有约定外，承包人应为其施工设备等办理财产保险。

（4）持续保险。合同当事人应与保险人保持联系，使保险人能够随时了解工程实施中的变动，并确保按保险合同条款要求持续保险。

（5）保险凭证。合同当事人应及时向另一方当事人提交其已投保的各项保险的凭证和保险单复印件。

（6）未按约定投保的补救。发包人未按合同约定办理保险，或未能使保险持续有效的，则承包人可代为办理，所需费用由发包人承担。发包人未按合同约定办理保险，导致未能得到足额赔偿的，由发包人负责补足。承包人未按合同约定办理保险，或未能使保险持续有效的，则发包人可代为办理，所需费用由承包人承担。承包人未按合同约定办理保险，导致未能得到足额赔偿的，由承包人负责补足。

（7）通知义务。除专用合同条款另有约定外，发包人变更除工伤保险之外的保险合同时，应事先征得承包人同意，并通知监理人；承包人变更除工伤保险之外的保险合同时，应事先征得发包人同意，并通知监理人。

保险事故发生时，投保人应按照保险合同规定的条件和期限及时向保险人报告。发包人和承包人应当在知道保险事故发生后及时通知对方。

3. 工程担保的内容

担保是指当事人根据法律规定或者双方约定，为促使债务人履行债务实现债权人的权利的法律制度。《担保法》规定的担保方式为保证、抵押、质押、留置和定金五种。在建设工程的过程中，保证是最为常用的一种担保方式。工程担保是指在工程建设活动中，由保证人向合同一方当事人（受益人）提供的，保证合同另一方当事人（被保证人）履行合同义务的担保行为，在被保证人不履行合同义务时，由保证人代为履行或承担代偿责任。建设工程中的保证人往往是银行，也可能是信用较高的其他担保人，如担保公司。习惯把银行出具的保证称为保函，而把其他保证人出具的书面保证称为保证书。

2016 年 6 月 23 日《国务院办公厅关于清理规范工程建设领域保证金的通知》（国办发〔2016〕49 号）发布，明确指出清理规范工程建设领域保证金是推进简政放权、放管结合、优化服务改革的必要措施，有利于减轻企业负担、激发市场活力，有利于发展信用经济、建设统一市场、促进公平竞争、加快建筑业转型升级。对建筑业企业在工程建设中需缴纳的保证金，仅保留四类依法依规设立的保证金（即投标保证金、履约保证金、工程质量保证金、农民工工资保证金），其他一律取消；转变保证金缴纳方式。对保留的投标保证金、履约保证金、工程质量保证金、农民工工资保证金，推行银行保函制度，建筑业企业可以银行保函方式缴纳。

（1）投标保证金

投标保证金是指用于投标担保的资金。投标人在投标报价前或同时向招标人提交规定形式、一定数额的资金用于保证其一旦中标即签约承包工程。投标人如果撤回投标或中标后不与业主签约，则需承担招标人的经济损失。投标保证金的形式包括银行提供投标保函、担保人出具担保书、现金等形式。

（2）履约保证金

履约保证金是指用于履约担保的资金。发包人为防止承包人在合同执行过程中违反合同规定或违约，要求承包人事先交纳一定数额的资金用于保证履行工程义务。在中标人收到中标通知后，需在规定时间签订合同协议书，连同履约保证金一起送交业主，然后再与发包人签订承包合同。履约保证金的形式包括现金、银行提供履约保函、担保人提供担保书等形式。

发包人需要承包人提供履约担保的，由合同当事人在专用合同条款中约定履约担保的方式、金额及期限等。履约担保可以采用银行保函或担保公司担保等形式，具体由合同当事人在专用合同条款中约定。因承包人原因导致工期延长的，继续提供履约担保所增加的费用由承包人承担；非因承包人原因导致工期延长的，继续提供履约担保所增加的费用由发包人承担。

（3）工程质量保证金

工程质量保证金指按照约定承包人用于保证其在缺陷责任期内履行缺陷修补义务的担保。经合同当事人协商一致扣留质量保证金的，应在专用合同条款中予以明确。在工程项目竣工前，承包人已经提供履约担保的，发包人不得同时预留工程质量保证金。发包人累计扣留的质量保证金不得超过工程价款结算总额的 3%。

（4）农民工工资保证金

根据 2017 年 11 月 23 日人力资源和社会保障部下发的《关于〈关于进一步完善工程建设领域农民工工资保证金制度的意见〉公开征求意见的通知》中的要求：为进一步完善农民工工资保证金制度，充分发挥其在预防和解决拖欠工资问题中的作用，在建筑市政、交通、水利等工程建设领域全面实行农民工工资保证金制度，要实现所有在建工程项目全覆盖。农民工工资保证金按项目所在地实行属地化管理，原则上由工程建设项目的施工总承包企业（包括直接承包建设单位发包工程的专业承包企业）缴存。农民工工资保证金按工程建设项目合同造价的一定比例缴存，原则上不低于造价的 1.5%，不超过 3%。施工企业拖欠工资被责令限期支付逾期未支付的，由人力资源社会保障部门或有关行业主管部门申请，工资保证金监管部门批准，可以动用农民工工资保证金支付被拖欠农民工工资。

上面四类保证金是政府规定的可以由发包方向承包方收取的，基于权利义务对等关系，承包方可以向发包方收取业主支付担保。如果发包方支付了预付款，也同样可以要求承包人提供预付款担保。

业主支付担保。业主通过担保人为其提供担保，保证将按照合同约定如期向承包商履行支付责任，本质上这就是业主的履约担保。

预付款担保。有些工程业主会先支付一定金额给承包商用于工程前期费用或购置部分材料，为了防止承包商挪作他用或携款潜逃、宣布破产等，需要担保人为承包商提供同等数额的预付款担保或提交银行保函。随着工程进行，业主会按工程进度以合同约定逐步扣回。

发包人要求承包人提供预付款担保的，承包人应在发包人支付预付款 7 天前提供预付款担保，专用合同条款另有约定除外。预付款担保可采用银行保函、担保公司担保等形式，具体由合同当事人在专用合同条款中约定。在预付款完全扣回之前，承包人应保证预付款担保持续有效。发包人在工程款中逐期扣回预付款后，预付款担保额度应相应减少，但剩余的预付款担保金额不得低于未被扣回的预付款金额。

除以上几种主要的工程担保形式外，还有保证金、工程抵押、工程留置等其他形式。

《施工合同（示范文本）》专用条款的附件中给出了履约担保、预付款担保和支付担保的格式，具体案例见表 6-1、表 6-2、表 6-3。

履 约 担 保

_____（发包人名称）：

鉴于_____（发包人名称，以下简称"发包人"）与_____（承包人名称）（以下称"承包人"）于___年___月___日就_____（工程名称）施工及有关事项协商一致共同签订《建设工程施工合同》。我方愿意无条件地、不可撤销地就承包人履行与你方签订的合同，向你方提供连带责任担保。

1. 担保金额人民币（大写）_____元（￥_____元）。

2. 担保有效期自你方与承包人签订的合同生效之日起至你方签发或应签发工程接收证书之日止。

3. 在本担保有效期内，因承包人违反合同约定的义务给你方造成经济损失时，我方在收到你方以书面形式提出的在担保金额内的赔偿要求后，在 7 天内无条件支付。

4. 你方和承包人按合同约定变更合同时，我方承担本担保规定的义务不变。

5. 因本保函发生的纠纷，可由双方协商解决，协商不成的，任何一方均可提请仲裁委员会仲裁。

6. 本保函自我方法定代表人（或其授权代理人）签字并加盖公章之日起生效。

担 保 人：_____（盖单位章）

法定代表人或其委托代理人：_____（签字）

地　　　址：_____

邮政编码：_____

电　　　话：_____

传　　　真：_____

_____年___月___日

预付款担保

_____（发包人名称）：

根据_____（承包人名称）（以下称"承包人"）与_____（发包人名称）（以下简称"发包人"）于___年___月___日签订的_____（工程名称）《建设工程施工合同》，承包人按约定的金额向你方提交一份预付款担保，即有权得到你方支付相等金额的预付款。我方愿意就你方提供给承包人的预付款为承包人提供连带责任担保。

1. 担保金额人民币（大写）_____元（￥_____元）。

2. 担保有效期自预付款支付给承包人起生效，至你方签发的进度款支付证书说明已完全扣清止。

3. 在本保函有效期内，因承包人违反合同约定的义务而要求收回预付款时，我方在收到你方的书面通知后，在7天内无条件支付。但本保函的担保金额，在任何时候不应超过预付款金额减去你方按合同约定在向承包人签发的进度款支付证书中扣除的金额。

4. 你方和承包人按合同约定变更合同时，我方承担本保函规定的义务不变。

5. 因本保函发生的纠纷，可由双方协商解决，协商不成的，任何一方均可提请____仲裁委员会仲裁。

6. 本保函自我方法定代表人（或其授权代理人）签字并加盖公章之日起生效。

担保人：_____（盖单位章）

法定代表人或其委托代理人：_____（签字）

地　　址：_____

邮政编码：_____

电　　话：_____

传　　真：_____

_____年____月____日

支付担保的格式　　　　　　　　　　　　　　　表 6-3

支 付 担 保

_____（承包人）：

鉴于你方作为承包人已经与____（发包人名称）（以下称"发包人"）于____年____月____日签订了____（工程名称）《建设工程施工合同》（以下称"主合同"），应发包人的申请，我方愿就发包人履行主合同约定的工程款支付义务以保证的方式向你方提供如下担保：

一、保证的范围及保证金额

1. 我方的保证范围是主合同约定的工程款。

2. 本保函所称主合同约定的工程款是指主合同约定的除工程质量保证金以外的合同价款。

3. 我方保证的金额是主合同约定的工程款的____％，数额最高不超过人民币元（大写：____）。

二、保证的方式及保证期间

1. 我方保证的方式为：连带责任保证。

2. 我方保证的期间为：自本合同生效之日起至主合同约定的工程款支付完毕之日后____日内。

3. 你方与发包人协议变更工程款支付日期的，经我方书面同意后，保证期间按照变更后的支付日期做相应调整。

三、承担保证责任的形式

我方承担保证责任的形式是代为支付。发包人未按主合同约定向你方支付工程款的，由我方在保证金额内代为支付。

四、代偿的安排

1. 你方要求我方承担保证责任的，应向我方发出书面索赔通知及发包人未支付主合同约定工程款的证明材料。索赔通知应写明要求索赔的金额，支付款项应到达的账号。

2. 在出现你方与发包人因工程质量发生争议，发包人拒绝向你方支付工程款的情形时，你方要求我方履行保证责任代为支付的，需提供符合相应条件要求的工程质量检测机构出具的质量说明材料。

3. 我方收到你方的书面索赔通知及相应的证明材料后 7 天内无条件支付。

五、保证责任的解除

1. 在本保函承诺的保证期间内，你方未书面向我方主张保证责任的，自保证期间届满次日起，我方保证责任解除。

2. 发包人按主合同约定履行了工程款的全部支付义务的，自本保函承诺的保证期间届满次日起，我方保证责任解除。

3. 我方按照本保函向你方履行保证责任所支付金额达到本保函保证金额时，自我方向你方支付（支付款项从我方账户划出）之日起，保证责任即解除。

4. 按照法律法规的规定或出现应解除我方保证责任的其他情形的，我方在本保函项下的保证责任亦解除。

5. 我方解除保证责任后，你方应自我方保证责任解除之日起____个工作日内，将本保函原件返还我方。

六、免责条款

1. 因你方违约致使发包人不能履行义务的，我方不承担保证责任。

2. 依照法律法规的规定或你方与发包人的另行约定，免除发包人部分或全部义务的，我方亦免除其相应的保证责任。

3. 你方与发包人协议变更主合同的，如加重发包人责任致使我方保证责任加重的，需征得我方书面同意，否则我方不再承担因此而加重部分的保证责任，但主合同第 10 条〔变更〕约定的变更不受本款限制。

4. 因不可抗力造成发包人不能履行义务的，我方不承担保证责任。

七、争议解决

因本保函或本保函相关事项发生的纠纷，可由双方协商解决，协商不成的，按下列第____种方式解决：

（1）向____仲裁委员会申请仲裁；

（2）向_____人民法院起诉。

八、保函的生效

本保函自我方法定代表人（或其授权代理人）签字并加盖公章之日起生效。

担保人：＿＿＿＿＿＿＿＿＿＿＿＿＿＿＿（盖章）

法定代表人或委托代理人：＿＿＿＿＿＿（签字）

地　　　址：＿＿＿＿＿＿＿＿＿＿＿＿＿

邮政编码：＿＿＿＿＿＿＿＿＿＿＿＿＿

传　　　真：＿＿＿＿＿＿＿＿＿＿＿＿＿

＿＿＿年＿＿＿月＿＿＿日

4. 工程保险与工程担保的区别与联系

工程担保和工程保险都是工程风险管理的重要手段，均有以下三方面的功能：加强对建设工程当事人严格履约的约束力；降低追究违约责任的成本；转移当事人无法承受的风险。通过建立和完善工程担保与工程保险制度来分散、转移风险，可以防止因对方不履行合同义务而给自己带来的损失。工程保险与工程担保的主要区别：

（1）当事人组成不同。工程担保一般由业主、承包商和担保人三方当事人组成，而工程保险除了保证保险以外，通常只有投保人和保险公司两方当事人。

（2）交付费用不同。工程担保由被担保人向担保人交付费用，通过担保人向权利人提供担保，保障权利人的利益不受损害；而工程保险是通过投保人向保险公司交付扣除费，使自己的利益得到保障（雇主责任险除外）。

（3）针对风险不同。保险针对的是可保风险即投保人无法控制或偶然的、意外和自然灾害的风险（其故意行为除外），而担保则是针对不可保风险中的信用风险（如担保人违约或失误造成的风险），特点是将信用风险转移回到它的风险源。

（4）承受风险程度不同。工程担保中担保人是暂时承担风险，其风险远小于被担保人，担保人往往要求被担保人提供反担保或签订偿还协议书，担保人有权追索其代为履约所支付的全部费用。只有被担保人的全部资产都赔付担保人后仍无法还清其代为偿付的费用时，担保人才会蒙受损失；工程保险中，保险公司收取一定的保险费，一旦发生事故，将按照保险合同赔偿全部或部分损失，而无权向投保人进行追偿。保险公司是唯一的责任者，将为投保人发生的事故负责，所承担风险要大。

（5）承担责任不同。被担保人因故不能履行合同时，担保人须采取积极措施保证合同能继续完成；工程保险中，保险公司仅需按合同支付相应数额的赔偿，无须承担其他责任。

（6）追偿功能不同。担保人可要求被担保人提供反担保或签订偿还协议书，担保人有权追索其代为履约所支付的全部费用；工程保险中，保险公司按保险合同赔偿全部或部分损失，但无权向投保人进行追偿（第三者原因造成的事故保险公司有权向第三人追偿）。

（7）损失不同。担保人暂时承担风险，事后可通过反担保追回部分或全部损失；工程保险中保险公司最终承担了风险损失。

6.2.3.10 解决合同争议的方式

发包人承包人在履行合同时发生争议，可以和解或者要求有关主管部门调解。当事人不愿和解、调解或者和解、调解不成的，双方可以在专用条款内约定以下一种方式解决争议：

第一种解决方式：双方达成仲裁协议，向约定的仲裁委员会申请仲裁；

第二种解决方式：向有管辖权的人民法院起诉。

当事人没有订立仲裁协议或者仲裁协议无效的，可以向人民法院起诉。当事人应当履行发生法律效力的判决、仲裁裁决、调解书；拒不履行的，对方可以请求人民法院执行。

6.3 建设工程施工合同的履行

6.3.1 建设工程合同履行的含义

工程合同履行是指工程建设项目的发包方和承包方根据合同规定的时间、地点、方式、内容及标准等要求，各自完成合同义务的行为。对于发包方来说，履行合同最主要的义务是按照合同约定支付合同价款，而承包方最主要的义务是按约定交付合格的建筑产品。但是，当事人双方的义务都不是单一的最后交付行为，而是一系列义务的总和。发包方不仅要按时支付工程预付款、进度款，还要按照约定按时提供现场施工条件，及时参加隐蔽工程验收等；而承包方义务的多样性表现为工程质量必须达到合同约定标准，施工进度不能超过合同工期等。

6.3.2 建设工程合同履行的原则

合同订立后能否很好得到履行，关系到合同目的能否实现。履行合同应遵守以下原则：

1. 全面、适当履行原则

当事人应当按照约定全面履行自己的义务，包括按约定的主体、标的、数量、质量、价款或报酬、方式、地点、期限等全面履行义务。全面履行原则对合同的履行具有重要意义，它是判断合同各方是否违约以及违约应当承担何种违约责任的根据和尺度。

2. 遵守诚实信用原则

诚实信用原则是《合同法》的基本原则，它是指当事人在签订和执行合同时，应根据合同的性质、目的和交易习惯履行通知、协助、保密等义务。讲究诚实，恪守信用，实事求是，以善意的方式行使权利并履行义务，不得回避法律和合同。

对施工合同来说，业主在合同实施阶段应当按合同规定向承包方提供施工场地，及时支付工程款，聘请工程师进行公正的现场协调和监理；承包方应当认真计划，组织好施工，努力按质、按量在规定时间内完成施工任务，并履行合同所规定的其他义务。在遇到合同文件没有作出具体规定或规定矛盾或含糊时，双方应当善意地等待合同，在合同规定的总体目标下公正行事。

3. 协作履行原则

合同当事人各方在履行合同过程中，应当互谅、互助，尽可能为对方履行合同义务提供相应的便利条件。因为工程施工合同的履行过程是一个经历时间长、涉及面广、质量、技术要求高的复杂过程，一方履行合同义务的行为往往就是另一方履行合同义务的必要条件，只有贯彻协作履行原则，才能达到双方预期的合同目的。因此，承发包双方必须严格按照合同约定履行自己的每一项义务，本着共同的目的，相互之间应进行必要的监督检查，及时发现问题，平等协商解决，保证工程顺利实施；当一方违约给工程实施带来不良影响时，另一方应及时支持，违约方应及时采取补救措施；发生争议时，双方应尽量采取和解、调解等省时省力的方法解决。

6.3.3 施工过程质量管理

6.3.3.1 对材料和设备的质量控制

为了保证工程项目达到投资建设的预期目的，确保工程质量至关重要。对工程质量进行严格控制，应从使用的材料质量控制开始。

1. 材料设备的采购接收保管

材料设备的内容与要求见《施工合同（示范文本）》通用条款第 8 条的规定。

（1）发包人供应材料与工程设备

发包人自行供应材料、工程设备的，应在签订合同时在专用合同条款的附件《发包人供应材料设备一览表》中明确材料、工程设备的品种、规格、型号、数量、单价、质量等级和送达地点。

承包人应提前 30 天通过监理人以书面形式通知发包人供应材料与工程设备进场。承包人按照施工进度计划的修订的条款约定修订施工进度计划时，需同时提交经修订后的发包人供应材料与工程设备的进场计划。

（2）承包人采购材料与工程设备

承包人负责采购材料、工程设备的，应按照设计和有关标准要求采购，并提供产品合格证明及出厂证明，对材料、工程设备质量负责。合同约定由承包人采购的材料、工程设备，发包人不得指定生产厂家或供应商，发包人违反约定指定生产厂家或供应商的，承包人有权拒绝，并由发包人承担相应责任。

（3）材料与工程设备的接收与拒收

发包人应按《发包人供应材料设备一览表》约定的内容提供材料和工程设备，并向承包人提供产品合格证明及出厂证明，对其质量负责。发包人应提前 24 小时以书面形式通知承包人、监理人材料和工程设备到货时间，承包人负责材料和工程设备的清点、检验和接收。发包人提供的材料和工程设备的规格、数量或质量不符合合同约定的，或因发包人原因导致交货日期延误或交货地点变更等情况的，按照发包人违约的条款约定办理。

承包人采购的材料和工程设备，应保证产品质量合格，承包人应在材料和工程设备到货前 24 小时通知监理人检验。承包人进行永久设备、材料的制造和生产的，应符合相关质量标准，并向监理人提交材料的样本以及有关资料，并应在使用该材料或工程设备之前获得监理人同意。承包人采购的材料和工程设备不符合设计或有关标准要求时，承包人应在监理人要求的合理期限内将不符合设计或有关标准要求的材料、工程设备运出施工现场，并重新采购符合要求的材料、工程设备，由此增加的费用和（或）延误的工期，由承包人承担。

（4）材料与工程设备的保管与使用

①发包人供应材料与工程设备的保管与使用

发包人供应的材料和工程设备，承包人清点后由承包人妥善保管，保管费用由发包人承担，但已标价工程量清单或预算书已经列支或专用合同条款另有约定除外。因承包人原因发生丢失毁损的，由承包人负责赔偿；监理人未通知承包人清点的，承包人不负责材料和工程设备的保管，由此导致丢失毁损的由发包人负责。发包人供应的材料和工程设备使用前，由承包人负责检验，检验费用由发包人承担，不合格的不得使用。

②承包人采购材料与工程设备的保管与使用

承包人采购的材料和工程设备由承包人妥善保管，保管费用由承包人承担。法律规定材料和工程设备使用前必须进行检验或试验的，承包人应按监理人的要求进行检验或试验，检验或试验费用由承包人承担，不合格的不得使用。

发包人或监理人发现承包人使用不符合设计或有关标准要求的材料和工程设备时，有权要求承包人进行修复、拆除或重新采购，由此增加的费用和（或）延误的工期，由承包人承担。

（5）禁止使用不合格的材料和工程设备

监理人有权拒绝承包人提供的不合格材料或工程设备，并要求承包人立即进行更换。监理人应在更换后再次进行检查和检验，由此增加的费用和（或）延误的工期由承包人承担。监理人发现承包人使用了不合格的材料和工程设备，承包人应按照监理人的指示立即改正，并禁止在工程中继续使用不合格的材料和工程设备。发包人提供的材料或工程设备不符合合同要求的，承包人有权拒绝，并可要求发包人更换，由此增加的费用和（或）延误的工期由发包人承担，并支付承包人合理的利润。

（6）样品

①样品的报送与封存

需要承包人报送样品的材料或工程设备，样品的种类、名称、规格、数量等要求均应在专用合同条款中约定。样品的报送程序如下：

承包人应在计划采购前28天向监理人报送样品。承包人报送的样品均应来自供应材料的实际生产地，且提供的样品的规格、数量足以表明材料或工程设备的质量、型号、颜色、表面处理、质地、误差和其他要求的特征。

承包人每次报送样品时应随附申报单，申报单应载明报送样品的相关数据和资料，并标明每件样品对应的图纸号，预留监理人批复意见栏。监理人应在收到承包人报送的样品后7天向承包人回复经发包人签认的样品审批意见。

经发包人和监理人审批确认的样品应按约定的方法封样，封存的样品作为检验工程相关部分的标准之一。承包人在施工过程中不得使用与样品不符的材料或工程设备。

发包人和监理人对样品的审批确认仅为确认相关材料或工程设备的特征或用途，不得被理解为对合同的修改或改变，也并不减轻或免除承包人任何的责任和义务。如果封存的样品修改或改变了合同约定，合同当事人应当以书面协议予以确认。

②样品的保管

经批准的样品应由监理人负责封存于现场，承包人应在现场为保存样品提供适当和固定的场所并保持适当和良好的存储环境条件。

（7）材料与工程设备的替代

出现下列情况需要使用替代材料和工程设备的，承包人应按照约定的程序执行：基准日期后生效的法律规定禁止使用的；发包人要求使用替代品的；因其他原因必须使用替代品的。

承包人应在使用替代材料和工程设备 28 天前书面通知监理人，并附下列文件：被替代的材料和工程设备的名称、数量、规格、型号、品牌、性能、价格及其他相关资料；替代品的名称、数量、规格、型号、品牌、性能、价格及其他相关资料；替代品与被替代产品之间的差异以及使用替代品可能对工程产生的影响；替代品与被替代产品的价格差异；使用替代品的理由和原因说明；监理人要求的其他文件。

监理人应在收到通知后 14 天内向承包人发出经发包人签认的书面指示；监理人逾期发出书面指示的，视为发包人和监理人同意使用替代品。

发包人认可使用替代材料和工程设备的，替代材料和工程设备的价格，按照已标价工程量清单或预算书相同项目的价格认定；无相同项目的，参考相似项目价格认定；既无相同项目也无相似项目的，按照合理的成本与利润构成的原则，由合同当事人商定价格。

（8）施工设备和临时设施

承包人应按合同进度计划的要求，及时配置施工设备和修建临时设施。进入施工场地的承包人设备需经监理人核查后才能投入使用。承包人更换合同约定的承包人设备的，应报监理人批准。除专用合同条款另有约定外，承包人应自行承担修建临时设施的费用，需要临时占地的，应由发包人办理申请手续并承担相应费用。

发包人提供的施工设备或临时设施在专用合同条款中约定。承包人使用的施工设备不能满足合同进度计划和（或）质量要求时，监理人有权要求承包人增加或更换施工设备，承包人应及时增加或更换，由此增加的费用和（或）延误的工期由承包人承担。

（9）材料与设备专用要求

承包人运入施工现场的材料、工程设备、施工设备以及在施工场地建设的临时设施，包括备品备件、安装工具与资料，必须专用于工程。未经发包人批准，承包人不得运出施工现场或挪作他用；经发包人批准，承包人可以根据施工进度计划撤走闲置的施工设备和其他物品。

2. 材料和设备的试验与检验

材料和设备的试验与检验见《施工合同（示范文本）》通用条款第 9 条的规定。

（1）试验设备与试验人员

承包人根据合同约定或监理人指示进行的现场材料试验，应由承包人提供试验场所、试验人员、试验设备以及其他必要的试验条件。监理人在必要时可以使用承包人提供的试验场所、试验设备以及其他试验条件，进行以工程质量检查为目的的材料复核试验，承包人应予以协助。承包人应按专用合同条款的约定提供试验设备、取样装置、试验场所和试验条件，并向监理人提交相应进场计划表。

承包人配置的试验设备要符合相应试验规程的要求并经过具有资质的检测单位检测，且在正式使用该试验设备前，需要经过监理人与承包人共同校定。承包人应向监理人提交试验人员的名单及其岗位、资格等证明资料，试验人员必须能够熟练进行相应的检测试验，承包人对试验人员的试验程序和试验结果的正确性负责。

（2）取样

试验属于自检性质的，承包人可以单独取样。试验属于监理人抽检性质的，可由监理人取样，也可由承包人的试验人员在监理人的监督下取样。

（3）材料、工程设备和工程的试验和检验

承包人应按合同约定进行材料、工程设备和工程的试验和检验，并为监理人对上述材料、工程设备和工程的质量检查提供必要的试验资料和原始记录。按合同约定应由监理人与承包人共同进行试验和检验的，由承包人负责提供必要的试验资料和原始记录。

试验属于自检性质的，承包人可以单独进行试验。试验属于监理人抽检性质的，监理人可以单独进行试验，也可由承包人与监理人共同进行。承包人对由监理人单独进行的试验结果有异议的，可以申请重新共同进行试验。约定共同进行试验的，监理人未按照约定参加试验的，承包人可自行试验，并将试验结果报送监理人，监理人应承认该试验结果。

监理人对承包人的试验和检验结果有异议的，或为查清承包人试验和检验成果的可靠性要求承包人重新试验和检验的，可由监理人与承包人共同进行。重新试验和检验的结果证明该项材料、工程设备或工程的质量不符合合同要求的，由此增加的费用和（或）延误的工期由承包人承担；重新试验和检验结果证明该项材料、工程设备和工程符合合同要求的，由此增加的费用和（或）延误的工期由发包人承担。

（4）现场工艺试验

承包人应按合同约定或监理人指示进行现场工艺试验。对大型的现场工艺试验，监理人认为必要时，承包人应根据监理人提出的工艺试验要求，编制工艺试验措施计划，报送监理人审查。

［案例6-5］ 某工程在实施过程中发生以下事件：

事件1：桩基工程施工中，在抽检材料试验未完成的情况下，施工单位已将该批材料用于工程，专业监理工程师发现后予以制止。其后完成的材料试验结果表明，该批材料不合格，经检验，使用该批材料的相应工程部位存在质量问题，需进行返修。

事件2：施工中，由建设单位负责采购的设备在没有通知施工单位共同清点的情况下就存放在施工现场。施工单位安装时发现该设备的部分部件损坏，对此，建设单位要求施工单位承担损坏赔偿责任。

问题：

（1）事件1中，返修的费用和拖延的工期由谁承担？

（2）事件2中，建设单位做法的不妥之处，说明理由。

（3）事件3中，单机无负荷试车由谁组织？其费用是否包含在合同价中？因试车验收未通过所增加的各项费用由谁承担？

解析：

（1）由施工单位承担返修的费用，拖延的工期不予顺延。理由：抽检材料试验未完成，是施工单位擅自提前施工造成的。

（2）由建设单位采购的设备没有通知施工单位共同清点就存放施工现场不妥；理由：建设单位应以书面形式通知施工单位派人与其共同清点移交。建设单位要求施工单位承担设备部分部件损坏的责任不妥；理由：建设单位未通知施工单位清点，施工单位不负责设备的保管，设备丢失损坏由建设单位负责。

6.3.3.2 工程质量标准及质量检验

对于质量要求和检验见《施工合同（示范文本）》通用条款第5条的规定。

1. 质量要求

工程质量标准必须符合现行国家有关工程施工质量验收规范和标准的要求。有关工程质量的特殊标准或要求由合同当事人在专用合同条款中约定。因发包人原因造成工程质量未达到合同约定标准的，由发包人承担由此增加的费用和（或）延误的工期，并支付承包人合理的利润。因承包人原因造成工程质量未达到合同约定标准的，发包人有权要求承包人返工直至工程质量达到合同约定的标准为止，并由承包人承担由此增加的费用和（或）延误的工期。

2. 质量保证措施

发包人应按照法律规定及合同约定完成与工程质量有关的各项工作。

承包人按照施工组织设计条款约定向发包人和监理人提交工程质量保证体系及措施文件，建立完善的质量检查制度，并提交相应的工程质量文件。对于发包人和监理人违反法律规定和合同约定的错误指示，承包人有权拒绝实施。承包人应对施工人员进行质量教育和技术培训，定期考核施工人员的劳动技能，严格执行施工规范和操作规程。

承包人应按照法律规定和发包人的要求，对材料、工程设备以及工程的所有部位及其施工工艺进行全过程的质量检查和检验，并作详细记录，编制工程质量报表，报送监理人审查。此外，承包人还应按照法律规定和发包人的要求，进行施工现场取样试验、工程复核测量和设备性能检测，提供试验样品、提交试验报告和测量成果以及其他工作。

监理人按照法律规定和发包人授权对工程的所有部位及其施工工艺、材料和工程设备进行检查和检验。承包人应为监理人的检查和检验提供方便，包括监理人到施工现场，或制造、加工地点，或合同约定的其他地方进行察看和查阅施工原始记录。监理人为此进行的检查和检验，不免除或减轻承包人按照合同约定应当承担的责任。

监理人的检查和检验不应影响施工正常进行。监理人的检查和检验影响施工正常进行的，且经检查检验不合格的，影响正常施工的费用由承包人承担，工期不予顺延；经检查检验合格的，由此增加的费用和（或）延误的工期由发包人承担。

3. 隐蔽工程检查

（1）承包人自检

承包人应当对工程隐蔽部位进行自检，并经自检确认是否具备覆盖条件。

（2）检查程序

除专用合同条款另有约定外，工程隐蔽部位经承包人自检确认具备覆盖条件的，承包人应在共同检查前48小时书面通知监理人检查，通知中应载明隐蔽检查的内容、时间和地点，并应附有自检记录和必要的检查资料。

监理人应按时到场并对隐蔽工程及其施工工艺、材料和工程设备进行检查。经监理人检查确认质量符合隐蔽要求，并在验收记录上签字后，承包人才能进行覆盖。经监理人检查质量不合格的，承包人应在监理人指示的时间内完成修复，并由监理人重新检查，由此增加的费用和（或）延误的工期由承包人承担。

除专用合同条款另有约定外，监理人不能按时进行检查的，应在检查前24小时向承包人提交书面延期要求，但延期不能超过48小时，由此导致工期延误的，工期应予以顺延。监理人未按时进行检查，也未提出延期要求的，视为隐蔽工程检查合格，承包人可自行完成覆盖工作，并作相应记录报送监理人，监理人应签字确认。监理人事后对检查记录有疑问的，可按约定重新检查。

（3）重新检查

承包人覆盖工程隐蔽部位后，发包人或监理人对质量有疑问的，可要求承包人对已覆盖的部位进行钻孔探测或揭开重新检查，承包人应遵照执行，并在检查后重新覆盖恢复原状。经检查证明工程质量符合合同要求的，由发包人承担由此增加的费用和（或）延误的工期，并支付承包人合理的利润；经检查证明工程质量不符合合同要求的，由此增加的费用和（或）延误的工期由承包人承担。

（4）承包人私自覆盖

承包人未通知监理人到场检查，私自将工程隐蔽部位覆盖的，监理人有权指示承包人钻孔探测或揭开检查，无论工程隐蔽部位质量是否合格，由此增加的费用和（或）延误的工期均由承包人承担。

4. 不合格工程的处理

因承包人原因造成工程不合格的，发包人有权随时要求承包人采取补救措施，直至达到合同要求的质量标准，由此增加的费用和（或）延误的工期由承包人承担。无法补救的，按照拒绝接收全部或部分工程的条款约定执行。

因发包人原因造成工程不合格的，由此增加的费用和（或）延误的工期由发包人承担，并支付承包人合理的利润。

5. 质量争议检测

合同当事人对工程质量有争议的，由双方协商确定的工程质量检测机构鉴定，由此产生的费用及因此造成的损失，由责任方承担。合同当事人均有责任的，由双方根据其责任分别承担。合同当事人无法达成一致的，按照商定或确定条款执行。

6.3.4 施工进度管理

《施工合同（示范文本）》通用条款的第 7 条对工期和进度的内容进行了约定。

6.3.4.1 开工及测量放线

1. 开工准备

除专用合同条款另有约定外，承包人应按照施工组织设计约定的期限，向监理人提交工程开工报审表，经监理人报发包人批准后执行。开工报审表应详细说明按施工进度计划正常施工所需的施工道路、临时设施、材料、工程设备、施工设备、施工人员等落实情况以及工程的进度安排。除专用合同条款另有约定外，合同当事人应按约定完成开工准备工作。

2. 开工通知

发包人应按照法律规定获得工程施工所需的许可。经发包人同意后，监理人发出的开工通知应符合法律规定。监理人应在计划开工日期 7 天前向承包人发出开工通知，工期自开工通知中载明的开工日期起算。除专用合同条款另有约定外，因发包人原因造成监理人未能在计划开工日期之日起 90 天内发出开工通知的，承包人有权提出价格调整要求，或者解除合同。发包人应当承担由此增加的费用和（或）延误的工期，并向承包人支付合理利润。

3. 测量放线

除专用合同条款另有约定外，发包人应在至迟不得晚于开工通知中载明的开工日期前 7 天通过监理人向承包人提供测量基准点、基准线和水准点及其书面资料。发包人应对其提供的测量基准点、基准线和水准点及其书面资料的真实性、准确性和完整性负责。承包人发现发包人提供的测量基准点、基准线和水准点及其书面资料存在错误或疏漏的，应及时通知监理人。监理人应及时报告发包人，并会同发包人和承包人予以核实。发包人应就如何处理和是否继续施工作出决定，并通知监理人和承包人。

承包人负责施工过程中的全部施工测量放线工作，并配置具有相应资质的人员、合格的仪器、设备和其他物品。承包人应矫正工程的位置、标高、尺寸或准线中出现的任何差错，并对工程各部分的定位负责。施工过程中对施工现场内水准点等测量标志物的保护工作由承包人负责。

6.3.4.2 施工组织设计

施工组织设计应包含以下内容：①施工方案；②施工现场平面布置图；③施工进度计划和保证措施；④劳动力及材料供应计划；⑤施工机械设备的选用；⑥质量保证体系及措施；⑦安全生产、文明施工措施；⑧环境保护、成本控制措施；⑨合同当事人约定的其他内容。

施工组织设计的提交和修改。除专用合同条款另有约定外，承包人应在合同签订后14天内，但至迟不得晚于开工通知载明的开工日期前7天，向监理人提交详细的施工组织设计，并由监理人报送发包人。除专用合同条款另有约定外，发包人和监理人应在监理人收到施工组织设计后7天内确认或提出修改意见。对发包人和监理人提出的合理意见和要求，承包人应自费修改完善。根据工程实际情况需要修改施工组织设计的，承包人应向发包人和监理人提交修改后的施工组织设计。

6.3.4.3 按进度计划施工

施工进度计划的编制。承包人应按照第施工组织设计条款约定提交详细的施工进度计划，施工进度计划的编制应当符合国家法律规定和一般工程实践惯例，施工进度计划经发包人批准后实施。施工进度计划是控制工程进度的依据，发包人和监理人有权按照施工进度计划检查工程进度情况。

施工进度计划的修订。施工进度计划不符合合同要求或与工程的实际进度不一致的，承包人应向监理人提交修订的施工进度计划，并附具有关措施和相关资料，由监理人报送发包人。除专用合同条款另有约定外，发包人和监理人应在收到修订的施工进度计划后7天内完成审核和批准或提出修改意见。发包人和监理人对承包人提交的施工进度计划的确认，不能减轻或免除承包人根据法律规定和合同约定应承担的任何责任或义务。

6.3.4.4 暂停施工

1. 发包人原因引起的暂停施工

因发包人原因引起暂停施工的，监理人经发包人同意后，应及时下达暂停施工指示。情况紧急且监理人未及时下达暂停施工指示的，按照"紧急情况下的暂停施工"条款执行。因发包人原因引起的暂停施工，发包人应承担由此增加的费用和（或）延误的工期，并支付承包人合理的利润。

2. 承包人原因引起的暂停施工

因承包人原因引起的暂停施工，承包人应承担由此增加的费用和（或）延误的工期，且承包人在收到监理人复工指示后84天内仍未复工的，视为在"承包人违约的情形"条款中约定的承包人无法继续履行合同的情形。

3. 指示暂停施工

监理人认为有必要时，并经发包人批准后，可向承包人作出暂停施工的指示，承包人应按监理人指示暂停施工。

4. 紧急情况下的暂停施工

因紧急情况需暂停施工，且监理人未及时下达暂停施工指示的，承包人可先暂停施工，并及时通知监理人。监理人应在接到通知后 24 小时内发出指示，逾期未发出指示，视为同意承包人暂停施工。监理人不同意承包人暂停施工的，应说明理由，承包人对监理人的答复有异议，按照争议解决条款的约定处理。

5. 暂停施工后的复工

暂停施工后，发包人和承包人应采取有效措施积极消除暂停施工的影响。在工程复工前，监理人会同发包人和承包人确定因暂停施工造成的损失，并确定工程复工条件。当工程具备复工条件时，监理人应经发包人批准后向承包人发出复工通知，承包人应按照复工通知要求复工。

承包人无故拖延和拒绝复工的，承包人承担由此增加的费用和（或）延误的工期；因发包人原因无法按时复工的，按照"因发包人原因导致工期延误"条款的约定办理。

6. 暂停施工持续 56 天以上

监理人发出暂停施工指示后 56 天内未向承包人发出复工通知，除该项停工属于承包人原因引起的暂停施工及不可抗力约定的情形外，承包人可向发包人提交书面通知，要求发包人在收到书面通知后 28 天内准许已暂停施工的部分或全部工程继续施工。发包人逾期不予批准的，则承包人可以通知发包人，将工程受影响的部分视为按"变更的范围"中的可取消工作。暂停施工持续 84 天以上不复工的，且不属于承包人原因引起的暂停施工及不可抗力约定的情形，并影响到整个工程以及合同目的实现的，承包人有权提出价格调整要求，或者解除合同。解除合同的，按照"因发包人违约解除合同"条款执行。

7. 暂停施工期间的工程照管

暂停施工期间，承包人应负责妥善照管工程并提供安全保障，由此增加的费用由责任方承担。

8. 暂停施工的措施

暂停施工期间，发包人和承包人均应采取必要的措施确保工程质量及安全，防止因暂停施工扩大损失。

6.3.4.5 工期延误

1. 因发包人原因导致工期延误

在合同履行过程中，因下列情况导致工期延误和（或）费用增加的，由发包人承担由此延误的工期和（或）增加的费用，且发包人应支付承包人合理的利润：

（1）发包人未能按合同约定提供图纸或所提供图纸不符合合同约定的；

（2）发包人未能按合同约定提供施工现场、施工条件、基础资料、许可、批准等开工条件的；

（3）发包人提供的测量基准点、基准线和水准点及其书面资料存在错误或疏漏的；

（4）发包人未能在计划开工日期之日起 7 天内同意下达开工通知的；

（5）发包人未能按合同约定日期支付工程预付款、进度款或竣工结算款的；

（6）监理人未按合同约定发出指示、批准等文件的；

（7）专用合同条款中约定的其他情形。

因发包人原因未按计划开工日期开工的，发包人应按实际开工日期顺延竣工日期，确保实际工期不低于合同约定的工期总日历天数。因发包人原因导致工期延误需要修订施工进度计划的，按照"施工进度计划的修订"条款规定执行。

2. 因承包人原因导致工期延误

因承包人原因造成工期延误的，可以在专用合同条款中约定逾期竣工违约金的计算方法和逾期竣工违约金的上限。承包人支付逾期竣工违约金后，不免除承包人继续完成工程及修补缺陷的义务。

自 2019 年 2 月 1 日起施行的最高人民法院《关于审理建设工程施工合同纠纷案件适用法律问题的解释（二）》第六条规定：

当事人约定顺延工期应当经发包人或者监理人签证等方式确认，承包人虽未取得工期顺延的确认，但能够证明在合同约定的期限内向发包人或者监理人申请过工期顺延且顺延事由符合合同约定，承包人以此为由主张工期顺延的，人民法院应予支持。

当事人约定承包人未在约定期限内提出工期顺延申请视为工期不顺延的，按照约定处理，但发包人在约定期限后同意工期顺延或者承包人提出合理抗辩的除外。

6.3.4.6 不利物质条件和异常恶劣的气候条件

不利物质条件是指有经验的承包人在施工现场遇到的不可预见的自然物质条件、非自然的物质障碍和污染物，包括地表以下物质条件和水文条件以及专用合同条款约定的其他情形，但不包括气候条件。

承包人遇到不利物质条件时，应采取克服不利物质条件的合理措施继续施工，并及时通知发包人和监理人。通知应载明不利物质条件的内容以及承包人认为不可预见的理由。监理人经发包人同意后应当及时发出指示，指示构成变更的，按变更约定执行。承包人因采取合理措施而增加的费用和（或）延误的工期由发包人承担。

异常恶劣的气候条件是指在施工过程中遇到的，有经验的承包人在签订合同时不可预见的，对合同履行造成实质性影响的，但尚未构成不可抗力事件的恶劣气候条件。合同当事人可以在专用合同条款中约定异常恶劣的气候条件的具体情形。

承包人应采取克服异常恶劣的气候条件的合理措施继续施工，并及时通知发包人和监理人。监理人经发包人同意后应当及时发出指示，指示构成变更的，按变更条款的约定办理。承包人因采取合理措施而增加的费用和（或）延误的工期由发包人承担。

[案例 6-6] 停工损失争议

某理工学院与六建公司签订了教学楼工程的《建设工程施工合同》。六建公司将工程分包给海龙公司，签订《工程分包合同》，六建公司作为施工管理者，承担管理义务。海龙公司以六建公司项目部的名义到理工学院工地进行施工。后因楼浇板出现裂缝，监理单位发出停工整改通知书，六建公司下发停工、撤场通知书，海龙公司停止施工。之后查明，楼浇板出现裂缝是因理工学院提供的地质报告有误造成的。该工程停工到诉前，为分析裂缝原因及专家论证和确定责任用了近两年时间。此案争议的焦点在于停工损失的分配与计算问题。

最高人民法院在查明事实后认为：在 1999 年 4 月 20 日教学楼工程停工后，海龙公司与六建公司就停工撤场还是复工问题一直存在争议。对此，各方当事人应当本着诚实信用的原则加以协商处理，暂时难以达成一致的，发包方对于停工、撤场应当有明确的意见，并应承担合理的停工损失；承包方、分包方也不应盲目等待而放任停工损失的扩大，而应当采取适当措施如及时将有关停工事宜告知有关各方、自行做好人员和机械的撤离等，以减少自身的损失。而本案中，教学楼工程停工后，理工学院作为工程的发包方没有就停工、撤场以及是否复工作出明确的指令，六建公司对工程是否还由海龙公司继续施工等问题的解决组织协调不力，并且没有采取有效措施避免海龙公司的停工损失，理工学院和六建公司对此应承担一定责任。与此同时，海龙公司也未积极采取适当措施要求理工学院和六建公司明确停工时间以及是否需要撤出全部人员和机械，而是盲目等待近两年时间，从而放任了停工损失的扩大。因此，虽然教学楼工程实际处于停工状态近两年，但对于计算停工损失的停工时间则应当综合案件事实加以合理确定，二审判决及再审判决综合各方当事人的责任大小和有关政府文件的规定，将海龙公司的停工时间计算为从 1999 年 4 月 20 日起的 6 个月，较为合理。

最高法院最终判决：本案停工损失由建设单位理工学院（70％）、工程管理单位六建公司（20％）和施工单位海龙公司（10％）共同承担。停工时间最终认定为 6 个月，而非自然持续的约两年的时间。

案例要旨：因发包人提供错误的地质报告致使建设工程停工，当事人对停工时间未作约定或未达成协议的，承包人不应盲目等待而放任停工状态的持续以及停工损失的扩大。对于计算由此导致的停工损失所依据的停工时间的确定，也不能简单地以停工状态的自然持续时间为准，而是应根据案件事实综合确定一定的合理期间作为停工时间。（案例改编自参考文献［30］）

6.3.5 工程计量及进度款支付管理

工程计量及进度款支付见《施工合同（示范文本）》通用条款第 12.3 条和 12.4 条的规定。

由于签订合同时在工程量清单中开列的工程量是估计工程量，实际施工可能与其有差异，因此发包人支付工程进度款前应对承包人完成的实际工程量予以确认或核实，按照承包人实际完成永久工程的工程量进行支付。

6.3.5.1 工程计量

（1）计量原则。工程量计量按照合同约定的工程量计算规则、图纸及变更指示等进行计量。工程量计算规则应以相关的国家标准、行业标准等为依据，由合同当事人在专用合同条款中约定。

（2）计量周期。除专用合同条款另有约定外，工程量的计量按月进行。

（3）单价合同和总价合同的计量。除专用合同条款另有约定外，单价合同的计量按照本项约定执行：

1）承包人应于每月 25 日向监理人报送上月 20 日至当月 19 日已完成的工程量报告，并附具进度付款申请单、已完成工程量报表和有关资料。

2）监理人应在收到承包人提交的工程量报告后 7 天内完成对承包人提交的工程量报表的审核并报送发包人，以确定当月实际完成的工程量。监理人对工程量有异议的，有权要求承包人进行共同复核或抽样复测。承包人应协助监理人进行复核或抽样复测，并按监理人要求提供补充计量资料。承包人未按监理人要求参加复核或抽样复测的，监理人复核或修正的工程量视为承包人实际完成的工程量。

3）监理人未在收到承包人提交的工程量报表后的 7 天内完成审核的，承包人报送的工程量报告中的工程量视为承包人实际完成的工程量，据此计算工程价款。

（4）总价合同采用支付分解表计量支付的，可以按照总价合同的计量约定进行计量，但合同价款按照支付分解表进行支付。

（5）其他价格形式合同的计量。合同当事人可在专用合同条款中约定其他价格形式合同的计量方式和程序。

6.3.5.2 进度款的支付管理

1. 付款周期

除专用合同条款另有约定外，付款周期应按照计量周期的约定与计量周期保持一致。

2. 进度付款申请单的编制

除专用合同条款另有约定外，进度付款申请单应包括下列内容：

（1）截至本次付款周期已完成工作对应的金额；

（2）根据变更条款应增加和扣减的变更金额；

（3）根据预付款条款约定应支付的预付款和扣减的返还预付款；

（4）根据质量保证金条款约定应扣减的质量保证金；

（5）根据索赔条款应增加和扣减的索赔金额；

（6）对已签发的进度款支付证书中出现错误的修正，应在本次进度付款中支付或扣除的金额；

（7）根据合同约定应增加和扣减的其他金额。

3. 进度付款申请单的提交

（1）单价合同进度付款申请单的提交

单价合同的进度付款申请单，按照单价合同的计量约定的时间按月向监理人提交，并附上已完成工程量报表和有关资料。单价合同中的总价项目按月进行支付分解，并汇总列入当期进度付款申请单。

（2）总价合同进度付款申请单的提交

总价合同按月计量支付的，承包人按照总价合同的计量约定的时间按月向监理人提交进度付款申请单，并附上已完成工程量报表和有关资料。总价合同按支付分解表支付的，承包人应按照支付分解表及进度付款申请单的编制的约定向监理人提交进度付款申请单。

（3）其他价格形式合同的进度付款申请单的提交

合同当事人可在专用合同条款中约定其他价格形式合同的进度付款申请单的编制和提交程序。

4. 进度款审核和支付

（1）除专用合同条款另有约定外，监理人应在收到承包人进度付款申请单以及相关资料后 7 天内完成审查并报送发包人，发包人应在收到后 7 天内完成审批并签发进度款支付证书。发包人逾期未完成审批且未提出异议的，视为已签发进度款支付证书。

发包人和监理人对承包人的进度付款申请单有异议的，有权要求承包人修正和提供补充资料，承包人应提交修正后的进度付款申请单。监理人应在收到承包人修正后的进度付款申请单及相关资料后 7 天内完成审查并报送发包人，发包人应在收到监理人报送的进度付款申请单及相关资料后 7 天内，向承包人签发无异议部分的临时进度款支付证书。存在争议的部分，按照争议解决条款的约定处理。

（2）除专用合同条款另有约定外，发包人应在进度款支付证书或临时进度款支付证书签发后 14 天内完成支付，发包人逾期支付进度款的，应按照中国人民银行发布的同期同类贷款基准利率支付违约金。

（3）发包人签发进度款支付证书或临时进度款支付证书，不表明发包人已同意、批准或接受了承包人完成的相应部分的工作。

5. 进度付款的修正

在对已签发的进度款支付证书进行阶段汇总和复核中发现错误、遗漏或重复的，发包人和承包人均有权提出修正申请。经发包人和承包人同意的修正，应在下期进度付款中支付或扣除。

6. 支付分解表

（1）支付分解表的编制要求。

支付分解表中所列的每期付款金额，应为进度付款申请单的编制中的估算金额；实际进度与施工进度计划不一致的，合同当事人可按照商定或确定条款修改支付分解表；不采用支付分解表的，承包人应向发包人和监理人提交按季度编制的支付估算分解表，用于支付参考。

（2）总价合同支付分解表的编制与审批

除专用合同条款另有约定外，承包人应根据施工进度计划约定的施工进度计划、签约合同价和工程量等因素对总价合同按月进行分解，编制支付分解表。承包人应当在收到监理人和发包人批准的施工进度计划后 7 天内，将支付分解表及编制支付分解表的支持性资料报送监理人。

监理人应在收到支付分解表后 7 天内完成审核并报送发包人。发包人应在收到经监理人审核的支付分解表后 7 天内完成审批，经发包人批准的支付分解表为有约束力的支付分解表。

发包人逾期未完成支付分解表审批的，也未及时要求承包人进行修正和提供补充资料的，则承包人提交的支付分解表视为已经获得发包人批准。

（3）单价合同的总价项目支付分解表的编制与审批

除专用合同条款另有约定外，单价合同的总价项目，由承包人根据施工进度计划和总价项目的总价构成、费用性质、计划发生时间和相应工程量等因素按月进行分解，形成支付分解表，其编制与审批参照总价合同支付分解表的编制与审批执行。

7. 支付账户

发包人应将合同价款支付至合同协议书中约定的承包人账户。

6.3.6 施工合同的变更管理

任何工程项目在实施过程中由于受到各种外界因素的干扰，都会发生程度不同的变更，它无法事先做出具体的预测，而在开工后又无法避免。而由于合同变更涉及工程价款的变更及工期的补偿等，这直接关系到项目效益。因此，变更管理在合同管理中就显得相当重要。

6.3.6.1 工程变更的概念及性质

工程变更一般是指在工程施工过程中，根据合同的约定对施工的程序、工程的数量、质量要求及标准等做出的变更。

工程变更是一种特殊的合同变更。合同变更是指合同成立后、履行完毕前由双方当事人依法对原合同的内容所进行的修改。但工程变更与一般合同变更存在一定的差异。一般合同变更的协商，发生在履约过程中合同内容变更之时，而工程变更则较为特殊：双方在合同中已经授予工程师进行工程变更的权利，但此时对变更工程的价款最多只能作原则性的约定；在施工过程中，工程师直接行使合同赋予的权利发出工程变更指令，根据合同约定承包商应该先行实施该指令；此后，双方可对变更工程的价款进行协商。

6.3.6.2 合同变更的原因

合同内容频繁的变更是工程合同的特点之一。对一个较为复杂的工程合同，实施中的变更事件可能有几百项，合同变更产生的原因通常有如下几方面：

1. 工程范围发生变化

（1）业主新的指令，对建筑新的要求，要求增加或删减某些项目、改变质量标准，项目用途发生变化；

（2）政府部门对工程项目有新的要求如国家计划变化、环境保护要求、城市规划变动等。

2. 设计变更

在工程施工合同履约过程中，由工程不同参与方提出，最终由设计单位以设计变更，或设计补充文件形式发出工程变更指令。设计变更的内容很广泛，是工程变更的主体内容。如因设计计算错误或图示错误发出的设计变更通知书、因设计遗漏或设计深度不够而发出的设计补充说明书，以及应业主、承包商或监理方请求对设计所作的优化调整等。

3. 施工条件变化

在施工中遇到的实际现场条件同招标文件中的描述有本质的差异，或发生不可抗力等，即预定的工程条件不准确。如业主未能按合同约定提供必须的施工条件。

4. 合同实施过程中出现的问题

主要包括业主未及时交付设计图纸等及未按规定交付现场、水、电、道路等；由于产生新的技术和知识，有必要改变原实施方案以及业主或监理工程师的指令改变了原合同规定的施工顺序，打乱施工部署等。

6.3.6.3《施工合同示范文本》通用条款对于工程变更的规定

在施工过程中如果发生涉及变更，将对施工进度产生很大的影响。因此，应尽量减少设计变更，如果必须对设计进行变更，必须严格按照国家的规定和合同约定的程序进行。对于变更的约定见《施工合同（示范文本）》通用条款第 10 条。

1. 变更的范围

除专用合同条款另有约定外，合同履行过程中发生以下情形的，应按照本条约定进行变更：

（1）增加或减少合同中任何工作，或追加额外的工作；

（2）取消合同中任何工作，但转由他人实施的工作除外；

（3）改变合同中任何工作的质量标准或其他特性；

（4）改变工程的基线、标高、位置和尺寸；

（5）改变工程的时间安排或实施顺序。

2. 变更权

发包人和监理人均可以提出变更。变更指示均通过监理人发出，监理人发出变更指示前应征得发包人同意。承包人收到经发包人签认的变更指示后，方可实施变更。未经许可，承包人不得擅自对工程的任何部分进行变更。涉及设计变更的，应由设计人提供变更后的图纸和说明。如变更超过原设计标准或批准的建设规模时，发包人应及时办理规划、设计变更等审批手续。

3. 变更程序

（1）发包人提出变更

发包人提出变更的，应通过监理人向承包人发出变更指示，变更指示应说明计划变更的工程范围和变更的内容。

（2）监理人提出变更建议

监理人提出变更建议的，需要向发包人以书面形式提出变更计划，说明计划变更工程范围和变更的内容、理由，以及实施该变更对合同价格和工期的影响。发包人同意变更的，由监理人向承包人发出变更指示。发包人不同意变更的，监理人无权擅自发出变更指示。

（3）变更执行

承包人收到监理人下达的变更指示后，认为不能执行，应立即提出不能执行该变更指示的理由。承包人认为可以执行变更的，应当书面说明实施该变更指示对合同价格和工期的影响，且合同当事人应当按照变更估价条款的约定确定变更估价。

4. 变更估价

（1）变更估价原则。除专用合同条款另有约定外，变更估价按照本款约定处理：

①已标价工程量清单或预算书有相同项目的，按照相同项目单价认定；

②已标价工程量清单或预算书中无相同项目，但有类似项目的，参照类似项目的单价认定；

③变更导致实际完成的变更工程量与已标价工程量清单或预算书中列明的该项目工程量的变化幅度超过15%的，或已标价工程量清单或预算书中无相同项目及类似项目单价的，按照合理的成本与利润构成的原则，由合同当事人按照商定或确定条款确定变更工作的单价。

（2）变更估价程序。承包人应在收到变更指示后14天内，向监理人提交变更估价申请。监理人应在收到承包人提交的变更估价申请后7天内审查完毕并报送发包人，监理人对变更估价申请有异议，通知承包人修改后重新提交。发包人应在承包人提交变更估价申请后14天内审批完毕。发包人逾期未完成审批或未提出异议的，视为认可承包人提交的变更估价申请。因变更引起的价格调整应计入最近一期的进度款中支付。

5. 承包人的合理化建议

承包人提出合理化建议的，应向监理人提交合理化建议说明，说明建议的内容和理由，以及实施该建议对合同价格和工期的影响。除专用合同条款另有约定外，监理人应在收到承包人提交的合理化建议后 7 天内审查完毕并报送发包人，发现其中存在技术上的缺陷，应通知承包人修改。发包人应在收到监理人报送的合理化建议后 7 天内审批完毕。合理化建议经发包人批准的，监理人应及时发出变更指示，由此引起的合同价格调整按照变更估价条款的约定执行。发包人不同意变更的，监理人应书面通知承包人。合理化建议降低了合同价格或者提高了工程经济效益的，发包人可对承包人给予奖励，奖励的方法和金额在专用合同条款中约定。

6. 变更引起的工期调整

因变更引起工期变化的，合同当事人均可要求调整合同工期，由合同当事人按照商定或确定条款并参考工程所在地的工期定额标准确定增减工期天数。

7. 暂估价

暂估价专业分包工程、服务、材料和工程设备的明细由合同当事人在专用合同条款中约定。

对于依法必须招标的暂估价项目，可以采取以下第 1 种方式确定。合同当事人也可以在专用合同条款中选择其他招标方式。

第 1 种方式：对于依法必须招标的暂估价项目，由承包人招标，对该暂估价项目的确认和批准按照以下约定执行：

（1）承包人应当根据施工进度计划，在招标工作启动前 14 天将招标方案通过监理人报送发包人审查，发包人应当在收到承包人报送的招标方案后 7 天内批准或提出修改意见。承包人应当按照经过发包人批准的招标方案开展招标工作。

（2）承包人应当根据施工进度计划，提前 14 天将招标文件通过监理人报送发包人审批，发包人应当在收到承包人报送的相关文件后 7 天内完成审批或提出修改意见；发包人有权确定招标控制价并按照法律规定参加评标。

（3）承包人与供应商、分包人在签订暂估价合同前，应当提前 7 天将确定的中标候选供应商或中标候选分包人的资料报送发包人，发包人应在收到资料后 3 天内与承包人共同确定中标人；承包人应当在签订合同后 7 天内，将暂估价合同副本报送发包人留存。

第 2 种方式：对于依法必须招标的暂估价项目，由发包人和承包人共同招标确定暂估价供应商或分包人的，承包人应按照施工进度计划，在招标工作启动前 14 天通知发包人，并提交暂估价招标方案和工作分工。发包人应在收到后 7 天内确认。确定中标人后，由发包人、承包人与中标人共同签订暂估价合同。

除专用合同条款另有约定外，对于不属于依法必须招标的暂估价项目，采取以下第 1 种方式确定：

第 1 种方式：对于不属于依法必须招标的暂估价项目，按本项约定确认和批准：

（1）承包人应根据施工进度计划，在签订暂估价项目的采购合同、分包合同前 28 天向监理人提出书面申请。监理人应当在收到申请后 3 天内报送发包人，发包人应当在收到申请后 14 天内给予批准或提出修改意见，发包人逾期未予批准或提出修改意见的，视为该书面申请已获得同意；

（2）发包人认为承包人确定的供应商、分包人无法满足工程质量或合同要求的，发包人可以要求承包人重新确定暂估价项目的供应商、分包人；

（3）承包人应当在签订暂估价合同后 7 天内，将暂估价合同副本报送发包人留存。

第 2 种方式：承包人按照依法必须招标的暂估价项目条款约定的第 1 种方式确定暂估价项目。

第 3 种方式：承包人直接实施的暂估价项目。

承包人具备实施暂估价项目的资格和条件的，经发包人和承包人协商一致后，可由承包人自行实施暂估价项目，合同当事人可以在专用合同条款约定具体事项。

因发包人原因导致暂估价合同订立和履行延迟的，由此增加的费用和（或）延误的工期由发包人承担，并支付承包人合理的利润。因承包人原因导致暂估价合同订立和履行延迟的，由此增加的费用和（或）延误的工期由承包人承担。

8. 暂列金额

暂列金额应按照发包人的要求使用，发包人的要求应通过监理人发出。合同当事人可以在专用合同条款中协商确定有关事项。

9. 计日工

需要采用计日工方式的，经发包人同意后，由监理人通知承包人以计日工计价方式实施相应的工作，其价款按列入已标价工程量清单或预算书中的计日工计价项目及其单价进行计算；已标价工程量清单或预算书中无相应的计日工单价的，按照合理的成本与利润构成的原则，由合同当事人按照商定或确定条款的规定确定变更工作的单价。

采用计日工计价的任何一项工作，承包人应在该项工作实施过程中，每天提交以下报表和有关凭证报送监理人审查：

（1）工作名称、内容和数量；

（2）投入该工作的所有人员的姓名、专业、工种、级别和耗用工时；

（3）投入该工作的材料类别和数量；

（4）投入该工作的施工设备型号、台数和耗用台时；

（5）其他有关资料和凭证。

计日工由承包人汇总后，列入最近一期进度付款申请单，由监理人审查并经发包人批准后列入进度付款。

[案例 6-7] 改变合同价款的确定方式

2011 年 9 月 1 日，某置业公司与方圆公司签订了《建设工程施工合同》，合同中约定：由方圆公司承建置业公司的文化创意园商业广场项目，总建筑面积约为 36750m²，最终以双方审定的图纸设计面积为准，开工日期为 2011 年 5 月 8 日，竣工日期为 2012 年 6 月 30 日，工程单价 1860 元/m²，单价一次性包干，合同总价款 6836 万元。

2012 年 6 月 13 日，方圆公司、置业公司与相关单位组织工程主体结构验收。2012 年 6 月 19 日，方圆公司发出通知，要求置业公司于 2012 年 6 月 23 日前支付拖欠的进度款 1225.14 万元工程款，否则将停止施工。2012 年 6 月 25 日，置业公司发出通知称：方圆公司不按约履行合同，拖延工程进度，要求解除合同。之后，双方解除合同，方圆公司撤场。2012 年 6 月 28 日，置业公司将未完成的全部工程发包给案外人某实业公司。

此案争议的焦点：一是案涉合同履行过程中哪一方存在违约行为；二是案涉合同工程价款如何确定；三是违约责任后果如何确定。

最高人民法院在查明事实后认为：置业公司单方解除合同且未按照约定时间支付相应工程款，属于对合同义务的严重违反，构成了根本违约。

对于应当采取的计价方法，首先，根据双方签订的《建设工程施工合同》约定，合同价款采用按约定建筑面积量价合一计取固定总价，作为承包人的方圆公司，其实现合同目的、获取利益的前提是完成全部工程。因此，此案的计价方式，贯彻了工程地下部分、结构施工和安装装修三个阶段，即三个形象进度的综合平衡的报价原则。其次，我国当前建筑市场行业普遍存在着地下部分和结构施工薄利或者亏本的现实，这是由于钢筋、水泥、混凝土等主要建筑材料价格相对较高，施工风险和难度较高，承包人需配以技术、安全措施费用才能保质保量完成等所致；而安装、装修施工是在结构工程已完工之后进行，风险和成本相对较低，因此，安装、装修工程大多可以获取相对较高的利润。本案中，方圆公司将包括地下部分、结构施工和安装装修在内的土建和安装工程全部承揽，其一次性包干的承包单价是针对整个工程作出的。如果方圆公司单独承包土建工程，其报价一般要高于整体报价中所包含的土建报价。作为发包方的置业公司单方违约解除了合同，如果仍以合同约定的 1860 元/m² 作为已完工程价款的计价单价，则对方圆公司明显不公平。再次，合同解除时，方圆公司施工面积已经达到了双方审定的图纸设计的结构工程面积，但整个工程的安装、装修工程尚未施工，方圆公司无法完成与施工面积相对应的全部工程量。此时，如果仍以合同约定的总价款约 6836 万元确定本案工程价款，则对置业公司明显不公平，这也印证了双方当事人约定的工程价款计价方法已无法适用。最后，根据此案的实际，确定案涉工程价款，只能通过工程造价鉴定部门进行鉴定的方式进行。通过鉴定方式确定工程价款，司法实践中大致有三种方法：一是以合同约定总价与全部工程预算总价的比值作为下浮比例，再以该比例乘以已完工程预算价格进行计价；二是已完施工工期与全部应完施工工期的比值作为计价系数，再以该系数乘以合同约定总价进行计价；三是依据政府部门发布的定额进行计价。鉴于工程的实际情况，法院采用了以政府部门发布的预算定额价结算此案已完工工程价款。

方圆公司履行此案合同中不存在违约行为，不应当承担违约责任；置业公司构成违约，应当依法承担相应的违约责任。

裁判要旨：对于约定了固定价款的建设工程施工合同，双方如未能如约履行，致使合同解除的，在确定争议合同的工程价款时，既不能简单地依据政府部门发布的定额计算工程价款，也不宜直接以合同约定的总价与全部工程预算总价的比值作为下浮比例，再以该比例乘以已经完工程预算价格的方式计算工程价款，而应当综合考虑案件的实际履行情况，并特别注重双方当事人的过错程度和司法判决的价值取向等因素来确定。

（本案例改编自参考文献 [31]）

6.3.7　安全文明施工与环境保护

《施工合同（示范文本）》通用条款第 6 条规定了安全文明施工与环境保护的相关要求。

6.3.7.1　安全文明施工

1. 安全生产要求

合同履行期间，合同当事人均应当遵守国家和工程所在地有关安全生产的要求，合同当事人有特别要求的，应在专用合同条款中明确施工项目安全生产标准化达标目标及相应事项。承包人有权拒绝发包人及监理人强令承包人违章作业、冒险施工的任何指示。

在施工过程中，如遇到突发的地质变动、事先未知的地下施工障碍等影响施工安全的紧急情况，承包人应及时报告监理人和发包人，发包人应当及时下令停工并报政府有关行政管理部门采取应急措施。

因安全生产需要暂停施工的，按照暂停施工条款的约定执行。

2. 安全生产保证措施

承包人应当按照有关规定编制安全技术措施或者专项施工方案，建立安全生产责任制度、治安保卫制度及安全生产教育培训制度，并按安全生产法律规定及合同约定履行安全职责，如实编制工程安全生产的有关记录，接受发包人、监理人及政府安全监督部门的检查与监督。

3. 特别安全生产事项

承包人应按照法律规定进行施工，开工前做好安全技术交底工作，施工过程中做好各项安全防护措施。承包人为实施合同而雇用的特殊工种的人员应受过专门的培训并已取得政府有关管理机构颁发的上岗证书。

承包人在动力设备、输电线路、地下管道、密封防震车间、易燃易爆地段以及临街交通要道附近施工时，施工开始前应向发包人和监理人提出安全防护措施，经发包人认可后实施。

实施爆破作业，在放射、毒害性环境中施工（含储存、运输、使用）及使用毒害性、腐蚀性物品施工时，承包人应在施工前7天以书面通知发包人和监理人，并报送相应的安全防护措施，经发包人认可后实施。

需单独编制危险性较大分部分项专项工程施工方案的，及要求进行专家论证的超过一定规模的危险性较大的分部分项工程，承包人应及时编制和组织论证。

4. 治安保卫

除专用合同条款另有约定外，发包人应与当地公安部门协商，在现场建立治安管理机构或联防组织，统一管理施工场地的治安保卫事项，履行合同工程的治安保卫职责。

发包人和承包人除应协助现场治安管理机构或联防组织维护施工场地的社会治安外，还应做好包括生活区在内的各自管辖区的治安保卫工作。

除专用合同条款另有约定外，发包人和承包人应在工程开工后7天内共同编制施工场地治安管理计划，并制定应对突发治安事件的紧急预案。在工程施工过程中，发生暴乱、爆炸等恐怖事件，以及群殴、械斗等群体性突发治安事件的，发包人和承包人应立即向当地政府报告。发包人和承包人应积极协助当地有关部门采取措施平息事态，防止事态扩大，尽量避免人员伤亡和财产损失。

5. 文明施工

承包人在工程施工期间，应当采取措施保持施工现场平整，物料堆放整齐。工程所在地有关政府行政管理部门有特殊要求的，按照其要求执行。合同当事人对文明施工有其他要求的，可以在专用合同条款中明确。

在工程移交之前，承包人应当从施工现场清除承包人的全部工程设备、多余材料、垃圾和各种临时工程，并保持施工现场清洁整齐。经发包人书面同意，承包人可在发包人指定的地点保留承包人履行保修期内的各项义务所需要的材料、施工设备和临时工程。

6. 安全文明施工费

安全文明施工费由发包人承担，发包人不得以任何形式扣减该部分费用。因基准日期后合同所适用的法律或政府有关规定发生变化，增加的安全文明施工费由发包人承担。

承包人经发包人同意采取合同约定以外的安全措施所产生的费用，由发包人承担。未经发包人同意的，如果该措施避免了发包人的损失，则发包人在避免损失的额度内承担该措施费。如果该措施避免了承包人的损失，由承包人承担该措施费。

除专用合同条款另有约定外，发包人应在开工后 28 天内预付安全文明施工费总额的 50％，其余部分与进度款同期支付。发包人逾期支付安全文明施工费超过 7 天的，承包人有权向发包人发出要求预付的催告通知，发包人收到通知后 7 天内仍未支付的，承包人有权暂停施工。

承包人对安全文明施工费应专款专用，承包人应在财务账目中单独列项备查，不得挪作他用，否则发包人有权责令其限期改正；逾期未改正的，可以责令其暂停施工，由此增加的费用和（或）延误的工期由承包人承担。

7. 紧急情况处理

在工程实施期间或缺陷责任期内发生危及工程安全的事件，监理人通知承包人进行抢救，承包人声明无能力或不愿立即执行的，发包人有权雇佣其他人员进行抢救。此类抢救按合同约定属于承包人义务的，由此增加的费用和（或）延误的工期由承包人承担。

8. 事故处理

工程施工过程中发生事故的，承包人应立即通知监理人，监理人应立即通知发包人。发包人和承包人应立即组织人员和设备进行紧急抢救和抢修，减少人员伤亡和财产损失，防止事故扩大，并保护事故现场。需要移动现场物品时，应作出标记和书面记录，妥善保管有关证据。发包人和承包人应按国家有关规定，及时如实地向有关部门报告事故发生的情况，以及正在采取的紧急措施等。

9. 安全生产责任

（1）发包人的安全责任

发包人应负责赔偿以下各种情况造成的损失：

①工程或工程的任何部分对土地的占用所造成的第三者财产损失；

②由于发包人原因在施工场地及其毗邻地带造成的第三者人身伤亡和财产损失；

③由于发包人原因对承包人、监理人造成的人员人身伤亡和财产损失；

④由于发包人原因造成的发包人自身人员的人身伤害以及财产损失。

（2）承包人的安全责任

由于承包人原因在施工场地内及其毗邻地带造成的发包人、监理人以及第三者人员伤亡和财产损失，由承包人负责赔偿。

[案例 6-8] 安全施工

基本案情：2014 年 5 月，被告人李某将自己房屋的建设改造工程委托给被告人卢某，并要求卢某违法建设地下室，深挖基坑。卢某又指派无执行资格的被告人马某负责施工现场管理、指挥等工作。期间，施工人员曾提出存在事故隐患，但李某、卢某未采取措施仍继续施工。2015 年 1 月 24 日凌晨 3 时许，施工现场发生坍塌，造成部分道路塌陷、民房和办公楼毁损。经鉴定，直接经济损失为人民币 5835234 元。案发后，三被告人被抓获。

裁判结果：一审法院经审理认为：被告人李某、卢某、马某在建设作业中违反有关安全管理规定，造成基坑坍塌，并导致相邻路面塌陷，房屋受损等严重后果，情节特别恶劣，危害了公共安全，应依法惩处。综合全案情况，以重大责任事故罪分别判处被告人李某有期徒刑五年；被告人卢某有期徒刑三年六个月；被告人马某有期徒刑三年，缓刑三年。宣判后，被告人不服提出上诉，中级人民法院裁定维持原判。

（本案例改编自参考文献［32］）

6.3.7.2 职业健康

1. 劳动保护

承包人应按照法律规定安排现场施工人员的劳动和休息时间，保障劳动者的休息时间，并支付合理的报酬和费用。承包人应依法为其履行合同所雇用的人员办理必要的证件、许可、保险和注册等，承包人应督促其分包人为分包人所雇用的人员办理必要的证件、许可、保险和注册等。

承包人应按照法律规定保障现场施工人员的劳动安全，并提供劳动保护，并应按国家有关劳动保护的规定，采取有效的防止粉尘、降低噪声、控制有害气体和保障高温、高寒、高空作业安全等劳动保护措施。承包人雇佣人员在施工中受到伤害的，承包人应立即采取有效措施进行抢救和治疗。

承包人应按法律规定安排工作时间，保证其雇佣人员享有休息和休假的权利。因工程施工的特殊需要占用休假日或延长工作时间的，应不超过法律规定的限度，并按法律规定给予补休或付酬。

2. 生活条件

承包人应为其履行合同所雇用的人员提供必要的膳宿条件和生活环境；承包人应采取有效措施预防传染病，保证施工人员的健康，并定期对施工现场、施工人员生活基地和工程进行防疫和卫生的专业检查和处理，在远离城镇的施工场地，还应配备必要的伤病防治和急救的医务人员与医疗设施。

6.3.7.3 环境保护

承包人应在施工组织设计中列明环境保护的具体措施。在合同履行期间，承包人应采取合理措施保护施工现场环境。对施工作业过程中可能引起的大气、水、噪音以及固体废物污染采取具体可行的防范措施。

承包人应当承担因其原因引起的环境污染侵权损害赔偿责任，因上述环境污染引起纠纷而导致暂停施工的，由此增加的费用和（或）延误的工期由承包人承担。

6.3.8 不可抗力的处理

《施工合同（示范文本）》通用条款第17条规定了不可抗力的内容。

1. 不可抗力的确认

不可抗力是指合同当事人在签订合同时不可预见，在合同履行过程中不可避免且不能克服的自然灾害和社会性突发事件，如地震、海啸、瘟疫、骚乱、戒严、暴动、战争和专用合同条款中约定的其他情形。

不可抗力发生后，发包人和承包人应收集证明不可抗力发生及不可抗力造成损失的证据，并及时认真统计所造成的损失。合同当事人对是否属于不可抗力或其损失的意见不一致的，由监理人按商定或确定条款的约定处理。发生争议时，按争议解决条款的约定处理。

2. 不可抗力的通知

合同一方当事人遇到不可抗力事件，使其履行合同义务受到阻碍时，应立即通知合同另一方当事人和监理人，书面说明不可抗力和受阻碍的详细情况，并提供必要的证明。

不可抗力持续发生的，合同一方当事人应及时向合同另一方当事人和监理人提交中间报告，说明不可抗力和履行合同受阻的情况，并于不可抗力事件结束后 28 天内提交最终报告及有关资料。

3. 不可抗力后果的承担

不可抗力引起的后果及造成的损失由合同当事人按照法律规定及合同约定各自承担。不可抗力发生前已完成的工程应当按照合同约定进行计量支付。

不可抗力导致的人员伤亡、财产损失、费用增加和（或）工期延误等后果，由合同当事人按以下原则承担：

（1）永久工程、已运至施工现场的材料和工程设备的损坏，以及因工程损坏造成的第三人人员伤亡和财产损失由发包人承担；

（2）承包人施工设备的损坏由承包人承担；

（3）发包人和承包人承担各自人员伤亡和财产的损失；

（4）因不可抗力影响承包人履行合同约定的义务，已经引起或将引起工期延误的，应当顺延工期，由此导致承包人停工的费用损失由发包人和承包人合理分担，停工期间必须支付的工人工资由发包人承担；

（5）因不可抗力引起或将引起工期延误，发包人要求赶工的，由此增加的赶工费用由发包人承担；

（6）承包人在停工期间按照发包人要求照管、清理和修复工程的费用由发包人承担。

不可抗力发生后，合同当事人均应采取措施尽量避免和减少损失的扩大，任何一方当事人没有采取有效措施导致损失扩大的，应对扩大的损失承担责任。因合同一方迟延履行合同义务，在迟延履行期间遭遇不可抗力的，不免除其违约责任。

4. 因不可抗力解除合同

因不可抗力导致合同无法履行连续超过 84 天或累计超过 140 天的，发包人和承包人均有权解除合同。合同解除后，由双方当事人按照商定或确定条款确定发包人应支付的款项，该款项包括：

（1）合同解除前承包人已完成工作的价款；

（2）承包人为工程订购的并已交付给承包人，或承包人有责任接受交付的材料、工程设备和其他物品的价款；

（3）发包人要求承包人退货或解除订货合同而产生的费用，或因不能退货或解除合同而产生的损失；

（4）承包人撤离施工现场以及遣散承包人人员的费用；

（5）按照合同约定在合同解除前应支付给承包人的其他款项；

（6）扣减承包人按照合同约定应向发包人支付的款项；

（7）双方商定或确定的其他款项。

除专用合同条款另有约定外，合同解除后，发包人应在商定或确定上述款项后28天内完成上述款项的支付。

6.3.9 化石、文物和地下障碍物

《施工合同（示范文本）》通用条款第1.9条规定：在施工现场发掘的所有文物、古迹以及具有地质研究或考古价值的其他遗迹、化石、钱币或物品属于国家所有。一旦发现上述文物，承包人应采取合理有效的保护措施，防止任何人员移动或损坏上述物品，并立即报告有关政府行政管理部门，同时通知监理人。

发包人、监理人和承包人应按有关政府行政管理部门要求采取妥善的保护措施，由此增加的费用和（或）延误的工期由发包人承担。承包人发现文物后不及时报告或隐瞒不报，致使文物丢失或损坏的，应赔偿损失，并承担相应的法律责任。

6.3.10 验收和工程试车

《施工合同（示范文本）》通用条款第13条规定了验收和工程试车的相关内容。

1. 分部分项工程验收

分部分项工程质量应符合国家有关工程施工验收规范、标准及合同约定，承包人应按照施工组织设计的要求完成分部分项工程施工。

除专用合同条款另有约定外，分部分项工程经承包人自检合格并具备验收条件的，承包人应提前48小时通知监理人进行验收。监理人不能按时进行验收的，应在验收前24小时向承包人提交书面延期要求，但延期不能超过48小时。监理人未按时进行验收，也未提出延期要求的，承包人有权自行验收，监理人应认可验收结果。分部分项工程未经验收的，不得进入下一道工序施工。分部分项工程的验收资料应当作为竣工资料的组成部分。

2. 竣工验收

（1）竣工验收条件

工程具备以下条件的，承包人可以申请竣工验收：

①除发包人同意的甩项工作和缺陷修补工作外，合同范围内的全部工程以及有关工作，包括合同要求的试验、试运行以及检验均已完成，并符合合同要求；

②已按合同约定编制了甩项工作和缺陷修补工作清单以及相应的施工计划；

③已按合同约定的内容和份数备齐竣工资料。

（2）竣工验收程序

除专用合同条款另有约定外，承包人申请竣工验收的，应当按照以下程序进行：

①承包人向监理人报送竣工验收申请报告，监理人应在收到竣工验收申请报告后14天内完成审查并报送发包人。监理人审查后认为尚不具备验收条件的，应通知承包人在竣工验收前承包人还需完成的工作内容，承包人应在完成监理人通知的全部工作内容后，再次提交竣工验收申请报告。

②监理人审查后认为已具备竣工验收条件的，应将竣工验收申请报告提交发包人，发包人应在收到经监理人审核的竣工验收申请报告后28天内审批完毕并组织监理人、承包人、设计人等相关单位完成竣工验收。

③竣工验收合格的，发包人应在验收合格后14天内向承包人签发工程接收证书。发包人无正当理由逾期不颁发工程接收证书的，自验收合格后第15天起视为已颁发工程接

收证书。

④竣工验收不合格的，监理人应按照验收意见发出指示，要求承包人对不合格工程返工、修复或采取其他补救措施，由此增加的费用和（或）延误的工期由承包人承担。承包人在完成不合格工程的返工、修复或采取其他补救措施后，应重新提交竣工验收申请报告，并按本项约定的程序重新进行验收。

⑤工程未经验收或验收不合格，发包人擅自使用的，应在转移占有工程后7天内向承包人颁发工程接收证书；发包人无正当理由逾期不颁发工程接收证书的，自转移占有后第15天起视为已颁发工程接收证书。

除专用合同条款另有约定外，发包人不按照本项约定组织竣工验收、颁发工程接收证书的，每逾期一天，应以签约合同价为基数，按照中国人民银行发布的同期同类贷款基准利率支付违约金。

（3）拒绝接收全部或部分工程

对于竣工验收不合格的工程，承包人完成整改后，应当重新进行竣工验收，经重新组织验收仍不合格的且无法采取措施补救的，则发包人可以拒绝接收不合格工程，因不合格工程导致其他工程不能正常使用的，承包人应采取措施确保相关工程的正常使用，由此增加的费用和（或）延误的工期由承包人承担。

（4）移交、接收全部与部分工程

除专用合同条款另有约定外，合同当事人应当在颁发工程接收证书后7天内完成工程的移交。

发包人无正当理由不接收工程的，发包人自应当接收工程之日起，承担工程照管、成品保护、保管等与工程有关的各项费用，合同当事人可以在专用合同条款中另行约定发包人逾期接收工程的违约责任。

承包人无正当理由不移交工程的，承包人应承担工程照管、成品保护、保管等与工程有关的各项费用，合同当事人可以在专用合同条款中另行约定承包人无正当理由不移交工程的违约责任。

3. 工程试车

（1）试车程序

工程需要试车的，除专用合同条款另有约定外，试车内容应与承包人承包范围相一致，试车费用由承包人承担。工程试车应按如下程序进行：

①具备单机无负荷试车条件，承包人组织试车，并在试车前48小时书面通知监理人，通知中应载明试车内容、时间、地点。承包人准备试车记录，发包人根据承包人要求为试车提供必要条件。试车合格的，监理人在试车记录上签字。监理人在试车合格后不在试车记录上签字，自试车结束满24小时后视为监理人已经认可试车记录，承包人可继续施工或办理竣工验收手续。

监理人不能按时参加试车，应在试车前24小时以书面形式向承包人提出延期要求，但延期不能超过48小时，由此导致工期延误的，工期应予以顺延。监理人未能在前述期限内提出延期要求，又不参加试车的，视为认可试车记录。

②具备无负荷联动试车条件，发包人组织试车，并在试车前48小时以书面形式通知承包人。通知中应载明试车内容、时间、地点和对承包人的要求，承包人按要求做好准备

工作。试车合格，合同当事人在试车记录上签字。承包人无正当理由不参加试车的，视为认可试车记录。

（2）试车中的责任

因设计原因导致试车达不到验收要求，发包人应要求设计人修改设计，承包人按修改后的设计重新安装。发包人承担修改设计、拆除及重新安装的全部费用，工期相应顺延。因承包人原因导致试车达不到验收要求，承包人按监理人要求重新安装和试车，并承担重新安装和试车的费用，工期不予顺延。

因工程设备制造原因导致试车达不到验收要求的，由采购该工程设备的合同当事人负责重新购置或修理，承包人负责拆除和重新安装，由此增加的修理、重新购置、拆除及重新安装的费用及延误的工期由采购该工程设备的合同当事人承担。

（3）投料试车

如需进行投料试车的，发包人应在工程竣工验收后组织投料试车。发包人要求在工程竣工验收前进行或需要承包人配合时，应征得承包人同意，并在专用合同条款中约定有关事项。

投料试车合格的，费用由发包人承担；因承包人原因造成投料试车不合格的，承包人应按照发包人要求进行整改，由此产生的整改费用由承包人承担；非因承包人原因导致投料试车不合格的，如发包人要求承包人进行整改的，由此产生的费用由发包人承担。

4. 提前交付单位工程的验收

发包人需要在工程竣工前使用单位工程的，或承包人提出提前交付已经竣工的单位工程且经发包人同意的，可进行单位工程验收，验收的程序按照竣工验收条款的约定进行。验收合格后，由监理人向承包人出具经发包人签认的单位工程接收证书。已签发单位工程接收证书的单位工程由发包人负责照管。单位工程的验收成果和结论作为整体工程竣工验收申请报告的附件。

发包人要求在工程竣工前交付单位工程，由此导致承包人费用增加和（或）工期延误的，由发包人承担由此增加的费用和（或）延误的工期，并支付承包人合理的利润。

5. 施工期运行

施工期运行是指合同工程尚未全部竣工，其中某项或某几项单位工程或工程设备安装已竣工，根据专用合同条款约定，需要投入施工期运行的，经发包人按提前交付单位工程的验收条款的约定验收合格，证明能确保安全后，才能在施工期投入运行。

在施工期运行中发现工程或工程设备损坏或存在缺陷的，由承包人按缺陷责任期条款约定进行修复。

6. 竣工退场

颁发工程接收证书后，承包人应按以下要求对施工现场进行清理：

（1）施工现场内残留的垃圾已全部清除出场；

（2）临时工程已拆除，场地已进行清理、平整或复原；

（3）按合同约定应撤离的人员、承包人施工设备和剩余的材料，包括废弃的施工设备和材料，已按计划撤离施工现场；

（4）施工现场周边及其附近道路、河道的施工堆积物，已全部清理；

（5）施工现场其他场地清理工作已全部完成。

施工现场的竣工退场费用由承包人承担。承包人应在专用合同条款约定的期限内完成竣工退场，逾期未完成的，发包人有权出售或另行处理承包人遗留的物品，由此支出的费用由承包人承担，发包人出售承包人遗留物品所得款项在扣除必要费用后应返还承包人。

承包人应按发包人要求恢复临时占地及清理场地，承包人未按发包人的要求恢复临时占地，或者场地清理未达到合同约定要求的，发包人有权委托其他人恢复或清理，所发生的费用由承包人承担。

[案例6-9] 工程未经验收直接使用后发现地基问题怎么办

动力机械公司将一幢厂房发包给平安建筑公司施工，工程实行包工包料。竣工后，因有很大的生产任务，机械公司单独对工程进行验收，于同年十月开始使用该厂房。随后发现厂房地基存在一定问题，要求建筑公司返工加固。但建筑公司提出机械公司未经验收擅自使用，依法不应再承担任何工程质量责任。

问题：建筑公司的说法能否得到支持？

解析：工程质量涉及公民的生命健康安全，我国法律对此作出许多强制性规定。建设工程竣工后，经验收才能使用，是一项最基本的法律要求。发包人未经验收擅自使用工程，应当承担法律规定的不利后果，但对于地基基础工程和主体结构而言，承建人应当承担"终身"责任。最高人民法院《关于审理建设工程施工合同纠纷案件适用法律问题的解释》第13条规定："建设工程未经验收，发包人擅自使用后，又以使用部门质量不符合约定为由主张权利的，不予支持；但是承包人应当在建设工程的合理使用寿命内对地基基础工程和主体结构质量承担民事责任。"本案例中，机械公司未经竣工验收擅自使用，但如果地基基础工程确实存在问题，建筑公司仍应在厂房合理使用寿命内承担民事责任。双方一旦协商不成，机械公司可通过法律渠道维护自己的权益。

6.3.11 工程竣工结算

6.3.11.1 竣工日期

工程经竣工验收合格的，以承包人提交竣工验收申请报告之日为实际竣工日期，并在工程接收证书中载明；因发包人原因，未在监理人收到承包人提交的竣工验收申请报告42天内完成竣工验收，或完成竣工验收不予签发工程接收证书的，以提交竣工验收申请报告的日期为实际竣工日期；工程未经竣工验收，发包人擅自使用的，以转移占有工程之日为实际竣工日期。

6.3.11.2 竣工结算

工程完工后，双方应按照约定的合同价款及合同价款调整内容以及索赔事项，进行工程竣工结算。

1. 工程竣工结算的编审

工程竣工结算分为单位工程竣工结算、单项工程竣工结算和建设项目竣工总结算。单位工程竣工结算由承包人编制，发包人审查；实行总承包的工程，由具体承包人编制，在总包人审查的基础上，发包人审查。单项工程竣工结算或建设项目竣工总结算由总（承）包人编制，发包人可直接进行审查，也可以委托具有相应资质的工程造价咨询机构进行审查。政府投资项目，由同级财政部门审查。单项工程竣工结算或建设项目竣工总结算经发、承包人签字盖章后有效。

承包人应在合同约定期限内完成项目竣工结算编制工作，未在规定期限内完成的并且提不出正当理由延期的，责任自负。单项工程竣工后，承包人应在提交竣工验收报告的同时，向发包人递交竣工结算报告及完整的结算资料，发包人应按表 6-4 规定时限进行核对（审查）并提出审查意见。

表 6-4

	工程竣工结算报告金额	审查时间
1	500 万元以下	从接到竣工结算报告和完整的竣工结算资料之日起 20 天
2	500 万元～2000 万元	从接到竣工结算报告和完整的竣工结算资料之日起 30 天
3	2000 万元～5000 万元	从接到竣工结算报告和完整的竣工结算资料之日起 45 天
4	5000 万元以上	从接到竣工结算报告和完整的竣工结算资料之日起 60 天

建设项目竣工总结算在最后一个单项工程竣工结算审查确认后 15 天内汇总，送发包人后 30 天内审查完成。

2. 竣工结算程序

《施工合同（示范文本）》通用条款第 14 条规定了竣工结算及其相关的内容：

（1）竣工结算申请

除专用合同条款另有约定外，承包人应在工程竣工验收合格后 28 天内向发包人和监理人提交竣工结算申请单，并提交完整的结算资料，有关竣工结算申请单的资料清单和份数等要求由合同当事人在专用合同条款中约定。

除专用合同条款另有约定外，竣工结算申请单应包括以下内容：竣工结算合同价格；发包人已支付承包人的款项；应扣留的质量保证金；已缴纳履约保证金的或提供其他工程质量担保方式的除外；发包人应支付承包人的合同价款。

（2）竣工结算审核

①除专用合同条款另有约定外，监理人应在收到竣工结算申请单后 14 天内完成核查并报送发包人。发包人应在收到监理人提交的经审核的竣工结算申请单后 14 天内完成审批，并由监理人向承包人签发经发包人签认的竣工付款证书。监理人或发包人对竣工结算申请单有异议的，有权要求承包人进行修正和提供补充资料，承包人应提交修正后的竣工结算申请单。

发包人在收到承包人提交竣工结算申请书后 28 天内未完成审批且未提出异议的，视为发包人认可承包人提交的竣工结算申请单，并自发包人收到承包人提交的竣工结算申请单后第 29 天起视为已签发竣工付款证书。

②除专用合同条款另有约定外，发包人应在签发竣工付款证书后的 14 天内，完成对承包人的竣工付款。发包人逾期支付的，按照中国人民银行发布的同期同类贷款基准利率支付违约金；逾期支付超过 56 天的，按照中国人民银行发布的同期同类贷款基准利率的两倍支付违约金。

③承包人对发包人签认的竣工付款证书有异议的，对于有异议部分应在收到发包人签认的竣工付款证书后 7 天内提出异议，并由合同当事人按照专用合同条款约定的方式和程序进行复核，或按照争议解决条款的约定处理。对于无异议部分，发包人应签发临时竣工付款证书，完成付款。承包人逾期未提出异议的，视为认可发包人的审批结果。

（3）甩项竣工协议

发包人要求甩项竣工的，合同当事人应签订甩项竣工协议。在甩项竣工协议中应明确，合同当事人按照竣工结算申请以及竣工结算审核条款的约定，对已完合格工程进行结算，并支付相应合同价款。

（4）最终结清

①最终结清申请单

除专用合同条款另有约定外，承包人应在缺陷责任期终止证书颁发后 7 天内，按专用合同条款约定的份数向发包人提交最终结清申请单，并提供相关证明材料。除专用合同条款另有约定外，最终结清申请单应列明质量保证金、应扣除的质量保证金、缺陷责任期内发生的增减费用。发包人对最终结清申请单内容有异议的，有权要求承包人进行修正和提供补充资料，承包人应向发包人提交修正后的最终结清申请单。

②最终结清证书和支付

除专用合同条款另有约定外，发包人应在收到承包人提交的最终结清申请单后 14 天内完成审批并向承包人颁发最终结清证书。发包人逾期未完成审批，又未提出修改意见的，视为发包人同意承包人提交的最终结清申请单，且自发包人收到承包人提交的最终结清申请单后 15 天起视为已颁发最终结清证书。

除专用合同条款另有约定外，发包人应在颁发最终结清证书后 7 天内完成支付。发包人逾期支付的，按照中国人民银行发布的同期同类贷款基准利率支付违约金；逾期支付超过 56 天的，按照中国人民银行发布的同期同类贷款基准利率的两倍支付违约金。承包人对发包人颁发的最终结清证书有异议的，按争议解决的约定办理。

6.3.11.3 施工过程中的价格调整

《施工合同（示范文本）》通用条款第 11 条规定了价格调整的方法。

1. 市场价格波动引起的调整

除专用合同条款另有约定外，市场价格波动超过合同当事人约定的范围，合同价格应当调整。合同当事人可以在专用合同条款中约定选择以下一种方式对合同价格进行调整：

第 1 种方式：采用价格指数进行价格调整。

（1）价格调整公式

因人工、材料和设备等价格波动影响合同价格时，根据专用合同条款中约定的数据，按以下公式计算差额并调整合同价格：

$$\Delta P = P_0 \left[A + \left(B_1 \times \frac{F_{t1}}{F_{01}} + B_2 \times \frac{F_{t2}}{F_{02}} + B_3 \times \frac{F_{t3}}{F_{03}} + \cdots + B_n \times \frac{F_{tn}}{F_{0n}} \right) - 1 \right]$$

式中　　　　　ΔP——需调整的价格差额；

　　　　　　　A——定值权重（即不调部分的权重）；

　　　　　　　P_0——约定的付款证书中承包人应得到的已完成工程量的金额，此项金额应不包括价格调整、不计质量保证金的扣留和支付、预付款的支付和扣回，约定的变更及其他金额已按现行价格计价的，也不计在内；

B_1，B_2，…，B_n——各可调因子的变值权重（即可调部分的权重），为各可调因子在签约合同价中所占的比例；

F_{t1}，F_{t2}，…，F_{tn}——各可调因子的现行价格指数，指约定的付款证书相关周期最后一天的前 42 天的各可调因子的价格指数；

F_{01}，F_{02}，…，F_{0n}——各可调因子的基本价格指数，指基准日期的各可调因子的价格指数。

以上价格调整公式中的各可调因子、定值和变值权重，以及基本价格指数及其来源在投标函附录价格指数和权重表中约定，非招标订立的合同，由合同当事人在专用合同条款中约定。价格指数应首先采用工程造价管理机构发布的价格指数，无前述价格指数时，可采用工程造价管理机构发布的价格代替。

（2）暂时确定调整差额

在计算调整差额时无现行价格指数的，合同当事人同意暂用前次价格指数计算。实际价格指数有调整的，合同当事人进行相应调整。

（3）权重的调整

因变更导致合同约定的权重不合理时，按照商定或确定条款执行。

（4）因承包人原因工期延误后的价格调整

因承包人原因未按期竣工的，对合同约定的竣工日期后继续施工的工程，在使用价格调整公式时，应采用计划竣工日期与实际竣工日期的两个价格指数中较低的一个作为现行价格指数。

第 2 种方式：采用造价信息进行价格调整。

合同履行期间，因人工、材料、工程设备和机械台班价格波动影响合同价格时，人工、机械使用费按照国家或省、自治区、直辖市建设行政管理部门、行业建设管理部门或其授权的工程造价管理机构发布的人工、机械使用费系数进行调整；需要进行价格调整的材料，其单价和采购数量应由发包人审批，发包人确认需调整的材料单价及数量，作为调整合同价格的依据。

（1）人工单价发生变化且符合省级或行业建设主管部门发布的人工费调整规定，合同当事人应按省级或行业建设主管部门或其授权的工程造价管理机构发布的人工费等文件调整合同价格，但承包人对人工费或人工单价的报价高于发布价格的除外。

（2）材料、工程设备价格变化的价款调整按照发包人提供的基准价格，按以下风险范围规定执行：

①承包人在已标价工程量清单或预算书中载明材料单价低于基准价格的：除专用合同条款另有约定外，合同履行期间材料单价涨幅以基准价格为基础超过 5％时，或材料单价跌幅以在已标价工程量清单或预算书中载明材料单价为基础超过 5％时，其超过部分据实调整。

②承包人在已标价工程量清单或预算书中载明材料单价高于基准价格的：除专用合同条款另有约定外，合同履行期间材料单价跌幅以基准价格为基础超过 5％时，或材料单价涨幅以在已标价工程量清单或预算书中载明材料单价为基础超过 5％时，其超过部分据实调整。

③承包人在已标价工程量清单或预算书中载明材料单价等于基准价格的：除专用合同

条款另有约定外，合同履行期间材料单价涨跌幅以基准价格为基础超过±5%时，其超过部分据实调整。

④承包人应在采购材料前将采购数量和新的材料单价报发包人核对，发包人确认用于工程时，发包人应确认采购材料的数量和单价。发包人在收到承包人报送的确认资料后5天内不予答复的视为认可，作为调整合同价格的依据。未经发包人事先核对，承包人自行采购材料的，发包人有权不予调整合同价格。发包人同意的，可以调整合同价格。

前述基准价格是指由发包人在招标文件或专用合同条款中给定的材料、工程设备的价格，该价格原则上应当按照省级或行业建设主管部门或其授权的工程造价管理机构发布的信息价编制。

（3）施工机械台班单价或施工机械使用费发生变化超过省级或行业建设主管部门或其授权的工程造价管理机构规定的范围时，按规定调整合同价格。

第3种方式：专用合同条款约定的其他方式。

2. 法律变化引起的调整

基准日期后，法律变化导致承包人在合同履行过程中所需要的费用发生除市场价格波动引起的调整条款约定以外的增加时，由发包人承担由此增加的费用；减少时，应从合同价格中予以扣减。基准日期后，因法律变化造成工期延误时，工期应予以顺延。

因法律变化引起的合同价格和工期调整，合同当事人无法达成一致的，由总监理工程师按商定或确定条款的约定处理。

因承包人原因造成工期延误，在工期延误期间出现法律变化的，由此增加的费用和（或）延误的工期由承包人承担。

[案例6-10] 动态调值公式的应用

某承包商承包某外资工程项目的施工，与业主签订的施工合同要求，工程合同价2000万元，工程价款采用调值公式动态结算，该工程的人工费可调，占工程价款的35%，材料费中钢材可调占20%，混凝土可调占20%，木材可调占10%，不调值费用占15%，价格指数见表6-5。

表 6-5

费用名称	基期代号	基期价格指数	计算期代号	计算期价格指数
人工费	A_0	124	A	133
钢材	B_0	125	B	128
混凝土	C_0	126	C	146
木材	D_0	118	D	136

问题：用调值公式进行结算，计算实际结算值。

解析：用调值公式进行计算，结果如下：

$$P = P_0(a_0 + a_1 A/A_0 + a_2 B/B_0 + a_3 C/C_0 + a_4 D/D_0)$$

$$= 2000 \times [0.15 + 0.35 \times (133/124) + 0.2 \times (128/125)$$

$$+ 0.2 \times (146/126) + 0.1 \times (136/118)]$$

$$= 2154 \, 万元$$

比不调值前增加了 154 万元。

6.3.12 缺陷责任与保修

《施工合同（示范文本）》通用条款第 15 条规定了缺陷责任与保修的内容。

6.3.12.1 缺陷责任期

缺陷责任期是指承包人按照合同约定承担缺陷修复义务，且发包人预留质量保证金（已缴纳履约保证金的除外）的期限。从工程通过竣工验收之日起计算。单位工程先于全部工程进行验收，经验收合格并交付使用的，该单位工程缺陷责任期自单位工程验收合格之日起算。因承包人原因导致工程无法按合同约定期限进行竣工验收的，缺陷责任期从实际通过竣工验收之日起计算。因发包人原因导致工程无法按合同约定期限进行竣工验收的，在承包人提交竣工验收报告 90 天后，工程自动进入缺陷责任期；发包人未经竣工验收擅自使用工程的，缺陷责任期自工程转移占有之日起开始计算。

缺陷责任期内，由承包人原因造成的缺陷，承包人应负责维修，并承担鉴定及维修费用。如承包人不维修也不承担费用，发包人可按合同约定从保证金或银行保函中扣除，费用超出保证金额的，发包人可按合同约定向承包人进行索赔。承包人维修并承担相应费用后，不免除对工程的损失赔偿责任。发包人有权要求承包人延长缺陷责任期，并应在原缺陷责任期届满前发出延长通知，但缺陷责任期（含延长部分）最长不能超过 24 个月。

由他人原因造成的缺陷，发包人负责组织维修，承包人不承担费用，且发包人不得从保证金中扣除费用。

任何一项缺陷或损坏修复后，经检查证明其影响了工程或工程设备的使用性能，承包人应重新进行合同约定的试验和试运行，试验和试运行的全部费用应由责任方承担。

除专用合同条款另有约定外，承包人应于缺陷责任期届满后 7 天内向发包人发出缺陷责任期届满通知，发包人应在收到缺陷责任期满通知后 14 天内核实承包人是否履行缺陷修复义务，承包人未能履行缺陷修复义务的，发包人有权扣除相应金额的维修费用。发包人应在收到缺陷责任期届满通知后 14 天内，向承包人颁发缺陷责任期终止证书。

6.3.12.2 质量保证金

经合同当事人协商一致扣留质量保证金的，应在专用合同条款中予以明确。在工程项目竣工前，承包人已经提供履约担保的，发包人不得同时预留工程质量保证金。

1. 承包人提供质量保证金的方式

承包人提供质量保证金有以下三种方式：质量保证金保函；相应比例的工程款；双方约定的其他方式。除专用合同条款另有约定外，质量保证金原则上采用质量保证金保函的方式。

2. 质量保证金的扣留

质量保证金的扣留有以下三种方式：

（1）在支付工程进度款时逐次扣留，在此情形下，质量保证金的计算基数不包括预付款的支付、扣回以及价格调整的金额；

（2）工程竣工结算时一次性扣留质量保证金；

（3）双方约定的其他扣留方式。

除专用合同条款另有约定外，质量保证金的扣留原则上采用上述第（1）种方式。

发包人累计扣留的质量保证金不得超过工程价款结算总额的3%。如承包人在发包人签发竣工付款证书后28天内提交质量保证金保函，发包人应同时退还扣留的作为质量保证金的工程价款；保函金额不得超过工程价款结算总额的3%。

发包人在退还质量保证金的同时按照中国人民银行发布的同期同类贷款基准利率支付利息。

3. 质量保证金的退还

缺陷责任期内，承包人认真履行合同约定的责任，到期后承包人可向发包人申请返还保证金。

发包人在接到承包人返还保证金申请后，应于14天内会同承包人按照合同约定的内容进行核实。如无异议，发包人应当按照约定将保证金返还给承包人。对返还期限没有约定或者约定不明确的，发包人应当在核实后14天内将保证金返还承包人，逾期未返还的，依法承担违约责任。发包人在接到承包人返还保证金申请后14天内不予答复，经催告后14天内仍不予答复，视同认可承包人的返还保证金申请。

发包人和承包人对保证金预留、返还以及工程维修质量、费用有争议的，按合同约定的争议和纠纷解决程序处理。

根据住房城乡建设部、财政部下发的《关于印发建设工程质量保证金管理办法的通知》（建质〔2017〕138号）文件中的要求。在工程项目竣工前，已经缴纳履约保证金的，发包人不得同时预留工程质量保证金。采用工程质量保证担保、工程质量保险等其他保证方式的，发包人不得再预留保证金。

自2019年2月1日起施行的最高人民法院《关于审理建设工程施工合同纠纷案件适用法律问题的解释（二）》第八条规定：有下列情形之一，承包人请求发包人返还工程质量保证金的，人民法院应予支持：

（1）当事人约定的工程质量保证金返还期限届满。

（2）当事人未约定工程质量保证金返还期限的，自建设工程通过竣工验收之日起满二年。

（3）因发包人原因建设工程未按约定期限进行竣工验收的，自承包人提交工程竣工验收报告九十日后起当事人约定的工程质量保证金返还期限届满；当事人未约定工程质量保证金返还期限的，自承包人提交工程竣工验收报告九十日后起满二年。

发包人返还工程质量保证金后，不影响承包人根据合同约定或者法律规定履行工程保修义务。

6.3.12.3 保修

1. 工程保修的原则

在工程移交发包人后，因承包人原因产生的质量缺陷，承包人应承担质量缺陷责任和保修义务。缺陷责任期届满，承包人仍应按合同约定的工程各部位保修年限承担保修义务。

2. 保修责任

工程保修期从工程竣工验收合格之日起算，具体分部分项工程的保修期由合同当事人在专用合同条款中约定，但不得低于法定最低保修年限。在工程保修期内，承包人应当根据有关法律规定以及合同约定承担保修责任。发包人未经竣工验收擅自使用工程的，保修期自转移占有之日起算。

3. 修复费用

保修期内，修复的费用按照以下约定处理：

（1）保修期内，因承包人原因造成工程的缺陷、损坏，承包人应负责修复，并承担修复的费用以及因工程的缺陷、损坏造成的人身伤害和财产损失；

（2）保修期内，因发包人使用不当造成工程的缺陷、损坏，可以委托承包人修复，但发包人应承担修复的费用，并支付承包人合理利润；

（3）因其他原因造成工程的缺陷、损坏，可以委托承包人修复，发包人应承担修复的费用，并支付承包人合理的利润，因工程的缺陷、损坏造成的人身伤害和财产损失由责任方承担。

4. 修复通知

在保修期内，发包人在使用过程中，发现已接收的工程存在缺陷或损坏的，应书面通知承包人予以修复，但情况紧急必须立即修复缺陷或损坏的，发包人可以口头通知承包人并在口头通知后 48 小时内书面确认，承包人应在专用合同条款约定的合理期限内到达工程现场并修复缺陷或损坏。

5. 未能修复

因承包人原因造成工程的缺陷或损坏，承包人拒绝维修或未能在合理期限内修复缺陷或损坏，且经发包人书面催告后仍未修复的，发包人有权自行修复或委托第三方修复，所需费用由承包人承担。但修复范围超出缺陷或损坏范围的，超出范围部分的修复费用由发包人承担。

6. 承包人出入权

在保修期内，为了修复缺陷或损坏，承包人有权出入工程现场，除情况紧急必须立即修复缺陷或损坏外，承包人应提前 24 小时通知发包人进场修复的时间。承包人进入工程现场前应获得发包人同意，且不应影响发包人正常的生产经营，并应遵守发包人有关保安和保密等规定。

6.3.12.4　《建设工程质量管理条例》中关于质量保修的规定

质量保修工作的实施。承包人应在工程竣工验收之前，与发包人签订质量保修书，作为本合同附件。

质量保修书的主要内容包括：质量保修项目内容及范围；质量保修期；质量保修责任；质量保修金的支付方法。质量保修期从工程竣工验收之日算起。分单项竣工验收的工程，按单项工程分别计算质量保修期。其中部分工程的最低质量保修期为：

（1）基础设施工程、房屋建筑的地基基础工程和主体结构工程，为设计文件规定的该工程合理使用年限；

（2）屋面防水工程、有防水要求的卫生间、房间和外墙面的防渗漏，为 5 年；

（3）供热与供冷系统，为 2 个采暖期、供冷期；

（4）电气管线、给排水管道、设备安装和装修工程，为 2 年。其他项目的保修期限由发包方和承包方约定。

《施工合同（示范文本）》中工程质量保修书的格式见表 6-6。

表 6-6

工程质量保修书

发包人（全称）：<u>银河商业大厦投资有限公司</u>

承包人（全称）：<u>恒安建筑工程有限公司</u>

发包人和承包人根据《中华人民共和国建筑法》和《建设工程质量管理条例》，经协商一致就<u>银河商业大厦</u>（工程全称）签订工程质量保修书。

一、工程质量保修范围和内容

承包人在质量保修期内，按照有关法律规定和合同约定，承担工程质量保修责任。

质量保修范围包括地基基础工程、主体结构工程，屋面防水工程、有防水要求的卫生间、房间和外墙面的防渗漏，供热与供冷系统，电气管线、给排水管道、设备安装和装修工程，以及双方约定的其他项目。具体保修的内容，双方约定如下：<u>质量保修范围包括地基基础工程、主体结构工程、屋面防水工程、楼地面工程、门窗工程（分包除外）、装修工程、有防水要求的房间和外墙、电气管线、给排水管道、设备安装工程。</u>

二、质量保修期

根据《建设工程质量管理条例》及有关规定，工程的质量保修期如下：

1. 地基基础工程和主体结构工程为设计文件规定的工程合理使用年限；

2. 屋面防水工程、有防水要求的卫生间、房间和外墙面的防渗为<u>五</u>年；

3. 装修工程为<u>二</u>年；

4. 电气管线、给排水管道、设备安装工程为<u>二</u>年；

5. 供热与供冷系统为<u>二</u>个采暖期、供冷期；

6. 住宅小区内的给排水设施、道路等配套工程为<u>二</u>年；

7. 其他项目保修期限约定如下：<u>铝合金门窗工程防水保修期限二年。</u>

质量保修期自工程竣工验收合格之日起计算。

三、缺陷责任期

工程缺陷责任期为<u>24</u>个月，缺陷责任期自工程通过竣工验收之日起计算。单位工程先于全部工程进行验收，单位工程缺陷责任期自单位工程验收合格之日起算。

缺陷责任期终止后，发包人应退还剩余的质量保证金。

四、质量保修责任

1. 属于保修范围、内容的项目，承包人应当在接到保修通知之日起 7 天内派人保修。承包人不在约定期限内派人保修的，发包人可以委托他人修理。

2. 发生紧急事故需抢修的，承包人在接到事故通知后，应当立即到达事故现场抢修。

3. 对于涉及结构安全的质量问题，应当按照《建设工程质量管理条例》的规定，立即向当地建设行政主管部门和有关部门报告，采取安全防范措施，并由原设计人或者具有相应资质等级的设计人提出保修方案，承包人实施保修。

4. 质量保修完成后，由发包人组织验收。

五、保修费用

保修费用由造成质量缺陷的责任方承担。

六、双方约定的其他工程质量保修事项：<u>无</u> 。

工程质量保修书由发包人、承包人在工程竣工验收前共同签署，作为施工合同附件，其有效期限至保修期满。

发包人（公章）：_____	承包人（公章）：_____
地　　址：_____	地　　址：_____
法定代表人（签字）：_____	法定代表人（签字）：_____
委托代理人（签字）：_____	委托代理人（签字）：_____
电　　话：_____	电　　话：_____
传　　真：_____	传　　真：_____
开户银行：_____	开户银行：_____
账　　号：_____	账　　号：_____
邮政编码：_____	邮政编码：_____

[**案例 6-11**]　原告某房产开发公司与被告某建筑公司签订一施工合同，修建某一住宅小区。小区建成后，经验收质量合格。验收后 1 个月，房产开发公司发现楼房屋顶漏水，遂要求建筑公司负责无偿修理，并赔偿损失，建筑公司则以施工合同中并未规定质量保修期限，以工程已经验收合格为由，拒绝无偿修理要求。房产开发公司遂诉至法院。法院判决施工合同有效，认为合同中虽然并没有约定工程质量保修期限，但依据《建设工程质量管理条例》的规定，屋面防水工程最低保修期限为 5 年，因此本案工程交工后两个月内出现的质量问题，应由施工单位承担无偿修理并赔偿损失的责任。故判令建筑公司应当承担无偿修理的责任。

解析：本案争议的施工合同虽欠缺质量保修期条款，但并不影响双方当事人对施工合同主要义务的履行，故该合同有效。《合同法》第二百七十五条规定施工合同的内容包括工程范围、建设工期、中间交工工程的开工和竣工时间、工程质量、工程造价、技术资料交付时间、材料和设备供应责任、结算、竣工验收、质量保修范围和质量保修期、双方相互协作等条款。由于合同中没有质量保修期的约定，故应当依照法律、法规的规定或者其他规章确定工程质量保修期。法院依照《建设工程质量管理条例》的有关规定对欠缺条款进行补充，无疑是正确的。依据该规定：出现的质量问题属保修期内，故认定建筑公司承担无偿修理和赔偿损失责任是正确的。

6.4　建设工程施工合同的解除及争议

6.4.1　建设工程施工合同的解除

建设工程施工合同订立后，当事人应当按照合同的约定履行。但是，在一定的条件下，合同没有履行或完全履行，当事人也可以解除合同。

6.4.1.1　可以解除合同的情形

在下列情况下，建设工程施工合同可以解除：

1. 合同的协商解除

施工合同当事人协商一致，可以解除。这是在合同订立以后、履行完毕以前，双方当事人通过协商而同意终止合同关系的接触。

2. 发生不可抗力时合同的解除

因为不可抗力或者非合同当事人的原因，造成工程停建或缓建，致使合同无法履行，合同双方可以解除合同。

3. 当事人违约时合同的解除

（1）发包人违约的情形

在合同履行过程中发生的下列情形，属于发包人违约：

①因发包人原因未能在计划开工日期前 7 天内下达开工通知的；

②因发包人原因未能按合同约定支付合同价款的；

③发包人自行实施被取消的工作或转由他人实施的；

④发包人提供的材料、工程设备的规格、数量或质量不符合合同约定，或因发包人原因导致交货日期延误或交货地点变更等情况的；

⑤因发包人违反合同约定造成暂停施工的；

⑥发包人无正当理由没有在约定期限内发出复工指示，导致承包人无法复工的；

⑦发包人明确表示或者以其行为表明不履行合同主要义务的；

⑧发包人未能按照合同约定履行其他义务的。

发包人发生除本项第7目以外的违约情况时，承包人可向发包人发出通知，要求发包人采取有效措施纠正违约行为。发包人收到承包人通知后28天内仍不纠正违约行为的，承包人有权暂停相应部位工程施工，并通知监理人。

除专用合同条款另有约定外，承包人按发包人违约的情形约定暂停施工满28天后，发包人仍不纠正其违约行为并致使合同目的不能实现的，或出现约定的违约情况，承包人有权解除合同。

（2）承包人违约

在合同履行过程中发生的下列情形，属于承包人违约：

①承包人违反合同约定进行转包或违法分包的；

②承包人违反合同约定采购和使用不合格的材料和工程设备的；

③因承包人原因导致工程质量不符合合同要求的；

④承包人违反材料与设备专用要求条款的约定，未经批准，私自将已按照合同约定进入施工现场的材料或设备撤离施工现场的；

⑤承包人未能按施工进度计划及时完成合同约定的工作，造成工期延误的；

⑥承包人在缺陷责任期及保修期内，未能在合理期限对工程缺陷进行修复，或拒绝按发包人要求进行修复的；

⑦承包人明确表示或者以其行为表明不履行合同主要义务的；

⑧承包人未能按照合同约定履行其他义务的。

承包人发生除本项第⑦约定以外的其他违约情况时，监理人可向承包人发出整改通知，要求其在指定的期限内改正。

承包人应承担因其违约行为而增加的费用和（或）延误的工期。此外，合同当事人可在专用合同条款中另行约定承包人违约责任的承担方式和计算方法。

除专用合同条款另有约定外，出现约定的违约情况时，或监理人发出整改通知后，承包人在指定的合理期限内仍不纠正违约行为并致使合同目的不能实现的，发包人有权解除合同。

4. 《最高人民法院关于审理建设工程施工合同纠纷案件适用法律问题的解释》第八条和第九条对施工合同的解除也有相应的规定

第八条：承包人具有下列情形之一，发包人请求解除建设工程施工合同的，应予支持：

（1）明确表示或者以行为表明不履行合同主要义务的；

（2）合同约定的期限内没有完工，且在发包人催告的合理期限内仍未完工的；

（3）已经完成的建设工程质量不合格，并拒绝修复的；

（4）将承包的建设工程非法转包、违法分包的。

本条款是关于发包人单方解除施工承包合同的法律规定。主要包含以下五个方面的内容：

（1）承包人的主要义务是按时保质地完成建设工程。如果当承包人明确表示不再履行自己的主要义务的或者以其行为表明不履行主要义务的，发包人可以单方解除施工承包合同。

（2）按时完成建设工程是承包人的主要义务。如果承包人未能在合同约定的期限内完成建设工程，并且在发包人催告的合理期限内仍未完成建设工程的，发包人可以单方解除施工承包合同。

（3）保质完成建设工程也是承包人的主要义务。如果承包人已完成的建设工程质量不合格，并且拒绝修复的，发包人可以单方解除施工承包合同。

（4）如果承包人发生了以下违法分包情形的，发包人可以单方解除施工承包合同：

①总承包人将建设工程分包给不具有相应资质条件的单位的；

②建设工程总承包合同中未有约定，又未经发包方的同意，承包人将其承包的部分建设工程交由其他单位完成的；

③施工总承包单位将工程主体结构的施工发包给其他单位的；

④分包单位将其承包的建设工程再分包的。

（5）如果承包人发生了以下非法转包的情形的，发包人可以单方解除施工承包合同：

①承包人将全部工程转包；

②承包人将全部工程肢解后以分包的名义转包。

第九条：发包人具有下列情形之一，致使承包人无法施工，且在催告的合理期限内仍未履行相应义务，承包人请求解除建设工程施工合同的，应予支持：

（1）未按约定支付工程价款的；

（2）提供的主要建筑材料、建筑构配件和设备不符合强制性标准的；

（3）不履行合同约定的协助义务的。

本条款是关于承包人单方解除施工承包合同的法律规定。主要包含以下三个方面的内容：

（1）发包人的主要义务是按时足额支付工程款。因此，如果发包人未按时或未足额支付工程款，致使承包人无法施工，并且在催告后的合理期限内仍未支付工程款的，承包人可以解除施工承包合同。

（2）建筑材料一般由承包人提供。但是，在实务中，又会出现发包人提供部分建筑材料、建筑构配件和设备的"甲供料"的情况，对"甲供料"承包人负有检验其质量的义务，从而保证建设工程的质量。如果"甲供料"不符合国家强制性标准，致使承包人不能继续施工，要求发包人提供符合要求的"甲供料"，在合理的期限内发包人仍未更换，承包人有权解除施工承包合同。

（3）发包人除了按时足额支付工程款的主要义务外，还有按时提供符合条件的施工场地和施工图纸等协助义务，如果未履行约定的协助义务，致使承包人不能正常施工，在承包人催告后的合理的期限内，发包人仍未履行约定的协助义务的，承包人有权解除施工承包合同。

6.4.1.2 合同解除后的善后处理

1. 发包人违约的责任及处理

承包人按因发包人违约解除合同的，发包人应承担因其违约给承包人增加的费用和（或）延误的工期，并支付承包人合理的利润。此外，合同当事人可在专用合同条款中另行约定发包人违约责任的承担方式和计算方法。发包人应在解除合同后 28 天内支付下列款项，并解除履约担保：

（1）合同解除前所完成工作的价款；

（2）承包人为工程施工订购并已付款的材料、工程设备和其他物品的价款；

（3）承包人撤离施工现场以及遣散承包人人员的款项；

（4）按照合同约定在合同解除前应支付的违约金；

（5）按照合同约定应当支付给承包人的其他款项；

（6）按照合同约定应退还的质量保证金；

（7）因解除合同给承包人造成的损失。

合同当事人未能就解除合同后的结清达成一致的，按照争议解决条款的约定处理。承包人应妥善做好已完工程和与工程有关的已购材料、工程设备的保护和移交工作，并将施工设备和人员撤出施工现场，发包人应为承包人撤出提供必要条件。

2. 承包人违约的责任及处理

因承包人原因导致合同解除的，则合同当事人应在合同解除后 28 天内完成估价、付款和清算，并按以下约定执行：

（1）合同解除后，按商定或确定条款确定承包人实际完成工作对应的合同价款，以及承包人已提供的材料、工程设备、施工设备和临时工程等的价值；

（2）合同解除后，承包人应支付的违约金；

（3）合同解除后，因解除合同给发包人造成的损失；

（4）合同解除后，承包人应按照发包人要求和监理人的指示完成现场的清理和撤离；

（5）发包人和承包人应在合同解除后进行清算，出具最终结清付款证书，结清全部款项。

合同解除后，因继续完成工程的需要，发包人有权使用承包人在施工现场的材料、设备、临时工程、承包人文件和由承包人或以其名义编制的其他文件，合同当事人应在专用合同条款约定相应费用的承担方式。发包人继续使用的行为不免除或减轻承包人应承担的违约责任。

因承包人违约解除合同的，发包人有权暂停对承包人的付款，查清各项付款和已扣款项。发包人和承包人未能就合同解除后的清算和款项支付达成一致的，按照争议解决条款的约定处理。因承包人违约解除合同的，发包人有权要求承包人将其为实施合同而签订的材料和设备的采购合同的权益转让给发包人，承包人应在收到解除合同通知后 14 天内，协助发包人与采购合同的供应商达成相关的转让协议。

3.《最高人民法院关于审理建设工程施工合同纠纷案件适用法律问题的解释》第 10 条的规定

"建设工程施工合同解除后，已经完成的建设工程质量合格的，发包人应当按照约定支付相应的工程价款；已经完成的建设工程质量不合格的，参照本解释第三条规定处理。因一方违约导致合同解除的，违约方应当赔偿因此而给对方造成的损失。"本条款是关于守约方防止违约损失扩大的法律规定。该规定主要包含以下三个方面的内容：

（1）施工承包合同解除后，双方均应停止履行尚未履行的义务。

（2）根据建设工程质量优先于合同效力的精神，对承包人已完成工程遵循以下原则执行：

①建设工程质量是合格的，按照被解除的施工承包合同中关于工程价款的约定对实际已完工程量进行结算；

②建设工程质量是不合格的，根据修复的情形分为：修复后工程质量合格的，发包人按照被解除的施工承包合同中关于工程价款的约定对实际已完成工程量进行结算。但是，如果修复是由委托的第三人进行，则发包人可从支付的工程款中将修复费用扣除；修复后工程质量仍不合格的，发包人支付工程款的前提不存在，故承包人无权要求发包人支付工程款。

③在解决了工程价款的问题后，因违约致使施工承包合同被解除造成的损失，由违约方承担，承发包双方都有责任，则共同承担。

6.4.2　建设工程施工合同的争议

6.4.2.1　工程合同争议产生的原因

工程承包合同争议，是指工程承包合同自订立至履行完毕之前，承包合同的双方当事人因对合同的条款理解产生歧义或因当事人未按合同的约定履行合同，或不履行合同中应承担的义务等原因所产生的纠纷。产生工程承包合同纠纷的原因十分复杂，但一般归纳为合同订立引起的纠纷；在合同履行中发生的纠纷；变更合同而产生的纠纷；解除合同而发生的纠纷等几个方面。具体有以下几个方面：

1. 合同订立不合法

当前，我国建筑企业处于"僧多粥少"的环境中。为规范市场，建设行政主管部门颁发了禁止垫资承包等相关规定。为规避法律，承发包双方在签订合同时往往采用一些不合法手段，其中最主要的表现形式是签订"阴阳合同"，即双方签订两份合同，一份用来应付建设行政主管部门检查的"阳合同"，一份是实际履行的"阴合同"。

2. 合同条款不完整，内容不明确

合同条款不完整或约定不明确是造成合同纠纷最常见、最主要的原因。建设工程施工合同的条款比较多、比较繁琐，某些业主、承包商等缺乏法律意识和自我保护意识，对合同条款的签订和审查不仔细，造成合同内容不完整或关键合同条款内容不明确。

3. 合同主体不合法

签订建设工程合同，必须具备与工作内容相应的资质条件。资质等级是对企业能力的认定，是一种市场准入的限定标准。但目前，一些建筑企业无资质执业、超越资质执业、借用资质、"挂靠"在有执业资质的企业等现象很普遍。这些企业往往不具备从事相关工作的能力，也不能保证工作的进度和质量，很容易引发争议。

4. 合同主体诚信缺失

合同一旦签订，双方主体都应当严格按照合同履行义务，尽自己最大的努力来完成工作。但目前在中国建筑业，信用体系还十分不健全。许多企业只看眼前利益，一旦有不诚信行为，也不会受到足够的惩罚。因而，不是所有业主、承包商都会尽职尽责去完成工作。

6.4.2.2　工程合同争议的解决方式

在我国，合同争议解决的方式主要有和解、调解、仲裁和诉讼四种。在这四种解决争议的方式中，和解和调解的结果没有强制执行的法律效力，要靠当事人的自觉履行。当然，这里所说的和解和调解是狭义的，不包括仲裁和诉讼程序中在仲裁庭和法院的主持下的和解和调解。这两种情况下的和解和调解属于法定程序，其解决方法仍有强制执行的法律效力。

合同有关争议解决的条款独立存在，合同的变更、解除、终止、无效或者被撤销均不影响其效力。

除了上面四种方式，《施工合同（示范文本）》通用条款第 20 条对争议评审做了相应规定。

合同当事人在专用合同条款中约定采取争议评审方式解决争议以及评审规则，可按下列约定执行：

（1）争议评审小组的确定

合同当事人可以共同选择一名或三名争议评审员，组成争议评审小组。除专用合同条款另有约定外，合同当事人应当自合同签订后 28 天内，或者争议发生后 14 天内，选定争议评审员。

选择一名争议评审员的，由合同当事人共同确定；选择三名争议评审员的，各自选定一名，第三名成员为首席争议评审员，由合同当事人共同确定或由合同当事人委托已选定的争议评审员共同确定，或由专用合同条款约定的评审机构指定第三名首席争议评审员。

除专用合同条款另有约定外，评审员报酬由发包人和承包人各承担一半。

（2）争议评审小组的决定

合同当事人可在任何时间将与合同有关的任何争议共同提请争议评审小组进行评审。争议评审小组应秉持客观、公正原则，充分听取合同当事人的意见，依据相关法律、规范、标准、案例经验及商业惯例等，自收到争议评审申请报告后 14 天内作出书面决定，并说明理由。合同当事人可以在专用合同条款中对本项事项另行约定。

（3）争议评审小组决定的效力

争议评审小组作出的书面决定经合同当事人签字确认后，对双方具有约束力，双方应遵照执行。任何一方当事人不接受争议评审小组决定或不履行争议评审小组决定的，双方可选择采用其他争议解决方式。

6.5 建设工程施工合同案例分析

[综合案例 1] 合同条款分析

背景：某住宅楼工程项目，通过招标选择了某施工单位进行该项目的施工，承发包双方根据《施工合同（示范文本）》签订了施工合同，其中部分合同约定如下：

（1）合同文件的组成与解释顺序依次是：

①合同协议书；

②投标函及其附录；

③会议纪要等其他文件；

④专用合同条款及其附件；

⑤通用条款；

⑥ 中标通知书；

⑦ 技术标准和要求；

⑧ 已标价工程量清单；

⑨ 图纸。

（2）因施工图设计尚未全部完成，工程量不能完全确定，施工图纸能满足施工进度要求，双方签订了固定总价合同，合同金额为2000万元。

（3）承包人必须按工程师批准的进度计划组织施工，接受工程师对进度的检查监督。工程实际进度与计划进度不符合时，承包人应提出改进措施，经工程师确认后执行。发包方承担由于改进措施追加的合同价款。

（4）发包人向承包人提供施工场地的工程地质和地下管线资料，供承包人参考。

（5）承包人办理施工许可证及其他施工所需证件、批件和临时用地、停水、停电、中断道路交通、爆破作业等的申请批准手续。

（6）承包人项目经理：在开工前由承包人采用内部竞聘方式确定。

（7）工程质量：甲方规定的质量标准。

（8）合同工期290天。

开工工期：2017年9月1日

竣工日期：2018年6月30日

合同工期总日历天数：305天（扣除节假日15天）

（9）承包人负责主体工程施工，将装修工程分包给符合资质要求的分包商，承包人就主体工程的质量和安全向发包人负责，分包部分工程的质量和安全由分包商向发包人负责。

（10）工程竣工验收后，进行竣工结算。结算时按全部工程造价的3%扣留工程质量保证金。在保修期（50年）满后，质量保证金退还给乙方。

（11）合同执行过程中，发生纠纷后，双方应协商解决，协商不成进行仲裁，仲裁不成，再行诉讼。

问题：请逐条指出上述合同条款中不妥当之处，并说明原因。

解析：第（1）项中合同文件的组成与解释顺序的排序不对。根据《施工合同（示范文本）》通用条款第1.5款的内容，正确的顺序为：①合同协议书；②中标通知书；③投标函及其附录；④专用合同条款及其附件；⑤通用条款；⑥技术标准和要求；⑦图纸；⑧已标价工程量清单；⑨会议纪要等其他条件。

第（2）项采用总价合同不妥。该工程施工设计图纸尚未完成，工程量不明确，不宜采用固定总价合同，对于实际工程量和预计工程量可能有很大出入的工程，宜优先选择单价合同。

第（3）项中由发包方承担由于改进措施追加的合同价款不妥。根据《施工合同（示范文本）》通用条款第7.2.2条的内容：施工进度计划不符合合同要求或与工程的实际进度不一致的，承包人应向监理人提交修订的施工进度计划，并附具有关措施和相关资料，由监理人报送发包人。除专用合同条款另有约定外，发包人和监理人应在收到修订的施工进度计划后7天内完成审核和批准或提出修改意见。发包人和监理人对承包人提交的施工进度计划的确认，不能减轻或免除承包人根据法律规定和合同约定应承担的任何责任或义务。

第（4）项中供承包人参考不妥。根据《施工合同（示范文本）》通用条款第2.4.3条的内容：发包人应当在移交施工现场前向承包人提供施工现场及工程施工所必需的毗邻区域内供水、排水、供电、供气、供热、通信、广播电视等地下管线资料，气象和水文观测资料，地质勘查资料，相邻建筑物、构筑物和地下工程等有关基础资料，并对所提供资料的真实性、准确性和完整性负责。

第（5）项中由承包人办理施工许可证等内容不妥。根据《施工合同（示范文本）》通用条款第2.1条的内容：发包人应遵守法律，并办理法律规定由其办理的许可、批准或备案，包括但不限于建设用地规划许可证、建设工程规划许可证、建设工程施工许可证、施工所需临时用水、临时用电、中断道路交通、临时占用土地等许可和批准。发包人应协助承包人办理法律规定的有关施工证件和批件。

第（6）项中承包人在开工前采用内部竞聘方式确定项目经理不妥。应明确为投标文件中确认的项目经理。根据《施工合同（示范文本）》通用条款第3.2.1条的内容：项目经理应为合同当事人所确认的人选，并在专用合同条款中明确项目经理的姓名、职称、注册执业证书编号、联系方式及授权范围等事项，项目经理经承包人授权后代表承包人负责履行合同。根据通用条款第3.2.3条的内容：承包人需要更换项目经理的，应提前14天书面通知发包人和监理人，并征得发包人书面同意。

第（7）项中工程质量标准为甲方规定的质量标准不妥。本工程是住宅楼工程，目前对该类工程尚不存在其他可以明示的企业或行业的质量标准。因此，不应以甲方规定的质量标准作为该工程的质量标准，而应以《建筑工程施工质量验收统一标准》GB 50300—2013中规定的质量标准作为该工程的质量标准。

第（8）项中合同工期扣除节假日不妥。合同工期是总日历天数，应为305天，不应扣除节假日。

第（9）项中分包部分工程的质量和安全由分包商向发包人负责不妥。承包单位将部分工程分包，则其作为总承包人，依照相关法律法规的规定，总承包单位和分包单位对分包工程的安全和质量承担连带责任。

第（10）项中工程质量保证金返还时间不妥。根据《施工合同（示范文本）》通用条款第14.4条的内容：除专用合同条款另有约定外，承包人应在缺陷责任期终止证书颁发后7天内，按专用合同条款约定的份数向发包人提交最终结清申请单，最终结清申请单应列明质量保证金、应扣除的质量保证金、缺陷责任期内发生的增减费用，并提供相关证明材料。质量保证金并不是在保修期满退还，而是在缺陷责任期满按合同规定退还，缺陷责任期最长不能超过24个月。

质量保修期（50年）不妥。应按《建设工程质量管理条例》的有关规定进行修改。在正常使用条件下，基础设施工程、房屋建筑的地基基础工程和主体结构工程的最低保修期限为设计文件规定的该工程的合理使用年限。

第（11）项中同时选择既仲裁又诉讼的方式不妥。合同当事人在履行合同中发生争议，可以和解或由第三方调解，双方达成和解或调解协议，当和解不成时，可以选择仲裁或诉讼的方式解决纠纷，但通常是在合同中约定其中的一种方式。仲裁或诉讼只能选择一种"或裁或讼"。如果当事人之间有仲裁协议，应及时将纠纷提交仲裁机构仲裁。仲裁是"一裁终局"，仲裁裁决具有强制执行的法律效力，不能再诉讼。合同当事人如果未约定仲裁协议，则只能以诉讼作为解决纠纷的最终方式。

[综合案例 2]　施工质量检验和分包工程

背景： 某工程项目，建设单位与施工总包单位按《施工合同（示范文本）》签订了施工合同，工程实施过程中发生了如下事件：

事件 1：主体结构施工时，建设单位收到用于工程的商品混凝土不合格的举报，立刻指令施工总包单位暂停施工。经检测鉴定单位对商品混凝土的抽样检验及混凝土实体质量抽芯检测符合要求。为此，施工总包单位向项目监理机构提交了暂停施工后人员窝工及机械闲置的费用索赔申请。

事件 2：施工总包单位按施工合同约定，将装饰工程分包给甲装饰分包单位。在装饰工程施工中，项目监理机构发现工程部分区域的装饰工程由乙装饰分包单位施工。经查实，施工总包单位为按时完工，擅自将部分装饰工程分包给乙装饰分包单位。

事件 3：室内空调管道安装工程隐蔽前，施工总包单位进行了自检，并在约定的时限内按程序书面通知项目监理机构验收。项目监理机构在验收前 6 小时通知施工总包单位因故不能到场验收，施工总包单位自行组织了验收，并将验收记录送交项目监理机构，随后进行隐蔽，进入下道工序施工。总监理工程师以"未经项目监理机构验收"为由下达了《工程暂停令》。

事件 4：工程保修期内，建设单位为使用方便，直接委托甲装饰分包单位对地下室进行了重新装修，在没有设计图纸的情况下，应建设单位要求，甲装饰分包单位在地下室承重结构墙上开设了两个 1800mm×2000mm 的门洞，造成一层楼面有多处裂缝，且地下室有严重渗水。

问题：

（1）事件 1 中，建设单位的做法是否妥当？项目监理机构是否应批准施工总包单位的索赔申请？说明理由。

（2）项目监理机构对事件 2 如何处理？

（3）事件 3 中，施工总包单位和总监理工程师的做法是否妥当？说明理由。

（4）对于事件 4 中发生的质量问题，建设单位、监理单位、施工总包单位和甲装饰分包单位是否应承担责任？分别说明理由。

解析：

（1）建设单位的做法不妥。根据《监理规范》规定，建设单位与承包单位之间与建设工程合同有关的联系活动应通过监理单位进行，故建设单位收到举报后，应通过总监理工程师下达工程暂停令。

项目监理机构应批准施工总包单位的索赔申请。根据质量管理条例和合同通用条款的规定，监理工程师有权对工程所有部位和施工工艺、材料、工程设备进行检查和检验。检测结果符合要求，由此带来的人工机械的窝工费用由建设单位承担。

（2）项目监理机构对事件 2 的处理程序：

①签发工程暂停令，停止相应装修工程施工，并向业主报告；

②要求施工总包方提供乙装饰分包单位资质材料；如符合要求准许继续施工，否则责令退场；

③对已做装修部位的工程质量请有资质的法定检测单位鉴定，合格的予以通过，不合格需要重新返工修理；

④因工程暂停引起的与工期、费用等有关的问题，由施工总包方承担；

⑤具备恢复施工条件时，施工总包方申请，总监审核并下达复工令；

⑥将处理结果报告给业主。

（3）根据《施工合同（示范文本）》通用条款第5.3条的规定，施工总包单位的做法是妥当的。工程隐蔽部位经承包人自检确认具备覆盖条件的并在约定的时限内容按程序书面通知项目监理机构验收；监理人若不能按时进行检查的，应在检查前24小时向承包人提交书面延期要求，但延期不能超过48小时，由此导致工期延误的，工期应予以顺延。监理人未按时进行检查，也未提出延期要求的，视为隐蔽工程检查合格，承包人可自行完成覆盖工作，并作相应记录报送监理人，监理人应签字确认。

总监理工程师的做法不妥当。项目监理机构在验收前6小时通知施工总包单位因故不能到场验收，不能满足通用条款提前24小时的规定。

（4）建设单位应承担责任。建设单位在没有设计图纸的情况下，不能要求甲装饰分包单位施工；在装饰过程中，不得擅自变动房屋建筑主体和承重结构。

监理单位应承担责任。监理单位在工程保修责任期内，没有履行监理合同约定的监理职责，既没有阻止建设单位的错误行为，也没有阻止甲装饰分包单位无设计图纸施工和在地下室承重结构墙上开设门洞的错误行为，应承担监理违约责任。

施工总包单位不承担责任。建设单位直接委托甲装饰分包单位对地下室进行了重新装修，属于重新签订的地下室装修合同，与原先的总承包单位没有关联。

甲装饰分包单位应承担责任。甲装饰分包单位对其施工的施工质量负责。

[综合案例3]　工程施工合同的履行

背景：某新建工程，采用公开招标的方式，确定某施工单位中标，双方按《施工合同（示范文本）》签订了施工总承包合同。合同约定总造价14250万元，预付备料款2800万元，每月底按月支付施工进度款。竣工结算时，结算价款按调值公式进行调整。在招标和施工过程中，发生了如下事件：

事件1：某分项工程由于设计变更导致该分项工程量变化幅度达20%，合同专用条款未对变更条款进行约定。施工单位按变更指令施工，在施工结束后的下一个月的月底上报支付申请的同时，还上报了该设计变更的变更价款申请，监理工程师不批准变更价款。

事件2：屋面隐蔽工程通过监理工程师验收后开始施工，建设单位对隐蔽工程质量提出异议，要求复验，施工单位不同意。经总监理工程师协调后三方现场复验，经检验质量满足要求。施工单位要求补偿由此增加的费用，建设单位予以拒绝。

事件3：合同中约定，根据人工费和四项主要材料和价格指数对总造价按调值公式进行调整。各调值因素的比重、基准和现行价格指数见表6-7。

表6-7

可调项目	人工费	材料一	材料二	材料三	材料四
因素比重	0.15	0.30	0.12	0.15	0.08
基期价格指数	0.99	1.01	0.99	0.96	0.78
现行价格指数	1.12	1.16	0.85	0.80	1.05

问题：

（1）事件1中，监理工程师不批准变更价款申请是否合理？并说明理由。合同中未约定变更价款的情况下，变更价款应如何处理？

（2）事件2中，施工单位、建设单位的做法是否正确？并分别说明理由。

（3）事件3中，计算经调整后的实际计算价款应为多少万元？

解析：

（1）事件1中，监理工程师不批准变更价款是合理的。理由：工程变更发生追加合同价款的，应该在该事件发生后的14天内提出，若是没有在规定的时间内提出，视为该变更不涉及合同价款的变动。合同未约定变更价款的情况下，当工程量增加或减少15%以上的，需要进行变更价款。

（2）事件2中，施工单位不同意的做法不正确。理由：建设单位对隐蔽工程有异议的，有权要求复验。建设单位做法不正确。理由：经现场复验后检验质量满足要求，复验增加的费用由建设单位承担。

（3）事件3中，不调值因素的比重为：$1-（0.15+0.30+0.12+0.15+0.08）=0.20$

调值后的实际结算价款为：

$14250×（0.2+0.15×1.12/0.99+0.30×1.16/1.01+0.12×0.85/0.99+0.15×0.80/0.96+0.08×1.05/0.78）$

$=14962.13$ 万元

[综合案例4] 质量检验

背景： 某监理单位承担了一工业项目的施工监理工作。经过招标，建设单位选择了甲、乙施工单位分别承担A、B标段工程的施工，并按照《施工合同（示范文本）》分别和甲、乙施工单位签订了施工合同。建设单位与乙施工单位在合同中约定，B标段所需的部分设备由建设单位负责采购。乙施工单位按照正常的程序将B标段的安装工程分包给丙施工单位。在施工过程中，发生了如下事件：

事件1：建设单位在采购B标段的锅炉设备时，设备生产厂商提出由自己的施工队伍进行安装更能保证质量，建设单位便与设备生产厂商签订了供货和安装合同并通知了监理单位和乙施工单位。

事件2：总监理工程师根据现场反馈信息及质量记录分析，对A标段某部位隐蔽工程的质量有怀疑，随即指令甲施工单位暂停施工，并要求剥离检验。甲施工单位称：该部位隐蔽工程已经专业监理工程师验收，若剥离检验，监理单位需赔偿由此造成的损失并相应延长工期。

事件3：专业监理工程师对B标段进场的配电设备进行检验时，发现由建设单位采购的某设备不合格，建设单位对该设备进行了更换，从而导致丙施工单位停工。因此，丙施工单位致函监理单位，要求补偿其被迫停工所遭受的损失并延长工期。

问题：

（1）事件1中，建设单位将设备交由厂商安装的作法是否正确？为什么？

（2）事件1中，若乙施工单位同意由该设备生产厂商的施工队伍安装该设备，监理单位应该如何处理？

（3）事件2中，总监理工程师的作法是否正确？为什么？试分析剥离检验的可能结果及总监理工程师相应的处理方法。

（4）事件3中，丙施工单位的索赔要求是否应该向监理单位提出？为什么？

解析：

（1）不正确，因为违反了合同约定。

（2）监理单位应该对厂商的资质进行审查。若符合要求，可以由该厂安装。如乙单位接受该厂作为其分包单位，监理单位应协助建设单位变更与设备厂的合同，如乙单位接受厂商直接从建设单位承包，监理单位应该协助建设单位变更与乙单位的合同；如不符合要求，监理单位应该拒绝由该厂商施工。

（3）总监理工程师的做法是正确的。无论工程师是否参加了验收，当工程师对某部分的工程质量有怀疑，均可要求承包人对已经隐蔽的工程进行重新检验。

重新检验质量合格，发包人承担由此发生的全部追加合同价款，赔偿施工单位的损失，并相应顺延工期；检验不合格，施工单位承担发生的全部费用，工期不予顺延。

（4）不应该，因为建设单位和丙施工单位没有合同关系。

[综合案例5] 安全事故责任

背景： 某工程，参照定额工期确定的合理工期为一年，建设单位与施工单位按此签订施工合同，工程实施过程中发生如下事件：

事件1：建设单位提出如下要求：①总监理工程师代表负责增加和调配监理人员；②施工单位将本月工程款支付申请直接报送建设单位，建设单位审核后拨付工程款。

事件2：为使工程提前完工投入使用，建设单位要求施工单位提前4个月竣工。于是，施工单位在主体结构施工中未执行原施工方案，提前拆除混凝土结构模板。监理工程师要求施工单位整改。施工单位以工期紧、气温高和混凝土能达到拆模强度为由回复无法整改。专业监理工程师不再坚持整改要求，因气温骤降，导致施工单位在拆除第五层结构模板时混凝土强度不足，发生了结构坍塌安全事故，造成2人死亡、9人重伤和1100万元的直接经济损失。

问题：

（1）事件1中，建设单位所提出要求的不妥之处，说明正确的做法。

（2）事件2中，分别指出建设单位、监理单位、施工单位是否有责任，并说明理由。

解析：

（1）"总监理工程师代表负责增加和调配监理人员"的做法不妥；正确做法：总监理工程师负责增加和调配监理人员。

"施工单位将本月工程款支付申请直接报连建设单位"的做法不妥；正确做法：施工单位将本月工程款支付申请提交监理工程师审查，监理工程师在7天内完成审核并报送建设单位，建设单位应在收到后7天内完成审批并签发进度款支付证书。建设单位应在进度款支付证书签发后14天内完成支付，建设单位逾期支付进度款的，应按照中国人民银行发布的同期同类贷款基准利率支付违约金。

（2）建设单位有责任，发包人应当依据相关工程的工期定额合理计算工期，根据《建设工程工程量清单计价规范》的规定，压缩的工期天数一般不得超过定额工期的 20%。该工程定额工期确定的合理工期为 1 年，建设单位要求施工单位提前 4 个月竣工，超过 20%，不合理。

监理单位有责任，监理工程师不再坚持整改要求不正确，施工单位拒不整改或不停工整改的，监理单位应当及时向甲方报告，并下达工程停工令。

施工单位有责任，承包人应修订进度计划和施工方案并需要制定为保证工程质量和安全采取的合理安全的赶工措施，而不是违反施工技术规范标准组织施工。

[综合案例 6] 工程试车的责任界定

背景：依据施工合同的约定，设备安装完成后应进行所有单机无负荷试车和整个设备系统的无负荷联动试车。本工程共有 6 台设备，主机由建设单位采购，配套辅机由施工单位采购，各台设备采购者和试车结果见表 6-8。

设备采购者和试车结果 表 6-8

工作	工作内容	采购者	设备安装及第一次试车结果	第二次试车结果
A	设备安装准备工作	—	正常，按计划进行	—
B	1 号设备安装及单机无负荷试车	建设单位	安装质量事故初次试车没通过，费用增加 1 万元，时间增加 1 天	通过
C	2 号设备安装及单机无负荷试车	施工单位	安装工艺原因初次试车没通过，费用增加 3 万元，时间增加 1 天	通过
D	3 号设备安装及单机无负荷试车	建设单位	设计原因初次试车没通过，费用增加 2 万元，时间增加 4 天	通过
E	4 号设备安装及单机无负荷试车	施工单位	设备原材料原因初次试车没通过，费用增加 4 万元，时间增加 1 天	通过
F	5 号设备安装及单机无负荷试车	建设单位	设备制造原因初次试车没通过，费用增加 5 万元，时间增加 3 天	通过
G	6 号设备安装及单机无负荷试车	施工单位	一次试车通过	—
H	整个设备系统无负荷联动试车	—	建设单位指令错误初次试车没通过，费用增加 6 万元，时间增加 1 天	通过

问题：

（1）根据《施工合同（示范文本）》通用条款的约定，设备安装工程具备试车条件时单机无负荷试车和无负荷联动试车应分别由谁组织试车？

（2）请对 B、C、D、E、F、H 六项工作的设备安装及试车结果没通过的责任进行界定。

解析：

（1）根据《施工合同（示范文本）》通用条款 13.3 条的规定：设备安装工程具备单机无负荷试车条件，由承包人组织试车，并在试车前 48 小时书面通知监理人。设备安装工程具备无负荷联动试车条件，发包人组织试车，并在试车前 48 小时以书面形式通知承包人。除专用合同条款另有约定外，试车内容应与承包人承包范围相一致，试车费用由承包人承担。

（2）根据《施工合同（示范文本）》通用条款 13.3 条中关于试车责任的划分可知：

工作 B、C 初次试车未通过是由于施工原因试车达不到验收要求，故施工单位应按工程师要求重新安装和试车，并承担重新安装和试车的费用，工期不予顺延。

工作 D 初次试车未通过是由于设计原因试车达不到验收要求，建设单位应要求设计单位修改设计，承包人按修改后的设计重新安装。发包人承担修改设计、拆除及重新安装的全部费用和追加合同价款，工期相应顺延。

工作 E 初次试车未通过是由于设备原材料原因初次试车没通过，由该设备采购一方负责重新购置或修理，因此设备是施工单位采购的，则由施工单位承担修理或重新购置、拆除及重新安装的费用，工期不予顺延。

工作 F 初次试车未通过是由于设备制造原因试车达不到验收要求，由该设备采购一方负责重新购置或修理，承包人负责拆除和重新安装。本案例中主机设备由建设单位采购的，故应由建设单位承担上述各项追加合同价款，工期相应顺延。

工作 H 初次试车未通过是由于建设单位指令错误，故由建设单位承担各项费用，并顺延工期。

[综合案例 7]　变更和工程进度控制

背景： 某群体工程，主楼地下二层，地上八层，总建筑面积 26800m²，现浇钢筋混凝土框架-剪力墙结构。建设单位分别与施工单位按照《施工合同（示范文本）》签订了施工合同。合同履行过程中，发生了下列事件：

事件 1：施工中发现地质情况与地质勘察报告不符，施工单位提出工程变更申请。项目监理工程师审查后，认为该工程变更涉及设计文件修改，在提出审查意见后将工程变更申请报送原设计单位修改了设计文件。

事件 2：监理工程师在工程实施过程中发现由于施工单位人员不到位等原因导致工期滞后，工程的实际进度与施工单位开工前提交的进度计划不一致，遂要求施工单位立即进行赶工，并随后提交赶工计划和措施。施工单位以开工前提交的进度计划已通过监理单位和发包人的同意为由，要求赶工费用。

问题：

（1）指出事件 1 中项目监理工程师做法的不妥之处，写出正确的处理程序。

（2）事件 2 中，监理工程师的做法有何不妥？说明正确的做法。施工单位的做法是否正确？

解析：

（1）"监理工程师直接报送设计单位修改设计文件"的做法不妥。监理工程师首先审查施工单位提出的工程变更申请，提出审查意见。对涉及工程设计文件修改的工程变更，应由建设单位转交原设计单位修改工程设计文件。必要时，项目监理机构应建议建设单位组织设计、施工等单位召开论证工程设计文件的修改方案的专题会议。

（2）监理工程师不应立即要求施工单位进行赶工。正确的做法为：监理工程师应通知施工单位编制修订后的进度计划或赶工措施，除专用合同条款另有约定外，发包人和监理工程师应在收到修订的施工进度计划后 7 天内完成审核和批准或提出修改意见。施工单位根据批准的赶工措施或修订后的进度计划进行施工。

施工单位的做法不正确。发包人和监理人对承包人提交的施工进度计划的确认，不能减轻或免除承包人根据法律规定和合同约定应承担的任何责任或义务。由于自身原因带来的工期滞后，无法要求发包人支付赶工费用。

本 章 小 结

建设工程施工合同是指发包方（建设单位）和承包方（施工人）为完成商定的施工工程，明确相互权利、义务的协议。依照施工合同，施工单位应完成建设单位交给的施工任务，建设单位应按照规定提供必要条件并支付工程价款。建设部和国家工商行政管理局印发的《施工合同（示范文本）》中条款内容不仅涉及各种情况下双方的合同责任和规范化的履行管理程序，而且涵盖了非正常情况的处理原则，如变更、索赔、不可抗力、合同的被迫终止、争议的解决等方面。示范文本中的条款属于推荐使用，应结合具体工程的特点加以取舍、补充，最终形成责任明确、操作性强的合同。承发包双方应充分了解合同条款，依据合同全面履行各方的义务，才能保证建设工程按质按量、在规定工期、在预定造价的范围内完成。

思 考 与 练 习

一、填空题

1. 2017 年发布的《施工合同（示范文本）》主要由协议书、_____、_____三部分组成。

2. 建筑工程施工合同的类型可分为单价合同、_____、_____。

3. 组成本合同的文件及优先解释顺序是_____、_____、_____、_____、_____、_____、_____、_____、_____。

4. 工程合同争议解决的五种方式是_____、_____、____、_____、_____。

5. 建设工程合同履行的原则有_____、_____、_____、_____。

6. 包工包料工程的预付款按合同约定拨付，原则上预付比例不低于合同金额的_____，不高于合同金额的_____。

7. 缺陷责任期自_____日期起计算，该期限最长不超过_____月。

二、选择题

1. 下列文件中属于施工合同组成部分的有（   ）。

A. 合同协议书

B. 中标通知书

C. 投标文件中的施工组织设计

D. 招标公告

E. 规范及有关技术文件

2. 下列义务中，属于施工合同发包人的有（   ）。

A. 按合同约定的时间移交主要公路至施工现场的通道

B. 按合同约定的时间移交施工现场内的交通道路

C. 以书面形式提供水准点与坐标控制点的数据资料

D. 提供非夜间施工使用的照明设施

E. 办理因施工需中断的公共交通道路的申请批准手续

3. 施工合同规定，乙方在施工中发现地下障碍和文物时，应及时报告有关管理部门和采取有效措施，其保护措施费由（   ）承担。

A. 甲方　　　　　B. 乙方　　　　　C. 甲乙双方　　　　D. 有关管理部门

4. 某工程项目，承包人与2018年5月1日提交了工程竣工报告，5月15日通过了工程师组织的工程预验收，5月25日发包人组织工程验收，5月28日参加验收的有关各方在验收记录上签字，承包人的竣工日期应确定为（   ）。

A. 5月1日　　　　B. 5月15日　　　　C. 5月25日　　　　D. 5月28日

5. 施工合同工期是指施工的工程从（   ）起到完成施工合同协议条款双方约定的全部内容，工程达到竣工验收标准所经历的时间。

A. 施工招标　　　B. 施工开工　　　C. 施工准备　　　D. 签订合同

6. 某施工合同约定钢材由发包人供应，但钢材到货时发包人与监理工程师都没有通知承包人验收，供应商就将钢材卸货于施工现场。在使用前发现钢材数量出现较大短缺，这一钢材损失应由（   ）承担。

A. 承包人　　　B. 钢材供应商　　C. 监理单位　　　D. 发包人

7. 竣工结算在（   ）之后即可进行。

A. 竣工验收报告被批准　　　　　B. 保修期满

C. 试车合格　　　　　　　　　　D. 施工全部完毕

8. （   ）不是解除建设工程施工合同的充分条件。

A. 签订施工合同依据的国家计划被取消

B. 当事人一方确已无法履行合同

C. 出现了使合同无法履行的事件

D. 一方有违约行为

9. 根据我国《施工合同（示范文本）》规定，对于具体工程的一些特殊问题，可通过（   ）约定承发包双方的权利和义务。

A. 通用条款　　　B. 专用条款　　　C. 监理合同　　　D. 协议书

10. 当工程内容明确、工期较短时，宜采用（   ）。

A. 可调合同　　　　　　　　　　B. 总价合同

C. 单价合同　　　　　　　　　　D. 成本加酬金合同

11. 某基础工程隐蔽前已经经过工程师验收合格，在主体结构施工时因墙体开裂，对基础重新检验发现部分部位存在施工质量问题，则对重新检验的费用和工期的处理表达正确的是（   ）。

A. 费用由工程师承担，工期由承包方承担

B. 费用由承包人承担，工期由发包方承担

C. 费用由承包方承担，工期由承发包双方协商

D. 费用和工期均由承包方承担

12. 按计价方式不同，建设工程施工合同可分为：（1）总价合同；（2）单价合同；（3）成本加酬金合同三种。以承包商所承担的风险从小到大的顺序来排列，应该是（   ）。

A. （1）（2）（3）　　　　　　　B. （3）（2）（1）

C. （2）（3）（1）　　　　　　　　D. （2）（1）（3）

13. 施工合同实行过程中，承包人按工程师的指示完成了变更工作，但未在合同约定的时间内提出追加合同价款的报告，承包人完成该项变更事项发生费用的说法正确的是（　　）。

A. 视为不需要补偿

B. 工程师应主动确定变更价款予以补偿

C. 工程师应与承包人协商补偿的变更价款

D. 工程师应与发包人协商后确定应予补偿的价款

14. 建设工程合同纠纷由（　　）的仲裁委员会仲裁。

A. 工程所在地　　　　　　　　B. 仲裁申请人所在地

C. 纠纷发生地　　　　　　　　D. 双方协商选定

15. 施工合同文本规定，发包人供应的材料设备在使用前检验或试验的（　　）。

A. 由承包人负责，费用由承包人承担

B. 由发包人负责，费用由发包人承担

C. 由承包人负责，费用由发包人承担

D. 由发包人负责，费用由承包人承担

16. 根据《建设工程施工合同（示范文本）》，发包人的主要义务不包括（　　）。

A. 讨论施工组织设计　　　　　B. 组织设计交底

C. 提供施工现场　　　　　　　D. 约定开工时间

17. 施工合同履行中，承包人采购的材料经检验合格后已在施工中使用，监理人后来发现材料不符合设计要求，则（　　）。

A. 承包人负责拆除　　　　　　B. 承包人承担拆除发生的费用

C. 发包人承担拆除发生的费用　D. 延误的工期不予顺延

E. 已完成的工程应予计量支付

18. 下列在施工过程发生的事件中，可以顺延工期的情况包括（　　）。

A. 不可抗力事件的影响　　　　B. 承包人采购的施工材料未按时交货

C. 施工许可证没有及时颁发　　D. 不具备合同约定的开工条件

E. 监理工程师未按合同约定提供所需指令

19. 施工合同履行过程中，若合同文件约定不一致时，正确的解释顺序应为（　　）。

A. 中标通知书、工程量清单、标准

B. 施工合同通用条款、施工合同专用条款、图纸

C. 投标函、施工合同通用条款、已标价工程量清单

D. 中标通知书、工程报价单、投标函

20. 施工工程竣工验收通过后，确定承包人的实际竣工日应为（　　）。

A. 承包人送交竣工验收报告日　B. 发包人组织竣工验收日

C. 开始进行竣工检验日　　　　D. 验收组通过竣工验收日

21. 按照《施工合同（示范文本）》规定，下列关于发包人供应的材料设备运至施工现场后的保管及保管费用的说法中，正确的是（　　）。

A. 应当由发包人保管并承担保管费用

B. 应当由发包人保管，但保管费用由承包人承担

C. 应当由承包人保管并承担保管费用

D. 应当由承包人保管，但保管费用由发包人承担

22. 某施工合同履行中，工程师进行了合同约定外的检查试验，影响了施工进度。如检查结果表明该部分的施工质量不合格，则（　　）。

A. 检查试验的费用由承包人承担，工期不予顺延

B. 检查试验的费用由承包人承担，工期给予顺延

C. 检查试验的费用由发包人承担，工期给予顺延

D. 检查试验的费用由发包人承担，工期不予顺延

23. 某施工合同履行过程中，发包人采购的工程设备由于制造原因达不到试车验收要求，需要拆除重新购置，关于该事件的处理方法，正确的是（　　）。

A. 承包人负责拆除，供货商承担费用

B. 承包人负责拆除，发包人承担费用

C. 供货商负责拆除，发包人承担费用

D. 供货商负责拆除，并承担费用

24. 在施工合同履行过程中，如果发包人不按合同规定及时向承包人支付工程进度款，则承包人有权（　　）。

A. 立即停止施工

B. 要求签订延期付款协议

C. 在未达成付款协议且施工无法进行时停止施工

D. 追究违约责任

E. 立即解除合同

25. 按照施工合同内不可抗力条款的规定，下列事件中属于不可抗力的有（　　）。

A. 龙卷风导致吊车倒塌

B. 地震导致主体建筑物的开裂

C. 承包人管理不善导致的仓库爆炸

D. 承包人拖欠雇员工资导致的动乱

E. 非发包人和承包人责任发生的火灾

26. 施工合同履行过程中，当发包人要求提前竣工时，与承包人签订提前竣工协议所包含的内容有（　　）。

A. 提前竣工时间

B. 发包人为赶工提供的便利条件

C. 承包人的赶工措施

D. 提前竣工所需追加的合同价款

E. 承包人不能按约定的时间竣工时，拖期违约赔偿金的计算方法

（答案提示：1. ABCE；2. ABDE；3. A；4. A；5. B；6. D；7. A；8. D；9. B；10. B；11. D；12. B；13. A；14. D；15. C；16. A；17. ABD；18. ACDE；19. C；20. A；21. D；22. A；23. B；24. BCD；25. ABE；26. ABCD。）

三、简答题

1. 总价合同适用的范围。

2. 合同中价款的约定包括哪些内容?

3. 简述组成施工合同的文件及优先解释顺序?

4. 如何应用价格指数进行价格调整?

5. 简述变更合同价款的程序。

6. 发包人和承包人的违约行为有哪些?

7. 订立施工合同需要具备哪些条件?

8. 因不可抗力事件导致的费用及延误的工期应如何承担?

四、案例分析

1. 某施工单位根据领取的某 2000m² 两层厂房工程项目招标文件和全套施工图纸,采用低报价策略编制了投标文件,并获得中标。该施工单位(乙方)于某年某月某日与建设单位(甲方)签订了该工程项目的总价施工合同。合同工期为 8 个月。甲方在乙方进入施工现场后,因资金紧缺,无法如期支持工程款,口头要求乙方暂停施工一个月。乙方亦口头答应。工程按合同规定期限验收时,甲方发现工程质量有问题,要求返工。两个月后,返工完毕。结算时甲方认为乙方迟延交付工程,应按合同约定偿付违约金。乙方认为临时停工是甲方要求的。乙方为抢工期,加快施工进度才出现的质量问题,因此迟延交付的责任不在乙方。甲方则认为临时停工和不顺延工期是当时乙方答应的。乙方应履行承诺,承担违约责任。

问题:

(1) 该工程采用总价合同是否合适?

(2) 该施工合同的变更形式是否妥当?为什么?

(答案提示:(1)合适。因为该工程项目有全套施工图纸,工程量能够较准确计算,规模不大,工期较短,技术不太复杂,合同总价较低且风险不大,故采用总价合同是合适的。(2)该合同的变更形式不妥当。建设工程合同应采用书面形式。合同变更是合同的补充和更改,亦应当采取书面形式;在紧急情况下,可采取口头形式,但事后应以书面形式予以确认。否则,在合同双方对合同变更内容有争议时,因口头形式难以举证,只能以书面协议约定的内容为准。本案例中甲方要求临时停工,一方亦答应,是口头协议,且事后并未以书面的形式确认,所以不妥当。)

2. 某实行监理的工程,建设单位通过招标选定了甲施工单位,施工合同中约定:施工现场的建筑垃圾由甲施工单位负责清除,其费用包干并在清除后一次性支付;甲施工单位将混凝土钻孔灌注桩分包给乙施工单位。建设单位、监理单位和甲施工单位共同考察确定商品混凝土供应商后,甲施工单位与商品混凝土供应商签订了混凝土供应合同。

施工过程中发生下列事件:

事件 1:甲施工单位委托乙施工单位清除建筑垃圾,并通知项目监理机构对清除的建筑垃圾进行计量。因清除建筑垃圾的费用未包含在甲、乙施工单位签订的分包合同中,乙施工单位在清除完建筑垃圾后向甲施工单位提出费用补偿要求。随后,甲施工单位向项目监理机构提出付款申请,要求建设单位一次性支付建筑垃圾清除费用。

事件 2:在混凝土钻孔灌注桩施工过程中,遇到地下障碍物,使桩不能按设计的轴线施工。乙施工单位向项目监理机构提交了工程变更申请,要求绕开地下障碍物进行钻孔灌注桩施工。

事件3：项目监理机构在钻孔灌注桩验收时发现，部分钻孔灌注桩的混凝土强度未达到设计要求，经查是商品混凝土质量存在问题。项目监理机构要求乙施工单位进行处理，乙施工单位处理后，向甲施工单位提出费用补偿要求。甲施工单位以混凝土供应商是建设单位参与考察确定的为由，要求建设单位承担相应的处理费用。

问题：

（1）事件1中，项目监理机构是否应对建筑垃圾清除进行计量？是否应对建筑垃圾清除费签署支付凭证？说明理由。

（2）事件2中，乙施工单位向项目监理机构提交工程变更申请是否正确？说明理由。写出项目监理机构处理该工程变更的程序。

（3）事件3中，项目监理机构对乙施工单位提出要求是否妥当？说明理由。写出项目监理机构对钻孔灌注桩混凝土强度未达到设计要求问题的处理程序。

（4）事件3中，乙施工单位向甲施工单位提出费用补偿要求是否妥当？说明理由。甲施工单位要求建设单位承担相应的处理费用是否妥当？说明理由。

（答案提示：（1）不用计量，因费用包干；应签署支付凭证，因合同约定一次性支付。（2）不正确，因乙施工单位是分包单位。①收到工程变更申请后进行审查；②同意后报建设单位转交原设计单位；③取得设计变更文件后，结合实际情况对变更费用和工期进行评估；④就评估情况与建设单位、施工单位协调后，签发工程变更单。（3）不妥，因乙施工单位是分包单位。①下达《工程暂停令》；②提出由检测单位对桩身混凝土强度进行检测；③检测达到设计要求时，同意验收；④检测达不到设计要求时，须经原设计单位核算；满足设计要求的，同意验收；不满足设计要求的，由相关单位提出处理方案，并予以审核签认；⑤监督施工单位的处理过程，并对处理结果进行检查、验收；⑥满足要求后，签发《工程复工令》。（4）妥当，因有质量问题的商品混凝土是甲施工单位供应的；不妥，因建设单位不是混凝土供应合同的签订方。）

第7章　建设工程合同索赔管理

[学习指南]　本章主要介绍索赔的概念和分类及索赔成立的条件，重点掌握索赔的概念和分类。学生应熟悉索赔文件的组成、索赔报告的内容，重点掌握索赔意向通知和索赔报告的内容和编写方法。掌握工期索赔和费用索赔的计算方法，掌握工期和费用索赔成立的条件，能够运用网络分析法计算工期索赔值，熟悉可索赔费用的内容，掌握不可抗力事件及共同延误事件发生时的索赔处理原则。并介绍工程师在索赔管理过程中的任务和处理原则，熟悉工程师预防和减少索赔的方法。

[引导案例]　某承包商在合同签订后组织施工队伍进场作业，在发包方下发施工图纸后，发现施工图纸与原招标图纸有很大的不同，建设项目的结构形式发生了重大变化，导致工程量较原图纸大幅度增加。根据设计图纸变更，承包商意识到合同基础条件将会发生变化，所以从工程开工就重点注意了工程的索赔工作。

根据工程变更的事实，承包商高度重视了工程实施过程中的索赔工作，分析了其可能性及可行性。由于发包方的实际要求，在合同签订后设计图纸又发生了重大变化，设计难度增加了，工程量和主要结构形式均发生了变化，这样施工组织也随之发生了改变。在明确了发包方的责任后，承包商的索赔工作按如下方式和步骤进行：

（1）由于发包方和设计的原因，施工图纸发生了重大变更，造成了承包商施工组织任务的成倍增加。根据这一事实，项目部在开工前组织工程技术人员仔细研究了施工图纸，在施工过程中，严格按照施工图纸施工，并在每道工序施工前，请监理工程师测量，施工结束后验收并签证，第一手的原始记录及结构验收资料准备得十分清晰、充分。

（2）在工程施工进入正常施工程序之后，承包商将重新编写的施工组织设计上报监理工程师及发包方，并得到监理工程师的批准和发包方的同意，并留存了发文和收文依据。

（3）承包商根据工程变更这一事实，给发包方及监理工程师上报了增加的工程量，要求对该项目的工程费用给予补偿，重点突出索赔意向，表明承包商要求解决索赔的意愿和立场。在前期大量的事实、证据及监理工程师签证面前，发包方同意按实际发生的工程量增加工程费用。另外，由于工程量增加，人、材、物、机要重新配置，后期施工组织设计得到了发包方的同意；由于工期的增加，物价发生了改变，引起材料单价升高，为此影响了工程的进度和价格。承包商根据这些连锁反应的事实，提出了该项目重新进行合同报价谈判。发包方最终同意了合同重谈，并由承包商重新做报价进行谈判。合同谈判最终取得了成功，双方均取得了满意结果。

7.1 索 赔 概 述

7.1.1 索赔的概念和分类

1. 索赔的概念

《民法总则》第一百八十六条中规定"因当事人一方的违约行为，损害对方人身权益、财产权益的，受损害方有权选择请求其承担违约责任或者侵权责任。"也就是说索赔是指在合同履行过程中，对于非己方的过错而应由对方承担责任的情况造成的损失，向对方提出补偿的要求。索赔是合同双方依据合同约定维护自身合法利益的行为，他的性质属于经济补偿行为，而非惩罚。

索赔是以合同为基础和依据的。当事人双方索赔的权利是平等的，在实际工作中，索赔是双向的，我国《标准施工招标文件》中通用合同条款中的索赔就是双向的，既包括承包人向发包人的索赔，也包括发包人向承包人的索赔。此外，索赔与反索赔相对应，被索赔方亦可提出合理论证和齐全的数据、资料，以抵御对方的索赔。

2. 索赔的特征

（1）索赔是双向的，不仅承包人可以向发包人索赔，发包人同样也可以向承包人索赔

由于实践中发包人向承包人索赔发生的概率相对较低，而且在索赔处理中，发包人始终处于主动和有利地位，对承包人的违约行为可以直接从应付工程款中扣抵、扣留保留金或通过履约保函向银行索赔来实现自己的索赔要求。在工程实践中大量发生的、处理比较困难的是承包人向发包人的索赔。承包人的索赔范围比较广泛，一般只要因非承包人自身责任造成其工期延长或成本增加，都有可能向发包人提出索赔。

（2）只有实际发生了经济损失或权利损害，一方才能向对方索赔

经济损失是指因对方因素造成合同外的额外支出，如人工费、材料费、机械费、管理费等额外开支；权利损害是指虽然没有经济上的损失，但造成了一方权利上的损害，如由于恶劣气候条件对工程进度的不利影响，承包人有权要求工期延长等。因此发生了实际的经济损失或权利损害，应是一方提出索赔的一个基本前提条件。有时上述二者同时存在，如发包人未及时交付合格的施工现场，既造成了承包人的经济损失，又侵犯了承包人的工期权利，因此，承包人既要求经济赔偿，又要求工期延长。

（3）索赔是一种未经对方确认的单方行为

索赔是单方面行为，对对方尚未形成约束力，这种索赔要求能否最终实现，必须要经过确认（如双方协商、谈判、调解或仲裁、诉讼）后才能实现。它与签证不同。签证是在施工过程中承发包双方就额外费用补偿或工期延长等达成一致的书面证明材料和补充协议，它可以直接作为工程款结算或最终增减工程造价的依据。

3. 索赔的分类

从不同的角度，按不同的方法和不同的标准，索赔有许多种分类方法。

（1）按索赔的目的分类

按索赔的目的可以将工程索赔分为工期索赔和费用索赔。

① 工期索赔。工期索赔是指承包人对施工中发生的非承包人直接或间接责任事件造成计划工期延误后向发包人提出的赔偿要求。工期索赔形式上是对权利的要求，以避免在

原定合同竣工日不能完工时，被发包人追究拖期违约责任。一旦工期顺延请求获得批准，承包人不仅免除了承担拖期违约赔偿费的严重风险，而且可能提前工期得到奖励，最终仍反映在经济收益上。

② 费用索赔。费用索赔是指承包人对施工中发生的非承包人直接或间接责任事件造成合同价款以外的费用支出，向发包人提出的赔偿要求。

（2）按索赔的合同依据分类

按索赔的合同依据可以将工程索赔分为合同内索赔、合同外索赔和道义索赔。

① 合同内索赔。合同内索赔是指索赔所涉及的内容可以在履行的合同中找到条款依据，并可根据合同条款或协议预先规定的责任和义务划分责任，按违约规定和索赔费用、工期的计算办法提出索赔。一般情况下，合同内索赔的处理解决相对顺利些，一般不容易发生争议。

② 合同外索赔。合同外索赔是指承包人的索赔要求，虽然在工程项目的合同条款中没有专门的文字叙述，但可以根据该合同的某些条款的含义，推论出承包人有索赔权。这种索赔要求，同样有法律效力，有权得到相应的经济补偿。

③ 道义索赔。道义索赔是指承包人无论在合同内或合同外都找不到进行索赔的依据，没有提出索赔的条件和理由。但他在合同履行中诚恳可信，为工程的质量、进度及配合上尽了最大的努力。但由于工程实施过程中估计失误，确实存在较大的亏损，恳请发包人尽力给予补助。在此情况下，发包人在详细了解实际情况后，为了使自己的工程获得良好的进展，出于同情和信任合作的承包人而慷慨予以补偿。

[**案例 7-1**] 　发包方供应设备延迟导致窝工事件引起的索赔

某承包商承建了工程骨料的浇筑安装项目。按合同规定，发包方的胶带机、摇臂堆料机应从 2018 年 8 月 31 日开始按安装顺序分批到货，但最终这些设备直到 10 月 7 日才到货，并且部分原有设备（为后期工序的安装设备）无法安装。承包商土建施工部分分别于 8 月 25 日至 10 月 20 日具备设备安装条件，但直到 11 月 3 日承包商才收到第一批能够安装的设备，据此计算窝工时间为 64 天。

在发包方设备未按期到货事件发生之后，承包商即通过书面函件方式催促监理工程师、发包方尽快提供安装设备，明确造成承包商人工、设备的严重窝工的事实，并要求推迟工期。在此期间的多方生产协调会上，承包商也明确了以上观点，并要求在会议纪要上明示发包方、监理工程师，要求他们及时调整设备安装进度计划及劳动力安排。在发包方设备到货后，承包商在索赔有效期内（11 月 23 日）发出了索赔要求及窝工索赔费用的函件，其中人工机械设备的窝工费用为 208976 元。

监理工程师在收到承包商的窝工费用补偿函件后，结合合同条款和实际情况后形成的审核意见为：①施工单位所报情况属实；②由于设备未按期到货影响了施工工期，给施工单位造成了人员窝工和设备闲置，同意给予经济补偿；③费用按有关合同文件计算，总计费用为：178916 元（上报的人员及设备窝工数量和单价作了一定调整，窝工天数得到了监理工程师的认可）。

监理工程师按规定程序报送发包方审核。发包方审核窝工费用补偿过程中，承包商与发包方在窝工及窝工天数上产生了较大分歧。发包方的观点为：①在承包商发生窝工初期，即要求承包商及时调整设备安装进度计划及劳动力安排，故认为未造成承包商太大的窝工损失；②认为承包商土建部分从 8 月 25 日至 10 月 20 日陆续具备设备安装条件，窝工天数计算不合理，加权平均按 9 月 28 日具备安装条件计算，窝工天数应为 36 天。

最终按照合同规定和磋商双方达成了满意的结果，施工方获得了 154800 元的费用索赔和 40 天的工期索赔。

（3）按索赔事件的性质分类

按索赔事件的性质可以将工程索赔分为工程延误索赔、工程变更索赔、合同被迫中止索赔、工程加速索赔、意外风险和不可预见因素索赔和其他索赔。

① 工程延误索赔。因发包人未按合同要求提供施工条件，如未及时交付设计图纸、施工现场、道路等，或因发包人指令工程暂停或不可抗力事件等原因造成工期拖延的，承包人对此提出索赔。

② 工程变更索赔。由于发包人或监理人指令增加或减少工程量或增加附加工程、修改设计、变更工程顺序等，造成工期延长和费用增加，承包人对此提出索赔。

③ 合同被迫中止的索赔。由于发包人或承包人违约及不可抗力事件等原因造成合同非正常终止，无责任的受害方因其蒙受经济损失而向对方提出索赔。

④ 工程加速索赔。由于发包人或监理人指令承包人加快施工速度，缩短工期，引起承包人的人、财、物的额外开支而提出的索赔。

⑤ 意外风险和不可预见因素索赔。在工程实施过程中，因人力不可抗拒的自然灾害、特殊风险以及一个有经验的承包人通常不能合理预见的不利施工条件或外界障碍，如地下水、地质断层、溶洞、地下障碍物等引起的索赔。

⑥ 其他索赔。如因货币贬值、汇率变化、物价上涨、政策法令变化等原因引起的索赔。

（4）按索赔的处理方式分类

按索赔的处理方式可以将工程索赔分为单项索赔和综合索赔。

① 单项索赔。单项索赔是指某一事件发生对承包人造成工期延长或额外费用支出时，承包人即可对这一事件的实际损失在合同规定的索赔有效期内提出的索赔。因此，单项索赔是对发生的事件而言。他可能是涉及内容比较简单、分析比较容易、处理起来比较快的事件。也可能是涉及内容比较复杂、索赔数额比较大、处理起来比较麻烦的事件。

② 综合索赔。综合索赔又称总索赔、一揽子索赔。是指承包人在工程竣工结算前，将施工过程中未得到解决的，或承包人对发包人答复不满意的单项索赔集中起来，综合提出一份索赔报告，双方进行谈判协商。综合索赔中涉及的事件一般都是单项索赔积累下来的意见分歧较大的难题，责任的划分、费用的计算等当事人双方往往各持己见，不能立即解决。

7.1.2 索赔的作用及条件

1. 索赔的作用

索赔与工程承包合同同时存在。它的主要作用有：

（1）保证合同的实施。合同一经签订，合同双方即产生权益和义务关系。这种权益受法律保护，这种义务受法律制约。索赔是合同法律效力的具体体现，并且由合同的性质决定。如果没有索赔和关于索赔的法律规定，则合同形同儿戏，对双方都难以形成约束，这样合同的实施得不到保证，就不会有正常的社会经济秩序。索赔能对违约者起警诫作用，使他考虑到违约的后果，以尽力避免违约事件发生。

所以索赔有助于工程中双方更紧密地合作，有助于合同目标的实现。

（2）它是落实和调整合同双方经济责权利关系的手段。有权力，有利益，同时就应承担相应的经济责任。谁未履行责任，构成违约行为，造成对方损失，侵害对方权利，则应承担相应的合同处罚，予以赔偿。离开索赔，合同责任就不能体现，合同双方的责权利关系就不平衡。

（3）索赔是合同和法律赋予受损失者的权利。对承包商来说，是一种保护自己、维护自己正当权益、避免损失、增加利润的手段。在现代承包工程中，特别在国际承包工程中，如果承包商不能进行有效的索赔，不精通索赔业务，往往会使损失得不到合理的及时的补偿，从而不能进行正常的生产经营，甚至会破产。

在国际承包工程中，索赔已成为许多承包商的经营策略之一。"赚钱靠索赔"，是许多承包商的经验之谈。由于国际建筑市场竞争激烈，承包商为取得工程，只能压低报价，以低价中标。而业主为节约投资，千方百计与承包商讨价还价，通过在招标文件中提出一些苛刻要求，使承包商处于不利地位。而承包商主要对策之一是通过工程过程中的索赔，减少或转移工程风险，保护自己，避免亏本，赢得利润。如果承包商不注重索赔，不熟悉索赔业务，不仅会失去索赔机会，经济受到损失，而且还会有许多纠缠不清的烦恼，损失大量的时间和金钱。

2. 索赔的条件

《建设工程工程量清单计价规范》GB 50500—2013 第 9.13 条规定："合同一方向另一方提出索赔时，应有正当的索赔理由和有效证据，并应符合合同的相关约定。"本条规定了索赔的条件。同时反映了索赔的三要素：一是正当的索赔理由；二是有效的索赔证据；三是在合同约定的时间内提出。也就是说，与合同相比较，已造成了实际的额外费用或工期损失；造成费用增加或工期损失的原因不是由于承包商的过失；造成的费用增加或工期损失不是应由承包商承担的风险；承包商在事件发生后规定时间内提出了索赔的书面意向通知和索赔报告。

索赔的根本目的在于保护自身利益，追回损失，避免亏本，因此是不得已而用之。要取得索赔的成功，索赔要求必须符合如下基本条件：

（1）客观性

确实存在不符合合同或违反合同的干扰事件，它对承包商的工期和成本造成影响。这是事实，有确凿的证据证明。由于合同双方都在进行合同管理，都在对工程施工过程进行监督和跟踪，对索赔事件都应该，也都能够清楚地了解。所以承包商提出的任何索赔，首先必须是真实的。

（2）以合同为依据

干扰事件非承包商自身责任引起，按照合同条款对方应给予补（赔）偿。索赔要求必须符合本工程承包合同的规定。不论是风险事件的发生，还是当事人不完成合同工作，都必须在合同中找到相应的依据，当然，有些依据可能是合同中隐含的。在不同的合同条件下，这些依据很可能是不同的。如因为不可抗力导致的索赔，在国内《标准施工招标文件》的合同条款中，承包人机械设备损坏的损失，是由承包人承担的，不能向发包人索赔；但在 FIDIC 合同条件下，不可抗力事件一般都列为业主承担的风险，损失都应当由业主承担。

（3）合理性

索赔要求合情合理，符合实际情况，真实反映由于干扰事件引起的实际损失，采用合理的计算方法和计算基础。承包商必须证明干扰事件，与干扰事件的责任，与施工过程所受到的影响，与承包商所受到的损失，与所提出的索赔要求之间存在着因果关系。处理索赔时，既考虑到国家的有关规定，也应当考虑到工程的实际情况。如：承包人提出索赔要求，机械停工按照机械台班单价计算损失显然是不合理的，因为机械停工不发生运行费用。

（4）及时性

索赔事件发生后，索赔的提出应当及时，索赔的处理也应当及时。索赔处理不及时，对双方都会产生不利的影响，如承包人的索赔长期得不到合理解决，索赔积累的结果会导致其资金困难，同时会影响工程进度。

7.1.3 工程中常见的索赔问题

1. 施工现场条件变化索赔

在工程施工中，施工现场条件变化对工期和造价的影响很大。由于不利的自然条件及人为障碍，经常导致设计变更、工期延长和工程成本大幅度增加。

不利的自然条件是指施工中遇到的实际自然条件比招标文件中所描述的更为困难和恶劣，这些不利的自然条件或人为障碍增加了施工的难度，导致承包方必须花费更多的时间和费用，在这种情况下，承包方可提出索赔要求。

（1）招标文件中对现场条件的描述失误

在招标文件中对施工现场存在的不利条件虽已经提出，但描述严重失实，或位置差异极大，或其严重程度差异极大，从而使承包商原定的实施方案变得不再适合或根本没有意义，承包方可提出索赔。

（2）有经验的承包商难以合理预见的现场条件

在招标文件中根本没有提到，而且按该项工程的一般工程实践完全是出乎意料的，不利的现场条件。这种意外的不利条件，是有经验的承包商难以预见的情况。如在挖方工程中，承包方发现地下古代建筑遗迹物或文物，遇到高腐蚀性水或毒气等，处理方案导致承包商工程费用增加，工期增加，承包方即可提出索赔。

2. 业主违约索赔

（1）业主未按工程承包合同规定的时间和要求向承包商提供施工场地、创造施工条件。如未按约定完成土地征用、房屋拆迁、清除地上地下障碍，保证施工用水、用电、材料运输、机械进场、通信联络需要，办理施工所需各种证件、批件及有关申报批准手续，提供地下管网线路资料等。

（2）业主未按工程承包合同规定的条件提供应得材料、设备。业主所供应的材料、设备到货场、站与合同约定不符，单价、种类、规格、数量、质量等级与合同不符，到货日期与合同约定不符等。

（3）监理工程师未按规定时间提供施工图纸、指示或批复。

（4）业主未按规定向承包商支付工程款。

（5）监理工程师的工作不适当或失误。如提供数据不正确、下达错误指令等。

（6）业主指定的分包商违约。如其出现工程质量不合格、工程进度延误等。

上述情况的出现，会导致承包商的工程成本增加和（或）工期的增加，所以承包商可以提出索赔。

3. 变更指令与合同缺陷索赔

（1）变更指令索赔

在施工过程中，监理工程师发现设计、质量标准或施工顺序等问题时，往往指令增加新工作，改换建筑材料，暂停施工或加速施工等。这些变更指令会使承包商的施工费用和（或）工期增加，承包商就此提出索赔要求。

（2）合同缺陷索赔

合同缺陷是指所签订的工程承包合同进入实施阶段才发现的，合同本身存在的（合同签订时没有预料的）、现时不能再做修改或补充的问题。

大量的工程合同管理经验证明，合同在实施过程中，常发现有如下的情况：

① 合同条款中有错误、用语含糊、不够准确等，难以分清甲乙双方的责任和权益。

② 合同条款中存在着遗漏。对实际可能发生的情况未做预料和规定，缺少某些必不可少的条款。

③合同条款之间存在矛盾。即在不同的条款或条文中，对同一问题的规定或要求不一致。

这时，按惯例要由监理工程师做出解释。但是，若此指示使承包商的施工成本和工期增加时，则属于业主方面的责任，承包商有权提出索赔要求。

4. 国家政策、法规变更索赔

由于国家或地方的任何法律法规、法令、政令或其他法律、规章发生了变更，导致承包商成本增加，承包商可以提出索赔。

5. 物价上涨索赔

由于物价上涨的因素，带来人工费、材料费、甚至机械费的增加，导致工程成本大幅度上升，也会引起承包商提出索赔要求。

6. 因施工临时中断和工效降低引起的索赔

由于业主和监理工程师原因造成的临时停工或施工中断，特别是根据业主和监理工程师不合理指令造成了工效的大幅度降低，从而导致费用支出增加，承包商可提出索赔。

7. 业主不正当地终止工程而引起的索赔

由于业主不正当地终止工程，承包商有权要求补偿损失，其数额是承包商在被终止工程上的人工、材料、机械设备的全部支出，以及各项管理费用、保险费、贷款利息、保函费用的支出（减去已结算的工程款），并有权要求赔偿其盈利损失。

8. 业主风险和特殊风险引起的索赔

由于业主承担的风险而导致承包商的费用损失增大时，承包商可据此提出索赔。根据国际惯例，战争、敌对行动、入侵、外敌行动；叛乱、暴动、军事政变或篡夺权位、内战；核燃料或核燃料燃烧后的核废物、核辐射、放射线、核泄漏；音速或超音速飞行器所产生的压力波；暴乱、骚乱或混乱；由于业主提前使用或占用工程的未完工交付的任何一部分致使破坏；纯粹是由于工程设计所产生的事故或破坏，并且这设计不是由承包商设计或负责的；自然力所产生的作用，而对于此种自然力，即使是有经验的承包商也无法预见，无法抗拒，无法保护自己和使工程免遭损失等属于业主应承担的风险。

许多合同规定，承包商不仅对由此而造成工程、业主或第三方的财产的破坏和损失及人身伤亡不承担责任，而且业主应保护和保障承包商不受上述特殊风险后果的损害，并免于承担由此而引起的与之有关的一切索赔、诉讼及其费用。相反，承包商还应当可以得到由此损害引起的任何永久性工程及其材料的付款及合理的利润，以及一切修复费用、重建费用及上述特殊风险而导致的费用增加。如果由于特殊风险而导致合同终止，承包商除可以获得应付的一切工程款和损失费用外，还可以获得施工机械设备的撤离费用和人员遣返费用等。

7.2 索赔的程序及文件

7.2.1 索赔程序

承包人和发包人的索赔程序是按照《施工合同（示范文本）》通用条款第19条的相关规定。

1. 承包人的索赔程序

（1）承包人的索赔

根据合同约定，承包人认为有权得到追加付款和（或）延长工期的，应按以下程序向发包人提出索赔：

①承包人应在知道或应当知道索赔事件发生后28天内，向监理人递交索赔意向通知书，并说明发生索赔事件的事由；承包人未在前述28天内发出索赔意向通知书的，丧失要求追加付款和（或）延长工期的权利；

②承包人应在发出索赔意向通知书后28天内，向监理人正式递交索赔报告；索赔报告应详细说明索赔理由以及要求追加的付款金额和（或）延长的工期，并附必要的记录和证明材料；

③索赔事件具有持续影响的，承包人应按合理时间间隔继续递交延续索赔通知，说明持续影响的实际情况和记录，列出累计的追加付款金额和（或）工期延长天数；

④在索赔事件影响结束后28天内，承包人应向监理人递交最终索赔报告，说明最终要求索赔的追加付款金额和（或）延长的工期，并附必要的记录和证明材料。

（2）承包人索赔处理程序

①监理人应在收到索赔报告后14天内完成审查并报送发包人。监理人对索赔报告存在异议的，有权要求承包人提交全部原始记录副本；

②发包人应在监理人收到索赔报告或有关索赔的进一步证明材料后的28天内，由监理人向承包人出具经发包人签认的索赔处理结果。发包人逾期答复的，则视为认可承包人的索赔要求；

③承包人接受索赔处理结果的，索赔款项在当期进度款中进行支付；承包人不接受索赔处理结果的，按照争议解决条款的约定处理。

（3）提出索赔的期限

①承包人按竣工结算审核条款的约定接收竣工付款证书后，应被视为已无权再提出在工程接收证书颁发前所发生的任何索赔。

②承包人按最终结清条款的约定提交的最终结清申请单中，只限于提出工程接收证书

颁发后发生的索赔。提出索赔的期限自接受最终结清证书时终止。

2. 发包人的索赔程序

（1）发包人的索赔

根据合同约定，发包人认为有权得到赔付金额和（或）延长缺陷责任期的，监理人应向承包人发出通知并附有详细的证明。

发包人应在知道或应当知道索赔事件发生后 28 天内通过监理人向承包人提出索赔意向通知书，发包人未在前述 28 天内发出索赔意向通知书的，丧失要求赔付金额和（或）延长缺陷责任期的权利。发包人应在发出索赔意向通知书后 28 天内，通过监理人向承包人正式递交索赔报告。

（2）对发包人索赔的处理

对发包人索赔的处理如下：

①承包人收到发包人提交的索赔报告后，应及时审查索赔报告的内容、查验发包人证明材料；

②承包人应在收到索赔报告或有关索赔的进一步证明材料后 28 天内，将索赔处理结果答复发包人。如果承包人未在上述期限内作出答复的，则视为对发包人索赔要求的认可；

③发包人接受索赔处理结果的，发包人可从应支付给承包人的合同价款中扣除赔付的金额或延长缺陷责任期；发包人不接受索赔处理结果的，按争议解决条款的约定处理。

7.2.2 索赔文件

索赔文件是承包商向业主索赔的正式书面材料，也是业主审议承包商索赔请求的主要依据。它包括索赔意向通知、索赔报告两部分。

1. 索赔意向通知

索赔意向通知是指某一索赔事件发生后，承包人意识到该事件将要在以后工程进行中对自方产生额外损失，而当时又没有条件和资料确定以后所产生额外损失的数量时所采用的一种维护自身索赔权利的文件。

（1）索赔意向通知的作用

对于延续时间比较长、涉及内容比较多的工程事件来说，索赔意向通知对以后的索赔处理起着较好的促进作用，具体表现在以下方面：

① 对发包人起提醒作用，使发包人意识到所通知事件会引起事后索赔；

② 对发包人起督促作用，使发包人要特别注意该事件持续过程中所产生的各种影响；

③ 给发包人创造挽救机会，即发包人接到索赔意向通知后，可以尽量采取必要措施减少事件的不利影响，降低额外费用的产生；

④ 对承包人合法利益起保护作用，避免事后发包人以承包人没有提出索赔而使索赔落空；

⑤ 承包人提出索赔意向通知后，应进一步观察事态的发展，有意识地收集用于后期索赔报告的有关证据；

⑥ 承包人可以根据发包人收到索赔意向通知的反应及提出的问题，有针对性的准备索赔资料，避免失去索赔机会。

（2）索赔意向通知的内容

索赔意向通知没有统一的要求，一般可考虑有下述内容：

① 事件发生的时间、地点或工程部位；

② 事件发生时的双方当事人或其他有关人员；

③ 事件发生的原因及性质，应特别说明是非承包人的责任或过错；

④ 承包人对事件发生后的态度，应说明承包人为控制事件对工程的不利发展、减少工程及其他相关损失所采取的行动；

⑤ 写明事件的发生将会使承包人产生额外经济支出或其他不利影响；

⑥ 注明提出该项索赔意向的合同条款依据。

（3）索赔意向通知编写实例

某汽车制造厂建设施工土方工程中，承包商在合同标明有松软石的地方没有遇到松软石，因此工期提前1个月。但在合同中另一未标明有坚硬岩石的地方遇到更多的坚硬岩石，开挖工作变得更加困难，由此造成了实际生产率比原计划低得多，经测算影响工期3个月。由于施工速度减慢，使得部分施工任务拖到雨季进行，按一般工人标准推算，又影响工期2个月。为此承包商准备提出索赔。承包商就此事件拟定的索赔通知见表7-1。

索 赔 通 知 表　　　　　　　　　　　　　　　　　　　　　表 7-1

索赔通知
致甲方代表（或监理工程师）： 　　我方希望你方对工程地质条件变化问题引起重视：在合同文件未标明有坚硬岩石的地方遇到了坚硬岩石，致使我方实际生产率降低，而引起进度拖延，并不得不在雨季施工。 　　上述施工条件变化，造成我方施工现场设计与原设计有很大不同，为此向你方提出工期索赔及费用索赔要求，具体工期索赔及费用索赔依据与计算书在随后的索赔报告中。 　　　　　　　　　　　　　　　　　　　　　　　　承包商：××× 　　　　　　　　　　　　　　　　　　　　　　　　×××× 年 ×× 月 ×× 日

2. 索赔报告

索赔报告的具体内容，随该索赔事件的性质和特点而有所不同。一般来说，完整的索赔报告应包括以下四个部分。

（1）总论部分

一般包括以下内容：序言；索赔事项概述；具体索赔要求；索赔报告编写及审核人员名单。

文中首先应概要地论述索赔事件的发生日期与过程；施工单位为该索赔事件所付出的努力和附加开支；施工单位的具体索赔要求。在总论部分的最后，附上索赔报告编写组主要人员及审核人员的名单，注明有关人员的职称、职务及施工经验，以表示该索赔报告的严肃性和权威性。总论部分的阐述要简明扼要，说明问题。

（2）根据部分

本部分主要是说明自己具有的索赔权利，这是索赔能否成立的关键。根据部分的内容主要来自该工程项目的合同文件，并参照有关法律规定。该部分中施工单位应引用合同中的具体条款，说明自己理应获得经济补偿或工期延长。

根据部分的具体内容随各个索赔事件的情况而不同。一般情况下，根据部分应包括以下内容：索赔事件的发生情况；已递交索赔意向书的情况；索赔事件的处理过程；索赔要求的合同根据；所附的证据资料。

在写法结构上，按照索赔事件发生、发展、处理和最终解决的过程编写，并明确全文引用有关的合同条款，使建设单位和监理工程师能历史地、逻辑地了解索赔事件的始末，并充分认识该项索赔的合理性和合法性。

（3）计算部分

该部分是以具体的计算方法和计算过程，说明自己应得经济补偿的款额或延长时间。如果说根据部分的任务是解决索赔能否成立，则计算部分的任务就是决定应得到多少索赔款额和工期。前者是定性的，后者是定量的。

在款额计算部分，施工单位必须阐明下列问题：索赔款的要求总额；各项索赔款的计算，如额外开支的人工费、材料费、管理费和损失利润；指明各项开支的计算依据及证据资料，施工单位应注意采用合适的计价方法。至于采用哪一种计价法，应根据索赔事件的特点及自己所掌握的证据资料等因素来确定。此外，应注意每项开支款的合理性，并指出相应的证据资料的名称及编号。切忌采用笼统的计价方法和不实的开支款额。

（4）证据部分

证据部分包括该索赔事件所涉及的一切证据资料，以及对这些证据的说明，证据是索赔报告的重要组成部分。

任何索赔事件的确立，其前提条件是必须有正当的索赔理由。对正当的索赔理由的说明必须具有证据，因为进行索赔主要是靠证据说话。没有证据或证据不足，索赔是难以成功的。

① 对索赔证据的要求

A. 真实性。索赔证据必须是在实施合同过程中确定存在和发生的，必须完全反映实际情况，能经得住推敲。

B. 全面性。所提供的证据应能说明事件的全过程。索赔报告中涉及的索赔理由、事件过程、影响、索赔数额等都应有相应证据，不能零乱和支离破碎。

C. 关联性。索赔的证据应当互相说明，相互具有关联性，不能互相矛盾。

D. 及时性。索赔证据的取得及提出应当及时，符合合同约定。

E. 具有法律证明效力。一般要求证据必须是书面文件，有关记录、协议、纪要必须是双方签署的；工程中重大事件、特殊情况的记录、统计必须由合同约定的发包人现场代表或监理工程师签证认可。

② 索赔证据的种类

A. 招标文件、工程合同、发包人认可的施工组织设计、工程图纸、技术规范等；

B. 工程各项有关的设计交底记录、变更图纸、变更施工指令等；

C. 工程各项经发包人或合同中约定的发包人现场代表或监理工程师签认的签证；

D. 工程各项往来信件、指令、信函、通知、答复等；

E. 工程各项会议纪要；

F. 施工计划及现场情况记录；

G. 施工日报及工长日志、备忘录；

H. 工程送电、送水、道路开通、封闭的日期及数量记录；

I. 工程停电、停水和干扰事件影响的日期及恢复施工的日期记录；

J. 工程预付款、进度款拨付的数额及日期记录；

K. 工程图纸、图纸变更、交底记录的送达份数及日期记录；

L. 工程有关施工部位的照片及录像等；

M. 工程现场气候记录，如有关天气的温度、风力、雨雪等；

N. 工程验收报告及各项技术鉴定报告等；

O. 工程材料采购、订货、运输、进场、验收、使用等方面的凭据；

P. 国家和省级或行业建设主管部门有关影响工程造价、工期的文件、规定等。

[案例 7-2] 金工公司与机械公司于 2018 年 4 月 19 日签订了一份钢结构工程承包合同。合同签订后，金工公司依约进行了施工，至 2018 年 8 月 10 日该工程通过了质量验收。根据金工公司的结算报告，工程价款为 233 万元，而机械公司仅支付了 132 万元，扣除保证金，尚有 96 万元未付。机械公司辩称金工公司在签订后未按期结束工程，按照合同约定，延期一天即执行罚款 2 万元，金工公司延误工期 72 天，故请求判令金工公司给付延误工期罚款 144 万元。金工公司针对机械公司的反诉辩称，金工公司没有延误工期的行为，其是根据合同约定的施工节点进行施工的，施工期间有根据业主的要求进行返工的现象，但不能因此认定其违约。

法院认为：金工公司与机械公司签订的钢结构工程承包合同，是双方当事人的真实意思表示，未违反法律禁止性规定，应属有效。对于工期拖延问题，根据机械公司提供的钢结构工程承包合同、施工监理日记、工程例会纪要、机械公司来往函件以及当事人当庭陈述，结合工程例会纪要的记载和双方来往的信函确定的实际施工工期，认定金工公司在钢结构工程中延误总工期共计 8 天，工程延期违约金最终被认定为 16 万元（案例改编自参考文献 [35]）。

7.3 索赔的计算与处理

7.3.1 工期索赔的成立条件及计算

1. 工期索赔成立的条件

（1）造成施工进度拖延的责任是属于可原谅的

因承包人的原因造成施工进度滞后，属于不可原谅的延期；只有承包人不应承担任何责任的延误，才是可原谅的延期。有时工程延期的原因中可能包含有双方责任，此时监理人应进行详细分析，分清责任比例，只有可原谅延期部分才能批准顺延合同工期。可原谅延期，又可细分为可原谅并给予补偿费用的延期和可原谅但不给予补偿费用的延期；后者是指非承包人责任的影响并未导致施工成本的额外支出，大多属于发包人应承担风险责任事件的影响，如异常恶劣的气候条件影响的停工等。

（2）被延误的工作应是处于施工进度计划关键线路上的施工内容

工期索赔能够成立的前提是事件的发生对总工期产生了影响，影响了竣工日期。因此，只有位于关键线路上工作内容的滞后，才会影响到竣工日期。但有时应注意，既要看被延误的工作是否在批准进度计划的关键路线上，又要详细分析这一延误对后续工作的可能影响。因为若对非关键路线工作的影响时间较长，超过了该工作可用于自由支配的时间，也会导致进度计划中非关键路线转化为关键路线，其滞后将影响总工期的拖延。此时，应充分考虑该工作的自由时间，给予相应的工期顺延，并要求承包人修改施工进度计划。

[**案例 7-3**]　某工程施工过程中，因地质勘探报告不详，出现图纸中未标明的地下障碍物，处理该障碍物导致网络计划中工作 A 持续时间延长 10 天，经网络参数计算，工作 A 的总时差为 13 天，该承包商能否得到工期补偿？

解析： 承包商不能得到工期补偿。因为虽然地质勘探报告不详是由于发包方的原因造成的，属于可原谅的延期，但被延误的工作 A 的总时差为 13 天，在网络计划中属于非关键工作，并且工期延误的时间小于该工作的总时差，因此不会对总工期产生影响，承包商不能得到工期补偿。

2. 工期索赔的计算

（1）比例计算法

在实际工程中，干扰事件常常仅影响某些单项工程、单位工程或分部分项工程的工期，要分析他们对总工期的影响，可以采用更为简单的比例分析方法，即以某个技术经济指标作为比较基础，计算工期索赔值。

① 对于已知部分工程的延误时间：以合同价所占比例计算，计算公式见式（7-1）。

$$总工期索赔 = \frac{受干扰部分的工程合同价}{整个工程合同总价} \times 该部分受到干扰工期拖延量 \qquad (7-1)$$

② 对于已知额外增加工程量的价格：以合同价所占比例计算，计算公式见式（7-2）。

$$工期索赔值 = \frac{额外增加的工程量的价格}{原合同总价} \times 原合同总工期 \qquad (7-2)$$

比例计算法在实际工程中用得较多，因计算简单、方便、不需做复杂的网络分析，在概念上人们也容易接受。一般不适用于变更工程施工顺序、加速施工、删减工程量等事件的索赔。

[**案例 7-4**]　某工程原合同规定分两阶段进行施工，土建工程 21 个月，安装工程 12 个月。假定以一定量的劳动力需要量为相对单位，则合同规定的土建工程量可折算为 310 个相对单位，安装工程量折算为 70 个相对单位。合同规定，在工程量增减 10% 的范围内，作为承包商的工期风险，不能要求工期补偿。在工程施工过程中，土建和安装的工程量都有较大幅度的增加。实际土建工程量增加到 430 个相对单位，实际安装工程量增加到 117 个相对单位。求承包商可以提出的工期索赔额。

解： 承包商提出的工期索赔为：

不索赔的土建工程量的上限：$310 \times 1.1 = 341$ 个相对单位

不索赔的安装工程量的上限为：$70 \times 1.1 = 77$ 个相对单位

由于工程量增加而造成的工期延长：

土建工程工期延长 $= 21 \times [(430/341) - 1] = 5.5$ 个月

安装工程工期延长 $= 12 \times [(117/77) - 1] = 6.2$ 个月

总工期索赔为：5.5 个月 $+ 6.2$ 个月 $= 11.7$ 个月

（2）网络分析法

网络分析法是通过分析干扰事件发生前后网络计划，对比两种工期计算结果来计算索赔值。它是一种科学的、合理的分析方法，适用于各种干扰事件的索赔。但它以采用计算机网络技术进行工期计划和控制作为前提条件。

网络分析即为关键线路分析法。关键线路上关键工作持续时间的延长，必然造成总工期的延长，则可以提出工期索赔；而非关键线路上工作只要在其总时差范围内的延长，则不能提出工期索赔。确定工期索赔应注意由于非承包商原因的延误时间 T 与延误事件所在工序的总时差 TF 关系。

① 若 $T \geqslant TF = 0$，说明该工作为关键工作，该工作延误时间 T，必然会造成总工期拖延 T，因此，总延误的时间 T 为批准顺延的工期，即为工期索赔值。

② 若 $TF > T > 0$，说明该工作为非关键工作，并且延误时间小于该工作的总时差，因此，在干扰事件造成该工作延误 T 时间后，该工作仍有 $TF - T$ 的机动时间，仍为非关键工作，不会影响总工期，总工期改变，没有工期索赔。

③ 若 $T > TF > 0$，说明该工作为非关键工作，但延误的时间超过了该工作的总时差，该工作变为关键工作，可以批准延误时间与时差的差值为工期索赔值。

④ 在进行网络分析时，对于发生多个干扰事件，影响多个工序的情况，在分析工期索赔值和乙方的误工时间时，首先按照各工序计划工作时间确定计划工期 A，然后计算包含非承包商责任延误时间的延误责任工期 B，计算包含各种延误责任时间的实际工期 C，则 $B - A$ 为对甲方索赔的工期时间，$C - B$ 为乙方延误计划工期的误工时间。

7.3.2 费用索赔分析与计算

1. 可以索赔的费用项目

（1）人工费。包括增加工作内容的人工费、停工损失和工作效率降低的损失费等累计，其中增加工作内容的人工费应按照计日工费计算，而停工损失费和工作效率降低的损失费按窝工费计算，窝工费标准双方应在合同中约定。

（2）机械费。可采用机械台班单价、机械折旧费、机械设备租赁费等几种形式。当工作内容增加引起机械费索赔时，机械费的标准按照机械台班单价计算。因窝工引起的机械费索赔，当施工机械属于施工企业自有时，按照机械折旧费计算索赔费用；当施工机械是施工企业从外部租赁时，索赔费用的标准按照机械租赁费计算。

（3）材料费。材料费索赔额应按照材料单价及材料的消耗量计算，并考虑调值系数。

（4）保函手续费。工程延期时，保函手续费相应增加；取消部分工程且发包人与承包人达成提前竣工协议时，承包人的保函金额相应折减，则计入合同价内的保函手续费也应扣减。应注意保函费用随时间增加而增加，但费率不变。

（5）延迟付款利息。发包人未按约定时间进行付款的，应按银行同期贷款利率支付迟延付款的利息。

（6）管理费。此项又可分为现场管理费和公司管理费两部分，两者的计算方法有所不同。

① 现场管理费。索赔款中的现场管理费是指承包人完成额外工程、索赔事项工作以及工期延长期间的管理费，但如果对部分工人窝工损失索赔时，因其他工程仍然在进行，可能不予计算施工管理费索赔。可以按照公式（7-3）计算现场管理费索赔额。

$$现场管理费索赔额 = \frac{合同价中现场管理费总额}{合同总工期} \times 工程延期的天数 \qquad (7\text{-}3)$$

②公司管理费。索赔款中的公司管理费主要是指工程延误期间增加的管理费。在国际工程施工索赔中公司管理费的计算有以下几种。

A. 按照投标书中公司管理费的比例（3%～8%）计算：

$$公司管理费 = 合同中公司管理费比例(\%) \times (直接费索赔款额 + 现场管理费索赔款额) \tag{7-4}$$

B. 按照公司总部统一规定的管理费比率计算：

$$公司管理费 = 公司总部管理费比例(\%) \times (直接费索赔款额 + 现场管理费索赔款额) \tag{7-5}$$

C. 以工程延期的总天数为基础计算：

$$对某工程提取的公司管理费 = \frac{合同中公司管理费总额}{合同总工期} \times 工期延误天数 \tag{7-6}$$

（7）利润。一般来说，由于工程范围的变更、文件有缺陷或技术性错误、业主未按约定提供现场等引起的索赔，承包人可以列入利润。索赔利润的款项计算是与原报价单中的利润百分比保持一致，即在成本的基础上增加报价单中的利润率，作为该项索赔款的利润。

但对于工程暂停的索赔，由于利润通常是包括每项实施的工程内容的价格之内，而延误工期并未影响消减某些项目的实施，而导致利润的减少。因此，一般工程师很难同意在工程暂停的费用索赔中列入利润损失。

2007版《标准施工招标文件》中的合同条款下对承包商合理得到补偿的内容做了规定，见表7-2。

《标准施工招标文件》中合同条款规定的可以合理补偿承包人索赔的条款　　表7-2

序号	条款号	主　要　内　容	可补偿内容		
			工期	费用	利润
1	1.10.1	施工过程中发现文物、古迹以及其他遗迹、化石、钱币或物品	✓	✓	
2	4.11.2	承包人遇到不利物质条件	✓	✓	
3	5.2.4	发包人要求向承包人提前交付材料和工程设备		✓	
4	5.2.6	发包人提供的材料和工程设备不符合合同要求	✓	✓	✓
5	8.3	发包人提供基准资料错误导致承包人的返工或造成工程损失	✓	✓	✓
6	11.3	发包人的原因造成工期延误	✓	✓	✓
7	11.4	异常恶劣的气候条件	✓		
8	11.6	发包人要求承包人提前竣工		✓	
9	12.2	发包人原因引起的暂停施工	✓	✓	✓
10	12.4.2	发包人原因造成暂停施工后无法按时复工	✓	✓	
11	13.1.3	发包人原因造成工程质量达不到合同约定验收标准的	✓	✓	
12	13.5.3	监理人对隐蔽工程重新检查，经检验证明工程质量符合合同要求的	✓	✓	✓
13	16.2	法律变化引起的价格调整		✓	
14	18.4.2	发包人在全部工程竣工前，使用已接收的单位工程导致承包人费用增加	✓	✓	✓
15	18.6.2	发包人的原因导致试运行失败的		✓	✓
16	19.2	发包人原因导致的工程缺陷和损失		✓	✓
17	21.3.1	不可抗力	✓		

2. 费用索赔的计算

（1）实际费用法

该方法是按照各索赔事件所引起损失的费用项目分别分析计算索赔值，然后将各费用项目的索赔值汇总，即可得到总索赔费用值。这种方法以承包商为某项索赔工作所支付的实际开支为依据，但仅限由于索赔事项引起的、超过原计划的费用，故也称为额外成本法。在这种计算方法中，需要注意的是不要遗漏费用项目。

（2）修正总费用法

这种方法是对总费用法的改进，即在总费用计算的原则下，去掉一些不确定的可能因素，对总费用法进行相应的修改和调整，使其更加合理。

7.3.3 不可抗力事件的索赔处理

不可抗力可以分为自然事件和社会事件。自然事件主要是工程施工过程中不可避免发生并不能克服的自然灾害，包括地震、海啸、瘟疫、水灾等；社会事件则包括国家政策、法律、法令的变更，战争、罢工等。

不可抗力导致的人员伤亡、财产损失、费用增加和（或）工期延误等后果，由合同当事人按以下原则承担：

（1）永久工程、已运至施工现场的材料和工程设备的损坏，以及因工程损坏造成的第三人人员伤亡和财产损失由发包人承担；

（2）承包人施工设备的损坏由承包人承担；

（3）发包人和承包人承担各自人员伤亡和财产的损失；

（4）因不可抗力影响承包人履行合同约定的义务，已经引起或将引起工期延误的，应当顺延工期，由此导致承包人停工的费用损失由发包人和承包人合理分担，停工期间必须支付的工人工资由发包人承担；

（5）因不可抗力引起或将引起工期延误，发包人要求赶工的，由此增加的赶工费用由发包人承担；

（6）承包人在停工期间按照发包人要求照管、清理和修复工程的费用由发包人承担。

[案例 7-5] 某施工合同约定，施工现场使用的一台施工机械由施工企业租赁，台班单价为 300 元/台班，租赁费为 100 元/台班，人工工资为 40 元/工日，窝工补贴为 10 元/工日，以人工费为基数的综合费率为 35%，在施工过程中，发生了如下事件：①因异常恶劣天气导致场外道路中断抢修道路用工 20 工日；②场外大面积停电，停工 2 天，人员窝工 10 工日，机械停工 2 天。为此，施工企业可向业主索赔费用为多少。

解析：各事件处理结果如下：

（1）抢修道路用工的索赔额＝20×40×（1＋35%）＝1080 元

（2）停电导致的索赔额＝2×100＋10×10＝300 元

总索赔费用＝1080＋300＝1380 元

7.3.4 共同延误的处理原则

在实际施工过程中，工程拖期很少是只由一方造成的，往往是两三种原因同时发生或相互作用而形成的，故称为"共同延误"。在这种情况下，要具体分析哪一种情况延误是有效的，应依据以下原则：

（1）首先判断造成拖期的哪一种原因是最先发生的，即确定"初始延误"者，它应对工程拖期负责。在初始延误发生作用期间，其他并发的延误者不承担拖期责任。

（2）如果初始延误者是发包人原因，则在发包人原因造成的延误期内，承包人既可得到工期延长，又可得到经济补偿。

（3）如果初始延误者是客观原因，则在客观因素发生影响的延误期内，承包人可以得到工期延长，但很难得到费用补偿。

（4）如果初始延误者是承包人原因，则在承包人原因造成的延误期内，承包人既不能得到工期补偿，也不能得到费用补偿。

7.4 索赔综合案例

[综合案例1]　某承包商（乙方）于某年3月6日与某业主（甲方）签订一项建筑工程施工合同。在合同中规定，甲方于3月14日提供施工现场。工程开工日期为3月16日，竣工日期为4月22日，合同日历工期为38天。乙方按时提交了施工方案和施工网络进度计划（如图7-1所示），并得到甲方代表的批准后，如期开工。

该工程在实际施工过程中发生了如下几项事件：

事件1：因部分原有设施搬迁拖延，甲方于3月17日才提供出全部场地，影响了工作A、B的正常作业时间，使该两项工作的作业时间均延长了2天，并使这两项工作分别窝工6个、8个工日；工作C未因此受到影响。

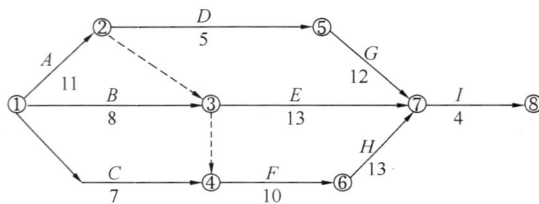

图7-1　某工程施工网络进度计划（单位：天）

事件2：乙方与租赁商原约定工作D使用的某种机械于3月27日早晨进场，但因运输问题推迟到3月29日才进场，造成工作D实际作业时间增加1天，多用人工7个工日。

事件3：在工作E施工时，因设计变更，造成施工时间增加2天，多用人工14个工日。

事件4：工作F是一项隐蔽工程，在其施工完毕后，乙方及时向甲方代表提出检查验收要求。但因甲方代表未能在规定时间到现场检查验收，承包商自行检查后进行了覆盖。事后甲方代表认为该项工作很重要，要求乙方在两个主要部位（部位a和部位b）进行剥离检查。检查结果为：部位a完全合格，部位b的偏差超出了规范允许范围，乙方根据甲方代表的要求扩大剥离检查范围并进行返工处理，合格后甲方代表予以签字验收。部位a的剥离和覆盖用工为6个工日；部位b的剥离、返工及覆盖用工20个工日。因部位a的重新检验和覆盖使工作H的作业时间延长1天，窝工4个工日；因部位b的重新检验和处理与覆盖使工作H的作业时间延长2天，窝工8个工日。

其余各项工作的实际作业时间和费用情况均与原计划相符。

问题：乙方能否就上述事件1～4向甲方提出工期补偿和费用补偿要求？试简述其理由。

解析：

事件 1 中，可以提出工期补偿和费用补偿要求，因为施工场地提供的时间延长属于甲方应承担的责任，且工作 A 位于关键线路上。

事件 2 中，不能提出补偿要求，因为租赁设备迟进场属于乙方应承担的风险。

事件 3 中，可以提出费用补偿要求，但不能提出工期补偿要求。因为设计变更的责任在甲方，由此增加的费用应由甲方承担；而由此增加的作业时间（2 天）没有超过该项工作的总时差（10 天）。

事件 4 中，能否提出工期和费用补偿要求应视 a、b 两部位所分布的范围而定。如果该两部位属于预先规定的同一个检验批范围内，由此造成的费用和时间损失均不予补偿；如果该两部位不属于同一个检验批范围，由部位 a 造成的费用和时间损失应予补偿，由部位 b 造成的费用和时间损失不予补偿。

[综合案例 2] 某新建别墅项目，地下 1 层，地上 3 层，框架结构。发包方和某施工单位依据《施工合同（示范文本）》签订了施工合同，施工单位编制了工程施工进度计划。计划工期为 180 天，施工进度计划如图 7-2 所示。

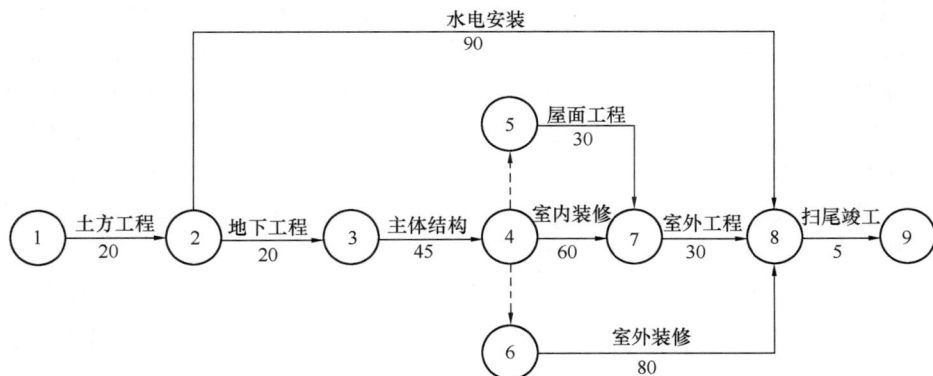

图 7-2 施工进度计划示意图（单位：天）

事件 1：现场监理工程师在审核该进度计划后，要求施工单位制定包括材料需求计划在内的资源需求计划，以确保该幢工程在计划日历天内竣工。该别墅工程开工后第 46 天进行的进度检查时发现，土方工程和地下工程部分完成，已开始主体结构工程施工，工期进度滞后 5 天。施工单位以监理单位同意进度计划为由，索赔 5 天的工期。

事件 2：建设单位采购的主体结构中的材料进场复检结果不合格，监理工程师要求退场；因停工待料导致窝工。施工单位提出 2.2 万元费用索赔，2 天的工期索赔。材料重新进场施工完毕后，监理工程师验收通过；由于该部位的特殊性，建设单位要求进行剥离检验，检验结果符合要求；剥离检验及恢复共发生费用 2.3 万元。

事件 3：由于变更设计，导致水电安装工程中途出现停歇，持续时间比原计划超出 10 天，造成施工人员窝工损失 1.2 万元；

事件 4：当地发生百年一遇大暴雨引发泥石流，导致室外装修和室外工程停工及清理恢复施工共用时 5 天，造成施工设备损失费用 2 万元、清理和修复工程费用 1.5 万元。

269

上述事件 2、3、4 中的索赔均在要求时限内提出，数据经监理工程师核实无误。

问题：

（1）用文字描述出该网络计划的关键线路上的工作。

（2）在事件 1 中，监理工程师已审核同意了施工方的进度计划，按该计划施行时，工期滞后 5 天，是否由监理工程师承担部分工期责任？施工方的工期索赔是否成立？

（3）在事件 2 中，施工单位提出的 4.5 万元的费用索赔和工期索赔是否成立？并说明理由。

（4）在事件 3 中，施工单位提出的 1.2 万元的费用索赔和 10 天的工期索赔是否成立？并说明理由。

（5）在事件 4 中，施工单位提出的 3.5 万元费用索赔和 5 天工期索赔，是否成立？并说明理由。

解析：

（1）关键线路上的工作：土方工程、地下工程、主体结构、室内装修、室外工程、扫尾竣工。

（2）事件 1 中，根据《施工合同（示范文本）》第 7.2.2 条的规定：发包人和监理人对承包人提交的施工进度计划的确认，不能减轻或免除承包人根据法律规定和合同约定应承担的任何责任或义务。所以监理工程师不承担工期责任，施工方的工期索赔不成立。

（3）事件 2 中，因停工待料造成的导致的窝工，施工单位提出 2.2 万元费用索赔成立。理由：材料由建设单位采购，由建设单位负责，停工待料导致的窝工应由建设单位承担。由于主体结构处于关键线路上，所以影响了总工期，2 天的工期索赔亦成立。

剥离检验及恢复 2.3 万元的费用索赔成立。理由：建设单位提出剥离检验，施工单位应按要求进行，检测结果符合要求，检测费用应由建设单位承担。

（4）事件 3 中，因为设计变更属于建设方的责任，由此带来的窝工损失 1.2 万元的费用索赔成立。因水电安装工作不处于关键线路上，而且延误 10 天后，并没有影响总工期，所以 10 天的工期索赔不成立。

（5）事件 4 中，百年一遇大暴雨引发泥石流事件属于不可抗力，因不可抗力带来的工期延误可以索赔。虽然室外装修工程不在关键线路上，且延误 5 天后也没有变成关键工作，但室外工程是处于关键线路上的，延误 5 天会带来总工期的延误，所以 5 天的费用索赔是成立的。根据不可抗力费用索赔的原则，施工设备损失费用 2 万元的索赔不成立。清理和修复工程费用 1.5 万元的索赔成立。

[综合案例 3] 某承包商承建一基础设施项目，其施工网络进度计划如图 7-3 所示。工程实施到第 5 个月末检查时，A2 工作刚好完成，B1 工作已进行了 1 个月。

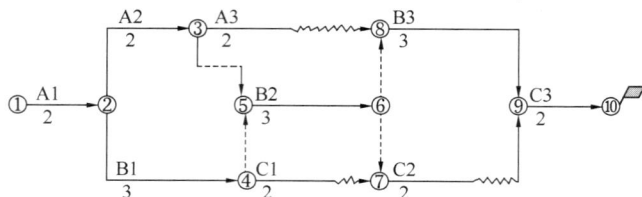

图 7-3 某基础设施项目网络进度计划

在施工过程中发生了如下事件：

事件 1：A1 工作施工半个月发现业主提供的地质资料不准确，经与业主、设计单位协商确认，将原设计进行变更，设计变更后工程量没有增加，但承包商提出以下索赔：

设计变更使 A1 工作施工时间增加 1 个月，故要求将原合同工期延长 1 个月。

事件 2：工程施工到第 6 个月，遭受飓风袭击，造成了相应的损失，承包商及时向业主提出费用索赔和工期索赔，经业主工程师审核后的内容如下：

（1）部分已建工程遭受不同程度破坏，费用损失 30 万元；

（2）在施工现场承包商用于施工的机械受到损坏，造成损失 5 万元；用于工程上待安装设备（承包商供应）损坏，造成损失 1 万元；

（3）施工现场承包商使用的临时设施损坏，造成损失 1.5 万元；业主使用临时用房破坏，修复费用 1 万元；

（4）因灾害造成施工现场停工 0.5 个月，索赔工期 0.5 个月；

（5）灾后清理施工现场，恢复施工需费用 3 万元。

事件 3：A3 工作施工过程中由于业主供应的材料没有及时到场，致使该工作延长 1.5 个月，发生人员窝工 500 个工日，机械闲置费用 45 个台班（有签证），人工工资单价为 100 元，合同约定窝工费补偿按 60 元/工日；该机械为施工企业租赁的，租赁费为 300 元/台班，机械台班单价为 500 元/台班。

问题：

（1）根据第 5 个月末的检查情况判断如果后续工作按原进度计划执行，工期将是多少个月？

（2）分别指出事件 1 中承包商的索赔是否成立并说明理由。

（3）分别指出事件 2 中承包商的索赔是否成立并说明理由。

（4）承包商可得到的索赔费用是多少？合同工期可顺延多长时间？

解析：

（1）由网络进度计划和第 5 月末的检查情况可知，A2 工作拖后 1 个月，但 A2 工作的总时差为 1 个月，不会影响总工期；B1 工作拖后两个月，并且 B1 工作是关键工作，所以该工程项目将被推迟两个月完成，工期为 15 个月。

（2）工期索赔成立，因为地质资料不准确属业主风险，且 A1 工作是关键工作。

（3）①索赔成立，因为不可抗力造成的部分已建工程费用损失，应由业主支付。

②承包商用于施工的机械损坏索赔不成立，因为不可抗力造成各方的损失由各方承担。

用于工程上待安装设备损坏索赔成立，虽然用于工程的设备是承包商供应，但将形成业主资产，不可抗力造成的待安装设备损坏由业主承担，所以业主应支付相应费用。

③承包商使用的临时设施损坏的索赔不成立，业主使用的临时用房修复索赔成立，因不可抗力造成各方损失由各方分别承担。

④索赔成立，因不可抗力造成工期延误，经业主签证，可顺延合同工期。

⑤索赔成立，不可抗力引起的清理现场和修复费用应由业主承担。

（4）①索赔费用：

事件 2：30＋1＋1＋3＝35（万元）

事件 3：60×500＋300×45＝43500 元＝4.35（万元）

总费用索赔额＝35＋4.35＝39.35（万元）

②工期索赔

事件 1：1 月

事件 2：0.5 月

事件 3：0 月，因为 A3 工作是非关键工作，通过计算该工作的总时差为 2 个月，大于该工作的延误事件 1.5 个月，不能得到工期索赔。

因此，合同工期可顺延 1＋0.5＝1.5 个月。

[综合案例 4]　某建筑工程，建筑面积 3.8 万 m²，地下一层，地上十六层。施工单位（以下简称"乙方"）与建设单位（以下简称"甲方"）签订了施工总承包合同，合同工期 600 天。合同约定，工期每提前（或拖后）1 天，奖励（或罚款）1 万元。乙方将屋面和设备安装两项工程的劳务进行了分包，分包合同约定，若造成乙方关键工作的工期延误，每延误 1 天，分包方应赔偿损失 1 万元。主体结构混凝土施工使用的大模板采用租赁方式，租赁合同约定，大模板到货每延误 1 天，供货方赔偿 1 万元。乙方提交了施工网络计划，并得到了监理单位和甲方的批准。网络计划示意图如图 7-4 所示。

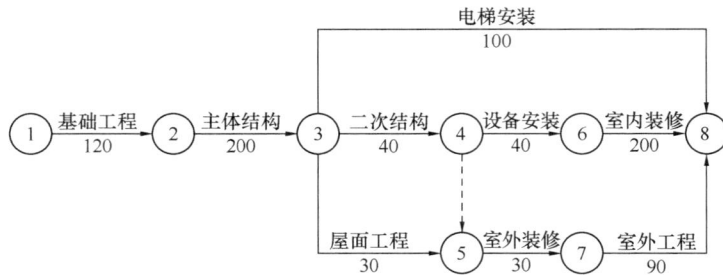

图 7-4　工程网络计划示意图（单位：天）

施工过程中发生了以下事件：

事件 1：底板防水工程施工时，因特大暴雨突发洪水原因，造成基础工程施工工期延长 5 天；

事件 2：主体结构施工时，大模板未能按期到货，造成乙方主体结构施工工期延长 10 天，直接经济损失 20 万元；

事件 3：屋面工程施工时，乙方的劳务分包方不服从指挥，造成乙方返工，屋面工程施工工期延长 3 天，直接经济损失 0.8 万元；

事件 4：中央空调设备安装过程中，甲方采购的制冷机组因质量问题退换货，造成乙方设备安装工期延长 9 天，直接费用增加 3 万元；

事件 5：因为甲方对外装修设计的色彩不满意，局部设计变更通过审批后，使乙方外装修晚开工 30 天，直接费损失 0.5 万元；其余各项工作，实际完成工期和费用与原计划相符。

问题：

（1）用文字或符号标出该网络计划的关键线路。

（2）指出乙方向甲方索赔成立的事件，并分别说明索赔内容和理由。

（3）指出乙方可以向大模板供货方和屋面工程劳务分包方索赔的内容和理由。

（4）该工程实际总工期多少天？乙方可得到甲方的工期补偿为多少天？工期奖（罚）款是多少万元？

（5）乙方可得到各劳务分包方和大模板供货方的费用赔偿各是多少万元？

解析：

（1）关键线路：①—②—③—④—⑥—⑧（或基础工程、主体结构、二次结构、设备安装、室内装修）。

（2）①事件1：乙方可以向甲方提出工期索赔，因洪水属于不可抗力原因且该工作属于关键工作。

②事件4：乙方可以向甲方提出工期和费用索赔，因甲购设备质量问题原因属甲方责任且该工作属于关键工作。

③事件5：乙方可以向甲方提出费用索赔，设计变更属甲方责任，但该工作属于非关键工作且有足够机动时间，工期不能索赔。

（3）①事件2：乙方可以向大模板供货方索赔费用和工期延误造成的损失赔偿。原因：大模板供货方未能按期交货，是大模板供货方责任，且主体结构属关键工作，工期延误应赔偿乙方损失。

②事件3：乙方可以向屋面工程劳务分包方索赔费用。原因：专业劳务分包方违章，属分包责任（但非关键工作，不存在工期延误索赔问题）。

（4）①125＋210＋40＋49＋200＝624（天），实际总工期624天。

②工期补偿：事件1和事件4中5（天）＋9（天）＝14（天），可补偿工期14天。

（5）①事件3：屋面劳务分包方：0.8万元。

②事件2：大模板供货方。直接经济损失20万元；工期损失补偿：10（天）×1（万元/元）＝10（万元）；向大模板供货方索赔总金额为30万元。

本 章 小 结

索赔是合同双方维护正当权益的有效方法，甲乙双方的索赔权利是平等的。当发生索赔事件时，受到损失的一方当事人应及时向对方提出索赔请求，并在规定的时间内提交正式索赔报告。判断一项事件能否成功索赔，首先要分析事件的责任人是谁，另外还要看是否造成了实际损失。作为甲方的工程师，在工程管理的过程中，要采取有效的措施预防和减少承包商索赔事件的发生，从而达到有效控制造价的目的。

思 考 与 练 习

一、填空题

1. 施工索赔是双方面的，既包括＿＿＿＿＿＿＿＿＿＿＿＿＿＿＿＿＿＿＿＿，也包括＿＿＿＿＿＿＿＿＿＿＿＿＿＿＿＿＿＿。

2. 按索赔的目的可以将工程索赔分为＿＿＿＿＿＿＿＿＿＿＿＿＿＿＿＿＿＿＿＿

和_____。

3. 要取得索赔成功，索赔事件本身应符合_____、_____和_____的基本条件。

4. 索赔文件一般包括_____和_____。

5. 费用索赔的计算方法一般有_____和_____两种。

二、选择题

1. 监理人对合同缺陷的解释导致工程成本增加和工期延长，此时的索赔方向是（   ）。

A. 承包人向工程师索赔　　　　　　B. 工程师向发包人索赔

C. 发包人向承包人索赔　　　　　　D. 承包人向发包人索赔

2. 按照索赔事件的性质分类，在施工中发现地下流砂引起的索赔属于（   ）。

A. 工程变更索赔　　　　　　　　　B. 工程延误索赔

C. 意外风险和不可预见因素索赔　　D. 合同被迫终止的索赔

3. 根据 FIDIC 合同条件，承包人提交详细索赔报告的时限是（   ）。

A. 索赔事件发生 28 天内　　　　　B. 察觉或应当察觉索赔事件 28 天内

C. 察觉或应当察觉索赔事件 42 天内D. 索赔事件发生 56 天内

4. 某工程项目合同价为 2000 万元，合同工期为 20 个月，后因增建该项目的附属配套工程需增加工程费用 160 万元，则承包商可提出的工期索赔为（   ）。

A. 0.8 个月　　　B. 1.2 个月　　　C. 1.6 个月　　　D. 1.8 个月

5. 某施工合同在履行过程中，先后在不同时间发生了如下事件：因监理人对隐蔽工程复检而导致某关键工作停工 2 天，隐蔽工程复检合格；因异常恶劣天气导致工程全面停工 3 天；因季节大雨导致工程全面停工 4 天。则承包商可索赔的工期为（   ）天。

A. 2　　　　　　B. 3　　　　　　C. 5　　　　　　D. 9

6. 下列关于建设工程索赔成立条件的说法，正确的是（   ）。

A. 导致索赔的事情必须是对方的过错，索赔才能成立

B. 只要对方存在过错，不管是否造成损失，索赔都能成立

C. 不按照合同规定的程序提交索赔报告，索赔不能成立

D. 只要索赔事件的事实存在，在合同有效内任何时候提出索赔都能成立

7. 工程施工过程中发生索赔事件以后，承包人首先要做的工作是（   ）。

A. 向监理工程师提交索赔证据　　　B. 提出索赔意向通知

C. 提交索赔报告　　　　　　　　　D. 与业主就索赔事项进行谈判

8. 合同履行过程中，业主要求保护施工现场的一棵古树。为此，承包商自有一台塔式起重机累计停工 2 天，后又因工程师指令增加新的工作，需增加塔式起重机 2 个台班，台班单价 1000 元/台班，折旧费 200 元/台班，则承包商可提出的直接费补偿为（   ）。

A. 2000 元　　　B. 2400 元　　　C. 4000 元　　　D. 4800 元

9. 下列关于工程索赔的说法，正确的是（   ）。

A. 按索赔事件的性质分类，工程索赔分为工期索赔和费用索赔

B. 处理索赔必须坚持合理性原则，兼顾承、发包人双方的利益

C. 工作内容增加引起设备费索赔标准，不分自有设备或租赁设备，均按机械台班费计算

D. 工程会议纪要即使未经各方签署，也可以作为索赔的依据

10. 工程索赔的处理原则有（　　）。

A. 必须以合同为依据　　　　　　B. 必须及时合理地处理索赔

C. 必须按国际管理处理　　　　　D. 必须加强预测，杜绝索赔事件发生

E. 必须坚持统一性和差别性相结合

11. （　　）是索赔处理的最主要依据。

A. 合同文件　　　B. 工程变更　　　C. 结算资料　　　D. 市场价格

12. 建设工程索赔按所依据的理由不同可分为（　　）。

A. 合同内索赔　　B. 工期索赔　　　C. 费用索赔　　　D. 合同外索赔

E. 道义索赔

13. 某市建筑公司承揽的写字楼工程，合同约定 2017 年 3 月 1 日开工，2018 年 8 月 30 日交工。由于工期较紧，该公司提前半个月进场并做好了施工准备，然而由于场地中间有几个"钉子户"不搬迁，工程不能按期开工，直到 2017 年 6 月 1 日，问题才解决。在等待开工的过程中，该公司向业主方发出了索赔意向书。为了不失索赔权利，该公司应在（　　）提交最终索赔报告。

A. 2017 年 6 月 1 日前　　　　　B. 2017 年 6 月 28 日前

C. 2017 年 8 月 30 日前　　　　　D. 2018 年 8 月 30 日前

14. 索赔报告的关键部分是（　　），其目的是说明自己具有索赔权，是索赔能否成立的关键。

A. 综述部分　　　　　　　　　　B. 证据部分

C. 索赔款项（或工期）计算部分　D. 根据部分

（答案提示：1. D；2. C；3. C；4. C；5. C；6. C；7. B；8. B；9. B；10. AB；11. A；12. ADE；13. B；14. D。）

三、简答题

1. 什么是索赔？按照索赔的目的是如何分类的？

2. 《建设工程工程量清单计价规范》GB 50500—2013 提出的索赔的三要素是什么？

3. 《建设工程工程量清单计价规范》GB 50500—2013 对索赔处理程序是如何规定的？

4. 如何利用网络分析中非承包商原因的延误时间 T 和影响工作的总时差之间的关系确定工期索赔值？

5. 可以索赔的费用项目有哪些？

6. 不可抗力事件发生时索赔处理原则是什么？

7. 共同延误事件发生时索赔的处理原则是什么？

8. 索赔证据有哪些？

四、案例分析

1. 某施工单位（乙方）与某建设单位（甲方）签订了建造无线电发射试验基地施工合同，在房屋基坑开挖后，发现局部有软弱下卧层，按甲方代表指示乙方配合地质复查，配合用工为 10 个工日，地质复查后，根据经甲方代表批准的地基处理方案，增加直接费

4 万元，工期延长 3 天。请协助承包商拟定一份索赔意向通知。

2. 因设计变更，工作 E 工程量由招标文件中的 500m³ 增至 800m³，超过了 10％，按照合同约定，需要对工作 E 超过 10％的部分调整单价，合同中该工作的全费用单价为 110 元/m³，经协商调整后的全费用单价为 100 元/m³，原网络计划中，工作 E 为关键工作，持续时间为 10 天。试问，承包商能否对该事件提出工期索赔和费用索赔？工期索赔值是多少？工作 E 的结算价是多少？

（答案提示：本题考核工程索赔的计算。由于设计变更导致工程量增加是属于甲方应该承担的责任范围，因此承包商可以提出工期索赔和费用索赔。按照比例计算法计算工程索赔值，工期索赔 6 天。价款结算时，工程量超过 10％的部分按照 100 元的单价计算，500m³ 及超过 10％以内的部分（550m³）按合同单价计算。因此工作 E 的结算价＝550×110＋（800－550）×100＝85500（元）。）

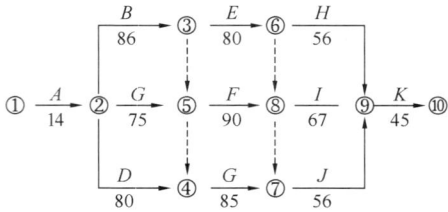

图 7-5　施工总进度计划

3. 某实施施工监理的工程，建设单位按照《建设工程施工合同（示范文本）》与甲施工单位签订了施工总承包合同。合同约定：开工日期为 2016 年 3 月 1 日，工期为 302 天；建设单位负责施工现场外道路开通及设备采购；设备安装工程可以分包。

经总监理工程师批准的施工总进度计划如图 7-5 所示（时间单位：天）。

工程实施中发生了下列事件：

事件 1：由于施工现场外道路未按约定时间开通，致使甲施工单位无法按期开工。2006 年 2 月 21 日，甲施工单位向项目监理机构提出申请，要求开工日期推迟 3 天，补偿延期开工造成的实际损失 3 万元。经专业监理工程师审查，情况属实。

事件 2：C 工作是土方开挖工程。土方开挖时遇到了难以预料的暴雨天气，工程出现重大安全事故隐患，可能危及作业人员安全，甲施工单位及时报告了项目监理机构。为处理安全事故隐患，C 工作实际持续时间延长了 12 天。甲施工单位申请顺延工期 12 天，补偿直接经济损失 10 万元。

事件 3：F 工作是主体结构工程，甲施工单位计划采用新的施工工艺，并向项目监理机构报送了具体方案，经审批后组织了实施。结果大大降低了施工成本，但 F 工作实际持续时间延长了 5 天，甲施工单位申请须延工期 5 天。

事件 4：甲施工单位将设备安装工程（J 工作）分包给乙施工单位，分包合同工期为 56 天。乙施工单位完成设备安装后，单机无负荷试车没有通过，经分析是设备本身出现问题。经设备制造单位修理，第二次试车合格。由此发生的设备拆除、修理、重新安装和重新试车的各项费用分别为 2 万元、5 万元、3 万元和 1 万元，J 工作实际持续时间延长了 24 天。乙施工单位向甲施工单位提出索赔后，甲施工单位遂向项目监理机构提出了顺延工期和补偿费用的要求。

问题：

（1）事件 1 中，项目监理机构应如何答复甲施工单位的要求？说明理由。

（2）事件 2 中，收到甲施工单位报告后，项目监理机构应采取什么措施？应要求甲施工单位采取什么措施？对于甲施工单位顺延工期及补偿经济损失的申请如何答复？说明理由。

（3）事件 3 中，项目监理机构应按什么程序审批甲施工单位报送的方案？对甲施工单位的顺延工期申请如何答复？说明理由。

（4）事件 4 中，单机无负荷试车应由谁组织？项目监理机构对于甲施工单位顺延工期和补偿费用的要求如何答复？说明理由。根据分包合同，乙施工单位实际可获得的顺延工期和补偿费用分别是多少？说明理由。

（答案提示：（1）答复：同意推迟 3 天开工（或：同意 2006 年 3 月 4 日开工），同意赔偿损失 3 万元。理由：场外道路没有开通属建设单位责任，且甲施工单位在合同规定的有效期内提出了申请。（2）采取措施：下达施工暂停令。要求：撤出危险区域作业人员，制订消除隐患的措施或方案，报项目监理机构批准后实施。答复：由于难以预料的暴雨天气属不可抗力，施工单位的经济损失不予补偿；因 C 工作延长 12 天，只影响工期 1 天，故只批准顺延工期 1 天。（3）审批程序：审查报送方案，组织专题论证，经审定后予以签认。答复：不同意延期申请。理由：改进施工工艺属甲施工单位自身原因。（4）甲施工单位组织。答复：同意补偿设备拆除、重新安装和试车费用合计 6 万元；J 工作持续时间延长 24 天，影响工期（56＋24）－67＝13（天），同意顺延工期 13 天。因设备本身出现问题，不属于甲施工单位的责任。乙施工单位可顺延工期 24 天，可获得费用补偿 6 万元。因为第一次试车不合格不属于乙施工单位责任。）

第8章 FIDIC 合同条件简介

[学习指南] FIDIC 系列合同条件在国际工程施工中被广泛地采用，在国际工程领域占有非常重要的地位。本章介绍了 2017 版 FIDIC 合同条件及其应用、施工合同条件的构成、术语及主要规定和核心内容。重点阐述了 FIDIC 施工合同条件的特点、施工阶段及竣工验收阶段的合同管理、索赔及争议解决的内容等。

[引导案例] 小浪底水利枢纽工程位于黄河干流，处在控制黄河水沙的关键位置，枢纽主要由大坝、泄洪系统和引水发电系统组成。小浪底水利枢纽工程部分利用世界银行的贷款。项目管理实行业主负责制、建设监理制、招标投标制，按照 FIDIC 土木工程施工合同条件，对工程实施严格的合同管理。业主根据世行所规定的采购程序，以世界范围内的竞争性招标的方式，选择了三个土建国际承包商联营体，分别承担大坝、泄洪系统和引水发电系统的施工和建设。

小浪底国际土建合同采用 FIDIC 施工合同条件第四版。小浪底的合同条件由三部分组成。除按 FIDIC 要求原样引用"通用合同条款"，并按照 FIDIC 提供的格式编制"专用合同条款"外，业主根据工程情况，将一些特殊和具体要求汇总编写了"特殊合同条款"，内容包括进现场设施、对施工计划的要求、环保、当地费用调价和外币调价等。FIDIC 中某些具体条款在小浪底运用情况如下。

（1）关于变更的条款，变更在工程项目中难以避免的，它也往往是引发索赔的主要原因，同时变更处理又最容易发生争议。譬如在地下开挖这一关键路线上的工作，工程师根据设计的要求指示承包商大量增加支护或提高支护标准，那么承包商就可以提出一系列要求，例如，提高支护的单价和要求延长工期；增加支护对相关区域的工作也产生了影响和干扰；支护强度或标准的提高证明承包商遇到了比招标文件所指示的更加不利的岩石条件，这是承包商所不能预见的。如果地下开挖又恰处于关键路线，则支护变更就将成为承包商索赔的有力借口。由此带来的影响和索赔，将远远超过支护工程本身。

对于变更影响的认定及评估，承包商和工程师很容易发生争议。关于单价的确定，FIDIC 中也并无明确的方法可循。为了使变更的费用控制在合理的程度，工程师首先要对承包商所报的施工方案仔细审查，充分利用现场现有设备，保证施工方案在经济和时间方面都是合理的。此外，在施工过程中，对施工情况做全面记录，确保记录的完整、详细和准确，并得到双方的确认。

（2）关于当地费用调整。合同第 70.1 款规定："应根据劳务费和（或）材料费或影响工程施工费用的任何其他事项的费用涨落对合同价格增加或扣除相应金额"。这部分主要指通货膨胀及汇率变化对工程成本的影响。

在 FIDIC 合同中建议了两种费用调整方式，即"基本价格法"和"指数法"。FIDIC 推荐第二种方法，因为既减轻了工作量，便于管理，又能使善于采购的承包商增加收益。但其前提是可以得到合适的指数。譬如对外币部分的调整，一般就采用了"指数法"，因为在国外可以得到能比较准确反映各项成本物价水平、由权威部门发布的指数。

如果采用"基本价格法"和"指数法"相结合的混合方法，譬如小浪底对当地劳务费用调整采用的方法，则应保证指数能真正反映市场水平，而且基础指数要与承包商投标中的基础工资相一致。最根本的是促使市场发育逐步完善，由市场自身确定各项价格指标，并由权威部门发布与市场价格水平相一致的价格指数。

（3）关于工程的分包。小浪底水利枢纽工程的泄洪排沙系统二标由德国旭普林公司为首的联营体——简称CGIC中标承建。二标承包商在招标时是作为第二个最低标中标的。由于CGIC在思想、技术、资源上准备不足，设备缺乏，面对复杂的地质条件，加上无效的当地零散劳务管理，致使工程进展受阻。在此情况下，CGIC向业主提出将原计划截流日期推迟11个月，这样会给国家带来巨大的政治和经济损失。因此，业主最初的想法是换承包商。可考虑到重新招标需要繁琐和漫长的程序，业主只能另做选择。为抢回失去的工期，使导流洞能够按期截流过水，在水利部工作组指导下，由业主、监理工程师配合与CGIC承包商经历了艰苦谈判，引进了中国成建制的水电施工队伍，代替分散、个体的民工，承担CGIC的劳务及劳务管理分包，组建OTFF联营体。由国内优秀的专业施工队伍组成的OTFF联营体进入了现场，并很快掌握了施工的主动。

（4）关于常见的工程索赔的处理方法。在工期和费用的计算方法中，承包商所最常用的是"总时间法"和"总费用法"。

在小浪底的导流洞和赶工索赔中，承包商就采取这种方法，遭到了工程师和业主的坚决拒绝。为了解决双方之间的争议，小浪底的DRB提出了"But-For"（要不是）的基本处理原则，即考虑假如没有业主责任（如没有不可预见条件或要求赶工）情况下，承包商所能达到的实际进度和实际成本，以此作为确定业主应补偿的延期和/或费用的基础。这一方法比较好地解决了"总时间法"和"总费用法"中存在的问题，消除了双方之间主要的争议。

8.1　FIDIC　概　述

FIDIC是"国际咨询工程师联合会"法文名称（Fédération Internationale Des Ingénieurs-Conseils）的缩写。其相应的英文名称是International Federation of Consulting Engineers。FIDIC是在1913年由瑞士、法国、比利时三个欧洲国家的咨询工程师协会创立的，第二次世界大战结束后FIDIC迅速发展起来。1949年后，英国、美国、澳大利亚、加拿大等国相继加入，我国工程咨询协会在1996年正式加入FIDIC组织，截至2016年，已经有97个成员国。这些成员国分属于四个地区性组织：即亚洲及太平洋地区成员协会（ASPAC）、欧共体成员协会（CEDIC）、非洲成员协会集团（CAMA）、北欧成员协会集团（RINORD）。FIDIC是世界上多数独立的咨询工程师的代表，是最具权威的咨询工程师组织，它推动着全球范围内高质量、高水平的工程咨询服务业的发展。

作为一个国际性的非官方组织，FIDIC的宗旨是要将各个国家独立的咨询工程师行业组织联合成一个国际性的行业组织；促进还没有建立起这个行业组织的国家也能够建立起这样的组织；鼓励制订咨询工程师应遵守的职业行为准则，以提高为业主和社会服务的质量；研究和增进会员的利益，促进会员之间的关系，增强本行业的活力；提供和交流会员感兴趣和有益的信息，增强行业凝聚力。

FIDIC 还设立了许多专业委员会，用于专业咨询和管理。如业主/咨询工程师关系委员会（CCRC）；合同委员会（CC）；执行委员会（EC）；风险管理委员会（ENVC）；质量管理委员会（QMC）；21 世纪工作组（Task Force 21）等。FIDIC 专业委员会编制了一系列规范性合同条件，构成了 FIDIC 合同条件体系。它们不仅被 FIDIC 会员国在世界范围内广泛使用，也被世界银行、亚洲开发银行、非洲开发银行等世界金融组织在招标文件中使用。在 FIDIC 合同条件体系中，最著名的有：《土木工程施工合同条件》（Conditions of Contract for Work of Civil Engineering Construction，通称"红皮书"）、《电气和机械工程合同条件》（Conditions of Contract for Electrical and Mechanical Works，通称"黄皮书"）、《业主/咨询工程师标准服务协议书》（Client/Consultant Model Services Agreement，通称"白皮书"）、《设计－建造与交钥匙工程合同条件》（Conditions of Contract for Design－ Build and Turnkey，通称"桔皮书"）等。

FIDIC 成立 100 多年来，对国际上实施工程建设项目，以及促进国际经济技术合作的发展起到了重要作用。FIDIC 合同条件虽然不是法律、法规，但它已成为全世界公认的一种国际惯例。这些合同和协议文本，条款内容严密，对履约各方和实施人员的职责义务作了明确的规定；对实施项目过程中可能出现的问题也都有较合理规定，以利于遵循解决。这些协议性文件为实施项目进行科学管理提供了可靠的依据，有利于保证工程质量、工期和控制成本，保障业主、承包商以及咨询工程师等有关人员的合法权益。此外，FIDIC 还编辑出版了一些供业主和咨询工程师使用的业务参考书籍和工作指南，以帮助业主更好地选择咨询工程师，使咨询工程师更全面地了解业务工作范围和根据指南进行工作。该会制订的承包商标准资格预审表、择标程序、咨询项目分包协议等都有很高的实用价值，在国际上得到了广泛承认和应用。

为了适应国际工程业和国际经济的不断发展，FIDIC 对其合同条件要进行修改和调整，以令其更能反映国际工程实践，更具有代表性和普遍意义，更加严谨、完善，更具权威性和可操作性。在 1999 年，FIDIC 在原合同条件基础上又出版了新的合同条件。共出版了一套 4 本全新的标准合同条件，分别是《施工合同条件》（红皮书）、《生产设备和设计—建造合同条件》（黄皮书）和《设计—采购—施工与交钥匙项目合同条件》（银皮书）和《简明合同格式》（绿皮书）。

2017 年 12 月，国际咨询工程师联合会（FIDIC）在伦敦举办的国际用户会议上，发布了 1999 年版三本合同条件的第二版，分别是：《施工合同条件》（Conditions of Contract for Construction）（红皮书）、《生产设备和设计—建造合同条件》（Conditions of Contract for Plant and Design-Build）（黄皮书）和《设计—采购—施工与交钥匙项目合同条件》（Conditions of Contract for EPC/Turnkey Projects）（银皮书）。2017 年版系列合同条件加强了项目管理工具和机制的运用；进一步平衡了合同双方的风险及责任分配，更强调合同双方的对等关系；力求反映当今国际工程领域的最佳实践；解决 1999 年版合同条件在使用过程中产生的问题等。红皮书及黄皮书中有工程师参与，而银皮书为业主代表；红皮书业主承担了大部分或全部设计工作，而黄皮书和银皮书承包商承担了大部分或全部设计，因此黄皮书和银皮书对设计做出了详细规定；红皮书是以单价合同为主，因此在测量与估价方面进行了详细的规定，而黄皮书和银皮书则为总价合同，因此没有相应条款，同时因为黄皮书和银皮书是总承包/交钥匙工程，因而对竣工后试验描述更多。但是，正因为这三本合同条件适用于不同的情境，所以其二级子条款的调整幅度较大，有些条款尽管标题相同，但具体内容可能不同。

8.1.1 2017 版 FIDIC 合同条件简介

1. 施工合同条件（简称"红皮书"）

2017 年版红皮书主要适用于承包商按照业主提供设计的房屋建筑工程和土木工程。由承包商按照业主提供的设计进行工程施工，如果需要，部分工程也可由承包商设计。《施工合同条件》包括通用条件、专用条件编写指南及附件（担保函、投标函、中标函、合同协议书和争端避免/裁决协议书格式）三个部分。通用条件为 21 个一级条款，包括一般规定、业主、工程师、承包商、分包、职员和劳工、生产设备材料和工艺、开工及延误和暂停、竣工检验、业主的接收、移交后的缺陷、测量和估价、变更和调整、合同价格和支付、业主提出的终止、承包商提出暂停和终止、工程的照管和保障、例外事件、保险、业主和承包商的索赔、争端和仲裁。专用条件包括合同数据和特殊条款两部分。

《施工合同条件》适用于建设规模大、复杂程度高的项目，一般由业主提供大部分的设计，雇用工程师管理合同并由工程师监理施工和签发支付证书，在工程施工的全过程中业主持续得到全部信息；按工程量表中的单价来支付完成的工程量（即单价合同）；而承包商仅根据业主提供的图样资料进行施工，当有要求时，承包商要根据要求承担结构、机械和电气部分的设计工作。

2. 生产设备和设计-建造合同条件（简称"黄皮书"）

2017 年版黄皮书适用于设计—建造承包模式（Design and Build）。在该模式下，承包商根据业主要求，负责项目大部分的设计和施工工作，而且可能负责设计并提供生产设备或其他工程。通常情况是由承包商按照业主要求，设计和提供生产设备或其他工程，可以包括土木、机械、电气和建筑物等。该合同条件包括通用条件、专用条件编写指南及附件（担保函、投标函、中标函、合同协议书和争端避免/裁决协议书格式）三个部分。其通用条款共 21 个一级条款，包括一般规定、业主、工程师、承包商、设计、职员和劳工、生产设备材料和工艺、开工及延误和暂停、竣工检验、业主的接收、移交后的缺陷、竣工后检验、变更和调整、合同价格和支付、业主提出的终止、承包商提出暂停和终止、工程的照管和保障、例外事件、保险、业主和承包商的索赔、争端和仲裁。专用条件包括合同数据和特殊条款两部分。

《生产设备和设计—建造合同条件》适用于设计—建造方式的建设项目。该合同范本适用于建设项目规模大、复杂程度高、承包商提供设计的情况。其与《施工合同条件》相比，最大区别在于前者业主不再将合同的绝大部分风险由自己承担，而是将一定的风险转移给承包商。

3. 设计—采购—施工与交钥匙项目合同条件（简称"银皮书"）

2017 年版银皮书适用于采用设计、采购和施工及交钥匙模式的工艺或电厂项目，如工厂、基础设施或类似工程。它包含了项目策划、可行性研究、具体设计、采购、建造、安装、试运行等在内的全过程承包方式。承包商"交钥匙"时，提供的是一套配套完整的可以运行的设施。该合同条件也包括通用条件、专用条件编写指南及附件（担保函、投标函、合同协议书和争端避免/裁决协议书格式）三个部分。其通用条款共 21 条。包括一般规定、业主、业主的管理、承包商、设计、职员和劳工、生产设备材料和工艺、开工及延误和暂停、竣工检验、业主的接收、移交后的缺陷、竣工后检验、变更和调整、合同价格和支付、业主提出的终止、承包商提出暂停和终止、工程的照管和保障、例外事件、保险、业主和承包商的索赔、争端和仲裁。专用条件包括合同数据和特殊条款两部分。

FIDIC 在 2017 年版银皮书的说明中并没有明确其适用条件，但给出了三种不适用于银皮书的情况：

（1）如果投标人没有足够时间或资料以仔细研究和核查业主要求，或进行他们的设计、风险评估和估算；

（2）如果工程涉及相当数量的地下工程，或投标人未能调查区域内的工程（除非在特殊条款对不可预见的条件予以说明）；

（3）如果业主要严密监督或控制承包商的工作，或要审核大部分施工图纸。FIDIC 建议，在上述三种情况下，由承包商（或以其名义）设计的工程，可以使用黄皮书。

一般而言，EPC 合同范本适用于建设项目规模大、复杂程度高、承包商提供设计、承包商承担绝大部分风险的情况。与其他三个合同范本的最大区别在于，在《EPC 交钥匙项目合同条件》下业主只承担工程项目很小的风险，而将绝大部分风险转移给承包商。这是由于这类项目（特别是私人投资的商业项目），业主在投资前关心的是工程的最终价格和最终工期，以便他们能够准确地预测该项目投资的经济可行性，所以他们希望尽可能少地承担项目实施过程中的风险，以避免追加费用和延长工期。

4. 简明合同格式（Short Form of Contract，简称"绿皮书"）

绿皮书是 1999 年版，在 2017 年没有更新此版本。该合同条件最大的特点就是简单，主要适于价值较低的或形式简单、或重复性的、或工期短的房屋建筑和土木工程。通常情况是由承包商按照雇主或其代表提供的设计进行施工。《简明合同格式》由协议书、通用条件、裁决规则、指南注释四部分构成。其第二部分通用条件共 15 条 52 款；第四部分为指南注释非合同组成部分。

8.1.2 FIDIC 合同条件的应用方式

FIDIC 合同条件是在总结了各个国家、各个地区的业主、咨询工程师和承包商各方经验基础上编制出来的，也是在长期的国际工程实践中形成并逐渐发展成熟起来的，是目前国际上广泛采用的高水平的、规范的合同条件。这些条件具有国际性、通用性和权威性。其合同条款公正合理，职责分明，程序严谨，易于操作。考虑到工程项目的一次性、唯一性等特点，FIDIC 合同条件分成了"通用条件"和"专用条件"两部分。通用条件适于某一类工程。专用条件则针对一个具体的工程项目，是在考虑项目所在国法律法规不同、项目特点和业主要求不同的基础上，对通用条件进行的具体化的修改和补充。

FIDIC 合同条件的应用方式通常有如下几种。

1. 国际金融组织贷款和一些国际项目直接采用

在世界各地，凡世界银行、亚洲开发银行、非洲开发银行贷款的工程项目以及一些国家和地区的工程招标文件中，大部分全文采用 FIDIC 合同条件。在我国，凡亚洲开发银行贷款项目，全文采用 FIDIC《施工合同条件》。凡世界银行贷款项目，在执行世界银行有关合同原则的基础上，执行我国财政部在世行批准和指导下编制的有关合同条件。

2. 合同管理中对比分析使用

许多国家在学习、借鉴 FIDIC 合同条件的基础上，编制了一系列适合本国国情的标准合同条件。这些合同条件的项目和内容与 FIDIC 合同条件大同小异。主要差异体现在处理问题的程序规定上以及风险分担规定上。FIDIC 合同条件的各项程序是相当严谨的，处理业主和承包商风险、权利及义务也比较公正。因此，业主、咨询工程师、承包商通常都会将 FIDIC 合同条件作为一把尺子，与工作中遇到的其他合同条件相对比，进行合同分析和风险研究，制定相应的合同管理措施，防止合同管理上出现漏洞。

3. 在合同谈判中使用

FIDIC 合同条件的国际性、通用性和权威性使合同双方在谈判中可以以"国际惯例"为理由要求对方对其合同条款的不合理、不完善之处作出修改或补充，以维护双方的合法权益。这种方式在国际工程项目合同谈判中普遍使用。

4. 部分选择使用

即使全文不采用 FIDIC 合同条件，在编制招标文件、分包合同条件时，仍可以部分选择其中的某些条款、某些规定、某些程序甚至某些思路，使所编制的文件更完善、更严谨。在项目实施过程中，也可以借鉴 FIDIC 合同条件的思路和程序来解决和处理有关问题。

另外，FIDIC 在编制各类合同条件的同时，还编制了相应的"应用指南"。在"应用指南"中，除了介绍招标程序、合同各方及工程师职责外，还对合同每一条款进行了详细解释和说明，这对使用者是很有帮助的。而且，每份合同条件的前面均列有有关措辞的定义和释义。这些定义和释义非常重要，它们不仅适合于合同条件，也适合于其全部合同文件。

8.2　FIDIC 施工合同条件

8.2.1　2017 年版 FIDIC 施工合同条件（红皮书）特点

1. 合同条件的适用范围更加广泛

（1）通用条件

通用条件是指工程建设项目不论属于哪个行业，也不管处于何地，只要是土木工程类的施工均可适用。2017 年版系列合同条件的通用条件总体结构和条款的排列顺序基本不变，有些条款的名称略有调整，但所涵盖的内容范围基本不变。2017 年版与 1999 年版相比，合同条件各部分内容均有所增加，最大的变化是通用条件的篇幅大幅增加。条款内容涉及合同履行过程中业主和承包商各方的权利与义务，工程师的权利和职责，各种可能预见到事件发生后的责任界限，合同正常履行过程中各方应遵循的工作程序，以及因意外事件而使合同被迫解除时各方应遵循的工作准则等。

（2）专用条件

专用条件是相对于通用而言，要根据准备实施项目的工程专业特点以及工程所在地的政治、经济、法律、自然条件等地域特点，针对通用条件中条款的规定加以具体化。可以对通用条件中的规定进行相应补充完善、修订，或取代其中的某些内容，增补通用条件中没有规定的条款。专用条件中条款序号应与通用条件中要说明条款的序号对应，通用条件和专用条件中相同序号的条款共同构成对某一问题的约定责任。如果通用条件内的某一条款内容完备、适用，专用条件内可不再重复此条款。

（3）标准化的文件格式

FIDIC 编制的标准化合同文本，除了通用条件和专用条件以外，还包括有标准化的投标书（及附录）和协议书的格式文件。

2. 对合同各方的权利和义务作了更严格明确的规定

第一，施工合同条件中明确指出这是由发包人负责设计的合同条件。对于设计和施工的关系，明确规定了这个合同文件适用于"由发包人提供设计"的合同，并把此标明在合同文件的题目上。这就是说，红皮书施工合同适用于设计施工分离的项目。其他的设计施工结合的方式，如承包人负责设计和施工，以至完全意义上的总体提供项目，分别适用于其他合同条件中规定。这点非常重要，因为在本文件中，所有与设计有关的风险将由发包人承担，承包人只承担施工风险。第二，合同明确提出了业主索赔的概念。在承包商可以根据合同索赔额外付款及合同工期延长的同时，业主同样可以根据合同的相关条款索赔费用及缺陷通知期的延长。第三，相对于业主在投标阶段审查承包商的财务状况的权利，承包商同样可以要求业主出示合理的证据。证明其财务安排已经落实并得以保持，使得业主有能力向承包商做出支付。

3. 工程师地位的转变

传统 FIDIC 合同沿用英国 ICE 合同，在业主与承包商间引入工程师，意图建立一个以咨询工程师为中心的专家管理体系。工程师独立于业主做出决定，并在合同双方之间公正行事，具有设计人、施工监理、准仲裁人和业主代理等多重身份地位。故此，工程师举足轻重，相对人的合同关系往往被看作是业主、工程师和承包商的三角关系。到了 1999 年新版的 FIDIC 施工合同，对工程师的职能定位更为明确，代表业主管理和执行合同的"工程师"，在法律意义上不具有第三方的地位，明确规定了工程师由业主任命作为业主方人员代表业主执行合同，取消了从前对工程师"行为公正"的明确条款要求和应由工程师对合同争议进行仲裁前的"最终决定"条款。"工程师"的公正行为体现在他必须忠实地执行业主与承包人签订的合同。2017 年版系列合同条件对工程师的资质提出了更高、更详细的要求。同时，增加了工程师代表这个角色，并要求工程师代表要常驻现场，而且工程师不能随意更换其代表。对工程师做出回复的时间给予了很多限制，促使其在合同管理过程中不能随意拖延承包商发出的通知或请求，工程师无需经业主同意即可根据"商定或决定"条款做出决定。在处理合同事务时使用"商定或决定"条款，尤其是处理索赔问题时要保持中立，并强调此时工程师不应被视为代表业主行事。

8.2.2 施工合同条件中的部分重要定义

1. 合同的相关概念

（1）合同

合同实际上是全部合同文件的总称，包括合同协议书、中标函、投标函、合同条件、规范、图纸和资料等内容。此外，补充协议、来往信函、备忘录、会议纪要或者中标函中列明的其他文件也属于合同文件的范畴。

（2）合同协议书

合同协议书是合同当事人为明确双方享有的权利和应尽的义务而达成的协议。FIDIC 施工合同条件附录中列有合同协议书的推荐格式，供合同当事人选择使用。

（3）中标函

中标函系指由业主签署的投标函的正式接受函，包括任何随附的备忘录、双方之间签订的协议。签发或接收中标函的日期是指签署合同协议书的日期。

（4）投标函

投标函系指由承包商签署的投标函，说明承包商为实施工程向业主提出的报价。

（5）合同条件

合同条件系指经专用条件修改的通用条件。

（6）专用条款

专用条款系指合同中标题为合同专用条款的文件，由 A 部分（合同资料）和 B 部分（专用条款）组成。

2. 承包商的相关概念

（1）承包商

承包商系指业主接受的投标函中指定为承包商的人员及其合法继承人。

（2）承包商文件

承包商文件系指承包商按照规定编制的文件，包括计算、数字文件、计算机程序和其他软件、图纸、手册、模型、规范及其他技术性文件。

（3）承包商设备

承包商设备系指承包商为实施工程所需的所有仪器、设备、机械、施工设备、车辆和其他物品。承包商的设备不包括临时工程、永久设备、材料和任何其他拟构成或构成永久工程一部分的物品。

（4）承包商人员

承包商人员系指承包商代表和承包商在现场或工程实施使用的所有人员，包括承包商和各分包商的职员、劳工和其他雇员，以及协助承包商实施工程的任何其他人员。

（5）承包商代表

承包商代表系指承包商在合同中指定的或由承包商根据规定任命的代表承包商行为的自然人。

3. 业主的相关概念

（1）业主

业主系指合同资料中被称为业主的人以及该业主的合法继承人。

（2）业主的人员

业主的人员系指工程师、工程师代表、工程师的助理人员以及从事履行合同义务的业主的所有其他职员、劳工和其他雇员，以及通过业主或工程师通知承包商为业主工作的那些人员。

（3）工程师

工程师系指合同资料中指定的由业主为合同目标任命为工程师的人。

（4）业主的设备

业主的设备系指业主根据规定提供给承包商使用的仪器、设备、机械、施工设备或车辆。

（5）业主提供的材料

业主提供的材料系指业主根据规定向承包商提供的材料。

4．日期、工期的相关概念

（1）基准日期

基准日期系指投标截止日期前 28 天的日期。

（2）开工日期

开工日期系指根据合同约定工程师发出开工通知中规定的日期。工程师应在开工日期前不少于 14 天，向承包商发出通知，说明开工日期。除非专用条件中另有规定，开工日期应在承包商收到中标函后 42 天内。

（3）竣工日期

竣工日期系指工程师签发的接收证书中注明的日期；或者指工程或区段根据合同被视为已完成的日期。

（4）缺陷通知期

缺陷通知期系指合同资料中规定的，根据合同约定通知工程或某区段或某部分中的缺陷或损害的期限（如未规定，一般为一年），以及根据规定可以延长的期限。该期限自工程或分项工程或部分工程竣工之日起计算。

5．价款与支付的相关概念

（1）合同价格

合同价格系指合同规定的工程价值，并应根据合同进行调整、增加（包括承包商在这些条件下有权获得的成本或成本加利润）或扣减。

（2）中标合同金额

中标合同金额系指中标函中根据合同实施工程而接受的金额。

（3）成本

成本系指承包商在履行合同过程中合理发生（或将要发生）的所有支出，无论是在现场内还是现场外，包括税金、日常开支和类似费用，但不包括利润。如果承包商根据本条件的某一款有权获得费用的支付，则应将其加入合同价格中。

（4）成本加利润

成本加利润系指成本加上合同数据中规定的适用利润百分比（如果未说明，则为百分之五（5％））。如果承包商根据合同条件的一个子条款有权获得成本加利润的支付，则该百分比只应加到成本中，成本加利润只应加到合同价格中。

（5）暂列金额

暂列金额系指业主在合同中规定作为暂定金额的一笔金额，用于实施工程的任何部分或根据合同约定提供永久设备、材料或服务。

（6）预付款证书

预付款证书系指工程师根据合同规定签发的预付款支付证书。

（7）期中付款证书

期中付款证书系指工程师根据合同规定颁发的期中付款证书。

（8）最终支付证书

最终支付证书系指工程师根据合同规定颁发的最终支付证书。

8.2.3 施工阶段的合同管理

1. 施工进度管理

（1）进度计划

承包商应在收到根据开工条款发出的开工通知后 28 天内，向工程师提交一份工程实施的初步计划。承包商还应提交一份修订后的计划，该计划应能准确地反映工程的实际进度。初始计划和每个修订计划应按合同资料的规定，按要求的形式提交给工程师，并应包括：

① 工程及分段工程的开始日期及完成时间；

② 根据合同资料中规定的时间，向承包商授予进入和占用现场各部分权利的日期，如果没有说明，承包商要求业主给予进入和占用现场每个部分权利的日期；

③ 承包商计划实施工程的顺序，包括设计每个阶段的预期时间安排、承包商文件的准备和提交、采购、制造、检验、运输、施工、安装以及任何指定分包商要进行的工程内容；

④ 规范中规定或要求的提交任何文件的审查期；

⑤ 合同规定或要求的检验和试验的顺序和时间；

⑥ 以逻辑方式链接所有活动并显示每个活动和关键路径的最早和最晚开始和结束日期；

⑦ 所有当地公认的休息日和假日的日期；

⑧ 生产设备和材料的所有关键交付日期；

⑨ 对于修订后的计划和每项活动：迄今为止的实际进度、该进度的任何延误以及该延误对其他活动的影响。

工程师应审查承包商提交的初步进度计划和每一份修订后的进度计划，并可向承包商发出通知，说明其与合同规定不相符的程度。如果工程师未发出此类通知，在收到初始进度计划后 21 天内；或在收到修订进度计划后 14 天内，工程师应被视为已发出无异议通知，初始进度计划或修订进度计划应为合同履行的进度计划。承包商应按照计划进行，但应遵守合同规定的承包商其他义务。业主人员在计划其活动时有权依据该计划。如果工程师在任何时候通知承包商该进度计划不符合合同规定，或与承包商的义务不符时，承包商应在收到此通知后 14 天内，向工程师提交一份修改后的进度计划。

（2）预警

影响进度的可能事件或情况发生时，每一方应通知另一方和工程师，工程师也应在任何已知或可能的未来事件或情况发生前通知双方，因为这些事件或情况可能会造成：

① 对承包商人员的工作造成不利影响；

② 对工程竣工后的性能产生不利影响；

③ 提高合同价格；

④ 延误工程或某区段的实施。

工程师可要求承包商提交一份建议书，以避免或减少此类事件或情况的影响。

（3）竣工时间的延长

如果竣工因下列任何原因受到或将受到延误，则承包商有权获得延期：

① 变更；

② 异常不利的气候条件；

③ 由于流行病或政府行为导致人员或货物可用性出现不可预见的短缺；

④ 由业主、业主人员或业主在现场的其他承包商造成或归因于业主、业主雇佣人员或业主雇佣的其他承包商的任何延误或阻碍。

根据规定，任何工程项目测量的工程量大于工程量清单或其他清单中该项目的估计工程量的百分之十（10％）以上，并且根据规定此类增加的工程量会导致竣工延误。如果由业主责任引起的延误与由承包商责任引起的延误同时发生，则应按照专用条款中规定的规则和程序评估承包商的索赔权利。

2. 施工质量管理

（1）检查

业主人员应在合同资料中规定的所有正常工作时间内，以及在所有其他合理时间内，可以进行下面的检查：

① 完全可以进入现场的所有部分和获得材料的所有地方；

② 在生产、制造和施工期间（在现场和其他地方），有权检查、测量和测试（在规范中规定的范围内）材料、设备和工艺，检查及记录设备制造进度和材料生产制造进度；

③ 履行规范中规定的其他职责和检查。承包商应给予业主人员充分的机会开展这些活动，包括提供安全通道、设施、许可和安全设备。

当任何材料、永久设备或工程准备好接受检查时，以及在将其覆盖、置于视线之外或包装以供储存或运输之前，承包商应通知工程师。业主人员应立即进行检查、检验、测量或试验，不得无故拖延，或业主人员不要求进行检查、检验、测量或试验时，工程师应立即通知承包商。如果工程师未发出此类通知或业主的人员未在承包商通知中规定的时间（或与承包商商定的时间）出席，承包商可继续遮盖、掩蔽或包装以备储存或运输。

如果承包商未能根据规定发出通知，则在工程师要求时，承包商应进行剥离检验，然后恢复原状，一切费用和风险由承包商承担。

（2）质量缺陷和处理

如果由于检验、测量或试验，发现任何永久设备、材料、承包商的设计或工艺有缺陷或不符合合同规定时，工程师应向承包商发出通知，说明发现的永久设备、材料、设计或工艺项目缺陷。然后，承包商应立即准备并提交必要补救工作的建议。工程师可审查此建议，并可向承包商发出通知，说明所建议的工程如果实施，将导致永久设备、材料、承包商的设计或工艺不符合合同要求。收到此类通知后，承包商应立即向工程师提交一份修改后的建议书。如果工程师在收到承包商的建议书（或修订后的建议书）后14天内未发出此类通知，则应视为工程师已发出不反对通知。

如果承包商未能及时提交补救工作的建议（或修订后的建议），或未能实施工程师已发出（或视为已发出）无异议通知的建议补救工作，工程师可指示承包商或通过向承包商发出通知，并说明理由，拒收永久设备、材料、承包商的设计（如有）或工艺。在修补任何永久设备、材料、设计或工艺的缺陷后，如果工程师要求对任何此类项目重新进行试验，则应按规定重新进行试验，风险和费用由承包商承担。如果此项拒绝和重新试验给业主带来了额外费用，业主有权根据索赔条款要求承包商支付这些费用。

3. 工程变更管理

（1）变更权

在颁发工程的接收证书之前，工程师可随时根据变更程序提出变更。变更不应包括业主或其他方将要进行的任何工作的遗漏，除非双方另有协议。承包商应接受"指示变更"指示的每一项变更的约束，并应迅速且毫不拖延地执行变更。变更可能包括：

① 合同中任何工程项目的工程量变更（但此类变更不一定构成变更）；

② 任何工程项目的质量和其他特性的变更；

③ 工程任何部分的标高、位置或尺寸的变化；

④ 遗漏任何工作，除非未经双方同意而由他人进行；

⑤ 永久工程所需的任何额外工作、永久设备、材料或服务，包括任何相关的竣工检验、钻孔和其他检验及勘探工作；

⑥ 工程施工顺序或时间的变更。

除非工程师根据"指示变更"的规定发出变更指示，否则承包商不得对永久工程进行任何变更或修改。

（2）变更程序

2017 年版明确地将变更分为两种启动方式：指示变更和征求建议书的变更。指示性变更要求，承包商应提交详细的资料，包括将进行的工作、采用的资源和方法；执行变更的进度计划；修改进度计划和竣工时间的建议书；修改合同价格的建议（附证据）；以及承包商认为应得的任何有关工期增加而发生的费用。当采用征求建议书的变更时，承包商因提交建议书增加的成本，可根据第 20.2 款索赔。

① 指示变更

工程师可通过向承包商发出通知指示变更。承包商应继续执行变更，并在收到工程师指示后 28 天内（或承包商提议并由工程师同意的其他期间）向工程师提交详细资料，包括：

A. 对已执行或将要执行的各种工作的描述，包括承包商采用或将要采用的资源和方法的细节；

B. 执行方案和承包商关于方案和完成时间对该方案进行任何必要修改的建议；

C. 承包商根据测量和估价条款对变更进行估价以调整合同价格的建议（其中应包括确定任何估计的数量，如果承包商由于对完成时间的任何必要修改而增加的成本，则应显示承包商认为其有权得到的额外付款）。如果双方同意遗漏由他人进行的任何工作，则承包商的建议还可包括由于该遗漏而造成的承包商的任何工期损失和其的他损失费用。

② 征求建议书的变更

在指示变更前，工程师可以向承包商发出通知征求承包商提出变更的建议。承包商应尽快通过下列任一方式对通知作出答复：

A. 提交建议，其中应包括根据指令变更条款中 A 至 C 项所述的事项；或

B. 说明承包商不能遵守依据变更权条款所述事项的理由。

如果承包商提出建议，工程师应在收到建议后尽快作出答复，向承包商发出通知，说明是否同意或其他情况，承包商在等待答复时不得拖延任何工作。

如果工程师同意该建议，工程师应指示变更。此后，承包商应提交给工程师可能合理建议的任何进一步的细节，并应适用"指令变更"的程序。如果工程师不同意该建议，且

如果承包商由于提交该建议而发生了费用，承包商应有权根据索赔等条款获得该费用。

（3）因法律改变引起的变更

合同价格应根据因下列原因引起的费用增加或减少进行调整：

① 工程所在国的法律（包括引入新法律和废除或修改现有法律）；

② 工程所在国法律的司法或官方政府解释；

③ 业主或承包商分别根据法律条款获得的任何许可、执照或批准；

④ 根据法律规定，承包商在基准日期后制定或正式发布的任何许可、执照或批准的要求，这些要求会影响承包商履行合同义务。

"法律变更"是指上述四项下的任何变更。如果承包商因法律变更而遭受延误或导致费用增加，则承包商有权获得此类费用。如果由于法律的任何变更导致费用减少，业主有权要求减少合同价格。如果因法律变更而有必要对工程实施进行任何调整时，承包商应立即通知工程师，或工程师应立即通知承包商。此后，工程师应根据规定指示变更，或按规定征求建议书。

4. 工程进度款的支付管理

（1）预付款

预付款又称动员预付款，是业主为了帮助承包商解决施工前期开展工作时的资金短缺，从未来的工程款中提前支付的一笔款项。合同工程是否有预付款，以及预付款的金额多少、支付（分期支付的次数及时间）和扣还方式等均要在专用条款内约定。业主在收到承包商提交的预付款担保后，应根据合同约定的日期及时支付预付款。

① 预付款保函

承包商应提交与预付款金额相等的预付款保函，并应提交一份副本给工程师。在提交预付款保函时，应确保预付款保函的有效性和可执行性，直到预付款已偿还，但其保函数额可按付款证明书规定的承包商偿还的金额逐步减少。如果预付款保函的条款规定了其到期日，并且预付款在到期日之前 28 天仍未还清时，可采取下列方法：

A. 承包商应延长保函的有效期，直至预付款已偿还；

B. 承包商应立即向业主提交延长期限的证据，并应向工程师提交副本；

C. 如果业主在保证期满前 7 天没有收到该证据，业主有权根据该保函要求赔偿未偿还的预付款额。

② 预付款证书

工程师应在下列各项完成后 14 天内发出预付款证书：

A. 业主已分别收到了履约保证和预付款保证；

B. 工程师已收到承包商提出的预付款申请的副本。

③ 预付款的扣还

预付款在分期支付工程进度款的支付中按百分比扣减的方式偿还。

A. 起扣点，自承包商获得工程进度款累计总额达到合同总价（减去暂列金额）10％那个月起扣。

B. 每次支付时的扣减额度。本月证书中承包商应获得的合同款额（不包括预付款及保留金的扣减）中扣除 25％作为预付款的偿还，直至还清全部预付款。

即：每次扣还金额＝（本次支付证书中承包商应获得的款额－本次应扣的保留金）

×25％

④ 付款

在业主收到预付款证明书后在合同数据规定的期限内（如未说明，则为 21 天）应向承包商支付预付款证书中核定的金额。

（2）期中付款

期中付款是工程建设中根据承包商完成的工程进度及工程量给予的进度付款。

① 期中付款证书的申请

如未特别约定，一般是在每个月的月末后，承包商可以向工程师提交申请期中付款的报表。申请表应：

A. 采用工程师可以接受的格式；

B. 按合同规定提交一份纸质原件、一份电子副本和附加纸质副本；

C. 详细说明承包商认为其有权得到的数额，并附上证明文件以及有关进度的报告。

应注意的是：承包商应估算当月实际完成的工程实体量和合同价值。其中保留金需按合同规定逐步扣减至合同规定的限额，因生产设备和材料而产生的费用也应当予以增减。

② 期中付款证书的颁发

工程师应在收到承包商的期中付款申请报表和证明文件后 28 天内向业主发出期中付款证书（IPC），说明应付金额并附说明，并将副本发给承包商。工程师在下述情况下可不签发付款证书或扣留承包商报表中的部分金额：

A. 如果一次期中付款证书金额扣除保留金等应扣款后，净值小于期中付款证书的最低额度，则工程师无需开具该期中付款证书，该款额结转下月，超过最低额度后一并支付，同时通知承包商；

B. 承包商实施的某项工作不符合合同要求时，工程师可以扣发相应的修正或重置费用，直至修正或重置工作完成；

C. 承包商未能按照合同规定执行工作或履行义务，并且工程师已经通知承包商执行工作或履行义务时，工程师可以扣发属于该部分工作的价值款项，直至承包商执行工作或履行义务。

上述 B、C 的规定中工程师可以扣发部分款项，但不得以任何理由扣留期中付款证书。例如，在浇筑混凝土时出现质量问题，工程师有权扣发混凝土浇筑工作的进度款，即从相关期中付款证书中暂时扣发这部分工作相应的款额，延迟到承包商解决这个质量问题后发放，而无权扣留该期中付款证书。

③ 付款

在工程师收到承包商的期中付款申请报表和证明材料后 56 天内，或业主收到期中付款证书后在合同数据规定的期限内（如未说明，则为 28 天）应将期中付款证书中核定的款额支付给承包商。

依据 2017 年版红皮书通用合同条件第 12 条［计量与估价］，红皮书有两类计量方式：第一类是在工程现场实地测量，应由承包商和工程师共同完成；第二类是根据规范依据记录计量。原则上，单价合同工程计量一般应采用第一类方式，也有部分工作采用第二类方式例如工程量清单中的一般项（临时工程、设计、HSE 工作等）、外加剂（需要依据配合比计算）、可依据批复的图纸确定结算工程量的工作（如土石方），这些工作无法或无需进行现场测量，可依据记录计量。

当工程师要求在现场计量时，工程师应至少提前 7 天向承包商发通知说明计量的内容、日期和地点。承包商代表应参加或者另派一个有资格的代表参加，协助工程师计量并尽力与工程师就计量结果达成一致，提供工程师要求的资料。如果承包商未能按通知的时间和地点参加或派代表参加，工程师实施的计量应视为承包商在场的情况下完成的并且已接受计量结果。当依据记录计量时，一般情况下工程师应负责准备记录。工程师准备好记录后，应至少提前 7 天通知时间和地点，要求承包商代表检查和商定记录。如果承包商代表未能按通知的时间和地点参加或未派代表参加，应视为承包商已接受记录结果。如果承包商参加了现场计量或记录检查，但是承包商与工程师未对计量结果达成一致，承包商应通知工程师说明现场计量或记录不准确的理由。如果承包商未参加现场计量或未在记录检查后 14 天内向工程师发出通知，应视为承包商已接受计量结果。在收到承包商此类通知后，工程师应根据商定或决定条款的内容进行商定或决定，此时工程师应暂估一个工程量用于颁发期中支付证书。

8.2.4 竣工验收阶段的合同管理

8.2.4.1 竣工检验和颁发工程接收证书

1. 竣工检验

承包商应在承包商计划开始竣工检验的 42 天前，向工程师提交一份详细的检验计划，说明这些检验所需的计划时间和资源。工程师可审查拟议的检验计划，并可向承包商发出通知，说明其不符合合同的程度。在收到此通知后的 14 天内，承包商应修改检验计划，以纠正此类不合规情况。如果工程师在收到检验计划（或修改后的检验计划）后 14 天内未发出此类通知，则应视为工程师已发出不反对通知。在工程师发出（或视为已发出）不反对通知之前，承包商不得开始竣工检验。除检验计划中所示的任何日期外，承包商应至少在其准备好进行每项竣工检验的日期后 21 天内通知工程师。承包商应在该日期后 14 天内，或在工程师指示的某日或数日内开始竣工检验，并应按照工程师已发出（或视为已发出）无异议通知的承包商检验计划进行。一旦承包商认为工程或分项工程通过了竣工检验，承包商应向工程师提交一份此类检验结果的认证报告。工程师应审查此类报告，并可向承包商发出通知，说明检验结果与合同符合的程度。如果工程师在收到检验结果后 14 天内未发出此类通知，则应视为工程师已发出不反对通知。在考虑竣工检验结果时，工程师应考虑到业主对工程任何部分的任何使用对工程的性能或其他特性的影响。

2. 颁发工程接收证书

承包商可在其认为工程将完工并准备好接收前不超过 14 天，向工程师发出通知，申请接收证书。如果工程分为多个区段，承包商同样可以为每个区段申请接收证书。工程师应在收到承包商通知后 28 天内向承包商颁发接收证书，说明工程或分项工程按照合同规定完成的日期，或以通知的方式拒绝承包商申请，并说明理由。该通知应详细说明需要完成的工作、需要修补的缺陷或承包商为签发接收证书而需要提交的文件。

如果工程师在 28 天的期限内没有颁发接收证书或拒绝承包商的申请，并且工程验收的条件均已满足，工程或区段应被视为已在第 14 天根据合同完成。工程师收到承包商的申请通知后，应视为已颁发接收证书。

8.2.4.2 未能通过竣工检验

1. 重新检验

如果工程或某区段未能通过竣工检验，承包商需要对缺陷进行修复和改正。工程师或承包商可要求在相同的条款和条件下重复这些未通过的检验以及任何相关工程的竣工检验。

2. 未能通过竣工检验

如果工程或某区段未能通过根据重新试验条款重复进行的竣工检验，工程师应有权：

（1）根据重新试验条款，要求进一步重复进行竣工检验；

（2）如果不合格的影响使业主基本上丧失了对工程的全部利益，则拒绝接收工程，在这种情况下，业主应获得补偿；如果某区段不能用于合同规定的预期目的，则拒绝接收该区段，在此情况下，业主应获得补偿。

（3）签发接收证书（如果业主同意）。承包商应按照合同规定的所有义务继续其他工作，业主有权根据相关索赔条款，要求承包商付款或减少合同价格。

8.2.4.3 竣工结算

1. 承包商报送竣工报表

依据 FIDIC 施工合同条件第 14.10 条款规定，在工程竣工日期后 84 天内，承包商应根据"期中付款的申请"的规定，向工程师提交一份竣工报表，并附证明文件，说明：

（1）截至工程竣工日期，根据合同完成的所有工作的价值；

（2）承包商认为在工程竣工之日应支付的任何进一步款项；

（3）承包商认为在合同或其他规定的工程竣工日期后已到期或将到期的任何其他金额的估算。这些估计金额应单独列示，以便工程师签发支付证书。

2. 最终结算与支付

在提交最终报表或部分商定的最终报表时，承包商应提交一份结清证明，确认该报表的总额代表根据合同或与合同有关的所有应付给承包商的全部款项和最终结算。在收到最终报表或部分商定的最终报表和结清证明后 28 天内，工程师应向业主（连同一份副本）出具最终付款证明，业主应根据此证明中的价款进行支付。

8.2.5 保险条款及内容

1. 保险总体要求

FIDIC 施工合同条件的第 19.1 款规定了保险的总体要求：

（1）在不限制任何一方在合同中规定的义务或责任的情况下，承包商应向保险公司投保并续保其应负责的所有保险，保险条款应经业主同意。这些条款应与中标函日期前双方商定的条款一致。

（2）此处要求提供的保险是业主要求的最低保险，承包商可自费增加其认为应购买的其他保险。当业主需要时，承包商应出示合同要求其应实施的保险单。每次支付保险费后，承包商应立即向业主提交每份付款收据的副本（连同一份副本给工程师），或提交保险费已支付的确认书。

（3）如果承包商未能按规定办理并保持有效的任何保险，则在任何此类情况下，业主可办理并保持有效的此类保险，并支付任何必要的保险费，并通过持续扣除向承包商追回此类保险费。从应付给承包商的任何款项中或以其他方式从承包商处收回该金额。

（4）如果承包商或业主中的任何一方未能遵守合同规定的任何保险条件，则未能遵守的一方应赔偿另一方因此类违约而遭受的所有直接损失和索赔（包括法律费用和开支）。

（5）承包商还应负责以下事项：

① 通知保险人工程实施的性质、范围或计划的任何变更；

② 在合同履行期间，根据合同规定的保险的充分性和有效性，任何保单中允许的扣除限额不得超过合同资料中规定的金额。如果存在共同责任，则损失应由每一方按照各自责任的比例承担，前提是承包商或业主未违反本条规定而导致保险公司无法追偿。因违约行为致使保险人无法追偿的，由违约方承担损失。

2. 承包商提供的保险

承包商应提供以下保险：

（1）工程保险

承包商应以承包商和业主的联合名义，从开工日期到颁发工程接收证书之日，为以下各项投保：

① 工程和承包商的文件，以及用于工程的材料和设备，其全部重置价值。

保险范围应扩大到包括因使用有缺陷的材料或工艺设计或建造的构件出现故障而导致的工程任何部分的损失和损坏；

② 该重置价值的百分之十五（15％）的额外金额（或合同资料中可能规定的其他金额），用以支付修复损失或损害所附带的任何额外费用，包括专业费用、拆除和清除的费用。在颁发工程接收证书之前，保险范围应包括业主和承包商因任何原因造成的所有损失或损害。此后，对于工程接收证书签发日期前发生的任何原因导致的任何未完成工程的损失或损害，以及承包商在任何运营车辆过程中造成的任何损失或损害，保险应持续至签发履约证书之日。

（2）货物保险

承包商应以承包商和业主的联合名义，按合同资料中规定的范围或金额（如果未规定或说明，则按其全部重置价值，包括运至现场）为承包商运至现场的货物和其他物品投保。

（3）专业责任的缺陷保险

在一定程度上，如果有的话，承包商应根据其义务或合同规定的任何其他负责永久工程的设计部分，并符合工程照管和赔偿中规定的，按下列内容进行赔偿：

① 承包商应为其在履行设计义务过程中的任何行为、错误或疏忽引起的责任投保专业赔偿保险，保险金额不低于合同资料中规定的金额（如果未规定，则为与业主商定的金额）；

② 如果合同资料中有规定，此类专业赔偿保险还应保障承包商免于承担因其在履行合同规定的承包商设计义务过程中的任何行为、错误或疏忽而产生的责任。承包商应在合同资料中规定的期限内维持该保险。

（4）人身伤害和财产损失保险

承包商应以承包商和业主的联合名义，为履行合同引起的任何人的死亡或伤害，或在履约证书颁发前发生的任何财产（工程除外）的损失或损坏，进行投保，但不包括由于异常事件造成的损失或损坏。保险单应包括交叉责任条款，以便保险作为单独被保险人适用于承包商和业主。此类保险应在承包商开始现场任何工作之前生效，并应在颁发履约证书之前保持有效，且保险金额不得低于合同资料中规定的金额。

（5）员工伤害保险

承包商应为因实施工程而引起的索赔、损害、损失和开支（包括法律费用和开支）投保，以防承包商或其雇用的任何人员受伤、生病或死亡。业主和工程师也应根据保险单得到赔偿，但该保险可排除因业主或业主人员的任何行为或疏忽引起的损失和索赔。在承包商人员协助实施工程的整个期间，保险应保持完全有效。对于分包商雇用的任何人员，保险可由分包商办理，但承包商应负责分包商遵守本款的规定。

（6）法律和当地惯例要求的其他保险

承包商应自费提供工程实施国法律要求的所有其他保险。当地惯例要求的其他保险应在合同资料中详细说明，承包商应根据给出的细节提供此类保险，费用由承包商承担。

8.2.6 索赔条款及内容

针对索赔执行过程中的主要规定有：

（1）承包商应在引起索赔的事件或情况发生后 28 天内向工程师提交索赔通知，承包商还应提交一切与此类事件或情况有关的任何其他通知，以及索赔的详细证明报告。

（2）承包商应做好用以证明索赔的同期记录。工程师在收到上述通知后，在不必事先承认业主责任的情况下，监督此类记录，并可以指令承包商保持进一步的同期记录。承包商应按工程师的要求提供此类记录的复印件，并允许工程师审查所有这类记录。

（3）提交索赔报告。在引起索赔的事件或情况发生 84 天之内，或在工程师批准的其他合理时间内，承包商应向工程师提交一份索赔报告，详细说明索赔的依据以及索赔的工期和索赔的金额。

（4）工程师在收到索赔报告或该索赔进一步的详细证明报告后 14 天内，或在承包商同意的其他合理时间内，应表示批准或不批准，并就索赔的原则作出反应。

（5）工程师根据合同规定确定承包商可获得的工期延长和费用补偿。如果承包商提供的详细报告不足以证明全部的索赔，则他仅有权得到已被证实的那部分索赔；对于已被证实的索赔金额应列入每份支付证明中。

（6）索赔的丧失和被削弱。如果承包商未能在引起索赔的事件或情况发生后 28 天内向工程师提交索赔通知，则承包商的索赔权丧失。

在索赔的过程中，要注意的是索赔是对损失而言，而且是因为一方的原因或是一方应承担的风险给另一方造成了损失，才能成功的索赔。如果承包商不能证明自己遭受的损失或损害，那么他的索赔也就无从谈起。

[案例 8-1] 在某国际承包项目中，合同规定业主应向承包商提供作为现场一部分的采石场。工程开工后，承包商多次发出书面通知，并按时提供了此采石场的开采计划，但业主原来安装在采石场的设备却由于种种原因没有能及时搬迁。承包商因此向业主提出了工期和费用的索赔的要求。为了审定此项索赔，工程师对这一事件进行了调查。发现在业主搬迁拖延期间，承包商的轧石设备由于供货商的原因没有按计划到场。最后在承包商的轧石设备到场之际，业主的设备刚好搬迁完毕。工程师因此认为：虽然业主一方应对没有及时交出采石场承担责任，但这一事件本身并没有给承包商造成任何额外的损失和损害，承包商方面也提不出充分的证据来支持其工期和费用的索赔，承包商的索赔因此被拒绝。

8.2.7 争议解决条款及内容

2017年版对1999年版争端解决条款进行了较大幅度的修改，要求在项目开工后，尽快设立"争端回避/裁决委员会DAAB"（Dispute Avoidance/Adjudication Board），并且强调DAAB是一个常设机构，还对当事人未能任命DAAB成员做了详细规定。2017年版提出并强调了DAAB非正式地避免纠纷的作用，DAAB可应合同双方的共同要求，非正式地参与或尝试解决合同双方的问题或分歧，相关要求可在除工程师对此事开展工作以外的任何时间发出。同时，若DAAB意识到问题或分歧存在，可邀请双方发起DAAB介入的请求，以尽量避免争端的发生。2017年版要求在与工程师的决定有关的NOD（Notice of Dissatisfaction）发出后42天内，将争端提交DAAB，如果超过此时间限制，则该决定将变为最终决定，并具有约束力。

FIDIC施工合同条件的21.6条的仲裁条款：除非双方另有约定，仲裁一般依据：

（1）争议应根据国际商会仲裁规则最终解决；

（2）争议应由根据本规则任命的一名或三名仲裁员解决；

（3）仲裁应采用合同中规定的仲裁语言进行。

仲裁员应有充分的权力公开、审查和修改工程师的任何证明、决定（非最终决定和有约束力的决定）、指示、意见或估价，以及DAAB与争议有关的任何决定（非最终决定和有约束力的决定）。任何情况都不应使工程师丧失被传唤为证人和在仲裁员面前就与争端有关的任何事项提供证据的资格。

在处理仲裁费用的任何裁决中，仲裁员可考虑到一方未能与另一方合作组建DAAB。在进行的诉讼中，任何一方都不应局限于先前为获得DAAB的决定而提交给DAAB的证据或论据，DAAB的任何决定都应在仲裁中被接受为证据。仲裁可在工程竣工之前或之后开始。双方、工程师和DAAB的义务不得因在工程进行过程中进行的任何仲裁而改变。如果裁决要求一方向另一方支付一笔款项，则该笔款项应立即到期支付，无需另行证明或通知。

FIDIC施工合同条件的21.7条款规定了"未能遵守DAAB的决定"的规定：

如果一方未能遵守DAAB的任何决定，无论该决定是有约束力的还是有约束力的，则另一方可在不损害其可能拥有的任何其他权利的情况下，根据仲裁的规定，将该未遵守行为直接提交仲裁，在这种情况下，不再适用"获得DAAB的决定"条款和"友好解决"条款。仲裁庭应有权通过简易程序或其他快速程序，通过临时措施或裁决（根据适用法律或其他适当方式）命令执行该决定。

对于DAAB具有约束力但非最终决定的情况，此类临时措施或裁决应明确保留，即保留双方关于争议案情的权利，直至通过裁决解决。

本 章 小 结

目前，FIDIC合同条件在国内越来越受到人们的重视。我国利用国际金融组织或外国政府贷款和外商投资的工程项目大都采用FIDIC合同条件进行国际竞争性招标承包。面对这种情况，系统地、认真地学习和掌握FIDIC合同条件是每一位工程管理人员掌握现代化项目管理、合同管理理论和方法，提高管理水平的基本要求，也是我国工程项目管理与国际接轨的基本条件。本章对2017年版FIDIC合同条件的形式、内容等进行了概述，并详细阐述了施工合同条件的相关重要概念和对于质量、进度、价款、变更管理等条款的规定。

思 考 与 练 习

一、填空题

1. 在 2017 年版 FIDIC 施工合同条件中，4 本标准合同条件，分别是＿＿＿＿＿、＿＿＿＿＿＿＿、＿＿＿＿＿＿＿、＿＿＿＿＿＿＿。

2. FIDIC 施工合同条件中，承包商负责提供的保险有＿＿＿＿＿＿、＿＿＿＿＿＿＿、＿＿＿＿＿＿＿、＿＿＿＿＿＿＿、＿＿＿＿＿＿＿、＿＿＿＿＿＿＿。

二、选择题

1. 土木工程施工合同条件又称为（　　）。

A. 白皮书　　　　　B. 黄皮书　　　　　C. 红皮书　　　　　D. 绿皮书

2. 预付款起扣点，自承包商获得工程进度款累计总额达到合同总价（减去暂列金额）（　　）那个月起扣。

A. 5%　　　　　B. 10%　　　　　C. 15%　　　　　D. 20%

3. 由承包商负责采购的材料，到货检验时发现与标准要求不符，承包商按工程师要求进行了重新采购，最后达到了标准要求。处理由此发生的费用和延误工期的正确方法是（　　）。

A. 费用由业主承担，工期给予顺延

B. 费用由业主承担，工期不予顺延

C. 费用由承包商承担，工期给予顺延

D. 费用由承包商承担，工期不予顺延

4. FIDIC 合同条件规定在索赔的事件或情况发生（　　）天之内，承包商应向工程师提交索赔报告。

A. 28 天　　　　　B. 56 天　　　　　C. 84 天　　　　　D. 24 天

5. FIDIC 是（　　）的简写。

A. 欧洲国际建筑联合会的英文　　　　B. 欧洲国际建筑联合会的法文

C. 国际土木工程协会英文　　　　　　D. 国际咨询工程师联合会法文

6. FIDIC《施工合同条件》是以（　　）来划分不可抗力的后果责任。

A. 不可抗力事件发生的时点

B. 施工现场因不可抗力受损害的人员归属

C. 施工现场因不可抗力受损害的财产归属

D. 承包商投标时能否合理预见

7. 承包商应在承包商计划开始竣工检验的（　　）天前，向工程师提交一份详细的检验计划。

A. 28 天　　　　　B. 56 天　　　　　C. 42 天　　　　　D. 24 天

（答案提示：1. C　2. B　3. D　4. C　5. D　6. C　7. C。）

三、简答题

1. 简述 2017 年版 FIDIC 系列合同条件的适用范围。

2. 简述 2017 年版 FIDIC 施工合同条件的特点。

3. 施工合同条件按照什么原则划分双方的风险，哪些情况属于业主风险？

参 考 文 献

[1] 全国招标师职业水平考试辅导教材指导委员会．招标采购案例分析．北京：中国计划出版社，2012.

[2] 全国招标师职业水平考试辅导教材指导委员会．招标采购法律法规与政策．北京：中国计划出版社，2012.

[3] 全国招标师职业水平考试辅导教材指导委员会．项目管理与招标采购．北京：中国计划出版社，2012.

[4] 刘云生．宋代招标、投标制度论略，广州：广东社会科学，2004(5)：168-174.

[5] 计小龙．厘清合同纠纷案中法律关系，合肥：合肥晚报，2015年11月6日第B03版．

[6] 马鑫华．天津海滨大道招标案例．北京：中国招标，2005(1)：38-40.

[7] 中华人民共和国住房和城乡建设部，中华人民共和国国家质量监督检验检疫总局联合发布．建设工程工程量清单计价规范 GB 50500-2013．北京：中国计划出版社，2013.

[8] 中国建设监理协会．建设工程合同管理．北京：知识产权出版社，2017.

[9] 张志勇．工程招投标与合同管理．北京：高等教育出版社，2009.

[10] 张宝岭，高小升．建设工程投标实务与投标报价技巧．北京：机械工业出版社，2007.

[11] 张新华．招投标与合同管理．重庆：西南交通大学出版社，2007.

[12] 卢谦．建设工程招标投标与合同管理．北京：中国水利水电出版社，2008.

[13] 中国建设监理协会．建设工程投资控制[M]．北京：知识产权出版社，2017.

[14] 何洪峰．工程建设中的合同法与招标投标法．北京：中国计划出版社，2014.

[15] 刘伊生．建设工程招投标与合同管理．北京：北京交通大学出版社，2010.

[16] 全国一级建造师执业资格考试用书编写委员会．建设工程法规及相关知识(2018版)．北京：中国建筑工业出版社，2018.

[17] 全国一级建造师执业资格考试用书编写委员会．建设工程管理与实务(2018版)．北京：中国建筑工业出版社，2018.

[18] 白如银．项目经理身兼两职导致投标保证金被没收，北京：中国招标，2016(5)：36-37.

[19] 全国造价工程师职业资格考试培训教材编审组．工程造价计价．北京：中国计划出版社，2017.

[20] 全国造价工程师职业资格考试培训教材编审组．工程造价案例分析．北京：中国城市出版社，2017.

[21] 全国造价工程师职业资格考试培训教材编审组．工程造价管理．北京：中国城市出版社，2017.

[22] 中华人民共和国住房和城乡建设部，中华人民共和国国家工商行政管理总局．建设工程施工合同示范文本(GF-2017-0201)．北京，2017.

[23] 阎国欣，郝福红．从案例分析琐议建设工程招标、投标和评标．上海：建设监理，2017(9)：39-42.

[24] 陈鹏．评标专家不能随意否决投标文件的合法性，北京：中国招标，2017(9)：40-41.

[25] 冉克平．"恶意串通"与"合法形式掩盖非法目的"在民法典总则中的构造．重庆：现代法学，2017，39(7)：67-80.

[26] 张璐．关于审理自然人签订建设工程合同纠纷案件的调研报告．太原：法制博览，2016(9)：

111-112.

[27] 周月萍，者丽琼．2017 版施工合同示范文本的精髓与内涵．北京：建筑，2018(4)：38-41.

[28] 孙婷．青岛中院公布建设工程合同纠纷十大典型案例．上海：建筑时报，2017 年 4 月 24 日第 004 版．

[29] 朱树英．违约解除的固定价格合同如何结算工程款．上海：建筑时报，2015 年 2 月 16 日第 001 版．

[30] 最高人民法院公报．河南省偃师市鑫龙建安工程有限公司与洛阳理工学院、河南第六建筑工程公司索赔及工程欠款纠纷案，2013 年第 1 期，http：//gongbao. court. gov. cn.

[31] 最高人民法院公报．青海方升建筑安装工程有限公司与青海隆豪置业有限公司建设工程施工合同纠纷案，2015 年第 12 期，http：//gongbao. court. gov. cn.

[32] 人民法院报．因违法建设及相关行为被追究刑事责任典型案例，2017-02-14，http：//www. court. gov. cn/hudong-xiangqing-35852. html.

[33] 高印立．建设工程施工合同法律实务与解析(第二版)．北京：中国建筑工业出版社，2018.

[34] 周月萍，纪晓晨，张育彬．巧用 FIDIC 合同，让"双输"变"双赢"．北京：项目管理评论，2017(11)：78-81.

[35] 宋安成．从一拖欠工程款纠纷谈起-工期拖延对抗工程款支付的法律分析．施工企业管理，2008，234(2)：111.

[36] 何伯森．国际工程合同管理(第三版)．北京：中国建筑工业出版社，2016.

[37] 张水波，何伯森．FIDIC 新版合同条件导读与解析．北京：中国建筑工业出版社，2009.

[38] 黄莺．FIDIC 施工合同条件．北京：中国建筑工业出版社，2018.

[39] 陈勇强，张水波，吕文学．2017 年版 FIDIC 系列合同条件修订对比．北京：国际经济合作，2018(5)：47-52.